核聚变科技前沿问题研究丛书

核聚变反应堆理论与设计

冯开明 著

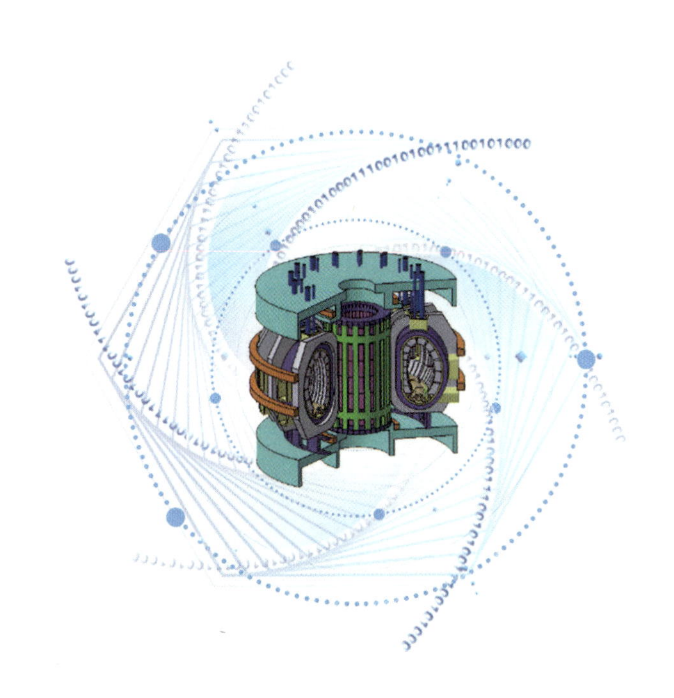

THEORY AND DESIGN OF NUCLEAR FUSION REACTOR

中国科学技术大学出版社

内 容 简 介

受控核聚变能的发展被认为是人类历史上极具挑战性的科学技术之一，本书阐述了磁约束核聚变的基本原理、发展情况以及国际热核聚变实验堆(ITER)计划和核聚变反应堆的基本问题，也介绍了聚变反应堆的基本结构，聚变堆和包层的设计考虑，聚变堆的燃料循环与氚的自持问题，聚变堆的结构材料与功能材料，聚变堆的安全与环境等问题，对于我国核聚变堆相关技术的发展，尤其是对于中国未来的聚变堆的设计与建设，具有重要的参考价值。聚变-裂变混合堆作为聚变能商业化之前可选择的途径，在书中也做了相应的介绍。

本书可供核聚变研究领域的研究人员参考使用。

图书在版编目(CIP)数据

核聚变反应堆理论与设计 / 冯开明著. -- 合肥 : 中国科学技术大学出版社, 2025.2. --(核聚变科技前沿问题研究丛书). -- ISBN 978-7-312-06248-3

Ⅰ. TL3

中国国家版本馆CIP数据核字第2025LH1735号

核聚变反应堆理论与设计

HEJUBIAN FANYINGDUI LILUN YU SHEJI

出版 中国科学技术大学出版社
安徽省合肥市金寨路96号，230026
http://press.ustc.edu.cn
https://zgkxjsdxcbs.tmall.com

印刷 安徽新华印刷股份有限公司

发行 中国科学技术大学出版社

开本 787 mm×1092 mm 1/16

印张 27.25

字数 548千

版次 2025年2月第1版

印次 2025年2月第1次印刷

定价 158.00元

序　　一

聚变能源是当今世界最为关心的大问题，当下也是聚变能迈向工程应用的关键时期。人们需要了解聚变、认识聚变，许多有志青年也非常愿意投身到这项涉及人类未来生存发展的伟大事业中。因此非常需要有更多介绍和分析聚变的可能途径、物理难度、工程难度的书籍和资料，《核聚变反应堆理论与设计》一书的出版则正当其时。

本书的作者冯开明研究员是我国资深的核聚变研究专家，从事磁约束聚变堆理论研究与设计工作数十年，也是我国早期聚变-裂变混合堆的主要研究者之一，曾任国际热核聚变实验堆(International Thermonuclear Experimental Reactor，ITER)计划中国TBM项目负责人、国家科学技术部国际热核聚变实验堆(ITER)计划重大专项首席科学家。本书主要内容是作者长期从事聚变堆理论研究与设计工作的总结，内容涉及磁约束核聚变的基本原理及发展历程，聚变反应堆系统的基本结构，聚变反应堆的理论与设计。此外，本书还介绍了ITER计划及我国所承担的ITER氚增殖包层的设计与制造；介绍了聚变-裂变混合堆设计概况，并认为它是实现聚变能商业化的现实技术途径，这也是本书的一大特色；介绍了用氘、氘氦-3、氢硼等作为热核燃料的无(少)中子聚变反应堆，增加了我们的想象空间。

总之，本书对磁约束核聚变研究人员来说，极具参考价值，有许多工程问题的描述和讨论，因此我非常愿意将其推荐给读者。

彭先觉

中国工程院院士

2024年11月

序　　二

受控核聚变是迄今为止人类历史上极具挑战性的科学技术之一，它是集等离子体物理与核聚变工程为一体的庞大的科学技术知识体系。经过全世界范围内科学家半个多世纪的艰苦努力，以国际热核聚变实验堆(International Thermonuclear Experimental Reactor，ITER)的建造为转折点，人类已经进入了展望聚变能应用的时代，核聚变反应堆的设计研究被提上日程。

氘-氚聚变反应释放出大量聚变能，1 L海水中提取的氘通过聚变反应可释放出相当于300 L汽油燃烧产生的能量。这种轻核反应的原理已在揭示太阳能量产生奥秘的过程中得到验证，它的反应产物不会产生长寿命放射性产物。因此，以开发聚变能为目标的受控热核聚变将为人类提供最理想的清洁能源。考虑到聚变能固有的安全性，对环境影响的潜在优越性，可用燃料的区域广泛性，可以说，核聚变能是人类理想的永久能源途径。为此，我国政府制定了热堆—快堆—聚变堆"三步走"的核能发展战略。

核聚变研究的主要学科是等离子体物理学，并与其他多种学科相互交叉。等离子体物理学近几十年来在国际上迅速发展，在很大程度上来自核聚变研究的推动。托卡马克途径被认为是可以最先实现聚变能应用的技术途径，其科学可行性已经在不同的装置(TFTR、JET、JT-60U)上得到验证，但仍需通过氘-氚等离子体的自持"燃烧"实验，并解决等离子体稳态运行的物理问题和聚变反应堆的工程技术问题。在此背景下，1986年由美苏首脑倡议，在IAEA的框架下，在世界范围内共同建造国际热核聚变实验堆的计划得以实施，这是实现聚变能商业化的重大里程碑事件，以此为标志，世界范围内的受控核聚变研究进入工程化规模的实施阶段。2007年，中国政府签署了加入ITER计划协议，以平等伙伴的身份参与该计划的实施，为聚变能的开发应用做出中国贡献。

近年来，聚变能的研究取得了重要的进展，如我国全超导托卡马克东方超环(EAST)实现长脉冲放电，中国环流三号(HL-3)的兆安级大电流等离子体实验装置建成并投入运行等，但距实现为人类提供取之不尽、用之不竭的清洁能源的伟大目标，还要付出巨大的努力。其原因是：对等离子体物理的了解还是初步的，特别是燃烧等离子体的稳定运行与控制；支撑聚变堆建设的各种技术(超导、低温、超高真空、微波、材料等)还需要进一步发展；氘-氚反应要产生14 MeV的强中子，对抗高能中子(14 MeV)辐照材料的发展提出了挑战。此外，聚变燃料氚需要通过中子与锂反应获得，如何实现聚变堆的氚增殖与氚自持等，这都是亟待解决的问题。与其他核能系统的发展一样，国际上将受控核聚变能的发展分为6个阶段：① 原理性研究阶段；② 大规模实验阶段；③ 科学可行性验证阶段；④ 工程可行性验证阶段；⑤ 经济可行性验证阶段；⑥ 商用聚变电站建设阶段。目前，国际聚变能的开发正处在从科学可行性验证阶段到工程可行性验证阶段的转型过程中。

在国家科学技术部的部署和安排下，我国2010年成立了“聚变堆设计总体组”，研讨和凝练出了我国聚变能发展战略和路线图，设立了聚变能发展重大专项，并安排经费开展中国聚变工程实验堆(Chinese Fusion Engineering Test Reactor，CFETR)的设计研究以及相关工程技术预研工作，并在燃烧等离子体物理、超导磁体技术、先进结构和功能材料、聚变燃料与循环技术、运维遥操(RH)和核心部件制造技术等方面取得突破性进展。近年来，国内企业界也纷纷加入聚变能开发行列，如新奥集团、星环聚能、能量奇点等，共同助力我国聚变能事业的快速发展。相信在不远的将来，中华民族将为解决人类赖以生存的“终极”能源问题做出自己应有的贡献。

受控核聚变能的获取，需要通过设计和建造聚变反应堆来实现。本书作者在自己40余年科研实践中深知，只有在熟悉等离子体物理的基础上，同步了解和发展核聚变反应堆的工程技术，才有可能实现聚变能的商业应用。本书的主要内容为聚变堆理论与设计，正是作者长期从事该领域工作的实践总结。书中用相当多的篇幅介绍了聚变-裂变混合堆的相关内容，混合堆作为聚变能开发进程的中间应用，可加速推进聚变能的商业化，这是过去有关出版物中鲜有涉及的，这也是本书的一大特色。

本书作为“核聚变科技前沿问题研究丛书”之一，详细介绍了核聚变反应堆的基础理论与设计知识，书中大部分内容是作者长期从事聚变堆理论研究与设计工作的实践经验与科学总结，内容丰富，可作为聚变堆设计领域研究人员的参考资料。

于俊崇

中国工程院院士

2024年11月

序　三

自20世纪50年代第一个托卡马克装置诞生以来，1968年苏联的T-3托卡马克取得等离子体约束的突破性进展，使托卡马克逐渐成为磁约束聚变能源研发的主流。随着装置规模不断扩大、等离子体实验技术不断提高，托卡马克等离子体的参数逐渐逼近聚变点火所需要的条件。20世纪90年代，美国的TFTR和欧盟的JET先后开展了氘-氚聚变实验，验证了采用托卡马克实现可控核聚变的科学可行性。正在建设的ITER将验证托卡马克实现聚变能源开发的科学和工程技术可行性。美国能源部于2022年3月在白宫召开了聚变高峰论坛，提出了聚变能源研发的10年发展规划；欧盟新修订并发布了聚变能源研发战略；日本制定了激励聚变示范堆(DEMO)研发的国家政策；韩国、印度也启动了各自聚变能源研发的相关部署。另外，近年来民间资本大量涌入聚变能源研发，各种途径、各种技术路线探索不断涌现，进一步促进了聚变能应用的发展。

我国聚变堆的设计研究起步很早，特别是20世纪80年代在国家高技术研究发展计划(简称“863计划”)的支持下，开展了深入的聚变堆相关研究。自加入ITER计划以来，在国家科学技术部的支持下，我国的聚变研究快速发展，逐渐由跟跑到并跑，部分技术达到领跑。我国承担的ITER主机安装以及ITER关键部件研发任务进展顺利，进度和质量均位居ITER七方前列。在国家相关部委的主导下，我国的聚变能源发展规划和中长期目标及任务逐渐清晰，科研设施和平台持续完善，科研和工程研究能力不断提高。核工业西南物理研究院建造的我国规模最大、参数最高的新一代“人造太阳”——中国环流三号(HL-3)装置在2020年实现首次等离子体放电，2023年实现1×10^6 A等离子体电流下的高约束模式运行，标志着中国可控核聚变向工程化应用迈出重要一步。同时，其他聚变实现途径也在积极探索，如仿星器、反场箍缩、球形托卡马克等。

本书作者以自己40余年科研实践为基础，详细介绍了磁约束核聚变的基本原理与发展历程、聚变堆基础理论与设计、ITER计划和ITER实验包层项目、安全与环境、氚燃料循环等内容，内容丰富翔实。当前核聚变发展正处于从科学研究迈向工程验证的关键阶段，本书的出版恰逢其时，可作为开展聚变能源研究与设计的参考，为促进聚变能源的发展与应用及人才培养提供支撑。

核工业西南物理研究院党委书记、原院长

2024年11月

前　言

能源是制约我国经济发展的瓶颈之一。核聚变能由于其燃料资源丰富且无环境污染,被认为是最有希望彻底解决未来能源问题的根本出路。人类磁约束核聚变研究历经半个多世纪的艰苦探索,取得了长足的科学和技术进步,但仍面临着巨大的挑战。国际热核聚变实验堆(ITER)计划的实施,是核聚变从基础研究转向能源开发的重要里程碑。核聚变能的开发进程目前在世界范围内正处于从聚变实验堆的建设向聚变能工程可行性过渡的阶段。ITER之后的示范堆(即原型堆)设计研究也开始进入人们的视野。聚变能的获取需要设计和建设聚变反应堆来实现,笔者有幸在核工业西南物理研究院聚变堆研究室从事聚变堆理论与设计工作长达40余年,将工作中的实践经验总结出来,为立志于从事聚变堆理论与设计的研究人员提供参考资料,是笔者长久以来的心愿。

本书第1、2章概要阐述我国和世界未来的能源需求以及核聚变的基本原理。第3、4章大致说明核聚变能的发展历程和ITER的概况。第5、6章叙述聚变堆的设计基础,如包层、偏滤器、第一壁、超导线圈、等离子体加热、真空容器等,以及这些部件应具备的功能、为实现这些功能所需的研发内容,聚变堆中子学理论和计算方法与程序等。第7章叙述聚变堆包层类型、功能和设计要求。第8章介绍聚变堆材料相关内容。第9、10章介绍聚变堆的辐射安全和环境问题,以及聚变燃料循环、氚增殖与氚自持等问题。

本书第11～14章分别介绍磁约束聚变-裂变混合堆的基本原理、关键技术、国内外研究概况、设计实例,以及特殊的安全与环境问题,包括国际上的主流学术观点和发展趋势,最后给出我国发展磁约束聚变-裂变混合堆的思路和参考建议。笔者自20世纪80年代开始在核工业西南物理研究院聚变堆研究室从事混合堆的理论与设计研究、计算机程序开发等工作长达15年之久,参与了不同类型的混合堆设计研究工作,本书的这部分内容是对笔者过去在该研究领域工作的总结,也是本书的一大特点，算是抛砖引玉。

本书第15章概要介绍除氘-氚以外的先进聚变燃料反应堆，包括D-D，D-^{3}He，^{3}He-^{3}He以及p-^{11}B反应等。氘-氚聚变将产生14 MeV的高能中子，造成对材料的辐照损伤，因此在第16章介绍中子源技术及其应用。

关于混合堆的研究，要追溯到20世纪80年代初，国家将快中子增殖堆、高温气冷堆和聚变-裂变混合堆作为先进能源技术，列入国家高技术研究发展计划（简称"863计划"），并给予长达15年的持续支持，清华大学的王大中院士担任混合堆专题的首任首席科学家。在此期间，我国先后完成了一系列不同类型的混合堆设计研究，比较典型的包括托卡马克工程实验混合堆（Tokamak Engineering Test Breeder，TETB）设计、聚变实验混合堆（Fusion Experimental Breeder，FEB），相关研究成果发表后，受到国际聚变界的广泛关注。进入2000年后，由于纯聚变的研究进展缓慢和中国加入了ITER计划等原因，我国混合堆的研究工作在国家层面的支持被暂停，部分分散的研究仍在继续中。近年来，混合堆技术重新受到重视。中国工程物理研究院彭先觉院士提出的Z-箍缩聚变-裂变混合能源堆研究方案获得国家有关部门的支持。

2024年6月，俄罗斯国家科学中心库尔恰托夫研究所（National Research Center Kurchatov Institute，NRCKI）所长Mikhail Kovalchuk在出席俄罗斯联邦国家奖颁奖典礼时表示，"俄罗斯拥有世界上任何地方都没有的独一无二的核技术。在核聚变领域，NRCKI开发了世界上第一台托卡马克装置。以NRCKI为载体，俄罗斯计划在2030年前建成原型聚变-裂变混合堆，于2040年前建成商用聚变-裂变混合堆"。

ITER是聚变实验堆，如果从ITER直接过渡到聚变示范堆（DEMO），有极大的参数跨度和技术风险，特别是涉核聚变工程技术挑战。由于聚变-裂变混合堆对芯部等离子体参数要求低（与ITER相当），相应的中子壁载荷也很低（$\leqslant 0.5\ \mathrm{MW/m^2}$），同时混合堆具有氚增殖比（Tritium Breeding Ratio，TBR）高的特点和优势，可大大降低聚变堆系统对氚自持和抗辐照材料的要求和难度。另一方面，混合堆是一个由外源驱动的次临界核反应堆系统，可根据不同的需求，灵活设计成聚变-裂变共生能源堆、长寿命核废物嬗变堆、易裂变燃料（^{239}Pu、^{233}U）增殖堆等。因此，笔者认为发展磁约束聚变-裂变混合堆是加速推进聚变能商业化的一条可选择的途径。

本书的读者对象主要是将要学习等离子体物理和希望了解核聚变堆研究设计知识的大学生，也希望对于该领域的研究人员和技术人员有所帮助。本书主要内容是针对磁约束托卡马克装置和核聚变堆的理论与设计，但也希望能为其他约束方式的核聚变堆的研究设计提供参考和借鉴。

本书最初入选了"十四五"国家重点出版物出版规划项目"核聚变科学出版工

程”,后期又申报并顺利入选了2024年度国家出版基金项目“核聚变科技前沿问题研究丛书”。在本书的写作过程中,参考了许多国内外相关文献。笔者要特别感谢核工业西南物理研究院邓柏权研究员,他将其氚在聚变堆材料中的滞留和聚变堆系统中的“氚坑”特性的研究成果提供给笔者,写入本书第10章有关“聚变堆氚增殖和燃料循环”的章节中。需要说明的是,由于笔者时间和经验水平有限,书中仍存在阐述不够充分、描述错误或不准确的地方,期待着诸位读者批评指正,以期在今后有机会进一步修改和完善。感谢核工业西南物理研究院聚变堆研究团队和曹启祥研究员、赵奉超研究员对第6章与第7章的审核和修改;感谢刘翔研究员对第8章聚变堆材料部分的审核和修改;感谢中国科学技术大学陈志副教授对第9章的审核和修改;感谢中国科学院等离子体物理研究所刘松林研究员提供的有关液态增殖剂包层、水冷固态包层的设计资料。最后,笔者对在聚变堆设计研究工作中的指导者黄锦华研究员、盛光昭研究员、施汉文研究员,在程序和核数据库开发过程中的合作者阳彦鑫研究员、谢中友研究员以及对本书进行总体审核并提出宝贵建议的张一鸣编审,表示衷心感谢。

本书大部分内容的撰写是在位于河北省廊坊市的新奥集团能源研究院完成的,笔者衷心感谢能源研究院领导的支持、鼓励和提供的写作条件。

感谢环宇企业集团董事长张亚先生、国光电气股份有限公司总经理李沂先生的支持和帮助。

特别致谢中国工程物理研究院彭先觉院士、中国核动力研究设计院于俊崇院士和核工业西南物理研究院刘叶书记,他们在百忙之中为本书撰写了序言。

最后,感谢我的妻子漆婉梨女士常年创造的温馨家庭氛围和默默无闻的支持,这是完成本书的重要保证。

冯开明

2024年12月于廊坊

目　　录

第1章　引　论

1.1　引言

能源是社会经济发展的物质基础，随着社会的发展和人类文明的进步，人类对能源的需求也越来越大。风力、水力、煤、石油和天然气、地热以及核能已相继被开发成为人类社会的基础能源。一方面，地球上的化石燃料资源有限，按目前的用量，煤储量有可能维持200年左右，石油、天然气仅能维持几十年，寻求替代能源迫在眉睫；另一方面，化石燃料的大量使用，造成了严重的环境污染。再者，对化石燃料的过分倚重，会造成能源结构单一，影响到国家的能源安全。

现代工业社会的一个特点就是有控制地生产和消耗大量的能量。一个国家的人均收入与能源消耗之间有着密切的关系。能源的消费水平，实际上反映了人类生产和生活水平。从钻木取火到今天天然气的使用，从蒸汽机的发明到电动机的使用，人类改造自然的能力和发展经济的速度不断提升和飞跃。随着社会的进步、经济的发展、人口的增加，对能源的需求将会越来越大。

我国是一个能源生产和能源消耗大国，由于自然能源资源比较匮乏，随着国民经济的快速发展和人民生活水平的不断提高，能源供需矛盾日益突出，环境问题日益严重。要实现我国经济社会可持续发展和人民生活水平不断提高，在本世纪前半叶，我国能源生产必然会有大幅度的增长。各方面权威机构的预测一致表明，到本世纪中叶，我国能耗将达到每年4×10^9～5×10^9 t标准煤，是目前约1.3×10^9 t标准煤能耗的3～4倍。虽然我国的水电资源潜力较大，但是资源集中于西南地区和中南地区，使得发展受到一定的局限。其他能源如太阳能、地热能、潮汐能和风能也都受到地理条件限制，只能作为辅助能源，不太可能成为未来支柱性能源。在本世纪大部分时间内，我国能源结构仍将维持以煤为主，石油、天然气和水电为辅的格局。据估计，到2050年，我国50%以上的能源仍来自煤。以煤为主的能源生产和消费会受到交通运输、环境污染、温室效应、气体排放等问题的严重制约，无论怎样改进燃烧与排污技术，每年燃烧几十亿吨煤的状况都是不可持续的。因此，核聚变能的开发对我国实现经济社会的可持续发展具有重要的战略意义。

1860年世界能源消耗只有1.4×10^{8} t标准煤，到1960年增加到4.23×10^{9} t标准煤，再到1985年，仅25年间增长到1.05×10^{10} t标准煤。我国目前的能源结构以煤、石油、水电、天然气为主。核电在我国不断发展，至2023年底我国在运行的核电站为19座，标准核电机组为56台，总装机容量5.703×10^{7} kW，累计发电量为4.33371×10^{11} kW·h，仅占我国累计总发电量的4.94%。我国煤的储量丰富，但分布不均，交通运输问题长期以来是制约我国国民经济发展的“瓶颈”。交通运输的发展和家用汽车的快速增长，大量增加了对液态燃料的需求。据报道，2020年我国国内原油产量当量为1.93×10^{8} t，原油进口量为5.05×10^{8} t。预计到2050年，我国石油总需求量的80%需要从国外进口。到本世纪中叶，可开采的天然气的储量也将大幅度减少。预计到2030年，所有可利用的水力资源都将被开发利用，而且煤、天然气、石油等化石燃料的大量使用，还会造成温室效应等环境问题。一边是能源的需求量不断增加，另一边是化石燃料储量的逐年减少。20世纪70年代初，由于石油危机引起的世界经济危机，也显示了石油为主要能源的现代经济的脆弱性。历史经验越来越清楚地表明，现代经济只有建立在以核能为主要支柱的基础上，才有坚实的发展基础，因此核资源是人类摆脱能源危机的根本出路。

1.2 世界能源供应现状

表1.1列出了现在已探明的可采储量以及按现在的消耗率估计的某种特定的能源仍可供使用的时间及对世界初级能量生产的贡献。

然而，如果不慎重地对待这些数据，有可能会导致过低或过高的估计，这取决于是谁提供这些数据。此外，对世界的大部分资源还未进行过调查，这可能又会导致将来这些数据的增长。如表1.1所示，目前世界能量的约90%是通过燃烧化石燃料生产的。

表1.1　以现在的消耗率计算的不同燃料的使用年限及对世界初级能量生产的贡献[1]

燃料	探明的可采储量	以现在的消耗率计算的使用年限(年)	对初级能量生产的贡献
煤	1.0×10^{12} t	270	40%
原油	9.5×10^{11}桶	40～50	27%
天然气	1.2×10^{14} m^3	60～70	21%
水电			6%
铀	2.0×10^{6} t	40～50(压水堆技术) 2400～3000(采用增殖堆技术)	6%

一方面,世界能源的短缺不可避免地会导致国际政治局势的不稳定。另一方面,大量使用化石燃料可能会对环境造成恶果。测量表明,在最近几十年间大气中的CO_2含量增加很快。图1.1显示了900年以来大气中CO_2的浓度随时间的变化。该图是根据南极地区冰中的气泡和在夏威夷冒纳罗亚火山进行测量的结果绘制而成的,其表明至少在最近一千年内,CO_2的浓度都保持在约280 mg/L水平上。进入工业化社会之后,甚至上升到超过360 mg/L,即增加了约25%,而且这只是在最近200年期间发生的,着实令人担忧。

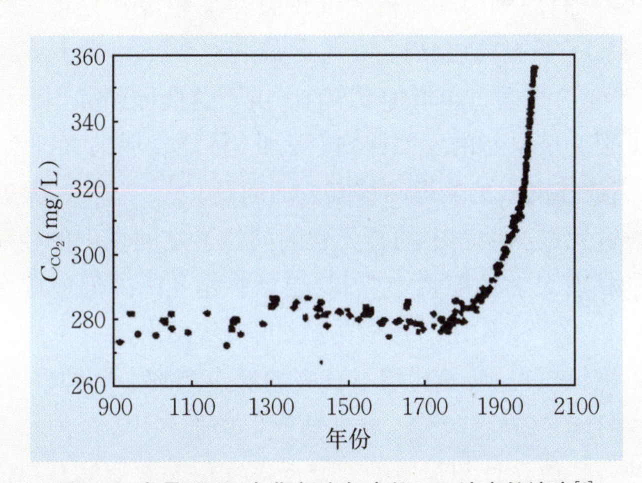

图1.1　在最近100年期间大气中的CO_2浓度的演变[1]

大气中CO_2的急剧增加会带来什么后果呢?CO_2是一种温室气体,这种气体的较高浓度导致对地球再发射的远红外辐射的吸收增加,会引起大气层平均温度的上升。地球只有一个大气层,它是无法替换的。换言之,我们全都“处在由于放出温室气体而引起的全球气候变化,也许其将带来现在还未充分了解,但可能是很大的危险中”[1]。不能排除,由于海平面升高和沙漠的形成,世界的某些区域将来会不再适宜生存。此外,粮食生产区域可能转移,其可能的后果是饥饿、贫困和迁徙等,这将对和平和世界安全构成严重威胁。

地球上的化石燃料资源有限。石油、天然气仅能维持几十年;煤储量有可能维持200年左右,同时烧煤向大气释放的大量废气形成的酸雨在中国已波及全国面积的1/3。预计到2050年,持续的烧煤将在运输生态环境方面,产生更为严重的压力,风能、太阳能及水力资源远不能满足经济发展的需要。可开发的水力资源亦远小于化石资源,且有不少已被开发。

目前,要快速地改变现在能量生产和使用状况是很难实现的。首先,除核裂变能外,还没有哪种替代能源已成熟到了足以代替燃烧化石燃料来大规模生产能量。对于核裂变能,若采用现在的堆型,得到的也只是短期的能源,而且公众的接纳程度低。大规模发展核电需要解决的关键问题是:① 裂变资源问题:^{235}U在铀中的含量为0.11%,一座标准核电站每年用铀30 t、浓缩铀1.5 t,而一座火电站每年需用3.5×10^6 t标准煤。② 核安全问题:核事故,1979年美国三里岛核事故,20万人撤出该地区,其后核电站的建设被停止。32年后,美国核管会只批准了2座核电站的建设。1986年苏联切尔诺贝利核电站事故从反应堆中泄漏出的放射性裂变产物散布到几个国家,周围2×10^5 km^{2}的环境被污染,造成600万人被迫迁移。2011年日本福岛发生核反应堆事故,所产生的核废水至今无法处理,周围的环境被严重污染。③ 核废物处置问题:一座标准核电站每年产生乏燃料20~25 t,高放废料4 m^3,中放废料20 m^3,预计到2025年,我国累计核电废料为1.9×10^5 m^3,其间每年增加1750 t。由于这些原因和不利因素的影响,一些国家放慢或取消了裂变核电站的发展计划。因此,核能发展的关键因素是如何解决核燃料资源的获取、高放核废料的处理和核安全的问题。

核聚变能是通过元素周期表中的轻元素的同位素之间发生的核反应释放出来的。如果两个可聚变的核有足够的能量,它们就能克服相互间的静电排斥力,彼此接近到足以使短程吸力的核力产生作用。这样的核能够聚合,形成一个复合核,然后将它分裂成总质量比原始燃料核轻、质量比燃料核高的反应产物。这种聚变反应就是太阳及恒星的能量来源,并且已经在像氢弹这样的核武器中被利用。

人们希望一种合理地设计和建造的聚变反应堆使人类能够利用这种恒星的能量,同时又可消除或大幅度减少其他能源所带来的缺点。这一愿望促进了世界范围对聚变能研究和开发的努力。聚变能的前景促使所有主要的工业化国家积极参与这项始于20世纪50年代初期的研究和开发工作,也促使了国际热核聚变实验堆(International Thermonuclear Experimental Reactor,ITER)计划的诞生与持续推进。

1.3 中国能源需求预测

能源是社会发展的物质基础，能源状况制约着一个国家经济的增长速度。目前我国能源的状况是：人均消费水平低、能耗高且以煤为主。我国煤资源居世界第一，截至1994年我国年产煤为1×10^9 t，是全国能源需求量的3/4。2010年，我国总能耗约需2.77×10^9 t标准煤，其构成为：煤炭46.1%，石油44.7%，水电4.6%，天然气2.9%，核电1.1%。据2021年1月发布的《我国“十四五”能源需求预测与展望》(北京工业大学)的统计数据，从我国一次能源生产看，非化石能源消费的比重在逐步上升，原煤、原油、天然气、一次电力生产占比分别为67%，6.7%，6.1%和19.5%。预计到2050年，我国人口达到15亿，人均能源消耗提高到2.7吨标准煤/年，电力装机容量需1500 GW，是目前的4倍。我国是世界上最大的发展中国家，也是能源生产和消耗大国。

2019年8月22日，中国石油集团经济技术研究院发布《世界与中国能源展望(2019年)》(下称《展望》)报告称：在基准情景下，随着经济结构优化，城镇化提升速度放缓，中国一次能源需求增速将放缓：2015—2020年，一次能源需求年均增速为2.4%；2020—2025年，年均增速为1.1%；2035—2050年，年均增速为−0.2%。中国一次能源需求将在2035—2040年进入峰值平台期，峰值为4×10^9 t标准油左右(5.7×10^9 t标准煤)。2035年前，因能源需求基数大，中国对世界能源需求增长的贡献将超过15%；中国一次能源需求占世界总需求的比重稳定在23%左右。预测在2035年后，中国能源需求逐步回落，带动世界一次能源需求增速整体回落。《展望》称，未来中国能源需求结构将呈非化石能源、油气、煤炭三足鼎立之势。2035年和2050年，中国非化石能源需求占一次能源需求的比例预计将分别升至28%和37.8%；煤炭占一次能源需求的比重分别降至40.5%和30.7%；油气占比在2035年和2050年均基本保持在32%。作为世界上最大的发展中国家，也是能源生产和消耗大国的中国，要在总体经济实力上达到发达国家水平，仅靠目前我国以煤为主体的能源结构，不可能支持国民经济的长期高速发展。

石油是我国的重要能源之一，油气资源严重短缺是一个既定的事实。根据2008年的调查资料，我国石油人均可采储量只有2.6 t，仅相当于世界平均水平的11.06%；天然气资源人均可采储量只有1047 m^3，仅相当于世界平均水平的4.33%。我国原油产量1996年达到1.5×10^8 t，2020年突破1.95×10^8 t大关，进口原油5.4×10^8 t。我国石油消费已居世界第二位，占全国能源消费总量的22%左右。

煤炭仍是我国保障能源供应的基础能源，但是我国的煤炭资源的前景并不乐观，人均可采储量只有89.8 t，仅相当于世界平均水平的55.26%，相当于OECD(经济合作和发展组织)国家的22.49%，相当于美国的10.18%。自2012年以来，我国原煤年产量保持在3.41×10^9～3.97×10^9 t水平。目前，我国一次能源总产量为3.97×10^9 t标准煤，为世界第一能源生产大国。我国已经基本形成了煤、油、气、电、核、新能源和可再生能源多轮驱动的能源生产体系。尽管可再生能源很多，且理论上是取之不尽的，但不幸的是，它们的潜力有限。可再生能源遇到的天然障碍是能量密度低和/或随时间起伏不定，这意味着需要储能，从而再次降低效率并导致极高的成本。在中欧，在水平面上太阳总日照量为100～1100 kW·h/(m^2·a)，相应于本地区平均太阳日照度为114～125 W/m^2。目前仅能提取出一小部分——用现代工艺的光电池最多为10%～20%。这意味着需要大量的土地和材料投入，即使将来效率提高到50%，也难以满足经济和社会发展的需要。

2020年联合国气候峰会上，中国做出了“2030年碳达峰，2060年碳中和”的承诺并制定了“2030年非化石能源比重达25%左右”等目标，这对我国未来经济和能源发展提出了更高的要求。能源系统贯穿社会、经济、生态环境等各个领域，作为应对气候、环境和资源问题的主要阵地，必将肩负更大的历史使命。可控核聚变作为前沿颠覆性技术，是我国核能发展“热堆-快堆-聚变堆”三步走战略的最后一步，将能为“双碳”目标的实现提供有效的解决方案。预测我国未来能源的需求与缺口(图1.2)，推动可控核聚变技术攻关，已被纳入《中共中央、国务院关于完整准确全面贯彻新发展理念做好碳达峰碳中和工作的意见》。

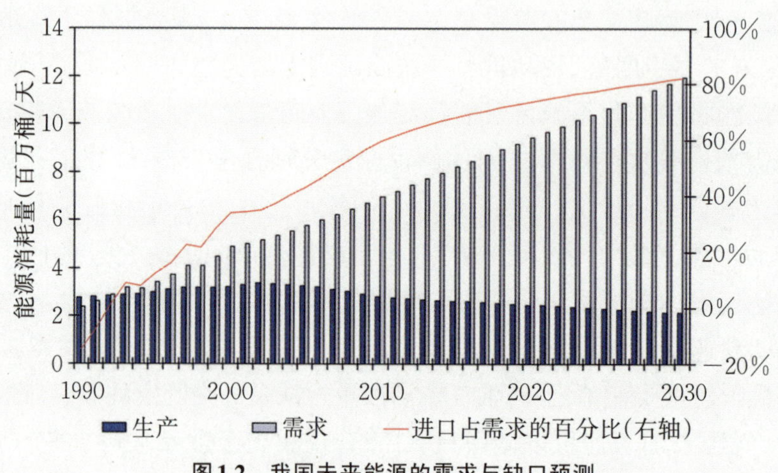

图1.2　我国未来能源的需求与缺口预测

1.4 替代能源——核能

核能分为裂变能和聚变能两种，一个较重的原子核分裂成两个较轻的原子核的过程叫裂变，裂变过程中放出的能量叫裂变能；与之相反，由两个较轻的原子核，聚合成一个较重的原子核的过程叫聚变，所释放出的能量叫聚变能。目前人类已经可以控制裂变过程，让它为人类服务，这类应用有核电站、核潜艇等。我们每天沐浴的阳光，是太阳自发的核聚变反应所释放的能量，氢弹爆炸的原理亦然，只不过氢弹是在没有控制的一瞬间，把巨大的能量一下子释放出来，所以很具破坏性。而人类要想和平利用核能就必须想办法控制它，让它按照我们的意愿、有节制地把能量释放出来，这叫可控核聚变。核电站使用的裂变燃料是自然界中唯一易裂变的原子核 ^{235}U，可是在天然铀里，它的含量仅为0.7%，也就是1000个铀原子中，只有7个 ^{235}U，其余99.3%是不易裂变的 ^{238}U，核燃料"燃烧"后，会排出大量的废料，称作乏燃料。已探明，我国铀矿储量只能支持到下世纪初。

快中子增殖堆虽能利用部分 ^{238}U 或者 ^{232}Th，提高铀或钍的资源利用率，但其燃料增殖周期较长。此外，无论热堆还是快堆，所用裂变燃料铀的资源也十分稀缺。

自1954年利用 ^{235}U 的核电站建成以来，裂变能源技术已日臻成熟。核电因其成本与煤电相近，燃料运输量小、环境污染小，已成为重要的能源。在法国、比利时、韩国、瑞典等国家，核电已是支柱能源。20世纪末全世界运行的核电机组就已达441个，总装机容量已达 3.56×10^8 kW，在全球供电量中所占比重为16.1%，在全球一次能源中所占比重为6.7%。目前世界上已有17个国家的核电在本国总发电中比重超过25%，其中发达国家核电所占比重，法国为77%，韩国为38%，日本为36%，英国为21%，美国为21%，加拿大为12%。

美国在营核反应堆94座，净发电能力为96.6 GW，2019年核电占比为20%。原有4座AP 1000型核反应堆在建，但其中有2座被取消，原因在于过去十几年中，美国已有的核电站维护极好，使用率大幅提高。2014年，美国核反应堆数量达到峰值，为104座；2016年，美国第一个投入运营的核电站成功运营了20年。尽管如此，近年来美国在营核反应堆数量还是出现下降，原因很多，包括气价下降挤压核电、市场自由主义、可再生能源发电过度补贴以及政治运动等。1986年发生在苏联的切尔诺贝利核事故，损坏的裂变动力工厂反应堆中泄漏出的放射性裂变产物散布到周边几个国家，受此影响，许多计划好的核动力工厂被取消。

法国是当之无愧的核电大国，在营核反应堆56座，净发电能力为61.4 GW，2019年核电占比为71%。2015年法国出台一项政策，希望到2025年将其核电占比减至50%，目前该目标已宽限至2035年。法国能源部部长表示，原计划不太现实，不仅可能增加该国的二氧化碳排放量，而且将威胁供电安全并引发失业问题。法国计划重启境内的核反应堆建设，目前已有1座核反应堆在建设中。

加拿大在营核反应堆19座，净发电能力为13.6 GW，2019年核电占比为15%。除了其中1座，加拿大的18座核反应堆均位于安大略省；10座核反应堆将进行升级，升级后的核反应堆使用寿命将延长30～35年。核电的利用使加拿大2014年成功戒除煤电，成为全球电力构成非常清洁的国家之一。

德国仍有6座核反应堆在运行，净发电能力为8.1 GW，2019年核电占比为12.5%。日本福岛核事故后，德国在弃核方面表现激进，计划到2022年退出核电，同时推进堪称全球最具雄心的能源转型计划。但相关数据显示，计划执行几年来，德国的减排量未能明显减少。2011年计划推出时，德国燃料燃烧排放的二氧化碳达到7.31亿吨，但到2018年，德国仍排放了6.77亿吨二氧化碳，在全世界排名第七。2021年12月31日，德国政府关闭了剩余的6座核电站中的3座，并认为核能不是一种可持续能源。

英国在营核反应堆15座，净发电能力为8.9 GW，2019年核电占该国总发电量的16%。2006年，英国政府发文决定更换该国老旧的核反应堆，代之以新核电技术。

俄罗斯在营核反应堆38座，净发电能力为28.6 GW，2019年俄罗斯核电在该国发电总量中占比为20%。2016年俄罗斯政府决定到2030年建成11座核反应堆，2020年初，俄罗斯在建核反应堆有4座，总计将新增4.8 GW发电能力。据报道，俄罗斯计划到2033年前推出首座制氢核电站，到2036年前投入工业运行。

阿根廷在营3座核反应堆，净发电能力为1.6 GW，2019年核电占比为6%。

巴西在营2座核反应堆，净发电能力为1.9 GW，2019年核电占比仅3%。

印度在营核反应堆23座，净发电能力为6.9 GW，2019年核电占比为3%。印度政府大力发展核电，2010年确定2024年14.6 GW核能发电的目标，2020年初，印度有7座核反应堆在建，合计发电能力为5.3 GW。

日本在营核反应堆33座，净发电能力为31.7 GW，2011年福岛核事故后，截至2020年初，仅有9座核反应堆重新运营，另有17座仍处于待重启阶段。2011年前，日本核电占比为30%；2019年，核电占比降至8%。

韩国在营核反应堆24座，净发电能力为23.2 GW，2019年核电占比为26%。韩国目前有4座核反应堆在建，另在阿联酋投建4座核反应堆，计划再建两座核反应堆。韩国在核反应堆设计领域的研究也相当深入。

巴基斯坦在营核反应堆6座，净发电能力为2.3 GW，2019年核电占比为7%，另有

1座核反应堆在建。

伊朗在营核反应堆1座，净发电能力为0.9 GW，2019年核电占比为2%。由俄罗斯设计的VVER-1000型核反应堆正在建设中。

阿联酋，在营核反应堆1座，净发电能力为1.3 GW，另有3座核反应堆在建。

我国自20世纪90年代开始发展与建设核裂变电站并取得了长足的进展，具有自主知识产权的"华龙一号"作为第三代核电技术的代表堆型已经走向世界。至2021年底，我国并网核电机组53台，总装机容量5.463×10^7 kW，累计发电4.1×10^{11} kW·h，在电力结构中占5%(相当于减少燃烧标准煤1.25×10^8 t)。预计到2030年，我国核电在运装机容量达到1.2×10^8 kW，核电发电量约占全社会总发电量的8%。预计到2035年，我国核电在建和运行的装机容量将达到2×10^8 kW，发电量占全社会总发电量的10%左右。根据我国国民经济发展规划对能源的需求，设想到2050年，将我国核电占总电力生产10%、20%、30%，作为我国核电发展的低、中、高三个目标(表1.2)。

表1.2　我国核能发展规模预测

方案	核电占总电力比例	核电发展规模	占一次能源的比例	规　模　水　平
低	10%	1.2×10^8 kW	6%	接近目前法国核电的两倍
中	20%	2.4×10^8 kW	12%	目前美、法、俄三国核电之和
高	30%	3.6×10^8 kW	18%	超过目前全世界核电总和

我国在运在建核电机组分布在21个核电站，其中霞浦、漳州、太平岭、三澳、徐大堡5个核电站为新建核电站，尚没有在运核电机组，我国核电站分布在沿海8个省份，分别是辽宁、山东、江苏、浙江、福建、广东、广西、海南(图1.3)。

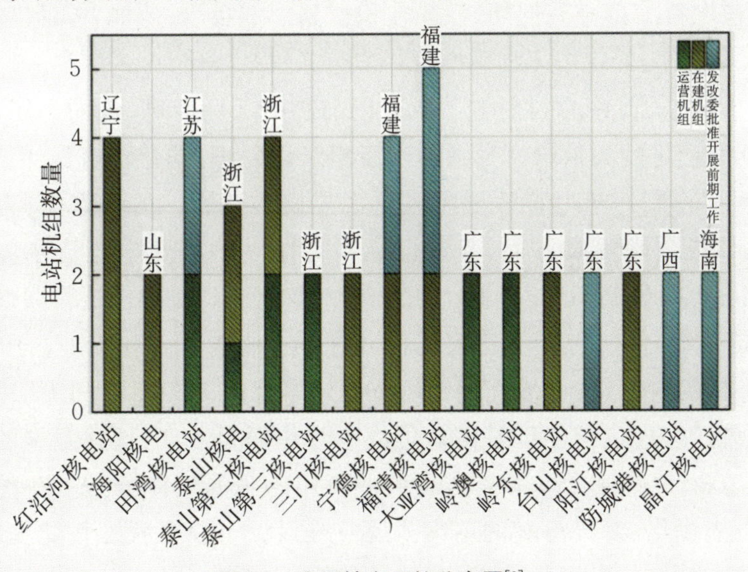

图1.3　我国核电厂的分布图[2]

国际能源署2008年的报告指出，假设2006—2030年，中国的GDP平均增速为6.4%，对应电力需求的平均增速为54.6%，那么到2030年中国需要的电力为8.241×10^{12} kW·h，占世界发电量的25%，面对如此巨大的需求如何解决？基本的假定和估算是：

(1) 2030年我国水电的开发基本完成，装机容量为4×10^{8} kW。

(2) 2030年我国的太阳能、风电装机容量为3×10^{8} kW。

(3) 火电厂由于受资源开采和环境保护限制，产量将逐步下降，2030年消耗的原煤量将不会超过4×10^{9} t。

(4) 到2030年我国的电力缺口将达9.951×10^{11} kW·h，需要建140座百万千瓦级的核电厂的装机容量来补充。

一方面，由于我国对未来能源需求量巨大，即使裂变核电发展达到高目标，其在一次能源中的占比也只有18%左右，仅能起到重要的补充作用。另一方面，从绝对数量来看，我国未来核电发展规模将是空前的，其高目标将超过目前全世界核电总和。

可部分利用^{238}U的快中子增殖堆虽能大大提高铀的利用率，但存在着安全、成本及技术上很多问题，而且其增殖燃料能力有限，难以满足迅速增长的核能需求。与混合堆相比，快堆需要很大的首次钚装料，例如120万千瓦的“超凤凰”快堆，要装4吨核燃料，所以它的高速发展受钚储量的制约。混合堆不需要投入^{235}U或^{239}Pu等核燃料，可直接用天然铀(钍)或核工业中积存下来的贫铀(钍)、乏燃料。其次，快堆的倍增周期较长，要经过6年甚至30多年才能增殖出一座相同功率的快堆用的核燃料。因此一座快堆增殖的核燃料除自身消耗外，只能在积累到一定量后，才能“养活”一座快堆。一座百万千瓦(电功率)的快中子增殖堆可年增殖钚数百公斤。

需要指出的是，现在的裂变电站所采用的热中子反应堆，铀的利用率低，不到百分之一，由此所产生的大量长寿命放射性废料难以处理，同时铀资源储量在我国并不丰富，这些因素将制约核电在我国未来更大规模的发展。另一方面，更为安全和经济的第四代核电技术发展方面，我国已经站在世界的前列。钍基熔盐堆核能系统(Thorium Molten Salt Reactor Nuclear Energy System，TMSR)，是第四代先进核能系统的6种候选系统之一，包括钍基核燃料、熔盐堆、核能综合利用3个子系统，具有高固有安全性、核废料少、防扩散性能和经济性好等特点。2017年11月，中国科学院和甘肃省签署第四代先进核能钍基熔盐堆战略合作框架协议，预计我国的钍基熔盐堆核能系统于2030年后在全球率先实现商业应用。高温气冷堆是另一种第四代反应堆，是一种石墨慢化、氦气冷却的球床式反应堆设计。根据我国核能发展“热堆—快堆—聚变堆”三步走的发展战略，聚变能被称为人类未来的永久能源，在聚变能商业化之前，采用聚变-裂变混合堆组成的先进能源综合利用系统，也是一条可供选择的先进核能发展途径。

我国大规模发展核裂变能源，需要寻求能提高安全性，充分利用核资源及高效转化核废物的有效途径。核电站卸出的乏燃料元件含有很强的放射性，而且毒性大、寿命长(其中一些核素的半衰期长达10^4～10^7年)。科学家们曾提出了多种办法，如采取深地层埋藏让放射性核废物自然衰变的处置方案，这种处置存在远期安全隐患，同时乏元件中大量铀、钚及其他有用核素都被当作废物处置掉，浪费了资源。也有提出用热中子嬗变裂变产物、快中子嬗变锕系元素等，这些都不能从根本上解决问题。因此，如何处理来自核电站的核废物一直是国际上亟待解决的一大难题。聚变-裂变混合堆作为体积中子源则有可能是最终处理锕系元素(NP，Am，Cm)和裂变产物(Cs，Sr)等长寿命放射性核废物的装置。

1971年，时任美国原子能委员会主席西博格博士就在《人与原子》一书中指出："毫无疑问，没有核能，人类文明的发展将趋于停滞，有了核能，人类才能进入一个协调的不断进步的新时代。"

1.5 磁约束核聚变概况

太阳的能量来自轻核聚变反应(图1.4)。太阳每秒将6.57×10^8 t氢聚变成氦，亏损的质量转化成巨大的太阳能，成为支持太阳系内一切活动的能量源泉。研究表明，以氢的同位素氘和氚为主要聚变燃料的可控核聚变较容易实现。氘储存在自然界的水中，地球上总水量(主要是海水)约1.4×10^{10} m^3，每升海水中含0.03 g氘，如果在聚变反应中完全燃烧，1 L海水中的氘可产生相当于300 L汽油的能量，而反应产物是无放射性的。氚可用中子与锂的反应不断再生，锂在地球上的储量也十分丰富。一座1×10^6 kW的核聚变电站，每年耗氘量只需304 kg。据估计，天然存在于海水中的氘有4.5×10^9 t，把海水中的氘通过核聚变转化为能源，按目前世界能源消耗水平，足以满足人类未来几十亿年对能源的需求，因此可控核聚变一旦实现，将是一种取之不尽、用之不竭的能源，可供人类享用几十亿年。同时，核聚变能又是一种洁净、安全的能源。聚变燃料是按一定速度和数量加入，任何时候在反应室内的燃料数量都不大，在进行核聚变反应时，即使失控也不会产生严重事故(图1.5)。此外，它不产生二氧化碳和二氧化硫等有害气体，也不会像核裂变那样产生大量裂变产物，核聚变的反应产物是无放射性的惰性气体氦，反应过程中不产生长寿命的放射性废物，只是可能泄漏微量氚和弱辐射中子，激活某些材料，且其半衰期很短。因此，聚变能将是人类可持续发展最理想的清洁且资源无限的新能源。

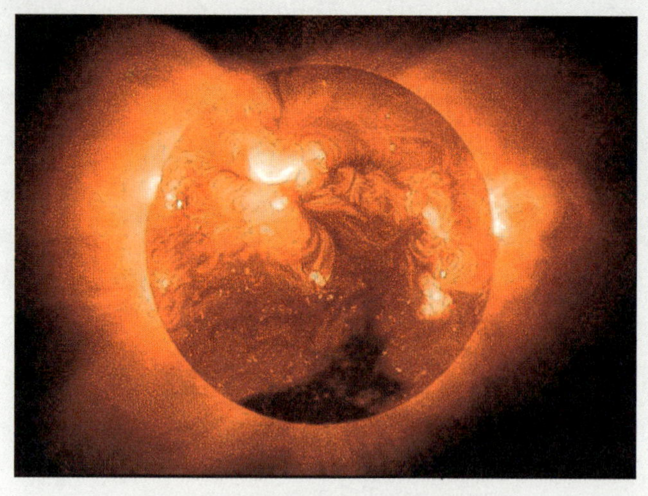

图1.4　太阳的能量来自轻核聚变反应

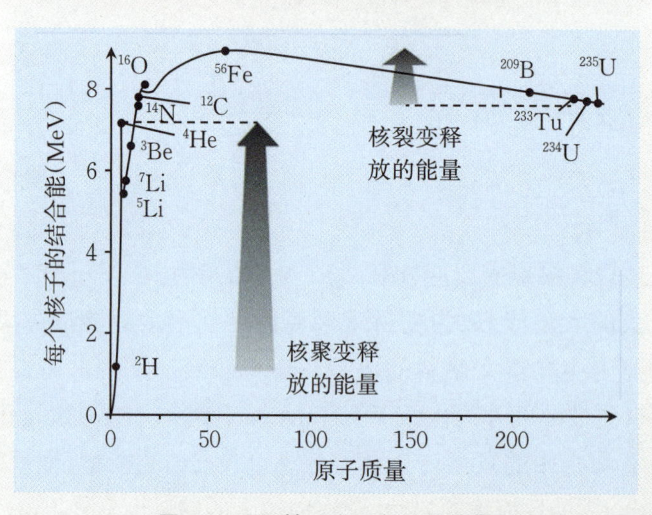

图1.5　不同核反应所释放的能量

在地球上实现持续的轻核聚变反应，需要相当苛刻的条件。它要求产生热核聚变的等离子体维持足够高的温度、密度及足够长的约束时间，即达到劳逊条件（温度×密度×能量约束时间，或称聚变三乘积）。例如，实现氘-氚聚变反应的条件是：等离子体温度达2×10^{8} ℃，同时粒子数密度达$10^{20}/m^{3}$，能量约束时间超过1 s。在这样极高的温度下，所有物质都变成完全电离的气体——等离子体。利用强磁场可以很好地约束带电粒子，将等离子体约束在一种称为真空室的磁容器中，并将聚变燃料加热至数亿度高温，以实现可控聚变反应并获得聚变能，这就是磁约束核聚变途径。

在20世纪50年代，磁约束核聚变的主要途径集中于仿星器、磁镜和箍缩位形。早期的研究集中在英国、苏联和美国，直到1958年之前都是在实验室内秘密进行，之后以和平利用为目的开展的可控核聚变研究所获得的资料核数据被公开。第一次实验室内的可控热核反应是1958年在美国洛斯·阿拉莫斯国家实验室(Los Alamos)的θ箍缩(theta pinch)实验中实现的，这是第一次磁约束等离子体达到足够高的温度和密度，从而产生了可观测到的从受控热核反应中释放出来的中子，受控核聚变的科学可行性得到证实。

环流器作为一种截然不同的约束方式出现于20世纪60年代初期并很快受到广泛关注。1978年科学家在美国普林斯顿的大环流器上进行了一系列的实验，得到了大于7 keV的离子动力学温度，超过了氘-氚聚变反应的理想点火温度(4.2 keV)。20世纪80年代，以托卡马克为主流的聚变取得重要进展，一批大型和超大型托卡马克装置相继建成并投入运行，如美国的TFTR、欧共体的JET、日本的JT-60U、苏联的T-15等。多项聚变工程关键技术迅速发展、高温等离子体的参数逐渐提高，主要物理参数已接近达到为实现受控核聚变所要求的数值。在典型的装置上，聚变燃料已可被加热到2×10^8～4×10^8 ℃的高温，表征聚变反应最重要的参数，劳逊判据已达到1.5×10^{21} keV·s/m^3。这些成果标志着以托卡马克为代表的受控磁约束核聚变在科学上已经获得了验证。

1985年，在美、苏首脑里根和戈尔巴乔夫的倡议以及国际原子能机构的赞同下，一项重大国际科技合作计划——“国际热核聚变实验堆(ITER)计划”得以确立，其目标是要建造一个可自持燃烧的托卡马克聚变实验堆，聚变输出功率可达500 MW。最先由欧、美、日、俄四方联合设计的ITER，于1990年完成了概念设计阶段(Conceptual Design Activities, CDA)设计，1998年完成工程设计阶段(Engineering Design Activities, EDA)设计及部分技术预研，2002年完成减少投资和调整目标的ITER-FEAT设计，进入厂址谈判和签约谈判阶段。2006年，ITER厂址谈判和签约谈判结束，进入建设阶段，预计2029年在法国南部的卡达拉什建成并投入运行。2007年，经全国人大批准，中国以平等伙伴的身份正式参与ITER计划。

自1933年发现聚变以来，包括我国在内的各国科学家积极探索和研究可控核聚变，1991年，欧洲联合环JET装置上第一次实现氘-氚聚变反应；随后美国TFTR装置实现了比JET输出功率更大的氘-氚聚变反应，科学家们受到了极大的鼓舞。由中国、美国、日本、俄罗斯、欧洲、韩国和印度七方共同参与建造的国际热核聚变实验堆(ITER)，投入了大量的经费和精湛的技术力量，目前已进入装置安装阶段(图1.6)。聚变研究正从实验阶段迈向能源开发阶段，预计在2035年前后运行聚变示范堆

(DEMO),2050年前后运行商用聚变堆。可以预料,可控核聚变一旦实现,占地球上3/4面积的大海将成为一个巨大的能源库,人类将一劳永逸地解决能源问题。

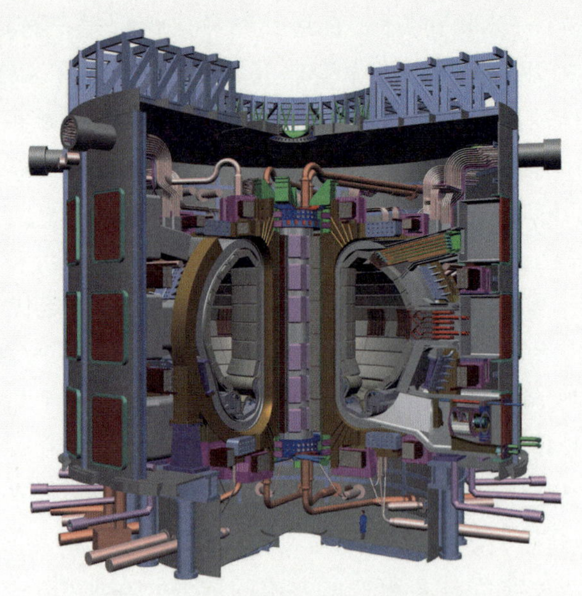

图1.6 国际热核聚变实验堆(ITER)

1.6 惯性约束核聚变概况

聚变能最先是通过惯性约束在氢弹中大量产生的。在氢弹中,引爆用的原子弹所产生的高温高压,使氢弹中的聚变燃料依靠惯性挤压在一起,在飞散之前产生大量聚变反应。但是氢弹爆炸瞬间释放的能量太大,人类难以利用。如果不用原子弹,而是用其他办法,有节奏地引爆一个个微型氢弹,就能够得到连续的能量供应。这种设想,在20世纪60年代激光问世以后,就有了实现的可能性。为了提高激光引爆的效率,一般是对称地布置多路激光,同时照射直径1 mm左右的氘-氚实心或空心小丸。在十亿分之几秒的时间里,激光被靶丸吸收,周围形成几千万摄氏度的高温等离子体组成的冕区,发出比太阳耀眼得多的光芒,使靶丸大部分外层靶材受热向外喷射,由于反冲力形成的聚心冲击波,将靶芯千百倍地压缩,并产生上亿摄氏度的高温。依靠聚心压缩的惯性,靶芯在尚未来得及分散前发生聚变反应。

随着近年来大功率激光技术、粒子束技术的发展,惯性约束聚变研究也取得了重大进展。关于核聚变的“点火”问题，随着激光技术的发展，使可控核聚变的“点火”难题有了解决的可能。目前，世界上最大激光输出功率达到1×10^{14} W，足以“点燃”核聚变。

激光惯性约束核聚变(ICF)是使用激光将高能脉冲聚焦到靶丸上，通过快速加热或压缩一个小靶丸进而产生一系列小的核爆。惯性约束核聚变可在极短的时间内(10^{-7}～10^{-9} s)将大量的能量倾注到一定量的聚变燃料中去，燃料被急剧加热并由于粒子惯性的作用，在其还没有来得及飞出反应区之前，完成聚变反应并且释放出巨大的聚变能。

惯性约束核聚变有两个显著的特点：一是它不需要任何外界的、人为的约束条件；二是整个反应过程极为短暂。因此，它的主要优点是可以模拟热核爆炸以取代耗资巨大的实弹试验，同时也可以代替地下核试验以满足核武器辐射效应研究的需要。20世纪70年代初，美国劳伦斯·利弗莫尔国家实验室(Lawrence Livermore National Laboratory，LLNL)的科学家提出了激光惯性约束核聚变的具体方案，并开展了大量的研究工作。目前世界上有三大激光装置，包括美国的劳伦斯·利弗莫尔国家实验室百万焦耳级的国家点火装置(NIF)(图1.7)、法国波尔多附近的激光兆焦耳装置(LMJ)以及中国的神光-Ⅲ装置。它们都将用于惯性约束核聚变在实验室条件下的可行性研究，包括大量靶物理研究、驱动器研究、制靶技术研究和各种点火方式研究等。

(a) 惯性约束聚变示意图

(b) 美国激光聚变装置

图1.7　惯性约束聚变示意图和美国激光聚变装置

总体上看，目前惯性约束聚变仍处在研究相关物理问题和验证科学原理的阶段。近期的目标是实现燃料的点火并达到科学层面真正意义上的得失相当。而关键性的点火——得失相当的实验还有待于更大型的驱动器投入使用与更先进的靶丸研制成功。激光技术的发展为实现可控热核聚变提供了条件，现代激光技术能产生聚焦良好的能量巨大的脉冲光束。采用多路高强脉冲激光对称地集射到球形氘-氚靶丸上使之加热,表面消融为高温等离子体,高速喷射出来产生强大的反冲力,挤压靶芯,使之温度和密度急剧升高而发生聚变。除了采用激光束外,也可采用电子束或离子束。

1964年,王淦昌院士提出利用激光打靶产生中子的建议。作为可控核聚变的另一种方式,20世纪80年代以来,各国科学家解决了大量技术难题,先后建立了一批不同规模的激光驱动器,如美国劳伦斯·利弗莫尔国家实验室在钕玻璃激光器NOVA上成功地进行了一系列靶物理研究。随后,包括中国在内的世界各国积极开展了激光驱动器的改进和升级。除了激光驱动外,欧洲的射频直线加速器和美国的感应直线加速器也在不断发展中。

美国国家点火装置(National Ignition Facility,NIF)在2012年7月5日实现了输出功率创历史纪录的激光打靶:192路光束向靶传输了波长为0.35 μm、输出能量达1.85 MJ、功率超过500 TW(图1.8)。在建的类似激光装置有法国的兆焦耳装置(LMJ),其能量输出目标与NIF相同,计划2017年进行首次点火实验,但因多种原因该装置的建设步伐已显著放缓。

图1.8　美国国家点火装置(NIF)

2005年，为了确保NIF实现点火，美国国家核安全局(NNSA)实施了国家点火攻关计划(NIC)。NIC于2012年11月30日正式结束。总体上，NIC计划在物理实验方面的进展是显著的，辐射温度和辐照对称性等腔物理指标的实验表征结果达到了设计目标，内爆速度、热斑压力、主燃料密度和面密度等与聚变燃料条件相关的指标接近设计目标，内爆的中子产额高达$5\times10^{14}\sim9\times10^{14}$个。NIC计划的两项关键目标：演示有限的α粒子加热和增益为1的实验室点火，并未实现。

2022年12月13日，美国能源部部长詹妮弗·格兰霍姆宣布，美国劳伦斯·利弗莫尔国家实验室的研究人员利用“国家点火装置总能量为2.05 MJ的192路激光束，将2.05 MJ的能量球对称地输送并聚焦在微型氘-氚燃料靶丸上，产生了3.15 MJ的核聚变能量输出，历史性地实现了净能量增益($G\approx1.54$)。美国NIF团队科学家取得的新成果，从科学原理和工程技术上验证了激光核聚变反应实现净能量增益的可行性，是人类迈向聚变能时代的一个重要里程碑。”当然，目前的突破相对于实现聚变能应用的目标还有很长的路要走。虽然这次NIF实验首次成功实现了与驱动激光能量相比的净能量增益“点火”，但这个“点火”与发电站用的Q值(输出能量与输入能量之比)并非同一个概念，因为产生NIF装置2.05 MJ的驱动激光能量还需要耗费322 MJ电能。显而易见，美国NIF装置此次试验，并没有真正意义上实现输出能量大于输入能量这个目标。

激光惯性约束核聚变技术主要通过惯性约束核聚变的方式来构建大功率的激光器阵列，再通过“激光功率合束技术”，最终可获得定向发射的高能激光束。同普通激光器阵列不同的是，这种新型的激光器阵列采用的是新一代小型化固态激光发生器而不是普通的大型化学激光发生器。因此，该项目在军事方面将会有十分广阔的应用前景。基于该技术，美国开发出了高能的激光反导和反卫星技术。

惯性约束聚变面临的主要问题是：要实现点火和燃烧，需要提高等离子体压力。高密度需要高度对称的高收缩比压缩；同时只有高度对称的压缩物质的惯性(动能)才能有效地转化为氘-氚等离子体的内能，同时达到点火需要的温度和密度。从NIF装置点火物理实验分析看，制约实现点火的两大原因是内爆不对称和混合严重。驱动器能量是制约激光聚变研究的一个重要因素。如果驱动器能量能够提高，那么实现激光聚变点火的难度将会实质性地下降。

小结

能源是人类社会发展和进步的重要基石，它支撑着我们的生产、生活和科技进步。

然而，传统的化石能源在使用过程中产生了大量的二氧化碳和其他污染物，对环境和气候造成了严重影响。因此，发展清洁能源、可再生能源成为了当今社会的迫切需求。太阳能、风能、水能等可再生能源的利用，不仅可以减少对环境的污染，还可以实现能源的可持续发展。

然而，能源问题也面临着诸多挑战。一方面，可再生能源的开发和利用需要大量的资金投入和技术支持，这对于一些发展中国家来说是一个巨大的难题。另一方面，能源的储存和传输也是一个亟待解决的问题，尤其是可再生能源具有波动性和间歇性。

核能作为一种高效、清洁的能源形式，在我国得到了快速的发展，在一些国家也得到了广泛应用。毫无疑问，核聚变能将是人类未来的永久能源，历经半个多世纪的探索，以ITER为代表的磁约束核聚变技术已经取得了突破性进展，为聚变能的商业应用奠定了坚实的基础。

参考文献

[1] 罗思. 聚变能引论[M]. 李兴中，译. 北京：清华大学出版社，1993.
[2] 泰勒. 聚变[M]. 胥兵，汤大荣，译. 北京：中国原子能出版社，1987.

第2章　磁约束核聚变概述

2.1　引言

长期以来，人们针对未来的清洁能源做了大量的研究，其中包括可再生能源，比如太阳能、风能。但是太阳能、风能共同的缺点是，它们都受时间、气候、地域等因素的限制，相对于现代社会对电力的巨大需求来说，只能解决局部问题。未来能实现广泛应用，且可以大规模替代化石燃料的发电方式，就是核聚变能发电。

几十亿年来，太阳为人类提供了光和热，使万物得以繁衍生息。太阳为何能日复一日、源源不断地释放出如此巨大的能量？科学家们曾经为此苦苦探索。根据能量守恒定律，在太阳内部一定存在一个能量源，其产生的能量总量等于太阳表面辐射的能量总量。直到20世纪20年代末，物理学家提出了“核聚变”这一概念。量子力学的建立使人类完整地认识了太阳和恒星的辐射能量是由核聚变产生这一推论，太阳发光发热、维持能量输出的原理终于为人们所知晓。核聚变，不仅是太阳的能量来源，也是整个宇宙运转的能量来源。在太阳的中心，温度高达1.5×10^{7} ℃，气压达到3000多亿个大气压，在这样的高温高压条件下，氢原子核聚变成氦原子核，并释放出大量能量。正是这种核聚变反应，在太阳里已持续了约150亿年，预计还将持续几十亿年。宇宙中的太阳犹如一座巨大的核聚变“反应堆”，100多亿年来无时无刻不在向外输送着能量，为人类提供了光和热。

核聚变，是由两个轻的原子核结合成一个较重的原子核的核反应过程，聚变反应会释放出巨大的能量。核聚变反应是在高温、高密度与高能量约束时间的等离子体中实现的。在所有可能的核聚变反应中,氢的同位素——氘和氚(D-T)的核聚变反应是较易于实现的一种(图2.1)。就单位质量而言,聚变释放的能量要比裂变释放的能量大3~4倍,因此,核聚变能源是更强大的能源。既然太阳和恒星的能量来自聚变,那能不能在地球上实现质量-能量转换,将这种巨大的能量造福于人类?科学家们想了很多种方法,希望在地球上实现“人造太阳”这一梦想。氢弹爆炸利用了氘-氚核聚变反应,其能量是在瞬间一次性释放,无法加以利用,只能作为武器来产生巨大的破坏力。人类要想利用核聚变的能量,就必须使核聚变的反应过程可控。1952年,第一颗氢弹的爆炸成功使人类制造核聚变反应成为现实,间接推动了和平利用聚变能即受控核聚变能源的研究。

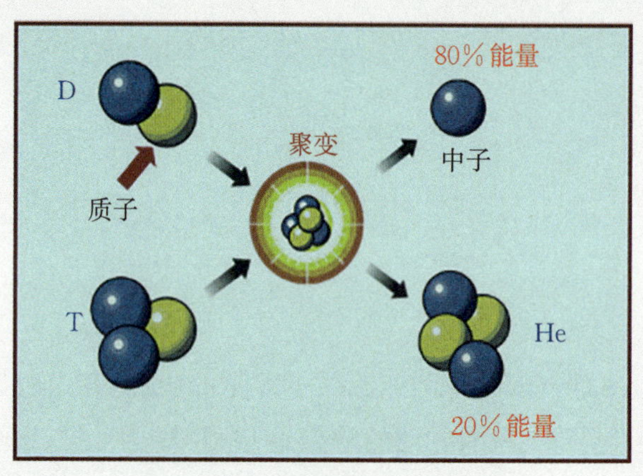

图2.1　氘-氚核聚变反应示意图[1]

受控的核聚变能源研究,是要通过某种特殊的途径,把不可控制的氢弹的瞬间爆炸过程在核聚变反应堆上加以控制,并源源不断地输出核聚变能。这种在地球上可控地实现核聚变反应并将其能量加以利用的开发研究被人们形象地称为“人造太阳”。核聚变能源具有资源丰富的优势。核聚变燃料之一的氘,广泛分布在海水中,而氚不能以游离态的方式存在于自然界,但可以通过锂和核聚变反应产生的中子反应来获得。如果“人造太阳”的愿望成真,那么我们从1 L海水中可提取到的30 mg氘,通过聚变反应就可以产出相当于300 L汽油燃烧释放的能量。占地球表面积70%的海洋中含有的氘燃料,足够人类使用上百亿年。即使以氘-氚为燃料,也可供人类使用约3000万年。相比每千克核裂变发电燃料浓缩铀的成本1.2万美元,每千克核聚变发电燃料氘的成本仅为300美元。相比核裂变而言,聚变反应非常干净,因为聚变就是把两个氢核放在一起,当温度达到上亿度以后,它们就会聚合在一起,产出的一部分是能量,一部分是氦,氦是清洁的。以氘-氚为燃料的核聚变电站,氚是具有放射性的,但它的半衰期非常短(12.3年),而且在聚变堆中将很快被再循环、燃烧。因此,核聚变能源可以说是未来最理想、资源最丰富的清洁能源(图2.2)。

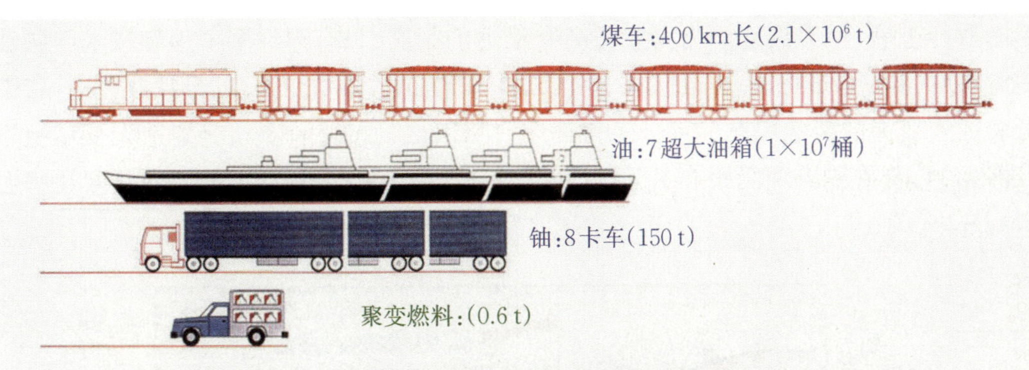

图2.2　1×10⁶ kW电站年消耗燃料

核聚变能也是内在(固有)安全的能源。燃烧等离子体一旦形成,任何运行故障都能使等离子体迅速冷却,从而使聚变反应在短时间内自动停止,这意味着核聚变反应堆本身具有内在的安全性。因此,核聚变能是目前认识到的最终解决人类能源问题的重要途径之一。当没有燃料提供时,聚变反应停止;当聚变反应条件(高温、高压、高密度)不能满足时,反应停止。

国际上核聚变研究最早起源于20世纪50年代初期,英国、苏联和美国最先开始磁约束核聚变的秘密研究,直至1958年在日内瓦举行的第二届和平利用原子能国际会议之前,该项研究一直处于保密阶段。在此期间,美国的聚变研究计划被称为"雪伍德工程",磁约束核聚变的主要研究方向和技术途径都起源于这个时期,包括仿星器,磁镜和箍缩位形等多种约束概念。在阿兹莫维奇领导下的苏联库尔恰托夫研究所的科学家,在第二届等离子体物理和受控核聚变国际会议(卡拉姆,1965年)上首次报告了他们用托卡马克方法取得的历史性成果,令国际聚变界备受鼓舞。这些结果相对于其他环形装置有明显的改进。到第三次国际会议(新西伯利亚,1968年)时,苏联的T-3和TM-3托卡马克装置在等离子体约束性能方面取得的进展,更加引起人们的瞩目,意味着托卡马克途径的前景得到认可。由于这一系列开创性的成功,环流器(Tokamak,托卡马克)磁约束概念在此后逐步发展成为国际聚变研究的主流方案。在之后的几年里,国际聚变研究工作经历了一个快速发展的过程,而大部分研究都是致力于托卡马克途径的。

托卡马克是一种等离子体环形约束装置,其特点是有强大的环向磁场,并与极向磁场相配合,此极向磁场是由流过等离子体的大电流所产生的。图2.3显示了自20世纪70年代以来,在国际主要托卡马克装置上聚变三乘积参数的进展。20世纪70年代初,托卡马克达到的典型参数是电子温度1 keV,离子温度0.5 keV,同时三乘积达到5×10^{20} s/m³。

自20世纪80年代初成功证明聚变动力的科学可行性以来,国际核聚变能的开发不断取得进展,但离聚变动力商业化尚有很远的距离,只有当许多工程和技术问题获得解决后,才能获得实际上的应用。国际热核聚变试验堆(ITER)的设计和建造,将部分验证聚变能的科学问题和部分工程问题,ITER之后的下一步将是建造聚变示范堆(DEMO),着重解决聚变核技术问题,预计在本世纪中叶聚变动力的商业化问题将会得到解决(图2.4)。

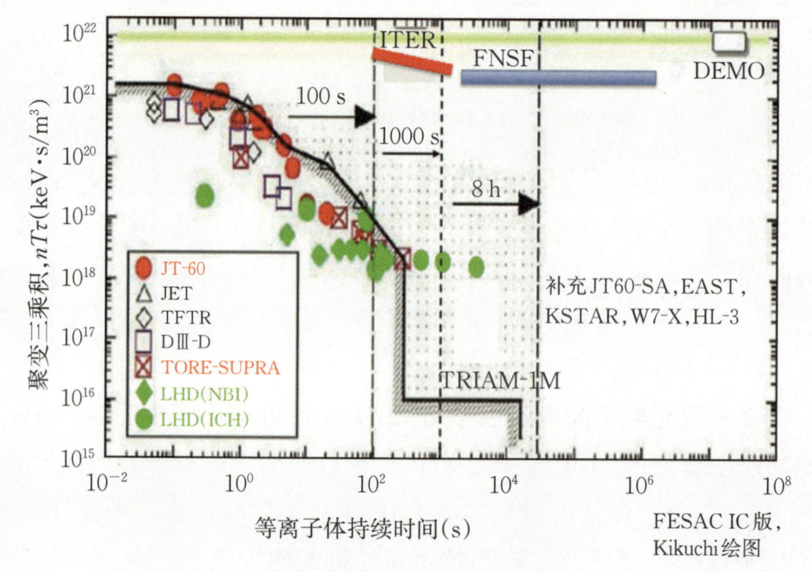

图2.3 聚变三乘积的进展

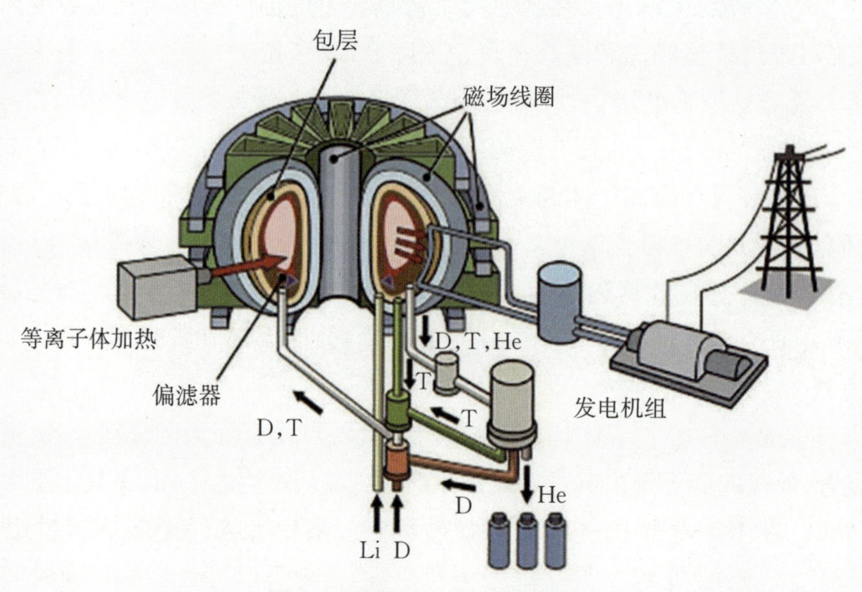

图2.4 核聚变电站系统概念图

2.2 核聚变基本原理

原子核由Z个质子和$(A-Z)$个中子组成。A是核子质量数,Z是核子电荷数。实验表明,原子核的质量小于组成它的Z个质子与$(A-Z)$个中子的质量和,通常把质量差值称为质量亏损。爱因斯坦相对论的质能公式如下:

$$E=\Delta mc^2 \tag{2.1}$$

上式中,E为原子核的结合能,它是由彼此分离的核子形成原子核时所释放的能量。不同核素原子核含有核子的数量、种类不同,其结合能也不同。质量小的两个原子核在一定条件下重新组成一个质量大的原子核,也会释放能量,这就是人类利用核能的另一途径,即核聚变的基本原理。由于原子核都带正电荷,要发生核聚变反应,首先必须克服静电斥力互相靠近。原子核携带的电荷越多,斥力就越大,要发生聚变反应,就要求它必须具有较大的动能。

在各种核聚变反应中,可以作为能源用于核聚变堆的反应必须具有如下特点:具有小的原子核之间的排斥力,即能够在低能量下实现核聚变反应,同时其反应截面积大,且是放热反应。可以考虑的核聚变反应如下:

$${}_{1}^{2}\mathrm{D}+{}_{1}^{2}\mathrm{D}\rightarrow{}_{2}^{3}\mathrm{He}(0.82\,\mathrm{MeV})+{}_{0}^{1}\mathrm{n}(2.45\,\mathrm{MeV}) \tag{2.2}$$

$${}_{1}^{2}\mathrm{D}+{}_{1}^{2}\mathrm{D}\rightarrow{}_{1}^{3}\mathrm{T}(1.01\,\mathrm{MeV})+{}_{1}^{1}\mathrm{p}(3.03\,\mathrm{MeV}) \tag{2.3}$$

$${}_{1}^{2}\mathrm{D}+{}_{1}^{3}\mathrm{T}\rightarrow{}_{2}^{4}\mathrm{He}(3.52\,\mathrm{MeV})+{}_{0}^{1}\mathrm{n}(14.06\,\mathrm{MeV}) \tag{2.4}$$

$${}_{1}^{2}\mathrm{D}+{}_{2}^{3}\mathrm{He}\rightarrow{}_{2}^{4}\mathrm{He}(3.67\,\mathrm{MeV})+{}_{1}^{1}\mathrm{n}(14.67\,\mathrm{MeV}) \tag{2.5}$$

$${}_{1}^{2}\mathrm{D}+{}_{3}^{6}\mathrm{Li}\rightarrow 2\,{}_{2}^{4}\mathrm{He}(22.4\,\mathrm{MeV}) \tag{2.6}$$

$${}_{1}^{2}\mathrm{D}+{}_{3}^{7}\mathrm{Li}\rightarrow 2\,{}_{2}^{4}\mathrm{He}(17.3\,\mathrm{MeV}) \tag{2.7}$$

$${}_{1}^{1}\mathrm{p}+{}_{3}^{6}\mathrm{Li}\rightarrow{}_{2}^{3}\mathrm{He}+{}_{2}^{4}\mathrm{He}+4.0\,\mathrm{MeV} \tag{2.8}$$

$${}_{1}^{1}\mathrm{p}+{}_{5}^{11}\mathrm{B}\rightarrow 3\,{}_{2}^{4}\mathrm{He}+8.7\,\mathrm{MeV} \tag{2.9}$$

这里,${}_{1}^{2}\mathrm{D}$为氘(deuterium),${}_{1}^{3}\mathrm{T}$为氚(tritium),${}_{1}^{1}\mathrm{p}$为质子(proton),${}_{0}^{1}\mathrm{n}$为中子(neutron),${}_{2}^{4}\mathrm{He}$为氦(helium),又称为阿尔法粒子(alpha particle)。

实际上,只有少数几种原子核有可能通过人工方式来实现大规模的核聚变反应,其中最重要的核聚变反应是D-D反应和D-T反应。这些反应是热核爆炸和可控聚变能释放的主要途径，也是相对于其他反应更容易实现的。作为热核爆炸的聚变反应是快速过程，不需要约束反应，作为聚变能源释放需要约束其反应和能量释放过程。还有一些可能的聚变反应(图2.5)，比如D-^{3}He，^{3}He-^{3}He等，要实现聚变反应的条件就要苛刻得多。

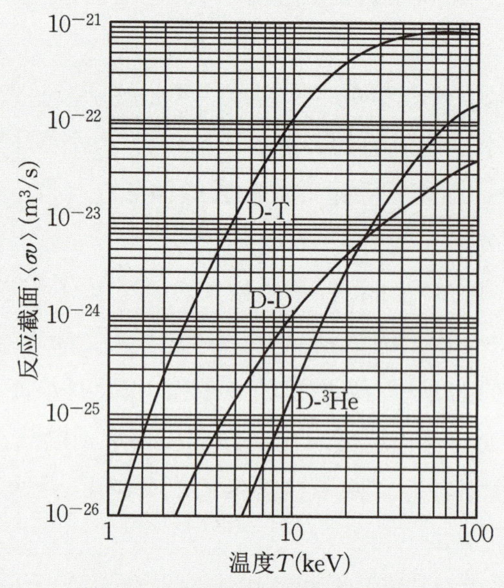

图2.5　几种聚变反应截面与温度

实现可控的核聚变反应，必须是由聚变燃料形成的等离子体达到足够高的温度T，使原子核具有足够的动能，同时必须使等离子体中的核密度n足够高，以提高聚变反应的概率。所以，要实现人工控制的聚变反应是一件十分艰难的事情。

2.3　等离子体约束条件

人类要在地球上可控地实现核聚变反应来直接获得核聚变能的条件是很苛刻的。一是若要求氘、氚混合气体中能产生大量核聚变反应，则气体温度必须达到1亿摄氏度以上。在这样高的温度下，气体原子中带负电的电子和带正电的原子核已完全脱离开，各自独立运动。这种完全由自由的带电粒子构成的高温气体被称为“等离子体”，它是一种绝大部分粒子都已被电离化的气体。因此，实现“受控热核聚变”首先需要解决的问题是用什么方法加热气体，使得等离子体温度能上升到百万度、千万度、上亿度？另外在这样的高温条件下，怎么能够把这些等离子体约束在一个“笼子”（即某种容器）里面，防止高温等离子体逃逸或飞散，让这些原子核能够充分地发生聚变反应，这样就能够利用聚变反应释放的能量来维持其所需的极高温度，无须再从外界输入能量，聚变反应也能自持地进行下去，此时意味着这只“烧”聚变燃料的特殊“炉子”被点着了。表征这个概念的科学术语叫“聚变点火”，就好像用煤气火炬点燃煤炉或户外烤炉，煤气火炬提供外部加热，直到将煤加热到足够高的温度使之自持燃烧。可是约束等离子体的时间越长，技术上越难以实现。如何把1×10^8 ℃的高温等离子体长时间约束起来，让它能够充分反应，这是受控核聚变研究中要解决的最重要的课题。约束时间多长才能实现点火呢？约束时间跟密度有关。为了得到大量的聚变能，等离子体必须有足够的密度（如每立方厘米$10^{14}\sim10^{16}$个）才会有足够多的粒子发生反应，并实现聚变能输出。

图2.6 英国物理学家约翰·劳逊，1957年提出并解释了劳逊判据

英国科学家约翰·劳逊（图2.6）在20世纪50年代详细研究了实现聚变点火必须满足的条件，即所谓自持聚变反应条件：对于氘-氚等离子体而言，α粒子加热等于等离子体热损失。如果用劳逊判据表示那就是，实现氘-氚受控核聚变的等离子体温度要大于1×10^8 ℃（10～20 keV），等离子体密度和等离子体能量约束时间的乘积要大于2×10^{20} s/m^3。考虑温度后的聚变点火条件可写为：

$$nT\tau_E>3\times10^{21}\ \text{keV}\cdot\text{s/m}^3 \tag{2.10}$$

这一判据也称作聚变三重积，它是等离子体温度T、能量约束时间τ、等离子体密度n乘积的函数（图2.7）。在相同等离子体温度条件下，D-T聚变反应具有最高的聚变反应率，且其反应率高出其他反应2～3个数量级。因此，可以说D-T聚变反应是最易实现的核聚变反应。

如果要使高温等离子体中核聚变反应能持续进行，上亿摄氏度的高温必须能长时间维持，一定要让高温的等离子体能够稳定，并且传热比较少、保温比较好，这也是聚变研究很突出的问题。实现点火仅是受控核聚变研究的第一步，其最终目标是使输出的能量超过输入的能量（$Q>1$），才能获得净聚变能，建成核聚变发电站。

在能实现聚变点火的反应堆中，劳逊判据的表达式如下：

$$\eta=\left(\frac{1}{4}n_e^2\langle\sigma v\rangle E_{\text{fus}}+P_{\text{brem}}+\frac{3n_eT}{\tau_E}\right)\geqslant\frac{3n_eT}{\tau_E}+P_{\text{brem}}$$

$$n_e \tau_E = \frac{3T(1-\eta)}{\eta\left(\frac{1}{4}\langle \sigma v\rangle E_{fus} + c\sqrt{T}\right) - c\sqrt{T}} \tag{2.11}$$

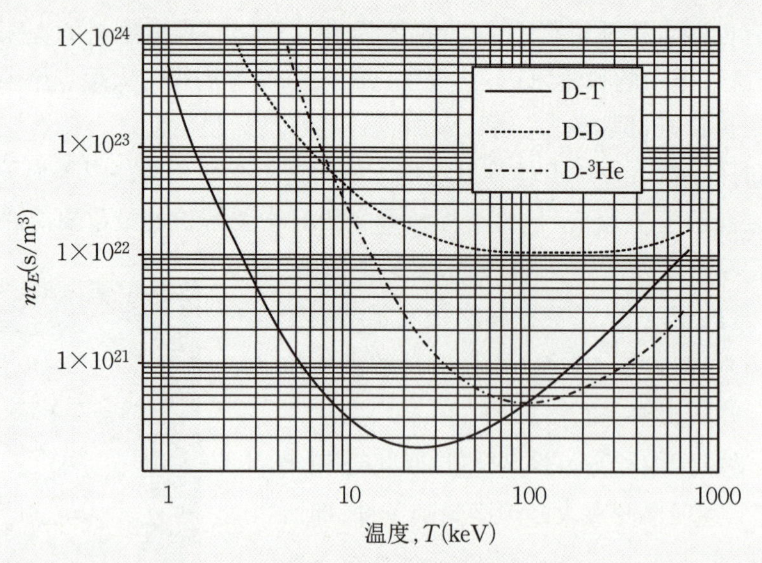

图 2.7　常见聚变反应三重积与温度的关系

在实现能量得失相当的反应堆系统中,不存在任何净电功率的流入和流出,产生的全部电功率都被用于把注入的燃料加热到运行温度和补偿损失,这些损失包括韧致辐射和与未燃烧的燃料的逃逸有关的内能损失。得失相当反应堆的劳逊判据的表达式如下:

$$\frac{3n_e T}{\tau_E} + P_{brem} - \frac{1}{5}P_{fus} = \eta\left(\frac{4}{5}P_{fus} + P_{brem} + \frac{3n_e T}{\tau_E}\right)$$

$$n_e \tau_E = \frac{3T(1-\eta)}{\frac{1}{4}\langle \sigma v\rangle_{DT} E_{DT}\left(\frac{1}{5} + \frac{4\eta}{5}\right) - c\sqrt{T}(1-\eta)} \tag{2.12}$$

在实现等离子体自持燃烧反应堆中,以带电反应产物形式释放所有的能量并保持在等离子体中,可以用来加热低温注入燃料,维持等离子体以克服韧致辐射和内能损失,自持反应堆的劳逊判据的表达式如下:

$$\frac{1}{5}P_{DT} \geqslant \frac{3n_e T}{\tau_E} + P_{brem}$$

$$n_e \tau_E \geqslant \frac{3T}{\frac{1}{20}\langle \sigma v\rangle_{DT} E_{DT} - c\sqrt{T}} \tag{2.13}$$

上述公式中，T为离子温度，P_{fus}为聚变功率，P_{brem}为辐射功率，τ_E为能量约束时间，n_e为电子密度，σ为反应截面，ν为相对速度的大小，$\langle\sigma\nu\rangle$表示两种粒子速度分布的平均值，当两种粒子都处于相同温度的热平衡状态时，$\langle\sigma\nu\rangle$可以采用麦克斯韦尔速度分布计算。

要控制剧烈的核聚变反应，其难度远胜过驾驭一匹挣脱羁绊的烈性野马。科学家研究发现，可以利用磁场来约束聚变，也就是用磁场在燃料与器壁之间形成一个壁垒，通过磁场把带电粒子约束住，防止它们撞击周围的器壁，也就是常说的磁约束核聚变；另一种是迅速压缩并加热原料，在其向外扩展并接触器壁之前就发生反应，燃料的惯性让其不得逃逸，即所谓惯性约束核聚变。因此，核聚变反应堆的研究按约束方式分为两大类：磁约束核聚变反应堆和惯性约束核聚变反应堆。磁约束核聚变堆又分为完全为获得聚变能量的纯聚变堆和利用中子为主的聚变-裂变混合堆。其实现途径有托卡马克聚变堆、仿星器聚变堆、球形环托卡马克聚变堆和串级磁镜聚变堆等（图2.8）。

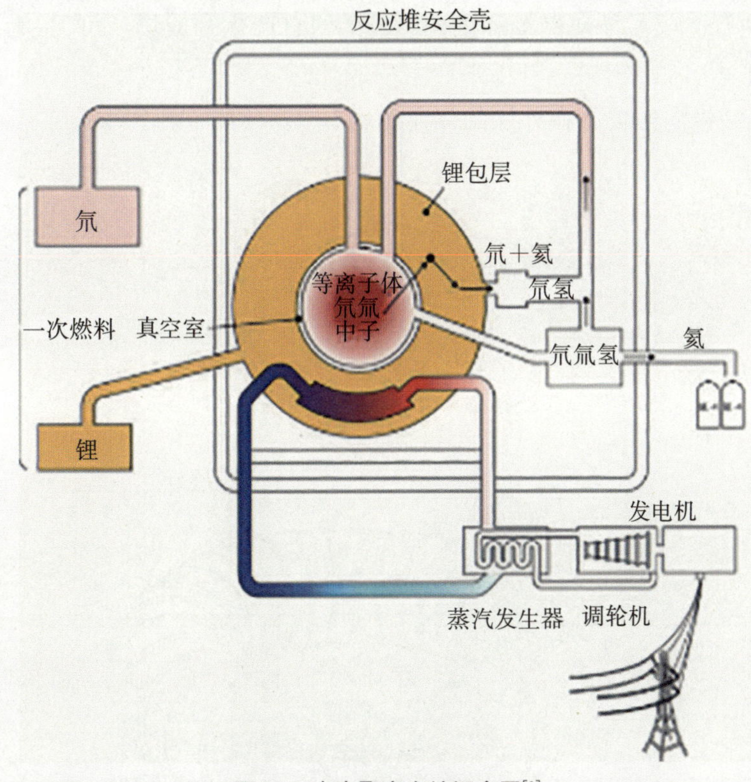

图2.8　未来聚变电站概念图[2]

2.4 等离子体约束与输运

聚变堆的原理是将很热的等离子体约束足够长的一段时间,使离子发生聚变反应。简单地将等离子体置于容器中是不行的,因为等离子体碰到容器壁将很快冷却,从而破坏了维持聚变反应的必要条件。此外,碰到容器壁上的等离子体还会打出高Z的物质,通过辐射损失更加快了等离子体的冷却。为了解决等离子体的约束问题,只能将等离子体放在磁场中,使带电粒子被磁力线所束缚,它们只能沿着磁力线滑动而不能离开磁力线。这就是磁约束等离子体的实质。磁约束有两种主要方案,即开端约束(如磁镜装置)和闭端约束(如托卡马克环形装置)。图2.9为简单的磁镜位形示意图。图2.10为托卡马克等离子体位形,总极向磁场B_p,由等离子体电流产生的场与外加的垂直场组合而成。环向磁场和极向磁场的组合产生合成场。可见,为了得到等离子体的环形平衡,需要外加一电场来产生一股通过等离子体的环向电流,此电流再在R-Z平面产生一极向磁场叠在外加的环向磁场B_T上。

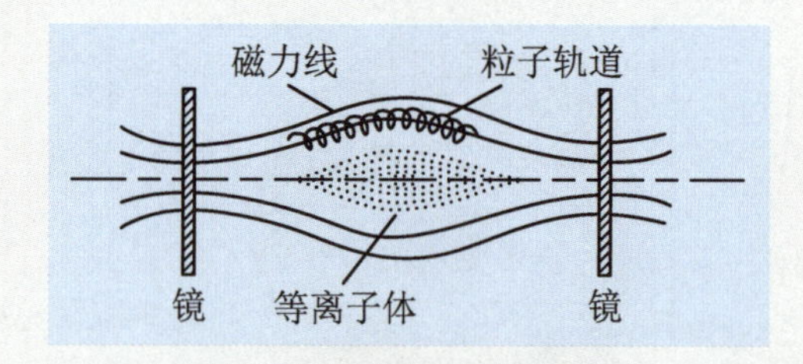

图2.9　磁镜等离子体位形

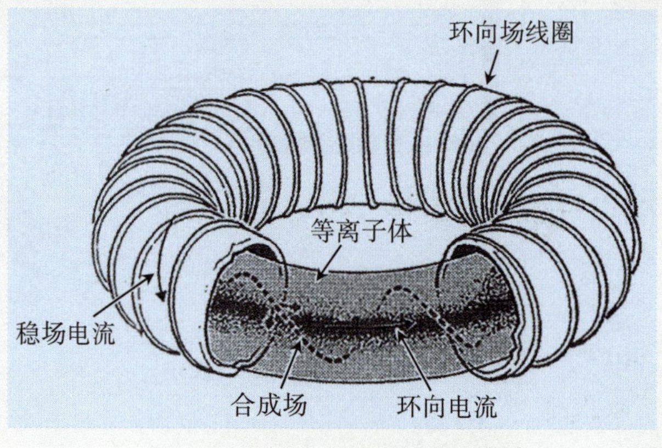

图2.10　托卡马克等离子体位形[3]

图2.11为美国Oak Ridge国立实验室的ISX-B装置运行时的功率流动情况。输入的欧姆加热功率主要传输给温度较高的等离子体中心的电子。电子的能量通过与离子的碰撞平衡、高Z杂质线辐射、韧致辐射以及以粒子向外流和热传导的形式输运到等离子体边缘等过程从等离子体中心损失掉(后一过程中热电子向外流出,由向内流的冷电子流来平衡)。在等离子体边缘,沿磁力线向外流出的粒子将部分输入功率带给限制器(或壁);如果限制器发射次级电子,热传导便带出另一部分功率。在等离子体中心从电子流向离子的那部分欧姆加热功率,又通过电荷交换以及粒子向外流和热传导形式的输运损失到等离子体边缘。在外部等离子体区域,从电子到离子的热可能反向。离子输入功率的其余部分由向外的粒子流带到限制器上,由电荷交换带到壁上。辅助加热时,中心等离子体T_i(离子温度)可能上升到超过T_e(电子温度),此时的热流是从离子传给电子。

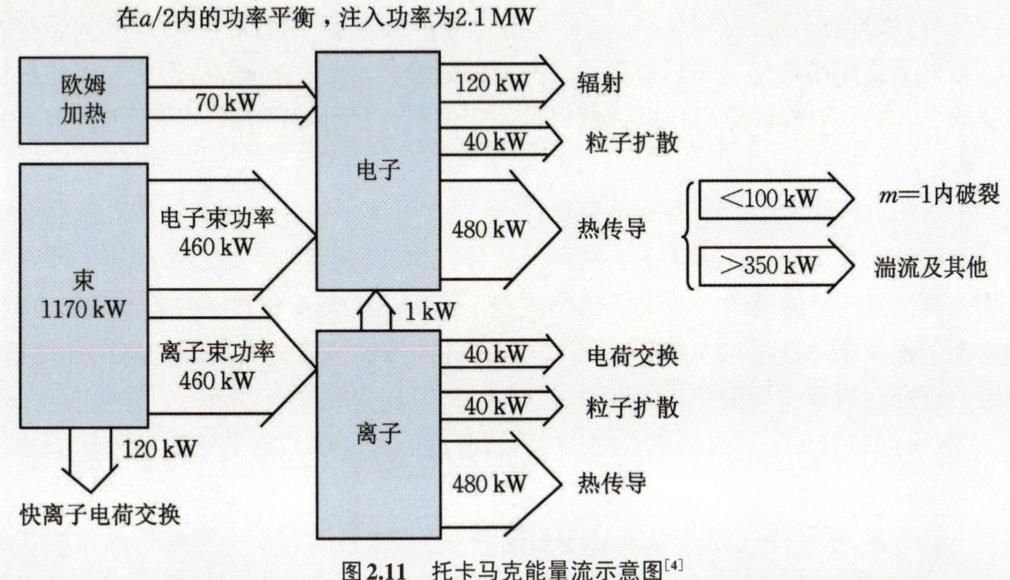

图2.11 托卡马克能量流示意图[4]

2.5 等离子体不稳定性

等离子体的平衡是指等离子体的压力梯度与电磁力达到平衡,一旦这种平衡被打破,就会引起等离子体的不稳定性。

我们知道,磁场能够长时间地约束住单个带电粒子,可是当把许多粒子放在一起时,它们在自身的电荷和电流所形成的电磁场作用下,将以集体振荡形式作整体运动。在一定条件下,振荡振幅有可能很快地增长,在远小于所要求的时间内就破坏了等离子体的约束。不稳定性即等离子体横越磁场的漏泄速率比经典值快得多。在各类不稳定性中,以磁流体不稳定性的危害最为严重,可能导致等离子体的整体崩溃。由于这类等离子体不稳定性与流体力学中的瑞利(Rayleigh)-泰勒(Taylor)不稳定性有相似之处,因此,称之为磁流体动力学(MHD)不稳定性。对于磁镜装置情况,等离子体是重流体,带电粒子沿着弯曲磁力线运动时所受到的离心力相当于重力,它被真空区域的磁场支撑,磁场可以看作是质量密度正比$B^2/(8\pi)$的轻流体。对于圆环装置,等离子体也同样处于"坏的"磁场曲率中,显然也具有"槽纹"磁流体不稳定性。

为了改善这种不稳定性,20世纪60年代初苏联的约飞(Ioffee)等人提出,只要把等离子体区域的磁场曲率反过来,就可以使这种模式的扰动趋于稳定。他们所采取的办法就是沿着磁镜布置一些导体(约飞棒),各个导体的电流交替反向,则合成磁场对大部分等离子体区域具有"好的"曲率。这种新的磁场位形是一种磁阱,即中心处的磁场强度最小。沿着对称轴磁场强度仍然保持一定的值,以免破坏对磁镜约束十分重要的粒子磁矩绝热不变性。

我们在考虑等离子体平衡和不稳定性时,是把等离子体作为一个整体。这种宏观不稳定性起因于作用在等离子体上的不平衡体积力,其表现方式是整个等离子体做偏离其平衡位置的整体运动。等离子体的微观不稳定性由速度分布函数的性质来决定,它的产生是由非麦克斯韦尔(Maxwell)分布和各向异性速度分布引起的自由能储蓄。微观不稳定性通常是用简正模分析法来研究,其表现方式包括:增长波、电磁辐射、湍流、输运增加和等离子体组分的加热,它不是通过等离子体偏离平衡态的整体运动方式来表现的。

一般而言,系统平衡是指系统处于平衡状态。例如,热力学平衡是指热力学系统在热学、化学和力学上均处于平衡状态。等离子体的平衡是指等离子体的压力梯度与电磁力达到平衡。等离子体一旦失去平衡,就会产生各种不稳定性,使聚变反应难以持续进行。磁约束核聚变等离子体存在的典型不稳定性有:① 交换不稳定性,是流体中的瑞利-泰勒(Rayleigh-Taylor)不稳定性在等离子体中的表现形式;② 腊肠形不稳定性;③ 扭曲不稳定性;④ 微观不稳定性;⑤ 电阻不稳定性等。等离子体的不稳定性是发展和验证磁约束核聚变的主要难点,由于各种不稳定性的存在,使等离子体的运行和控制变得极其复杂。

2.6 等离子体加热

核聚变等离子体必须满足温度足够高、密度足够大、约束时间足够长的条件才能获得净功率的输出。为了产生大量的核聚变反应,氘-氚核聚变燃料的动力学温度必须达到10 keV以上,需要将等离子体从近乎室温开始,加热到核聚变反应产生的能量足以维持运行温度为止。由于实验等离子体还不能通过核聚变反应产生大量的能量,因此,如何通过外部手段来加热等离子体是受控核聚变研究中的一个重要问题。

假定等离子体为准电中性,并且离子和电子的动力学温度相等,使等离子体内能维持在定态所需的功率为:

$$P=\frac{6\pi^2 r^2 R n_i T_i}{\tau_E}\,(\mathrm{W}) \tag{2.14}$$

式中,r为等离子体小半径,R为大半径,n_i为离子数密度,τ_E为能量约束时间,T_i为离子动力学温度。由式(2.14)可知,在启动和点火阶段,必须通过外部辅助加热功率的方式加热等离子体,当等离子体达到定态燃烧条件后,这一功率需求必须由带电核聚变反应产物的加热来满足。

根据式(2.14),假设一个D-T聚变动力堆,其小半径$r=1.5$ m,大半径为$R=5$ m,离子数密度$n_i=10^{20}/\mathrm{m}^3$,离子动力学温度为10 keV,能量约束时间为0.5 s,这一反应堆将需要213 MW的定态加热功率。一旦等离子体被加热到点火温度,带电反应产物提供的能量就可以代替加热等离子体的作用,实现没有外部加热条件下的等离子体自持燃烧。因此,式(2.14)所表示的二级加热功率只是在初始启动阶段才需要提供的外部能量源。

托卡马克装置通过在等离子体中激发电流,同时产生磁场约束等离子体,利用等离子体电流产生的焦耳热来加热等离子体。随着等离子体温度的上升,焦耳加热功率随之降低。因此,必须要有辅助加热手段来维持和提高等离子体的温度,达到实现核聚变反应所需要的条件。对等离子体的辅助加热也称为二级加热(图2.12)。

目前等离子体的辅助加热手段主要有:欧姆加热、中性粒子束注入加热、射频波加热(离子回旋共振加热和电子回旋共振加热)、低混杂波电流驱动、高能带电粒子加热以及磁电加热。等离子体加热的目的是:提高等离子体温度、提高等离子体参数、电流驱动控制等离子体剖面,提高等离子体品质。图2.13展示了ITER二级加热功率分布,

ITER上采用的二级加热类型和功率见表2.1,其中,20 MW的低杂波加热将在ITER计划的后期投入使用。

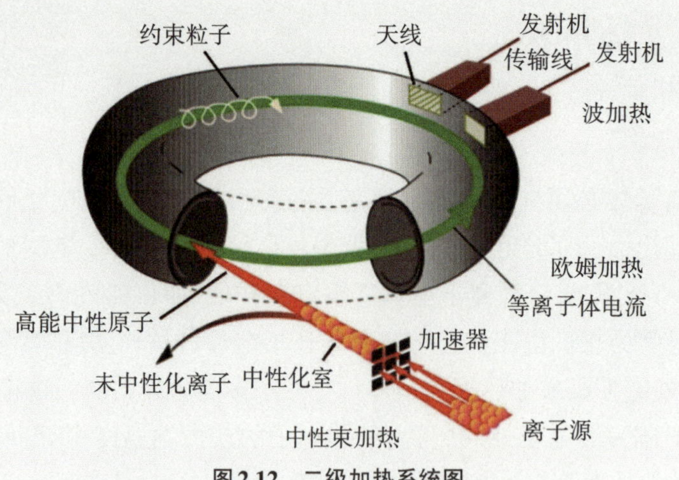

图2.12　二级加热系统图

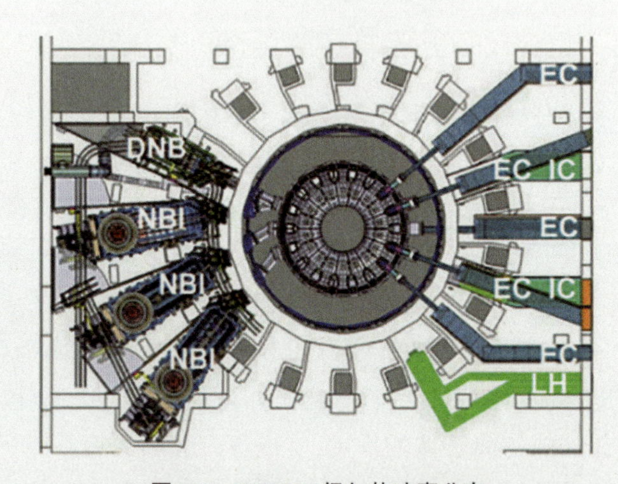

图2.13　ITER二级加热功率分布

表2.1　ITER二级加热类型和功率

加热类型	功率(MW)	频　率	目　　　的
中性束(NBI)	33	直流	加热离子,电流驱动控制剖面
电子回旋共振(ECRH)	24	30～170 GHz	加热电子,电流驱动剖面控制及NTM抑制
低杂波(LW),后期	20	1～4 GHz	加热快电子,边缘电流驱动
离子回旋共振(ICRH)	20	20～80 MHz	加热离子与电子,中心电流驱动

2.6.1 欧姆加热

欧姆加热是托卡马克等离子体加热的主要手段,使外加驱动电流在磁约束等离子体中流动,并通过焦耳热耗散来加热等离子体。在磁约束等离子体中欧姆加热有两种典型的方式,如图2.14所示。图2.14(a)是外驱动电流在Z箍缩位形中的流动情况,其中长圆柱形等离子体位于两个电极之间,两电极与一高压电源和一开关相连,当开关闭合时,大电流将沿等离子体轴向流动并加热等离子体。第二种加热方式设计如图2.14(b)所示,被用于环形等离子体的加热中。当图中开关闭合使初级线圈通电时,等离子体本身就相当于变压器的单匝次级线圈。使用变压器的欧姆加热通常用于环流器装置中,有的用铁芯变压器,有的则用空芯变压器。在环流器中,欧姆加热电流I_z在最大的实验装置中是以兆安培为单位的,它除了提供欧姆加热外,还起着稳定等离子体的双重作用。

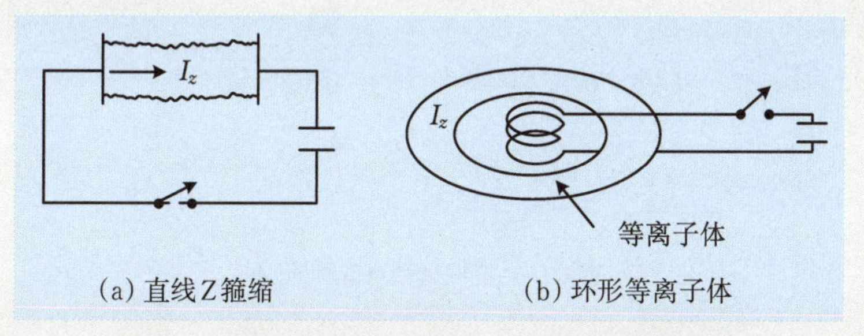

图2.14　直线Z箍缩和环形等离子体欧姆加热原理图[5]

欧姆加热的缺点之一是能量耗散在电子中,而电子只与离子弱耦合。因此,为了使能量传递给离子,离子和电子的约束时间必须等于离子-电子平衡时间。

2.6.2 中性束加热

由于欧姆加热对等离子体温度的限制,在环流器实验中还必须用到其他加热方法。中性束注入(Neutral Beam Injectiion,NBI)是一种高效的等离子体加热方法,是工艺难度最小而又能使等离子体动力学温度提高到1 keV以上的一条有效途径,已被广泛应用于等离子体试验中。在这个过程中,高能离子首先被转化为高能中性粒子束,然后注入等离子体中。这些高能中性粒子通过与背景等离子体碰撞,转化为高能离子并被磁场捕获。随后,这些高能离子通过库伦碰撞与等离子体中的离子和电子进行能量交换,从而提高等离子体的温度,实现对等离子体的加热。国际上对中性束加热的研究已经比较充分，其基本的物理数据也比较齐全。但随着中性束加热功率的提高，其技术成本也快速增加。此外，由于存在中子通量的限制以及氚投料量、反应堆部件的活化等问题，中性束加热在核聚变装置上的应用受到诸多制约。

典型的中性束加热装置的基本原理如图2.15和图2.16所示。直流电压为V_0的高压功率源提供MW量级的直流电功率，V_0由特定应用所需的离子能量来决定。直流电功率主要消耗在离子源中，离子源由产生所需离子的等离子体放电室和被空间电荷限制的平板二极管组成，平板间有宽度为d的加速空间，可以将离子加速到所需的电势。离子束在离开离子源时，其组成的绝大部分都是所要求种类的单电荷离子，通常是氢的同位素。然后，高能离子进入装有适当中性气体的气体室，在气体室中，离子束接收交换电子。束部分转化为高能中性原子，但还有相当一部分在离开中和气体室前仍保

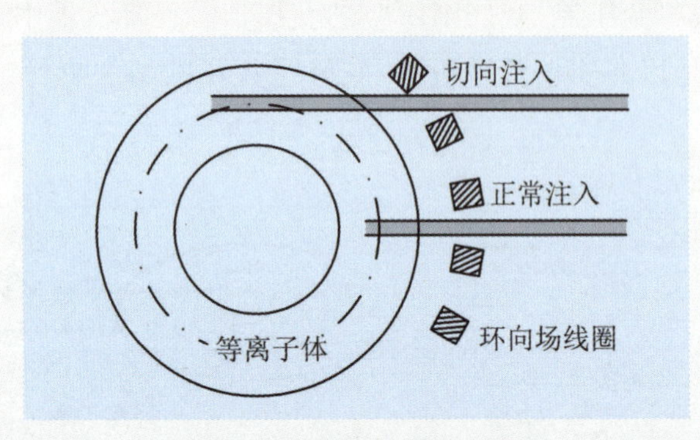

图2.15　中性束加热基本原理

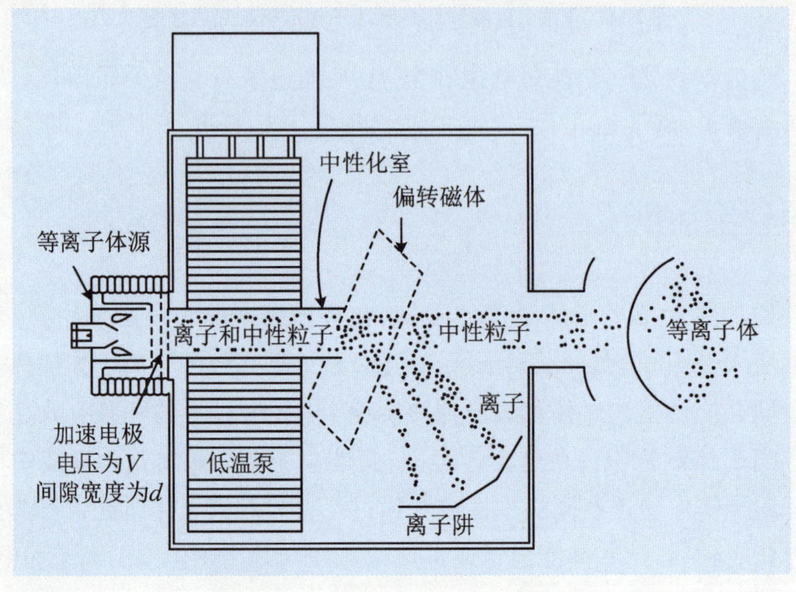

图2.16　中性束加热装置示意图

持离子状态。为了去除束中的未中和离子，通常使束通过一个转向磁体，以把束中没有中性化的离子反射到水冷束阱中，或反射到直接转换器中，在那里离子束将被直接转化为直流电功率。高能中性束在转向磁体的磁场中不受影响，继续沿着束的原方向进入等离子体约束区所在的磁场，然后高能中性束在等离子体中重新电离，在那里被磁场捕获，同时把能量传递给等离子体中的电子和离子。

在离子源的总输出功率中，射向等离子体的离子只有30%左右会同时把自身的能量交给等离子体中的离子和电子。中性束加热的另一个困难是较大的束输送管截面暴露给等离子体，如果在等离子体中正在进行产生中子的聚变反应，中子会沿着中性束输送管道跑出来，并与中性束的源部件相互作用而使之被活化。事实上，如果有14 MeV中子沿中性束管逃逸的话，则整个中性束源就必须用1 m或更厚的物质来屏蔽。尽管中性束加热还存在许多缺点，如中性束源和等离子体之间必须开孔，但在当前的实验中其仍是一种方便且通用的技术。表2.2列出了几个主要核聚变装置对中性束的要求。

表2.2 几个主要核聚变装置的中性束注入参数

装　置	粒子束能量(keV)	中性束注入功率(MW)	粒子束脉冲长度(s)
D-111	80	7~10	0.5
TEXTOR	50	6	3~10
TFTR	120	20~25	0.5~1.5
T-15	80	6~9	1.5
JT-60	75	15	10
JET	80	10	5
MFTF	80	—	30
INTOR	150~200	75	5~10

ITER的中性束注入主要参数如表2.3所示，计划使用能量为1 MeV的氘束。HL-2A和ITER的中性束注入系统分别如图2.17和图2.18所示，量热仪是通过热量来测量中性粒子功率空间分布的装置，维修保养时会采用插板阀在保证真空的情况下将其拆卸下来。

表2.3 ITER的中性束注入主要参数

序号	项　　目	参　　数
1	束粒子种类	D^0或者H^0
2	束能量	1 MeV(D^0)
3	入射功率	33 MeV(2台)，将来50 MeV(3台)
4	束电流	40 A(D^-束/离子源)
5	束入射时间(脉冲宽度)	3600 s

图 2.17　HL-2A 的中性束注入系统

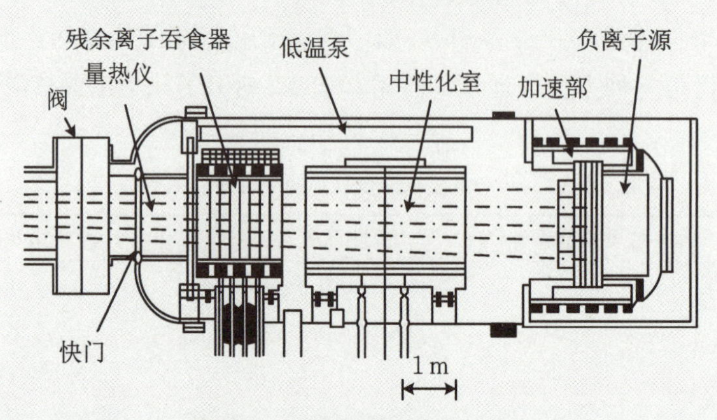

图 2.18　ITER 的中性束注入系统

正离子源中性束注入系统经过不断的大功率化发展，在 JT-60、TFTR、JET 等大型核聚变实验装置上都以其作为主要的加热手段。

负离子源中性束注入系统与正离子源中性束注入系统相比，工作原理和基本组成是相同的（表 2.4），但有若干不同的特点[6]：

（1）负离子源中性束注入系统的工作气压相对要低（⩽0.3 Pa）。

（2）由于其系统的工作气压低，因而负离子流的密度也相对低。

表 2.4　负离子束生成方式

序号	区　别	方　式	特　　　征
1	直接生成	二重电荷交换	正离子束从能够获得电子的碱金属蒸气中入射通过后得到负离子束
2	间接生成	表面生成	在工作函数较低的固体表面使正离子转变为负离子来得到负离子束
3	间接生成	体积生成	在等离子体中通过激发态分子得到负离子束

(3) 负离子束的中性转化效率高,对于气体靶中性化效率约为60%。

(4) 负离子束的中性化器和剩余离子束排除系统的结构与正离子束有较大的差别。

日本的大螺旋环装置(LHD)上应用的就是负离子源中性束注入系统,其负离子源生成的是180 keV、30 A的氢束。日本的JT-60U装置上的负离子源中性束注入系统,生成的是500 keV、22 A的氘束。

2.6.3 射频加热

射频(Radio Frequency Heating,RF)功率加热等离子体的方法是通过振荡的电磁场,把外部射频功率源耦合给等离子体或电子。这种振荡电磁场的频率可从甚低频率(1~10 kHz)到回旋频率(100 GHz)以上,前者对应于碰撞性磁泵加热,后者对应于电子回旋共振加热。

图2.19给出了一个典型的射频加热系统的示意图,它由一个射频源、一条传输线、一个陶瓷真空窗以及某种天线结构组成。天线结构装在一个或多个窗口内侧或者平镶在这些窗口上。辐射功率借助电磁波或静电波向等离子体内部传输,最后这个功率必须以热能形式消耗掉。一般来说,总的RF源的电效率为40%~60%。等离子体与RF相互作用除了实际的整体加热外,RF功率还可以用来控制等离子体的性质。

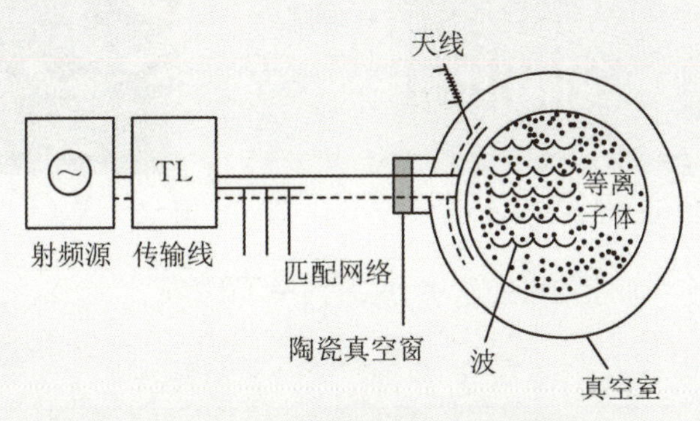

图2.19 典型的射频加热系统示意图[7]

根据驱动频率增加顺序,主要射频加热手段有以下5种:

(1) 碰撞性磁泵加热:碰撞性磁泵加热是通过一个长为L、环绕等离子体的线圈来实现的,线圈由外部振荡以一回旋频率驱动。

(2) 射频共振加热(RFRH)。

(3) 离子回旋共振加热(ICRH),如图2.20所示。

(4) 电子回旋共振加热(ECRH)。

(a) HL-2A

(b) C-Mod

图 2.20　离子回旋共振加热(ICRH)天线

(5) 低杂波加热(LHRH),如图 2.21、图 2.22 所示。

图 2.21　HL-2A 低杂波(LH)加热天线

图 2.22　ASDX 低杂波(LH)加热天线

表 2.5 列举了射频加热的可能作用,重点列举了 10 项。

表 2.5　射频加热的可能作用

1	对整体等离子体加热	6	通过 RF 引起的加速度使捕获粒子去捕获
2	对双成分托卡马克的尾部加热	7	通过 RF 产生的湍流增加直流电阻率
3	通过局部加热改善径向温度分布	8	由于准线性效应而产生 DC 电流
4	通过调制 RF 载波进行反馈控制	9	RF 堵塞磁镜(即 RF 约束)
5	通过局部加热和监测热脉冲的对流来测量输运系数	10	由于等离子体表面附近的 RF 引起附加的电离和热输运使密度增高

表 2.6 描述了用于射频加热的频率和源的分类。

表 2.6　用于射频加热的频率和源的分类

加热种类	频率特征	耦合器(天线)	源	技术要求
电子回旋共振(ECRH)	~100 GHz	波导或喇叭	回旋管	F:28~35 GHz,200 kW F:600 GHz,200 kW
低杂波(LHRH)	1~8 GHz	波导成列(栅格)	速调管	MW/管子,连续波
离子回旋共振(ICRH)	50~100 MHz	线圈(脊形波导)	管子	MW/管子,连续波
阿尔芬波	1~10 MHz	在真空容器中的线圈	管子	MW/管子,连续波
阿尔芬波	0.1~1 MHz	在真空容器中的线圈	管子	MW/管子,连续波
飞行时间磁泵	1~10k Hz	在真空室外的线圈	振荡	MW/管子,连续波

2.6.4　电子回旋共振加热(ECRH)

电子回旋共振加热(Electron Cyclotron Resonance Heating,ECRH)是磁约束核聚变领域一种重要的辅助加热手段,其基本原理是利用高功率毫米波与等离子体共振,将波的能量传递给等离子体,从而进行等离子体加热和调控等。由于电子回旋波频率很高,因此能实现局部加热(图2.23),能够适用于MHD不稳定性和电流分布控制。常见的ECRH系统主要由波源系统、电源系统、传输与天线系统、控制系统及冷却系统等组成。在射频加热系统中,ECRH被广泛应用。

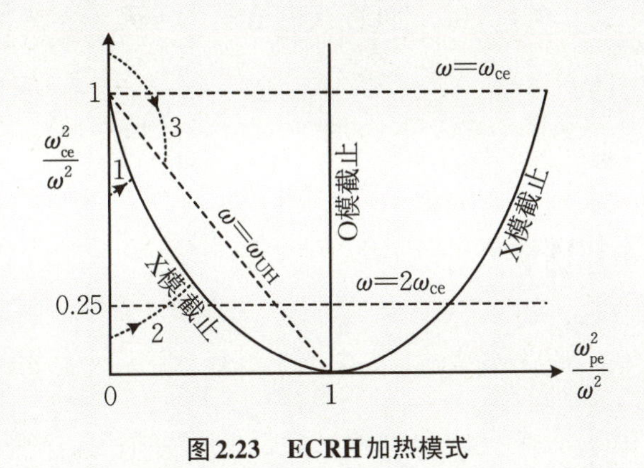

图 2.23　ECRH 加热模式

电子回旋共振发生在电子回旋频率:

$$\omega_{\mathrm{ce}} = \frac{eB}{m_{\mathrm{e}}} \tag{2.15}$$

这个频率范围为30~150 GHz。与电子回旋共振加热功率相对应的真空波长在毫米波范围,在等离子体约束体中不需要任何天线和发射结构(图2.24)。在托卡马克装置的初始启动阶段，电子回旋共振被用来加热电子，因为在这个阶段需要加热电子以减少环流器等离子体中用变压器建立欧姆加热电流所需的伏秒要求。

图2.24　1 MW的ECRH电子回旋管

在聚变实验装置中，ECRH波源系统产生的特定频率的高功率毫米波，通过传输线传输到装置附近，然后通过天线系统将微波以特定角度注入等离子体中，最终沉积到等离子体中期望位置。此外，电子回旋波也适用于等离子体的预电离、低电压等离子体的建立等。

2.7　等离子体加料

在聚变堆中，存在着聚变反应产物和未燃烧的固有损失，这些损失必须通过聚变燃料或带电粒子等物质的注入来补偿。聚变堆和裂变堆不同之处在于聚变堆不会消耗掉所有燃料。在聚变堆中燃烧率的典型值是5%～15%，剩下的燃料未参加反应便损失掉了，可通过回收、分离、净化后再注入反应堆中加以利用。

根据聚变反应堆的设计原理，加料可以分为三个阶段：首先，在聚变反应启动前必须在装置内充入一定气压的工作气体，以备放电击穿得到等离子体；然后，在获得等离子体后，必须提高等离子体密度以满足劳逊判据；最后，在稳定工作阶段，需要不断地补充燃料以平衡不断消耗的粒子，维持聚变反应。

在第一个阶段，常规的充气加料技术就可以满足要求。而在其后的两个阶段，加料的复杂程度大大增加。不仅要考虑聚变反应消耗，还要考虑到粒子约束性能。聚变反应装置内的等离子体不断地以粒子约束时间为时间常数向外损失粒子，加料时需要不断地主动补充燃料以维持或提高等离子体密度，并且实时调节反应粒子的相对比例。在这两个阶段，对加料的主要要求是实时和高效。

如果等离子体的体积为 V_p，聚变堆中的离子总数为 N，则可写成[8]

$$N_i = n_i V_p \tag{2.16}$$

为了使离子总数 N_i 维持在一个定态，所要求的粒子注入率为

$$S_i = n_i V_p / \tau_c = 2\pi^2 a^2 R n_i / \tau_c \tag{2.17}$$

式中，τ_c 为等离子体的粒子约束时间。因此，等离子体加料机构必须每秒送 S_i 个离子给等离子体。

研究发现，加料效率是与燃料粒子沉积到等离子体内的深度相关的，当添加的粒子沉积在等离子体的边界区时，在这个区域粒子向外的扩散十分强烈，粒子约束时间短，因此补充的燃料粒子离开等离子体的几率要大于进入等离子体的几率，造成加料效率低。常规充气技术充入的燃料粒子是通过从边界向芯部扩散而实现的。在ASDEX装置上研究不同加料方法的效率实验发现：常规充气与再循环提供的粒子源基本上均集中在等离子体的边界区，在有偏滤器的装置中，因为充气加料时只有一小部分燃料粒子能穿透“刮削层”而不被偏滤器抽走，此时的加料效率会更低。

通过将燃料粒子送入等离子体内较深的部位，可以实现更高的加料效率。这方面的方案包括：中性束、弹丸和喷液以及近十年来发展的小型螺环（Compact Toroid，CT）注入加料技术。

在目前的受控热核聚变研究装置中，常规充气注入以其要求简单、技术成熟的优点，已成为基本的加料手段；而弹丸注入是深度加料到磁约束等离子体的主要技术，它也被认为是将来稳态运行的反应堆上最可能应用的加料手段。

弹丸注入作为一种直接沉积加料技术，相比于常规充气加料有以下优点：

（1）燃料粒子沉积深。

（2）加料效率高。

（3）再循环小。

（4）形成的等离子体杂质少。

（5）用氚作燃料时可以更好地对氚的量进行控制。

此外，弹丸注入是直接沉积加料技术，对注入粒子的能量要求较低，所以自1977年在Ormak托卡马克上第一次实现弹丸注入加料以来，技术发展很快，现已成为当代大中型托卡马克装置中的基本配置，并广泛应用于仿星器和反场Pinch等其他核聚变装置中。

在工程上，已有了可以保证注入器连续工作的可靠方案，处理氚丸的注入器已实际用于聚变装置。近两年来根据消融粒子快速向低场区发生径向漂移的机制，在JET、DⅢ-D、ASDEX-U等世界一流托卡马克装置上开展的高场区弹丸注入研究是实验热点之一。该研究的重要意义在于它可以大大降低聚变堆对弹丸速度的要求，使得目前已较为成熟的1～2 km/s弹丸注入技术可以实际用于聚变堆芯部加料。

在托卡马克实验中观察到弹丸注入显著地提高了等离子体的n值，在TFTR装置上通过弹丸注入欧姆放电实现了$n_e \cdot \tau_E = 1.4 \times 10^{20}$ s/m^3，达到了劳逊判据中对$n \cdot \tau$的要求。JET在D-D反应中，通过弹丸注入在$T_i = 6.5$ keV时实现了$n_D \cdot \tau_E \cdot T_i = 1.3 \times 10^{20}$ keV·s/m^{3}三乘积值，等效D-T参数达到了聚变条件，1995年达到了$n_D \cdot \tau_E \cdot T_i = (7 \sim 8.6) \times 10^{20}$ keV·s/m^{3}的水平。

弹丸注入可以提高等离子体的$n \cdot \tau$值，而辅助加热可以有效地提高等离子体温度T。因此对于聚变研究，实现弹丸注入与辅助加热的良好协同有重要的意义。实验发现：弹丸注入可以有效地调节等离子体的参数分布，改善约束、提高辅助加热效率。利用弹丸注入产生高度峰化密度分布，配合有效的芯部辅助加热，开展关于输运垒物理、边界条件改变等专题研究也是目前的实验热点。1990年前后，在JET装置上利用弹丸注入加料与辅助加热配合实现了弹丸注入高性能模，即PEP（Plasma Edge Perturbation）模，观察到等离子体性能得到了显著改善，中子产额提高3～5倍，进一步实现的PEP-H模兼有PEP模与H模的优点，等离子体芯部约束得到改善且边界输运大幅降低，热核中子产额大大提高。PEP-H模是聚变堆在低电流下以较低的辅助加热实现点火的可选方式之一。JFT-2M通过弹丸注入，低杂波电流驱动的密度极限上升了两倍。

此外，通过研究弹丸消融对等离子体参数造成的局部扰动，观察等离子体的反应及演化过程，可开展对等离子体电流分布、粒子和能量输运的研究工作。

另有一类特别的注入器，专用于在紧急情况下发射出大的杂质弹丸而迅速熄灭等离子体，以免等离子体不稳定性发展到大破裂而损伤装置。这种紧急处理措施对于未来的聚变堆是很有实际意义的，目前JT-60U已建立了一套此类反馈控制系统。

就弹丸注入系统的工程而言，我国研制成功的弹丸注入器，实现了多发弹丸注入系统，发展了弹丸参数测量技术，积累了一套注入器设计、装配、调试及实验的经验，探索并掌握了氢丸及氘丸的成冰工艺条件。氘丸成冰工艺的掌握,为氘丸协同离子回旋共振加热(ICRF)少数粒子加热提供了条件。近年来,研究人员针对高场区弹丸注入技术的发展,开展了弹丸与不同材料表面碰撞损失的实验研究。

在聚变实验装置加料方面,已在欧姆加热条件下对弹丸加料等离子体特性进行了较为深入的研究,发现加料密度特性与弹丸发射条件、等离子体参数、器壁的再循环关系密切。加料技术协同辅助加热实验,包括氘丸注入动态控制氢氘比、离子回旋波少数粒子加热、PEP模放电条件等多项实验研究。

由核工业西南物理研究院技术人员创造性地发展的拉瓦尔喷嘴(Laval Nozzle)充气的超声分子(团簇)束注入SMBI(Supersonic Molecular Beam Injection)加料技术,成功应用于中国环流器一号(HL-1)装置。该项技术已被国际核聚变界所接受和应用。它是一项核聚变加料的创新技术,其加料效果介于常规送气和冰弹丸注入之间,但所需设备较冰弹丸注入廉价、操作简便。超声分子(团簇)束注入加料的原理为:高压气体通过小孔进入超高真空绝热膨胀,气体分子(原子)的热运动能量以及分子的转动能和振动能转化为平动能。气体分子形成超声束流,且束流的速度分布和角分布变窄。因此,注入粒子流的通量密度大大提高。若增加气源的气压并降低气体的温度,则可在束流中形成团簇。由于超声分子束流具备上述特性,在HL-1M装置中加料效率较常规送气增加一倍,获得最高电子密度达$8.2\times10^{19}/m^3$。若在束流中出现团簇时注入深度可达16 cm,并引起密度峰化,等离子体流极向旋转速度提高一倍,边缘扰动被抑制,等离子体能量约束时间增加10%~30%。超声分子束流的注入还能改变等离子体电流密度的分布,形成负剪切位形。

2.8 托卡马克装置

托卡马克,是一种利用磁约束来实现受控核聚变的环形容器,也被称为环流器(图2.25)。它的名字Tokamak来源于俄语“环形、真空室、磁、线圈”的词头。环流器概念是由位于苏联莫斯科的库尔恰托夫研究所的阿兹莫维齐等人在20世纪50年代发明的。托卡马克装置的中央是一个环形的真空室,外面缠绕着线圈。在通电的时候,托卡马克的内部会产生巨大的螺旋形磁场,将其中的等离子体加热到很高的温度,以达到核聚变的目的。

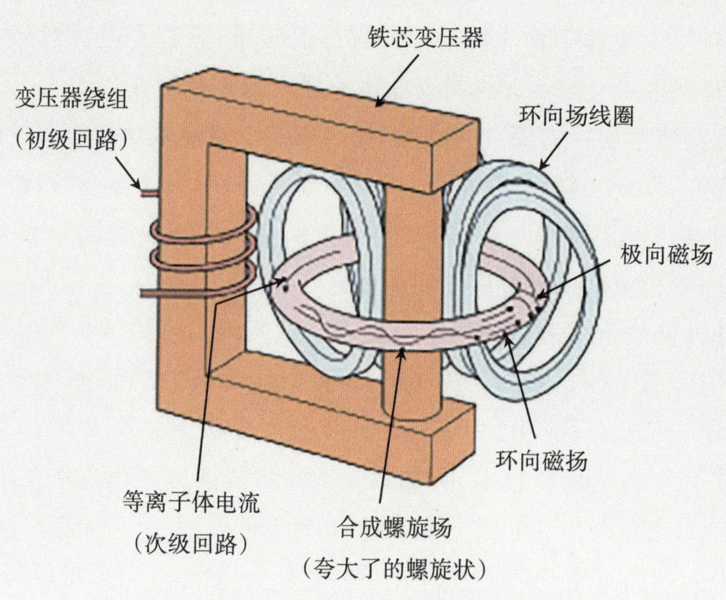

图2.25　托卡马克示意图

托卡马克装置的基本原理如图2.26所示。世界上最早的托卡马克研究成果，是在20世纪60年代由苏联的阿兹莫维齐和他的同事建成的T-3上获得的，首批实验结果数据在1965年9月被公开。

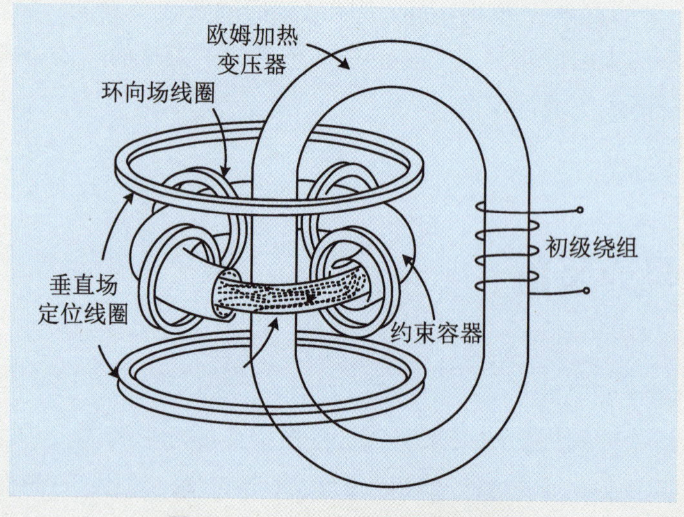

图2.26　托卡马克聚变装置原理图

1968年8月，在苏联新西伯利亚召开的第三届等离子体物理和受控核聚变研究国际会议上，阿兹莫维齐宣布在苏联的T-3托卡马克上实现了电子温度1 keV，离子温度0.5 keV，$n\tau=10^{18}$ s/m^3，这是受控核聚变研究的重大突破，获得了令人震惊的实验数据。

国际聚变界花了几年的时间才承认了在T-3上获得的数据。1968年,英国卡拉姆(Culham)实验室的一个研究小组携带着最先进的激光汤姆逊(Thomson)散射装置来到苏联,并把它安装在T-3环流器上,最后确认了原始数据的正确性,到1969年国际聚变界完全接受了苏联的数据。

在托卡马克装置中,欧姆线圈的电流变化提供产生、建立和维持等离子体电流所需要的伏秒数(变压器原理);极向场线圈产生的极向磁场控制等离子体截面形状和位置平衡;环向场线圈产生的环向磁场保证等离子体的宏观整体稳定性;环向磁场与等离子体电流产生的极向磁场一起构成磁力线旋转变换的和磁面结构嵌套的磁场位形来约束等离子体(图2.27)。同时,等离子体电流还对自身进行欧姆加热。等离子体的截面形状可以是圆形,也可以与偏滤器(位于真空室内部的边缘区域,通过产生磁分界面将约束区与边缘区隔离开来,具有排热、控制杂质和排除氦灰等功能的特殊部件)位形结合设计成D形。

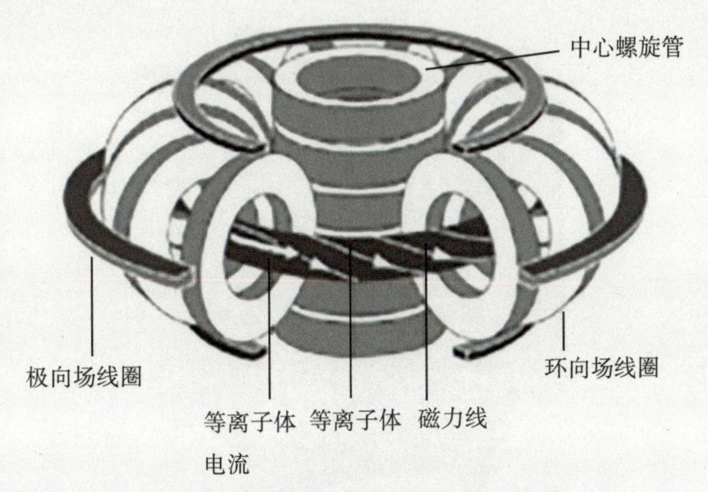

图2.27　托卡马克装置的主要部件示意图

自托卡马克在苏联的库尔恰托夫研究所诞生以来,经过不断的发展,在托卡马克装置上获得了聚变功率输出,使用磁约束的方式获得聚变能源输出的科学可行性得到了证实。世界各国受其鼓舞,掀起了托卡马克装置的研究热潮,托卡马克装置逐步成为受控核聚变研究的主要实验装置。迄今为止,各国先后建立了上百个托卡马克装置。其中,装置规模较大、运行参数较高的托卡马克装置主要有美国的TFTR、欧洲联合环JET、日本的JT-60和美国的DⅢ-D。

托卡马克装置聚变功率的获得,激发了全世界合作开展更大装置规模的托卡马克合作建造和实验的勇气,并因此促进了国际热核聚变实验堆(ITER)计划的诞生与建造。

2.9 托卡马克磁约束核聚变途径

到了20世纪80年代，托卡马克实验研究取得了较大突破。1982年，在德国ASDEX装置上首次发现高约束放电模式（H模）。1984年，欧洲联合环JET装置上等离子体电流达到3.7 MA，并能够维持数秒。1986年，美国普林斯顿的TFTR利用16 MW大功率氘中性束注入，获得了中心离子温度2×10^8 ℃的等离子体，同时产生了10 kW的聚变功率，其中子产额达到$10^{16}/(cm^3\cdot s)$。这些显著进展，使得人们开始尝试获取D-T聚变能。1997年，JET利用25 MW辅助加热手段，获得了聚变功率16.1 MW，即聚变能21.7 MJ的世界最高纪录（图2.28）。

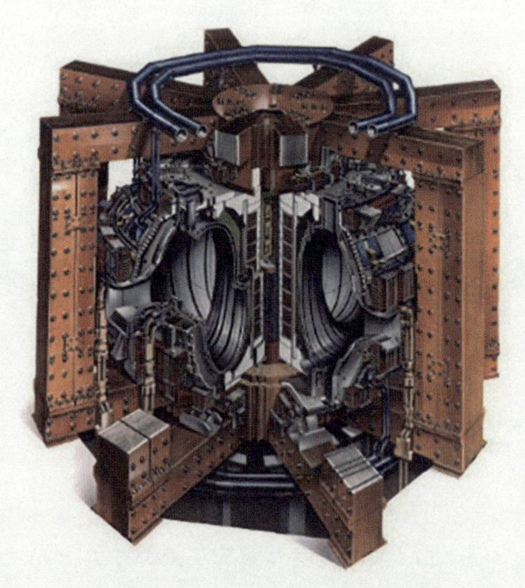

图2.28　欧洲联合环JET装置

值得一提的是，在欧洲聚变研究协议的协调下，欧洲还有很多先进的托卡马克实验装置，例如建造在德国的ASDEX-U、意大利的FTU、英国的MAST等，还有一些其他概念的磁约束实验装置。

美国是世界上聚变研究最活跃的国家之一，其建造在普林斯顿大学等离子体物理实验室的托卡马克聚变实验堆TFTR（Tokamak Fusion Test Reactor）是一个规模较大的托卡马克装置，也是世界上第一座开展D-T聚变试验的装置，世界上第一座被称为聚变反应堆（Reactor）的装置（图2.29）。它的等离子体形状为圆形截面，大半径2.5 m，小半径0.85 m。TFTR采用了托卡马克型核聚变反应堆设计，于1982年完成建造。从1982年到1997年，TFTR进行了大量的D-T聚变实验研究，取得了许多重要的研究成果。其中最著名的是在1994年首次实现了长时间超过一秒的高功率氘-氚聚变反应，产生了超过10 MW的聚变热功率。这项成果对于聚变能研究和未来商业聚变电力发展具有重要意义。TFTR的运营也使得许多关于聚变物理和工程方面的关键问题得到了解答。例如，TFTR证明了托卡马克磁约束技术是可行的，并研究了聚变材料与反应堆壁的相互作用、高温等离子体稳定性、等离子体传输等问题。

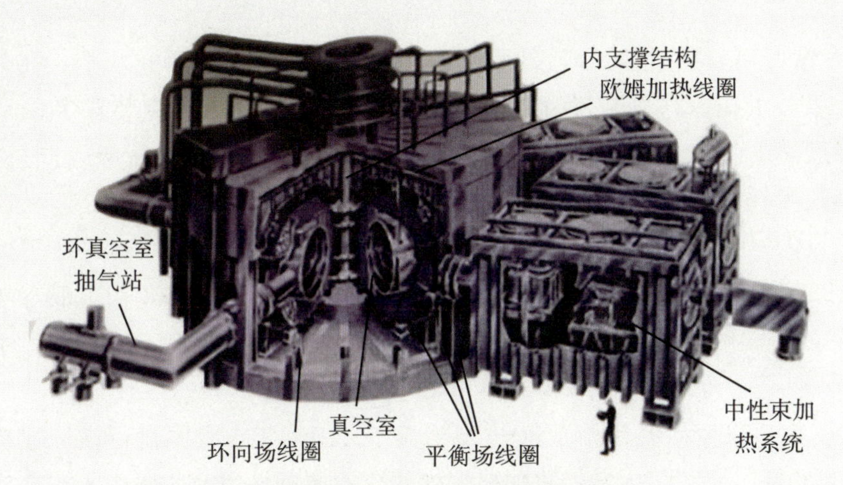

图2.29　美国TFTR装置结构图

虽然该装置紧随JET获得了聚变功率输出后于1997年被关闭，作为美国能源部核能研究项目的一部分，被其他项目替代，但它在聚变能研究领域中的成就仍然具有重要意义，并对未来聚变能研究和商业化应用起到了积极的推动作用。

随后美国在其通用原子能公司(General Atomic，GA)建造的一个装置尺寸较小、但更灵活的装置DⅢ-D(Doublet Ⅲ-D)上，开展了更多的先进托卡马克装置实验研究。DⅢ-D位于美国加利福尼亚州的圣地亚哥，它虽然不能获得聚变功率的输出，但作为世界上最早使用D形截面约束等离子体的托卡马克装置，可以在中等磁场强度的情况下，提高等离子体电流和β值，因此它可以被用来研究未来聚变商用堆的经济性。

日本是世界上探索先进能源途径十分积极活跃的国家。JT-60由日本原子力研究所(JAERI)建造。JT-60是世界上最早使用水平偏滤器的装置，但后期的实验发现这种装置难以获得等离子体的高约束模式，于是将水平偏滤器更改为垂直偏滤器，同时装置升级为JT-60U。JT-60U具有国际最先进的加热和电流驱动装备及诊断设备。JT-60装置的“高频加热”装置是通过电磁波加热等离子体的，通过这种方法已经突破了在短时间内连续运转的难关。JT-60U使用氘作为燃料，获得了聚变功率的输出，折算到氘-氚聚变，其聚变功率输出的增益达到1.3，至今仍然保持着这个纪录。此外，JAERI还建造了JFT系列的小型托卡马克装置。日本另外一个大的聚变研究机构是日本国立聚变科学研究所（National Institute for Fusion Science，NIFS），在磁约束研究方面，NIFS的螺旋装置（仿星器）得到了大力发展并处于世界前沿。和欧洲一起，日本早期大力推进了ITER的联合建造，在ITER开展建造的背景下，日本又获得了在其国土上建造ITER的远程参与控制、数据分析中心的项目。日本和欧洲联合建造一个更先进的面向聚变示范堆（DEMO）的装置JT-60SA，已于2023年建成并投入运行。

苏联（今俄罗斯）具有世界一流的磁约束核聚变装置建造和研究水平。在苏联诞生了世界上第一个托卡马克装置、第一个现代改进约束的托卡马克装置T-3，该装置等离子体温度达1×10^{7} ℃，密度达到$10^{18}/m^{3}$，能量约束时间达毫秒量级。此外，还诞生了第一个超导托卡马克装置T-7、第一个大型超导托卡马克装置T-15等。T-15是苏联时期建设的一座托卡马克装置，是全球首座使用超导磁体来控制等离子体的原型聚变堆，1988年首次实现热核等离子体。ITER计划也是于1985年由苏联和美国首脑最先倡导。苏联解体后，俄罗斯、欧洲和日本是最积极推进ITER计划和建造的地区。

中国的受控核聚变研究起始于20世纪70年代，1984年在我国自行设计建造了中国环流器一号（HL-1）装置，标志着我国核聚变研究由原理性研究阶段迈入规模实验研究阶段；1995年建成了达到国际同类型同规模装置先进水平的中型托卡马克装置中国环流器新一号（HL-1M）；2002年建成了中国环流器二号A（HL-2A）装置并成功投入运行。HL-2A装置是我国第一个具有偏滤器位形的托卡马克装置，装置放电参数达到等离子体电流400 kA、磁场强度2.65 T、等离子体存在时间2960 ms。2020年12月，中国环流器三号（HL-3）在核工业西南物理研究院建成，离子温度的设计值为1.5×10^{8} ℃，等离子体电流设计值为2.6 MA。2023年该装置实现了兆安级H模等离子体电流放电。

中国科学院等离子体所在20世纪80年代先后建成了HT-6B、HT-7托卡马克装置。2006年建成了世界上第一个全超导托卡马克装置EAST。近年来在EAST装置上取得了一系列的重要实验成果，先后实现了等离子体1×10^{8} ℃以及1000 s的长脉冲等离子体放电。在国家磁约束核聚变重大专项计划的支持下，中国聚变界开展了中国聚变工程实验堆（Chinese Fusion Engineering Test Reactor，CFETR）的设计和技术研发工作。

2.10 聚变-裂变混合堆途径

聚变-裂变混合堆被认为是加速聚变能商业化的现实途径[9]。在混合堆中，为了充分利用聚变反应产生的中子，在聚变反应室外的包层中放置 ^{238}U 和 ^{232}Th 等增殖材料，使这些材料在俘获中子后生成 ^{239}Pu 或 ^{233}U 等易裂变材料，或者在包层中放置长寿命放射性废物，使其发生嬗变。混合堆是一种有望在近期实现商业部署的发电技术，但具体时间取决于聚变能系统研究的进展。

混合堆具有下述优势：

(1) 可对锕系元素等长寿命废物进行嬗变。

(2) 提升铀的使用效率，即从同样数量的铀中获取更多能量。

(3) 整个系统具有固有安全性，能够迅速停堆。

(4) 副产品数量很少。

苏联(俄罗斯)首个混合堆设计由 Yevgeny Velikhov 和 Igor Golovin 在 1977 年完成。库尔恰托夫研究所多年来一直在 T-15 及其他实验设施上开展相关研究工作，并将这些设施视为聚变中子源的原型装置[目前正在开展 DEMO-FNS 托卡马克装置和混合堆中试装置(PHP)的设计和研发工作]。该研究所于 2013 年启动 DEMO-FNS 的相关工作，为在 2050 年前建成 PHP 奠定坚实基础(DEMP-FNS)，将利用热核聚变反应产生的中子，将 ^{238}U 增殖为 ^{239}Pu。

20 世纪 80 年代，聚变-裂变混合堆被列入我国国家高技术发展计划(即国家“863 计划”)。

2.11 其他磁约束核聚变途径

2.11.1 仿星器

仿星器最早是由美国理论物理学家、天文学家莱曼·史匹哲教授(Lyman Spitzer)

发明的,在20世纪五六十年代十分流行,现在又逐渐重回人们的视野。

德国国家核聚变计划对先进仿星器十分重视,将其看作是托卡马克途径的“改进”,而非人们常说的“替代”途径。先进仿星器不仅具有可以稳态运行的优点,而且可以利用其特有位形改进边缘区约束。Wendelstein-7S装置已获得很好的实验参数。德国伽兴马克斯-普朗克等离子体物理研究所的研究人员,通过在Wendelstein装置上的系列研究,已经证明了基本的仿星器位形的平衡和约束能力。他们在Wendelstein装置上成功地约束了等离子体,当中断欧姆加热电流而采用中性束加热和仿星器所特有的螺旋线圈产生极向磁场时,仿星器不仅维持了等离子体约束,而且将能量约束时间提高了几倍(图2.30)。

更先进的仿星器是Wendelstein-7X装置(图2.31),于2015年建成,它是目前在建的世界上最大的仿星器装置,造价为10亿欧元。这个装置虽不准备进行氘-氚试验,但将进行堆级等离子体完整的概念性试验。在边缘区研究上,Wendelstein-7X将利用仿星器特有位形来建造2种有特点的边界层,第一种将利用边界层附近磁力线的随机性质来控制能流、粒子流和杂质;另一种将利用很大的磁岛来增强能量和粒子的排除能力。对正在进行研制的Wendelstein-7X仿星器冷却水系统进行了一项功能性试验,试验进行得很顺利。

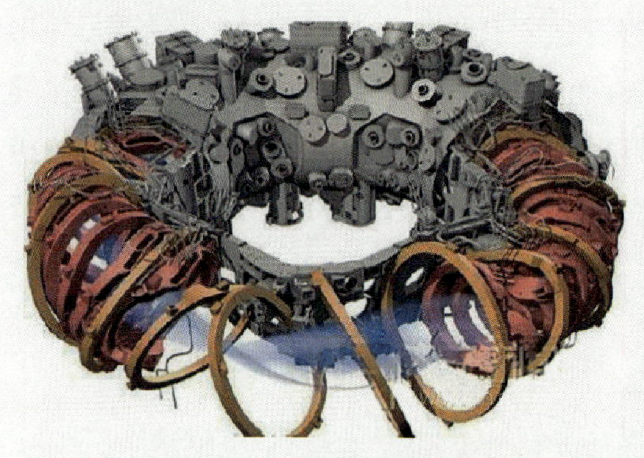

图2.30　仿星器磁体线圈

图2.31　德国仿星器装置Wendelstein-7X[10]

日本国立聚变科学研究所(NIFS)的CHS开辟了实现螺旋途径小型化的道路,研究了等离子体中的电场对等离子体性能的影响,其研究成果也将对托卡马克装置的等离子体约束研究进展作出贡献。与此同时,为提高等离子体性能和验证其稳态运行,日本国立聚变科学研究所开始建造大型螺旋器装置LHD,于1998年开始第一次等离子体运行。LHD主要研究稳态聚变等离子体的约束性能,从而找到解决螺旋等离子体聚变反应堆中物理和工程问题的可能方案。与常规托卡马克装置类似,LHD装置也拥有中性束、离子回旋、电子回旋等加热手段。

LHD装置是日本独有的装有超导线圈的螺旋途径等离子体实验装置，是致力于零纵向等离子体电流的聚变装置。装置外部直径13.5 m，大半径3.9 m，小半径0.6 m，等离子体体积30 m^3，磁场强度3 T、总重量1500 t。在该装置中，双重螺旋状线圈和3对极向线圈均为超导线圈，可在等离子体中心区域稳定产生最大3 T的环向磁场。与托卡马克装置一样，LHD也属于环形磁场约束装置，两者的区别在于，托卡马克在形成磁场位形时，不仅是外部线圈，还需要等离子体电流，而螺旋途径则不需要。由于螺旋途径不需要生成和维持都很困难的等离子体电流，所以可从本质上满足作为实用堆必需条件的稳态运行。

2.11.2 球形环

球形环(Spherical Torus，ST)是一种具有轴对称环形位形的托卡马克等离子体实验装置，其概念由美国科学家Y. K. Peng等于1986年提出[11]。相对于传统托卡马克，球形环托卡马克的环径比A更小($R/r<2$)，因此，也被称为低环径比托卡马克。国际理论和实验研究结果表明，球形环具有较高的比压(20%～40%)和约束性能。

球形环NSTX装置由美国PPPL与橡树岭国家实验室、哥伦比亚大学和设在西雅图的华盛顿大学共同建造，它利用了原TFTR装置的很多设备，特别是为磁体、辅助系统和电流驱动系统提供可靠运行的电源系统(图2.32)。它产生的等离子体的形状为球形，中心有孔，不同于常规托卡马克产生的圆形等离子体。NSTX装置的位形具有若干优势，主要是在给定磁场强度下具有约束较高等离子体压强的能力，由此，可以开发较小的更为经济的聚变反应堆。1999年装置投入运行并首次产生等离子体，获得了装置和运行具有里程碑意义的成果。国际上其他知名ST装置还有俄罗斯的Globus-M2、英国托卡马克能源公司的ST-40等，表2.7给出了这些装置的主要设计参数。

图2.32　美国NSTX球形装置全貌[11]

表2.7　国际上主要ST装置的设计参数

参　　数	Globus-M2	ST-40	MAST-U	NSTX-U
径比	1.5	1.7	1.56	1.7
大半径(m)	0.36	0.4	0.82	0.94
小半径(m)	0.24	0.24	0.53	0.55
等离子体拉长比,κ	2.0	2.50	2.50	2.75
等离子体三角变形,δ	0.3	0.35	0.5	0.5
等离子体电流(MA)	0.5	2.0	2.0	2.0
环向磁场,R_0(T)	1.0	3.0	0.78	1.0
等离子体持续时间(s)	0.7	2.0	5.0	5.0
等离子体体积(m^3)	0.61	0.83	8.51	11.73
总加热功率(MW)	1(2.5)	2	5(7.5)	18
等离子体密度($10^{20}/m^3$)	—	3.0	0.5	0.5
归一化因子,β_N	—	1.6	3.7	5.5
储能(MJ)	—	0.27	0.74	1.84
电子碰撞率	—	2.8×10^{-2}	4.0×10^{-3}	1.0×10^{-3}

英国的兆安级球形环MAST装置是世界上第一个中等尺寸、紧凑的球形托卡马克装置(图2.33)。MAST主要研究可变的球形托卡马克概念,作为一种有潜力的聚变电站,通过实验来了解球形托卡马克行为,探索在极端等离子体几何位形下球形托卡马克的基本数据。MAST装置与美国普林斯顿的NSTX装置同为世界同类装置中领先

图2.33　英国MAST-U球形环装置

的球形托卡马克装置。MAST装置上的等离子体诊断设备,如NdYAG激光散射系统,是世界领先的系统,目前还在进一步升级以便在更精细的空间和时间尺度上提供等离子体电子温度和密度测量。还有一种更复杂的光束能分光诊断法,可提供等离子体旋转速率、离子温度、电流分布等数据。

2019年8月8日,我国民营企业新奥集团建成我国首座具有中等规模的球形环托卡马克聚变试验装置玄龙-50(XL-50),装置参数:大半径为0.68 m,小半径为0.42 m,等离子体电流设计值为500 kA。在经过3年的等离子体试验后,将该装置升级为玄龙-50U型,其等离子体电流可达500 kA。

2022年,以清华大学为技术依托的星环聚能公司在陕西建成SUNIST-2球形环聚变试验装置,其设计参数:大半径为0.53 m,小半径为0.33 m,磁场达到1.0 T。该装置由清华大学设计,星环聚能和清华大学联合建设,已获得220 kA等离子体电流,电子温度超过1.2 keV。

2.11.3 冷核聚变

1989年3月23日,美国犹他大学化学系主任斯坦利·庞斯教授和英国南安普敦大学化学系教授马丁·弗莱西曼在美国盐湖城举行新闻发布会,他们宣布用电解方法,在室温条件下实现了试管中的核聚变。几乎同时,美国杨伯翰大学的物理学家琼斯博士声称,他们也取得这一重大突破。一时间在全球范围内掀起了“冷核聚变”的狂潮,世界各国政府都纷纷将其列为“最优先研究”的领域,迅速拨出巨资,组织最杰出的科学家投入研究。美国政府还在犹他大学成立了“国家冷核聚变研究中心”,投入数亿美元研究经费支持。我国清华大学、北京大学、四川大学等也相继成立研究小组,加入这场世界性竞赛中。

在全球冷核聚变研究的激烈竞争中,1989年3月11日,匈牙利物理学家率先宣布,他们重现了庞斯和弗莱希曼的实验,观察到热效应和中子。4月12日,苏联莫斯科大学固体物理实验室宣布获得冷核聚变的成功。几天之后,意大利、日本、波兰、巴西、捷克、阿联酋以及中国等许多国家都相继宣称,他们成功地重现了庞斯和弗莱希曼的实验。

虽然冷核聚变的实验得到许多国家研究小组的认可,但是部分久负盛名的权威实验室和研究机构,如英国的哈维尔核实验室、美国的劳伦斯·利弗莫尔国家实验室和日本的东京大学研究小组等,均未能重复出冷核聚变的实验结果。同年5月1日,在巴尔的摩召开的美国物理学会会议上,多数科学家对冷核聚变提出怀疑和否定。英国原子能局负责人戴维·威廉斯博士公开否定庞斯和弗莱希曼的结果。此后,由于没有更充分的实验结果,冷核聚变的风波逐渐趋于平静。此后相当长的一段时间,一些热心冷核聚变的研究者(包括我国清华大学李兴中教授)仍在继续探索中,国际原子能机构(IAEA)聚变能源大会(FEC)的议题中,仍保留了冷核聚变的研究议题。

2.11.4 国际聚变能研究现状

国际热核聚变试验堆(ITER)计划,是磁约束聚变发展的重要环节和里程碑,但计划在ITER上实现D-T运行还需要很多年,特别是距离聚变能源示范堆(DEMO)还有相当一段距离,仍面临许多关键技术问题的突破,例如,氚自持问题、等离子体控制问题、第一壁和偏滤器材料问题、能量移出发电问题、总体布置和环境安全问题等。另外,要实现大规模应用还必须在经济上具有竞争力,因此现在对DEMO的认识还存在许多不确定因素,距离大规模商业应用核聚变能还有相当长的时间。现阶段我国应以安全的、经济上有潜力的DEMO为发展目标,积极参加ITER的设计、建设和实验工作,充分了解和利用国际上聚变能源研究领域的最新成果。

小结

人类经过半个多世纪的艰苦探索,已经见到聚变能商业应用的曙光,但仍然面临着许多关键技术问题的解决。国际热核聚变试验堆(ITER)计划各方在参与该计划的同时,都制定了本国的聚变示范堆和商业聚变堆的发展计划,中国聚变工程实验堆(CFETR)已经完成了物理和工程设计,等待国家批准建设。在参与ITER计划的同时,着重发展一些关键技术,如燃烧等离子体稳态控制技术、涉氚技术、材料抗辐照技术。一些关键技术的突破,比如高温超导磁体技术等,将加速推进聚变能的商业应用。

参考文献

[1] 卡马什.聚变反应堆物理:原理与技术[M].黄锦华、霍裕昆、邓柏全,译.北京:中国原子能出版社,1982.
[2] 罗思.聚变能引论[M].李兴中,译.北京:清华大学出版社,1993.
[3] 泰勒.聚变[M].胥兵,汤大荣,译.北京:中国原子能出版社,1987.
[4] 加里·麦克拉肯,彼得·斯托特.聚变[M].核工业西南物理研究院,译.北京:中国原子能出版社,2007.
[5] Hemsworth R, Decamps H, Graceffa J, et al. Status of the ITER heating neutral beam system[J].Nuclear Fusion, 2009, 49(4):571-576.
[6] 袁保山,姜韶风,陆志鸿.托卡马克装置工程基础[M].北京:中国原子能出版社,2011.

[7] 冈崎隆司. 核聚变堆设计[M]. 万发荣,叶民友,王炼,译. 合肥:中国科学技术大学出版社,2023.
[8] 李建刚,武松涛. 托卡马克巨变堆研究进展[M]. 上海:上海交通大学出版社,2023.
[9] Peng Y K, Strickler D J. Features of spherical torus plasmas [J]. Nuclear Fusion, 1986, 26 (6):769-777.
[10] Beidler C, Grieger G, Herrnegger F, et al. Physics and engineering design for Wendelstein Ⅷ-Ⅹ [J]. Fusion Technology, 1990, 17(1):148-168.
[11] Sykes A. Del B E, Colechin R, et al. First results from the START experiment [J]. Nuclear Fusion, 1992, 32(4):694-699.

第3章　磁约束核聚变研究进展

3.1　引言

长期以来，实现长时间高约束放电一直是国际聚变界追求的目标和挑战性极大的前沿课题，高约束等离子体放电是未来磁约束聚变堆首选的一种先进高效运行方式。高约束模式的大致原理类似于，要在一个较小的空间里把沙子堆得更高。怎样提高沙堆的高度，或者说提高沙堆的含量？两种办法，第一种是增加沙堆的宽度，用在聚变能源开发里面，必须把聚变装置增加得很大才能实现这个目标，这个办法从经济性、可行性上都有很大困难。另一种办法就是建立一个“垒”，有了这个“垒”，沙堆的含量和高度就同时提高了。高约束模式就是在等离子体里面建立一个无形的边缘“垒”，总的等离子体压强增加、储能增加，另外还可以防止里面的能量往外扩散。高约束模式运行就是要使等离子体的温度越高，密度越大，约束时间越长（图3.1）。

1982年，在德国ASDEX（Axially Symmetric Divertor Experiment）托卡马克装置上首次发现高约束放电模式（或称H模）。1984年，欧洲联合环JET装置上等离子体电流达到3.7 MA，并能够维持数秒。1986年，美国普林斯顿的TFTR利用16 MW大功率氘中性束注入，获得了中心离子温度2×10^{8} ℃的等离子体，同时产生了10 kW的聚变功率，其中子产额达到$10^{16}/(\mathrm{cm}^{3}\cdot\mathrm{s})$。这些显著进展，使得人们开始尝试获取氘-氚聚变能。1997年，欧洲联合环JET利用25 MW辅助加热手段，获得了聚变功率16.1 MW，即聚变能21.7 MJ的世界最高纪录，由于当时密度太低，能量尚不能得失相当，能量增益因子Q值小于1。此后，日本的JT-60U装置（JT-60的升级装置）也取得了受控核聚变研究的最好成绩，获得了聚变反应堆级的等离子体参数：峰值离子温度约45 keV（约4.5×10^8 K），电子温度10 keV（约1×10^8 K），等离子体密度约$10^{20}/m^3$；标志聚变等离子体综合参数的聚变三乘积~1.5×10^{21} keV·s/m^3；聚变能输出与输入之比Q值大于1.25，即有净能量输出。除上述三大托卡马克装置外，美国的DⅢ-D和德国的ASDEX-U等装置，同样为提高托卡马克的研究水平做出了突出贡献。

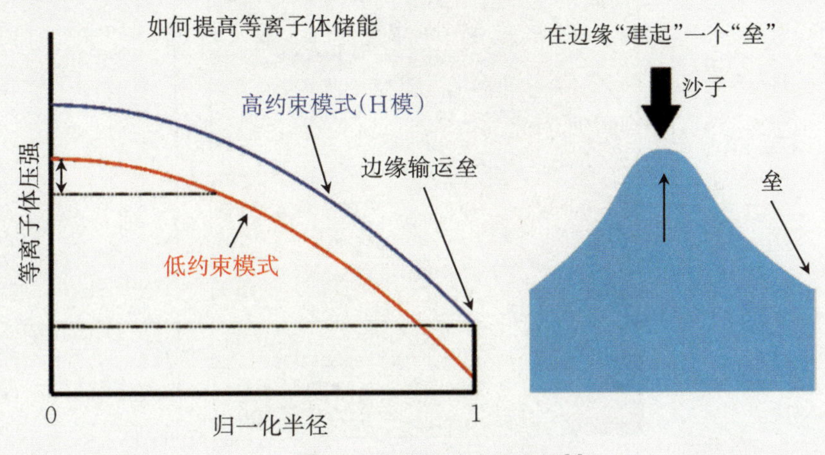

图3.1 高约束模式示意图[1]

自20世纪80年代以来，以JET、TFTR、JT-60等托卡马克装置为代表的磁约束聚变研究取得的突破性进展，宣告了以托卡马克为代表的磁约束核聚变研究的堆芯等离子体科学可行性已经得到了证实，为考虑建造聚变能实验堆、创造研究更大规模核聚变的条件奠定了基础。图3.2和图3.3分别显示了托卡马克磁约束核聚变研究的进展和成果。

3.1.1 欧洲联合环JET

欧洲联合环（Joint European Torus，JET）是目前世界上已建成的尺寸最大的托卡马克装置之一，由欧洲原子能委员会于1982年在英国的卡拉姆实验室建造，位于英国牛津郡，由欧洲聚变开发计划（EFDA）运营（图2.28）。JET作为欧洲最大的托卡马克装置在聚变三重积上屡创世界纪录，1991年首次进行氘-氚（D-T）核聚变实验，并产生巨大的功率，达到1.7 MW的聚变功率输出，是世界上第一个获得聚变功率输出的装置，基本上证实了在地球上受控核聚变作为先进能源的科学可行性，是人类聚变研究史上的一个里程碑。1994年，JET在改善约束研究方面取得了新进展，发现了中心负剪切模（CNS），对未来的核聚变反应堆设计及寻求先进托卡马克约束位形具有重要参考意义；JET还进行了较低参数下的长脉冲实验（1 MA，2 min）。

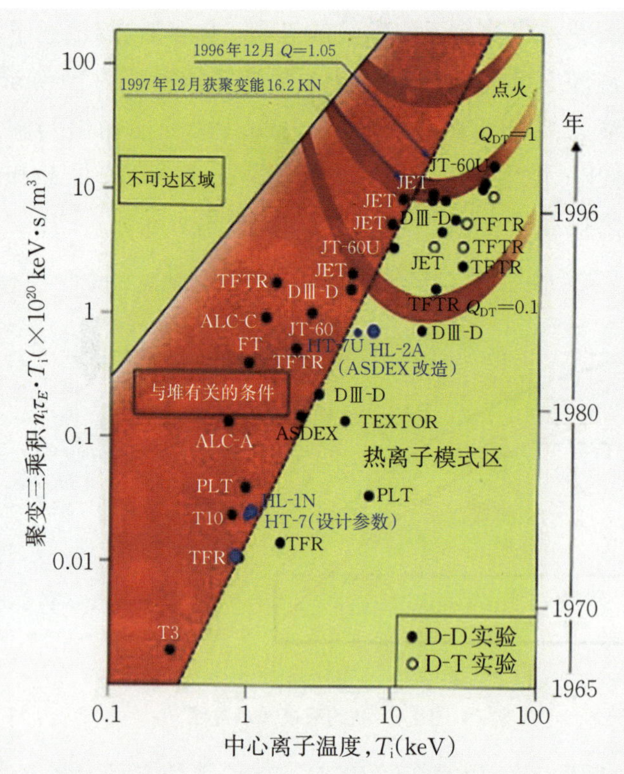

图 3.2　托卡马克磁约束核聚变进展[1]

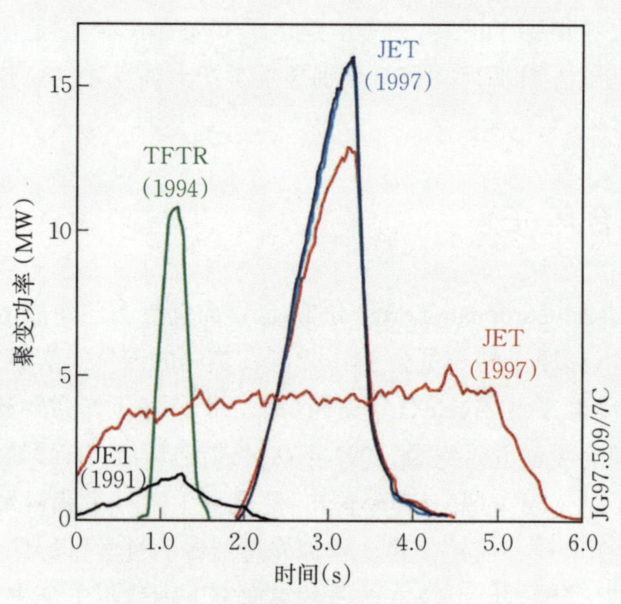

图 3.3　三大聚变装置产出的聚变功率[1]

1997年，JET利用25 MW辅助加热手段，获得了聚变功率16.1 MW，即聚变能21.7 MJ的世界最高纪录，Q值达到0.67。对未来聚变更为重要的是，JET实现了一系列构成外推至ITER基础的高约束模4 MW静态等离子体注入，持续时间为5 s。2009年后，JET经历了多次升级改造，2021年12月在JET装置上实现了在5 s内产生了59 MJ持续的能量输出（相当于每秒发出16.39度电），打破了1997年创下的22 MJ的世界纪录。

2023年下半年，使用了0.2 mg等比氘-氚燃料，在大约5 s的时间里，通过核聚变反应持续产生了69 MJ的能量，再次打破纪录。JET氘-氚实验获得的数据，对验证ITER现象具有决定性的意义。虽然JET现已退役，但其在核聚变领域的贡献和影响将长久地留在人们的记忆中。

3.1.2 日本JT-60/JT-60U

日本的JT-60是以实现临界等离子体条件（能量倍增系数超过1.0）为目的的大型托卡马克点火装置，也是世界三大托卡马克（TFTR、JET、JT-60）之一。JT-60装置于1985年4月8日建成投入运行并产生第一个等离子体（图3.4）。JT-60在大型核聚变装置的设计、制作技术以及加热装置、真空表面、诊断、电源等技术开发上取得了众多的成果。1995年11月，JT-60成功达到临界等离子体条件，实现等离子体中心离子温度5×10^{7} ℃，等离子体中心密度$1.7\times10^{20}/\mathrm{m}^{3}$，等离子体温度密度时间乘积（劳逊判据）为$2.3\times10^{19}\ \mathrm{s/m^{3}}$，实现了$Q$值大于1。

图3.4 JT-60托卡马克装置[2]

JT-60等离子体的约束时间为1 s，放电脉冲宽度的设计值为5～10 s，采用了圆形截面等离子体位形，β值设计值为4%，超过了目前理论上认为可行的β极限值，因而可以对接近临界β值的等离子体平衡、稳定性能、定标律等进行试验。JT-60的另一大特点是设置了磁孔栏，可以防止第一壁材料混入等离子体中，由此还可获得有关杂质气体（尤其是氦）排气方面的经验。为了预防磁孔栏不能运行的意外情况，配置了高速可动孔栏及半固定孔栏。JT-60同时采用中性粒子注入加热和射频加热方式，第一壁（孔栏、磁孔栏、内真空室等）材料在当时的认识下采用了钼和因科镍。随着材料发展的进步，从杂质控制的角度出发，为实现第一壁表面低Z化，又采用了第一壁碳化钛（TiC）涂层。在长脉冲宽度下，JT-60可以模拟连续运行。

1997年12月，在JT-60U上成功进行了氘-氘反应实验，折算到氘-氚聚变反应，其能量增益因子Q值超过了1.25。1998年，参数更是达到峰值离子温度约45 keV，电子温度10 keV，等离子体密度约$10^{20}/m^3$，聚变三重积约1.53×10^{21} keV·s/m^3，等效能量增益因子大于1.3。同时，JT-60U装置模拟ITER运行条件，将与ITER相当的高性能等离子体维持了28 s，进一步验证了达到ITER技术目标的可行性。

在日本那珂聚变中心建设之中的JT-60SA聚变装置（图3.5），是将2009年完成运行的临界等离子体实验装置JT-60进行超导化改造升级的聚变装置，建成后的JT-60SA将作为目前建设中的ITER的卫星托卡马克装置，利用此装置开展ITER的后续装置——聚变原型堆的研究。JT-60SA的主要设计参数为：等离子体大半径3.01 m，小半径1.14 m，等离子体电流5.5 MA，等离子体轴上磁场2.72 T，PFC热负荷10 MW/m^2，等离子体平顶时间100 s。

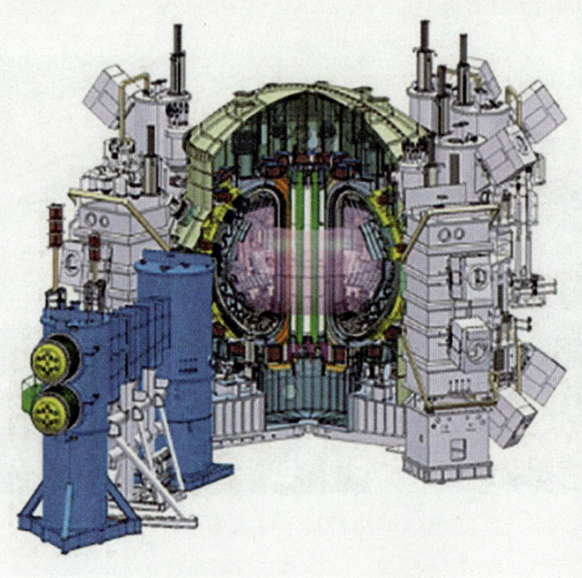

图3.5　日本JT-60SA装置[3]

3.1.3 美国TFTR

美国的TFTR装置于1982年在普林斯顿大学建成并投入运行，造价3.14亿美元，成为当时正在建造的新一代聚变研究装置中第一个开始运行的装置，1998年关闭（图3.6）。1986年，TFTR用功率为16 MW的氘中性束注入氘靶等离子体，中心离子温度达到2×10^8 K（太阳中心温度的10倍），产生了10 kW的聚变功率，中子产额为$10^{16}/(cm^3\cdot s)$，创下了等离子体温度和产生的聚变功率的世界纪录。1993年12月9—10日，美国在TFTR装置上使用氘-氚各50%的混合燃料，使温度达到$3\times10^8\sim4\times10^8$ K，两次实验释放的聚变能分别为3 MW和5.6 MW，能量增益因子Q值达到0.28。

图3.6 美国TFTR装置

1994年TFTR开始氘-氚实验的第二阶段，目的是研究α粒子加热和输运，用高达12 MW的ICRF辅助加热功率来研究D-T等离子体中的耦合、RF与α粒子的相互作用，来增加α粒子密度。该阶段获得的重要成果如下：在同样的中性束功率和壁锻炼条件下，D-T等离子体的电子温度、离子温度和等离子体储能，与D-D等离子体相比，都大为提高；实验还表明，α粒子对电子的加热和其约束随平均粒子质量而改善；直到聚变功率约为6 MW，都没有TAE模（环向阿尔芬本征模）活性的征兆，而在聚变功率大于7 MW时观测到TAE模频率范围内的不稳定性等。

在TFTR中产生的D-T等离子体的峰值聚变功率可达10.7 MW，其中心聚变功率密度为2.8 MW/m^3。TFTR的运行经验证明，该装置能在与ITER相关的D-T等离子体参数下进行输运实验，还能用射频加热等离子体，从而产生输运势垒，并把α粒子能量直接引到聚变离子。

3.1.4 美国DⅢ-D

美国DⅢ-D托卡马克装置(图3.7)于1986年2月在美国通用原子公司(GA)建成并投入运行,在该装置上发现了平均比压超过13%的稳定位形,在改善约束研究中,先后发现非常高约束模(VH模)、中心负剪切模(NCS),对加热物理和电流驱动物理领域的工作具有独特贡献。DⅢ-D不仅开创了改善等离子体性能的等离子体放电位形,而且开创了分布控制。DⅢ-D对目前的ITER设计做出了重要贡献,包括位形、破裂减缓系统、MHD稳定性控制等。稳定性研究为高β和超出自由边界限值的运行奠定了基础,也为电子回旋电流驱动撕裂模致稳的常规运行奠定了基础。2015年,美国通用原子公司和美国普林斯顿等离子体物理实验室(PPPL)的科研人员在如何控制聚变反应堆中潜在的破坏性热破裂上取得了重大突破。

图3.7 美国的DⅢ-D托卡马克装置[4]

3.1.5 韩国KSTAR

韩国KSTAR装置是世界上第一个采用新型超导磁体(Nb_3Sn)材料产生磁场的先进超导托卡马克聚变装置(图3.8)。2008年,KSTAR投入运行并成功产生初始等离子体。2009年12月,KSTAR在1×10^7 K的温度下成功获得了电流为320 kA的等离子体放电,持续时间约3.6 s,这一成果达到KSTAR设计性能的30%。此后,KSTAR成功实现了2×10^7 K的等离子体温度,并将其稳定维持了6 s,并且成功探测到氘-氚聚变反应生成的带有2.45 MeV级能量的中子。2010年11月，KSTAR比预计时间提前一年首次实现H模。2016年，KSTAR使用高能中子束，在被称为“高极向β状态”的全非感应运行模式下，实现了长时间的稳态运行。高性能等离子体运行时间长达70 s，打破了当时的世界纪录。这一新的世界纪录是采用高功率中性束并结合其他一些技术实现的，包括3D旋转场，以便减少面向等离子体部件上累积的热通量。高性能等离子体运行时间超过一分钟的世界纪录，证明KSTAR已处于超导装置中稳态等离子体运行技术的前沿，是实现聚变反应堆的一大进步。

图3.8　KSTAR全超导托卡马克装置[5]

KSTAR作为一种超导托卡马克装置，在长脉冲等离子体操作方面一直保持着领先地位。自2018年首次实现等离子体温度达到1×10^8 ℃的里程碑以来，KSTAR在2021年又将这一温度维持了30 s，刷新了纪录。最新的实验中，KSTAR团队不仅将超高温等离子体的运行时间延长至48 s，还成功维持了H模式连续102 s，这标志着高温、高密度等离子体状态的稳定运行。这一成就得益于2023年KSTAR钨偏滤器的成功升级。新型钨偏滤器在相同热负荷下，表面温度仅比碳基偏滤器高出25%，为长脉冲高加热功率操作带来了显著优势。通过这些实验，KSTAR团队不仅验证了钨偏滤器升级的成功，还确保了加热、诊断、控制系统等关键部件的可靠性，为长时间等离子体运行奠定了基础。KSTAR的最终目标是实现300秒的等离子体运行(离子温度超过1×10^8 ℃)。

3.1.6 俄罗斯T系列托卡马克

俄罗斯(苏联)是世界上最早开展核聚变研究的国家之一,也是ITER计划的发起国之一。1958年底,世界上第一座托卡马克装置T-1诞生于俄罗斯的前身——苏联,它是第一个具有全金属反应室且不带绝缘垫板的装置。20世纪60—70年代,苏联(俄罗斯)先后建成一系列托卡马克聚变试验装置,从T-1、T-2,到T-10等10多座托卡马克装置,先后在等离子体物理试验方面获得许多重要试验成果。在T系列的托卡马克装置中,最值得提及的是T-10和T-15这两个装置。

苏联(俄罗斯)T-10的设计参数为:等离子体大半径1.5 m,小半径0.4 m,磁场强度5 T,它在欧姆加热的基础上开展辅助加热的探索研究,包括电子回旋共振加热(ECRH),低混杂波加热(LHWH),以及离子回旋共振(ICRF)等,其中最为成功的是在ECRH等离子体加热试验中,加热效率为70%~80%。在总加热功率增加到4.4 MW后,最高电子温度达到10 keV,是当时世界上托卡马克装置所能达到的最高电子温度。

苏联(俄罗斯)T-15于1988年建成,是世界上第一个设计使用Nb_3Sn超导磁体系统的托卡马克装置,超导系统在等离子体轴上的磁场可达3.6 T,计划中的辅助加热系统包括5 MW的中性束注入,6 MW的ECRH,6 MW的ICRH波加热。由于辅助系统的技术复杂和造价昂贵,T-15计划被延续直至苏联解体后项目被迫下马。此后,一直有俄罗斯计划将T-15改为T-15HD(即具有混合堆包层的装置)的报道。

除上述装置外,其他磁约束核聚变装置还有法国WEST托卡马克装置(在Tore Supra装置基础上改进而成)、意大利FTU(弗拉斯卡蒂托卡马克改造升级装置)、美国国家球形环实验升级装置NSTX-U、德国仿星器核聚变实验装置W7-X、日本仿星器核聚变实验装置LHD(大型螺旋器)、印度ADITYA托卡马克装置和SST-1稳态超导托卡马克装置,以及英国卡拉姆聚变能研究中心的球形环升级装置MAST-U。

3.2 关键核聚变技术发展

核聚变能的开发研究不仅带动了等离子体物理、计算数学和天体物理这样一些基础学科的发展,也带动了包括超导、高真空、生命科学、遥控、密封、环境科学(地球模拟、电力储藏、环境气体精密测定、磁气分离系统、氢能源利用、微波电力输送)、密封、等离子体计量和控制、信息通信(超高速数据处理、遥控控制系统、大型液晶显示屏幕等)、RF加热技术、NBI加热技术、纳米材料(等离子束高速精细加工、高磁界中的材料开发、高周波环境下陶瓷烧制、超高真空环境、高性能材料的制造)等各个尖端科技领域的进步,派生出许多相关的高新技术产品,大大促进了等离子体技术、真空技术、离子束及其注入技术、材料表面改性、强脉冲供电技术和诊断及测试技术的发展。近年来,随着高温超导技术、大功率辅助加热技术和人工智能技术的进步,必将加速推进聚变技术的发展。

3.3 核聚变研究前景展望

核裂变能的发展应用经验表明,实现聚变能实用化需要经过实验堆—示范堆(DEMO)—商用堆三个步骤。国际热核聚变实验堆(ITER)装置,其里程碑意义是明确ITER后示范堆具体目标与任务,这是实现聚变能商用化过程中的重要一步。

按照最新的建造时间表,ITER 2029年建成运行后,将开展带有D-T核聚变反应的高温等离子体特性的研究,探索其约束、加热和能量损失机制,等离子体边界区的行为以及控制边缘局域模(Edge localized mode,ELM)活动的最佳条件,为今后建造商用聚变反应堆奠定坚实的科学基础。对ITER装置工程整体及各部件,在500 MW聚变功率长时间持续过程中产生的变化及可能出现的问题的研究,不仅将验证受控热核聚变能的工程可行性,而且还将为今后如何设计和建造聚变反应堆提供必不可少的经验。

国际磁约束核聚变研究当前急需解决的科学和技术问题包括:托卡马克主要物理过程研究、先进托卡马克运行模式探索、ITER/DEMO工况下的等离子体与材料的相互作用、聚变等离子体性能的预测、聚变实验/示范堆的集成设计、反应堆核环境条件下的材料和部件等。

因此,在2029年ITER正式建成并投入运行之前,世界上各主要聚变研究国家将配合ITER的建造,在氚自持、等离子体的诊断、约束与输运、磁流体和破裂与控制、高能量粒子物理、台基和边缘物理、刮削层和偏滤器以及集成运行方案等方面开展实验与研究,这也是目前磁约束核聚变科学的主要研究方向。

ITER装置运行的阶段预期目标:第一阶段实现400~500 MW的聚变功率,并能够使核聚变反应持续500 s，这是ITER最关键的目标；第二阶段的目标是拉长核聚变持续时间，实现更长脉冲或接近准稳态或稳态运行。ITER不是磁约束商用聚变电站的原型，但是，它是迈向磁约束商用聚变电站必经的重要阶段。

要实现聚变能源商业应用的目标，必须建成一个安全可靠、经济上与其他能源相比具有竞争力且能高效运行的聚变电站来稳定地输出聚变能。所以，自20世纪50年代以来，在全世界范围内，从事聚变研究的科学家们在开展等离子体物理研究和受控核聚变实验的同时，先后开展了各种不同位形、不同途径、具有不同特点的聚变堆概念设计和相关工程概念设计研究。一致的结论是，最有希望达到点火条件的途径是托卡马克磁约束聚变堆，目前达到的等离子体密度、离子温度、能量约束时间三参数乘积离点火条件要求，只差3倍左右。

聚变示范堆（DEMO）是建造商用堆之前的最后一步，将全面演示聚变能电站的工程技术、安全和经济可行性以及主要关键技术和综合性能。为此，DEMO应具有适当的聚变功率规模（1500～2000 MW）和适当的中子壁负载（2.0～2.5 MW/m^2），其尺寸将尽可能接近商用聚变堆。美国、日本和俄罗斯等国家在参与ITER计划的同时，进行了大量的DEMO设计研究，最典型的是美国加州大学圣地亚哥分校（UCSD）聚变堆设计研究团队，持续进行了15年之久的ARIES聚变堆系列设计研究。与ITER计划同步实施的实验包层模块（ITER-TBM）计划，就是为将来DEMO的增殖包层技术做实验验证，提出将来DEMO的包层技术路线和发展目标。

ARIES计划是1990年由美国能源部聚变能办公室资助，加州大学圣地亚哥分校牵头，多个机构参加的研究项目，主要任务是进行先进聚变电站概念设计，探索聚变能发展潜力并给出关键技术的研发方向。在工程方面，早期的ARIES-Ⅰ、ARIES-Ⅳ设计是以经济发电、安全与环境友好为目标，包层选用碳化硅为结构材料，采用固态陶瓷LiZrO或LiO作为氚增殖材料和先进氦气循环发电。后期的设计中，为进一步适应高功率密度、高温度与高热转换效率的要求，重点发展液态金属增殖剂包层，如ARIES-Ⅱ、ARIES-RS设计的液态锂自冷，以钒合金为结构材料的包层；ARIES-ST采用双冷（氦气和液态金属锂铅）碳化硅包层，氧化弥散（ODS）铁素体钢作为结构材料，加碳化硅流道绝缘插件等。

APEX（Advanced Propulsion EXperiment）计划始于1998年，是美国聚变能源科学计划的一部分，主要任务是探索新颖的堆内部件技术概念，希望根本性地提高未来聚变能源系统的吸引力，其技术目标包括高功率密度、高热电转化效率和高可用度等。主要研究的新概念有液态金属壁技术、高温锂汽化、高温材料固态壁包层技术等。ARIES和APEX的概念设计图如图3.9所示。

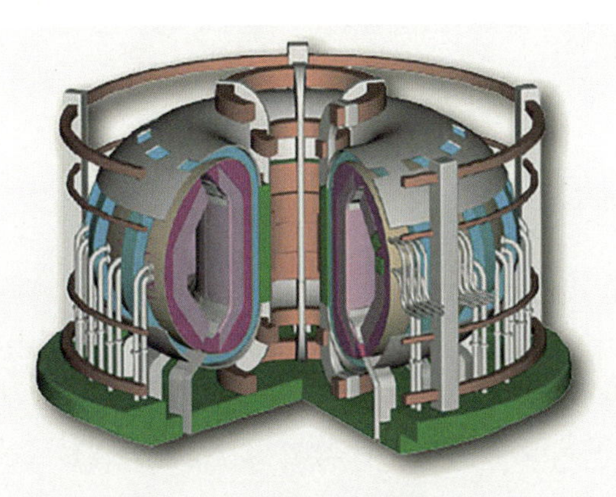

(a) ARIES概念图

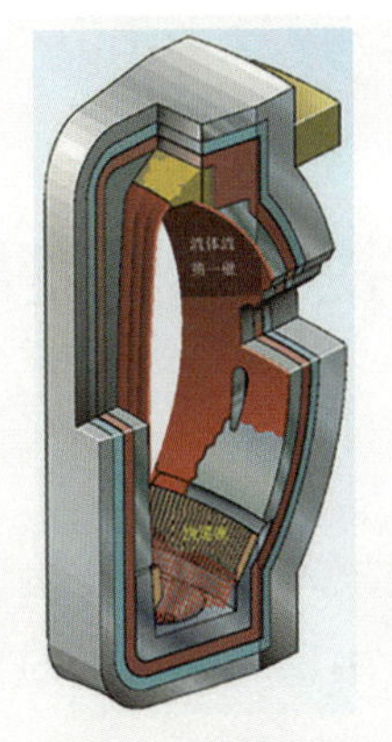

(b) APEX概念图

图3.9　ARIES和APEX概念设计图

最近，英国政府宣布耗资5500万英镑建设的“升级版兆安培球形托卡马克”(MAST-U)装置在一次测试中成功产生了等离子体，标志着英国的核聚变研究取得了重要进展。MAST-U装置是在MAST装置基础上升级而来，可用来测试核聚变发电站原型的反应堆系统。MAST-U装置的成功启动将有力推进英国正在进行的“用于能源生产的球形托卡马克”(STEP)计划，该计划的目标是在2040年前建设一个紧凑型核聚变发电站。STEP计划初期投入了2.2亿英镑，计划在2024年前基于MAST-U装置进行球形托卡马克发电站的概念设计，以探索小型核聚变发电站的可行路径。英国将在MAST-U装置中测试名为“Super-X偏滤器”的新型排气系统，该系统旨在足够低的温度下将等离子体从设施中导出，降低热功率负载以达到材料可承受的温度，进而延长组件的使用时间。利用该系统可使到达聚变堆设施内表面的热量降至原来的1/10，因此可能会提升未来核聚变发电站的长期运行能力。除此以外，MAST-U装置还将支持ITER的研究工作。

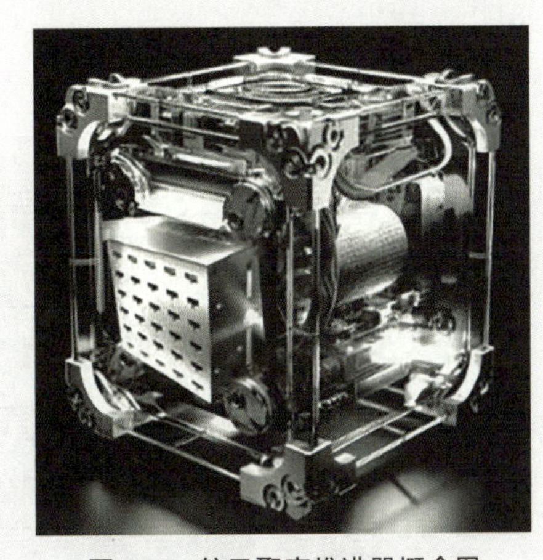

图3.10　航天聚变推进器概念图

几年前，一家美国航天企业RocketStar Inc.提出一个新颖的思路，通过在推进器排气中加入硼，经过融合过程，产生能够显著增加推力的高能粒子。其近日声称已获得实质性进展，并成功演示了称为“FireStar Drive”的核聚变推进技术，称“该设备能够通过对水蒸气的电离产生高速质子”，这些高速质子与硼原子核发生碰撞，从而引发核聚变反应(图3.10)。

3.4 我国核聚变研究进展

我国核聚变研究开始于20世纪60年代初，经历了长时间非常艰苦的努力，建成了两个发展中国家最大的、理工结合的大型现代化专业研究院所，即中国核工业集团公司所属的核工业西南物理研究院及中国科学院所属的等离子体物理研究所。中国科学院北京物理研究所和等离子体物理研究所在20世纪70—80年代相继建成并运行CT-6、HT-6B及HT-6M等小型托卡马克装置。1984年，核工业西南物理研究院成功研制并运行中等规模的托卡马克装置中国环流器一号(HL-1)(图3.11)。HL-1装置是中国磁约束核聚变进入大规模实验的一个重要里程碑。1994年，核工业西南物理研究院将HL-1改建为中国环流器新一号(HL-M)装置，用反馈控制取代了原来的厚铜壳，进行了弹丸注入和高功率辅助加热以及高功率非感应电流驱动下的等离子体研究。HL-1M装置综合性能指标达到了国际同类型同规模装置的先进水平，其实验研究数据列入ITER实验数据库。在同一时期，中国科学院等离子体物理研究所在引进俄罗斯T-7装置的基础上建成并运行了世界上第二大超导托卡马克装置(HT-7)(图3.12)，在围绕长脉冲和稳态等离子体物理实验方面做了大量的工作。2002年，核工业西南物理研究院在引进德国ASDEX装置的基础上建设并运行了具有偏滤器位形的托卡马克装置HL-2A，开始一系列物理实验并取得丰硕的科研成果。2006年，中国科学院等离子体物理研究所建成世界首个全超导大型托卡马克装置东方超环(EAST)。

图3.11　中国环流器一号(HL-1)装置[6]

图3.12　超导托卡马克装置(HT-7)[6]

3.4.1 中国环流器二号A

中国环流器二号A(HL-2A)装置(图3.13)的使命是研究具有偏滤器位形的托卡马克物理,包括高约束(H)模和高参数等离子体的不稳定性、输运和约束,探索等离子体加热、边缘能量和粒子流控制机理,发展各种大功率加热和电流驱动技术、加料技术和等离子体控制技术等,通过对核聚变前沿物理课题的深入研究和相关工程技术发展,全面提高核聚变科学技术水平,为我国下一步研究与发展打下坚实的基础。与HL-1M以及国内当时其他装置不同,HL-2A装置是我国第一个具有由相应的线圈和靶板组成的偏滤器托卡马克装置,可以进行双零或单零偏滤器位形放电。这对开展高约束模物理和边缘物理研究及提高等离子体参数极其重要。HL-2A装置的大功率加热系统包括电子回旋加热、低杂波和中性束注入系统。由核工业西南物理研究院开发的超声分子束注入(SMBI)是中国的一项重要原创技术,自1992年在中国环流器一号(HL-1)装置上投入使用以来,在HL-2A装置上得到了进一步改进和发展,技术指标大为提高。在HL-2A装置的实验中发展了液氮温度下的超声分子束注入,大大提高了注入深度和加料效率,提高了放电品质,改善了等离子体约束性能。

图3.13　中国环流器二号A(HL-2A)

在HL-2A装置上还成功开展了偏滤器位形下的高密度实验、超声脉冲分子束、低混杂波等专题改善约束实验研究,在等离子体约束和输运、大功率电子回旋波加热、加料及杂质控制等研究方面取得了一批创新性科研成果。重点开展了H模和台基物理研究,等离子体输运、边缘湍流、MHD和高能粒子物理等物理实验研究,取得多项具有开拓意义的技术新突破。除了在电子回旋加热实验中获得了4.9 keV(约5.5×10^7 ℃)的电子温度,在中性束加热条件下得到了2.5 keV的离子温度等高参数外,在该装置上还取得了其他若干开创性成果。

2003年,在首轮实验中成功实现中国第一次偏滤器位形托卡马克运行,为后来实现高约束运行模式奠定了基础。2009年4月,成功实现中国第一次高约束模(H-模)放电,能量约束时间达到150 ms,等离子体总储能大于78 kJ。这是中国磁约束核聚变实验研究史上具有里程碑意义的重大进展,它标志着中国的磁约束核聚变科学和等离子体物理实验研究进入了一个接近国际前沿的崭新阶段。

HL-2A在高能粒子物理、H-模的触发机理、带状流和逆磁漂移流在H-模触发中的作用等方面取得若干重要创新成果。在HL-2A上,首先发现了由电子激发的比压阿尔芬模;首次观测到在L-H转换过程中存在两种不同极限环振荡和完整的动态演化过程,为L-H模转换的理论和实验研究提供了新的思路;首次观测到测地声模和低频带状流的三维结构,填补了该方向的国际空白;在强加热L-模放电中,观测到中、高频湍流能量向低频带状流传输,为理解湍流引起的能量传输提供了可能的物理基础;在内部输运垒的研究方面,利用超声分子束调制技术发现了自发的粒子内部输运垒,为等离子体输运研究提出了新的课题。

在2016年的实验中,HL-2A取得多项具有开拓意义的突破。首次利用无源间隔波导阵列(PAM)天线在H模条件下实现了低杂波耦合,为ITER低杂波电流驱动天线设计提供了重要数据;在HL-2A装置上发现了多种新的物理现象,包括在H-模期间由杂质密度梯度驱动的电磁湍流、磁岛和测地声模同步现象以及鱼骨模激发的非局域热输运现象。这些现象的发现可能对台基动力学、带状流和非局域热输运的深入研究具有重要意义。

3.4.2 中国环流三号

中国环流三号(HL-3)装置(图3.14)是继HL-2A之后建成的新一代托卡马克核聚变实验装置,于2020年12月在四川成都建成并实现首次放电。HL-2A和HL-3装置参数见表3.1。HL-3装置具有以下特点:对PFC电流的灵活配比,实现覆盖国际上主要托卡马克的等离子体平衡,用于优化放电位形的研究;较大的PFC电流设计裕度,提供了研究领先偏滤器位形必要的工程基础,可为未来的偏滤器设计提出更好的方案;具有大的变形截面,小的环径比,可使装置在较小的磁场下达到较高的等离子体电流和参数运行,为燃烧等离子体物理研究提供保障。因此,容易形成高比压、高参数等离子体,开展近堆芯等离子体物理实验。常规导体使装置的可近性增加,较多的窗口使诊断系统的安排更为灵活。

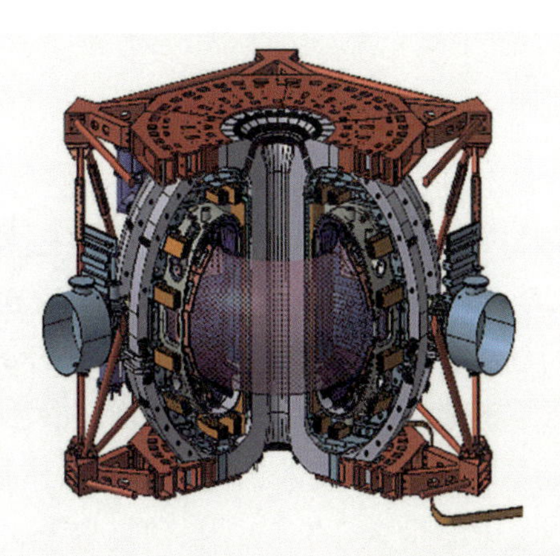
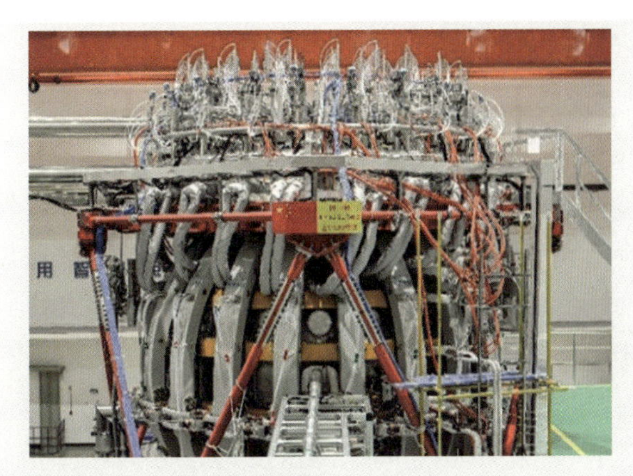

图 3.14　中国环流三号(HL-3)托卡马克装置

表 3.1　HL-2A 和 HL-3 装置参数比较

装置参数	HL-2A	HL-3
等离子体大半径,R(m)	1.65	1.78
等离子体小半径,r(m)	0.4	0.65
环径比	4.1	2.8
单向欧姆电流最大伏秒能力(Vs)	2.5	>14
等离子体电流,I_p(MA)	0.45	2.5(3)
常规运行环向磁场,B_t(T)	2.8	2.2(3.0)
等离子体截面三角形变系数,δ	<0.5 (DN)	>0.5
等离子体截面垂直拉长比,κ	<1.3 (DN)	2
辅助加热(MW)	>10	>25

HL-3装置瞄准和ITER物理相关的内容,着重开展和燃烧等离子体有关的研究课题,包括等离子体约束和输运、高能粒子物理、新的偏滤器位形、在高参数等离子体中的各种新现象,为下一步建造聚变堆打好基础。在高比压、高参数条件下,研究一系列和聚变堆有关的工程和技术问题,在高参数等离子体中的加料以及第一壁和等离子体相互作用等。作为可开展先进托卡马克运行的一个受控核聚变实验装置,改造升级后的HL-3将成为中国开展与聚变能密切相关的等离子体物理和聚变科学研究不可或缺的实验平台。

中国环流三号于2022年成功实现了等离子体电流突破1.15 MA,该装置设计的最大等离子体电流可达3 MA,归一化比压β_N可超过3,等离子体温度可达1.5×10^8 ℃,聚变三乘积可达10^{21} keV·s/m^{3}量级,接近聚变堆点火条件。

3.4.3 东方超环

东方超环(EAST)装置(图3.15)是由中国自行设计研制的世界首个全超导托卡马克装置,是达到国际先进水平的新一代磁约束核聚变实验装置。EAST主要对建造稳态先进的托卡马克核聚变堆的前沿性物理问题开展探索性实验研究。2006年3月完成建造,并于2006年9月获得初始等离子体,实现稳定重复的1 MA等离子体放电,达成第一个科学目标,这也是目前国际超导装置上所能达到的最高参数,成功实现了411 s、中心等离子体密度约$2\times10^{19}/m^3$、中心电子温度大于2×10^7 ℃的高温等离子体。

2012年在EAST实验中,利用低杂波与射频波协同效应,在较低的边界燃料循环条件下实现了稳定重复的超过32 s的高约束等离子体放电。所用方法独特、经济、有效,为ITER提供了一条实现高约束放电的新途径。为进一步发展稳态高约束模运行模式,近年来,EAST相继完成了辅助加热、钨偏滤器、等离子体物理诊断等系统的升级改造,克服了加热与电流驱动、分布参数测量等关键技术难题,深入研究和基本解决了射频波耦合、高约束等离子体稳定性控制、等离子体与壁相互作用物理、低动量条件下加热和电流驱动下输运、杂质输运和控制等一系列与稳态运行密切相关的物理问题,为实现长脉冲稳态高约束模等离子体奠定了坚实的基础。

2016年,EAST装置成功实现了电子温度超过5×10^7 ℃、持续时间达102 s的超高温长脉冲等离子体放电。这是国际托卡马克实验装置上电子温度达到5×10^7 ℃持续时间最长的等离子体放电。此后,在EAST装置第11轮实验中,在纯射频波加热、钨偏滤器等类似ITER未来运行条件下,获得了超过60 s的完全非感应电流驱动(稳态)高约束模等离子体,EAST成为世界首个实现稳态高约束模运行持续时间达到分钟量级的托卡马克实验装置。同时,EAST上首次实现了低动量注入下的共振磁扰动对边界局域模的完全抑制,并揭示了等离子体对外加磁扰动的非线性响应产生的边界磁场拓扑结构的改变对于抑制边界局域模起到了关键作用。

2017年7月,EAST实现了稳定的101.2 s稳态长脉冲高约束等离子体运行,创造了新的世界纪录,标志着EAST成为世界上第一个实现稳态高约束模式运行持续时间达到百秒量级的托卡马克实验装置。这一里程碑性的重要突破,表明我国磁约束核聚变研究在稳态运行的物理和工程方面,将继续引领国际前沿,对国际热核聚变实验堆(ITER)和未来中国聚变工程实验堆(CFETR)的建设和运行具有重大的科学意义。2021年12月30日,EAST实现1056 s长脉冲放电,创造了世界托卡马克装置高温等离子体运行的最长时间纪录。2023年4月实现了400 s高约束H模等离子体放电,虽然此次放电中离子的温度并不高,但对于检验聚变装置的工程、运行具有重要的意义。

图3.15 全超导托卡马克装置EAST[7]

离子回旋波壁处理技术已经发展成为EAST壁处理的最有效手段,这对EAST超导装置准稳态高参数运行以及未来ITER高效、安全运行有着现实而深远的意义。等离子体自发旋转的实验研究获得重要进展,对预测未来ITER上的旋转速度提供了重要参考。EAST装置装备了30 MW以上的辅助加热和电流驱动系统以及近80项诊断系统,绝大多数系统均具备高参数稳态运行的能力,可开展先进核聚变反应堆的前沿性、探索性研究,为聚变能的前期应用提供重要的工程和物理基础。EAST装置不仅规模大,而且其具有的非圆截面、全超导及主动冷却内部结构等特性,将有利于探索稳态条件下近堆芯等离子体的科学和技术问题。

3.4.4 高校聚变研究活动

除HL-2A、EAST等大中型托卡马克装置外,为了培养专业人才,中国科学技术大学、华中科技大学、大连理工大学、清华大学和浙江大学等高等院校也设立了核聚变及等离子体物理专业或研究中心,先后建成并运行了一批小型装置。最有代表性的是中国科学技术大学和华中科技大学。

中国科学技术大学是我国最早开展等离子体物理本科教育的大学,在国家磁约束聚变能源专项的支持下,建造了中国首台大型反场箍缩磁约束聚变实验装置(KTX),于2015年8月竣工并实现了“一键控制”全自动化氢等离子体放电,最大等离子体电流达到180千安。

J-TEXT托卡马克是华中科技大学引进德克萨斯大学的聚变实验装置TEXT-U后建造的，到2007年9月完成重建并实现了第一次等离子体放电。该装置具有偏滤器位形和电子回旋共振加热系统，运行区间从欧姆加热模式、低约束模式和限制器下高约束模式扩展到了偏滤器运行模式、射频加热下的高约束模式等。

清华大学是国内较早开展核聚变研究的高校，在20世纪建成球形环聚变装置SUNIST-1，在等离子体物理实验方面取得多项成果。2022年，清华大学与陕西星环聚能公司合作，联合设计和建设成SUNIST-2球形环聚变装置，重点开展等离子体磁重联加热技术试验和验证。

2017年7月3日，西南交通大学与日本国立聚变科学研究所在成都签署共建中国第一台准环对称仿星器(CFQS)的合作协议，标志着西南交通大学将建造我国第一台准环对称仿星器。此外，北京大学、上海交通大学、浙江大学、大连理工大学、四川大学、东华大学、北京科技大学、南华大学、北京航空航天大学等学校的研究人员也开展了托卡马克等离子体湍流与输运过程、磁流体不稳定性、快粒子物理、波与等离子体相互作用、等离子体与壁相互作用、聚变堆材料和聚变工程技术等方面的研究，培养了一批研究生和青年学者，并取得了丰硕的成果。

3.4.5 聚变-裂变混合堆研究

聚变-裂变混合堆作为聚变实验堆向聚变能源堆过渡的中间阶段，能促进聚变技术尽早走出实验室，增强公众对聚变技术的信心。一座可长期运行的聚变-裂变混合堆又将对等离子体技术发展和聚变堆材料的研究等工作起到极大的促进作用，能从根本上推动聚变堆技术的发展。因此，混合堆不仅是从核能的纯裂变时代向纯聚变时代过渡的一种中间技术，而且是聚变技术发展中长期的一个合理选择。

鉴于聚变技术的复杂性和高投入，混合堆要想在未来能源中发挥作用，其次临界能源堆部分必须很好地解决以下三方面问题：① 必须能够持续地燃烧^{238}U及^{232}Th，解决铀钍的利用率问题；② 必须能够以天然铀为核燃料，解决核燃料的易获得性问题；③ 必须有较大的能量倍增系数($M\geqslant 10$)、更长的换料周期(5年以上)和更简便、经济的后处理方法(核燃料循环)，否则无法在经济性上与快堆竞争。

中国的聚变-裂变混合堆研究始于1980年。在国家“863计划”的支持下，核工业西南物理研究院和中国科学院等离子体物理研究所进行了长期的混合堆设计研究，先后完成了实验混合堆的详细概念设计和一些关键部件的工程概要设计。1986—1990年为实施“863计划”的第一阶段，以确定我国能源发展战略及聚变-裂变混合堆在其中的战略地位和进行概念设计。1991—2000年为实施“863计划”的第二阶段。未来将逐步对关键技术进行考核检验，完成初步的次临界能源堆整体设计；完成数值模拟平台和相关数据库、设计验证实验平台建设；完成多功能包层的优化和比较研究；完成初步的安全性、经济性评估和混合能源堆技术发展战略软科学研究，为建造我国聚变实验混合堆(Fusion Experimental Breeder，FEB)技术路线提供理论依据与科学基础。

核工业西南物理研究院先后完成了试验混合堆、商用混合堆的概念设计(图3.16)，并在堆芯等离子体物理、中子学、堆结构、热水力、安全环境、经济分析等方面取得了一大批科研成果。“九五”期间完成了实验混合堆工程概要设计FEB-E，开展了包层和偏滤器方面的设计研究，对重要部件的材料、结构、工艺制造、装配、运行、维修等方面进行工程技术或可行性论证，建立了工程材料数据库；在用聚变中子处理长寿命放射性核废料的新堆型设计方面，也取得了重要成果[9]，编制了SWITRIM软件，提出了“氚坑深度和氚坑时间”的新概念，该成果在*Nuclear Fusion*上发表，并研究了可用于高功率密度堆的锂液帘作为第一壁的可行性。

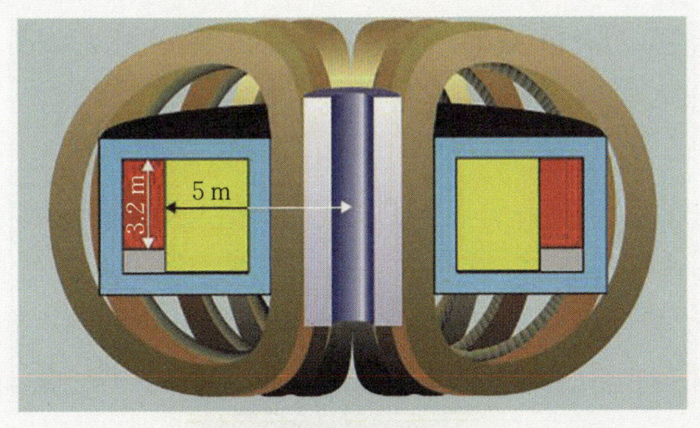

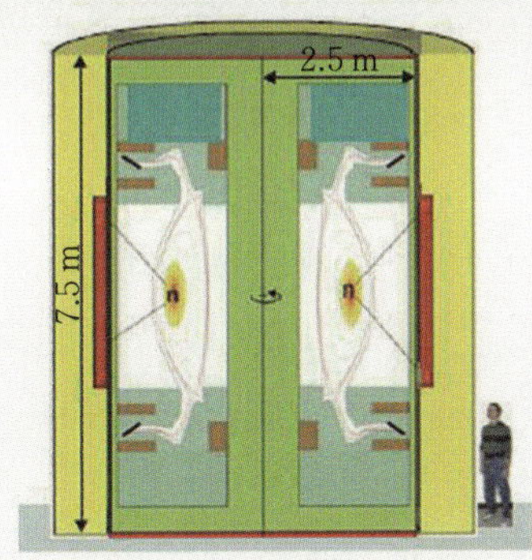

图3.16　聚变-裂变混合堆概念图[8]

2009年，中国工程物理研究院彭先觉院士等人集成了在惯性约束聚变靶和次临界能源堆方面的研究成果以及国内外专家对Z-Pinch驱动器方面的判断，提出了Z-Pinch驱动聚变-裂变混合堆概念。2015年，中国工程物理研究院已初步完成了热功率为3000 MW的Z箍缩聚变-裂变混合堆概念设计。按照计划，2015年前后完成Z箍缩聚变-裂变混合堆堆型物理设计；2020年前后建成关键单元技术的实验研究平台；2030年前后通过系统集成建成实验研究堆。

彭先觉院士等人还提出了一种聚变中子源和次临界能源堆相结合的新型混合堆。这种新型混合堆以天然铀、反应堆乏燃料为核燃料，以轻水作冷却传热介质，可以在聚变中子源的驱动下获得10倍以上的能量增益，并可保证氚的有效循环，且能够在核燃料循环中不断添加贫化铀及钍，达到不断烧^{238}U和^{232}Th的目的。该系统始终处于次临界状态，不会出现超临界事故，容易设置非能动余热排出系统，可完全避免堆中核燃料熔化事故，安全可靠。如果这项技术能够实现，那将是能源技术的一个重要突破，并将打破我国大规模发展核能所面临的资源和技术瓶颈。这种混合堆实现起来相对容易，运行也较为简单：聚变中子源功率只需纯聚变堆的1/10甚至1/20；对材料的抗辐照能力要求大大降低；用天然铀而不需要准备钚，有利于大规模部署。最重要的，这个系统可以把裂变燃料的资源利用率提高到80%～90%。

3.4.6 中国承担的ITER采购包任务

ITER建设所需的部件、辅助系统的制造任务，以采购包的形式由参与方按现金贡献比例原则分摊，中国承担的采购包任务主要包括：极场磁体线圈、环向场磁体导体、校正场磁体线圈、磁体馈线系统、AC/DC转换器、水冷系统、低温恒温室系统、屏蔽包层(SB+FW)、磁体支撑系统、气体注入(GIS+GDC)系统、中子通量测量系统(NFM)、诊断系统等。此外，中国提出的氦冷固态实验包层模块(HCSB-TBM)设计研制计划，被ITER批准列入采购包任务。ITER重大工程安装于2020年7月28日启动，中核集团牵头的联合体成功中标ITER最大安装合同(TAC1)。

ITER计划的实施和核聚变研究的深入开展，带动了众多高新技术的发展。核工业西南物理研究院与国内相关企业合作，采用旋转电极法(REP)研制成功聚变堆中子倍增材料——铍小球，成为国际上第二个掌握该技术的国家，并研制成功聚变堆氚增殖材料正硅酸锂小球。同时，该院独立研发制作的增强热负荷型ITER第一壁(FW)半原型部件在国际上率先通过高热负荷试验认证。这是一种全新材料，处于反应堆最核心位置，直接面对高温聚变物质，因而被称为反应堆的“第一壁”。图3.17为中方承担的ITER屏蔽包层采购包的第一壁试验件。

核工业西南物理研究院利用核聚变中间技术部分，服务国民经济建设主战场，致力于核聚变与等离子体应用技术的成果转化，研制了具有自主知识产权的复合渗注镀技术集成试验平台，成功开发出多种等离子体复合表面处理工艺；形成了离子镀膜、离子注入、微弧氧化、低温改性、等离子体炬和纳米粉末制备等优势项目以及玻璃贴膜、中大功率特殊电源和数字真空计等优势产品。这些新技术、新工艺、新产品已广泛应用于工业、科研与日常生活等领域，创造了很好的经济效益和社会效益。按欧盟标准设计、生产的表面处理设备出口欧盟，实现了整机出口发达国家零的突破。与客户合作成功研制的用于制备二层型挠性覆铜板的双面连续镀膜生产线设备属国内外首创，处于国际领先水平。

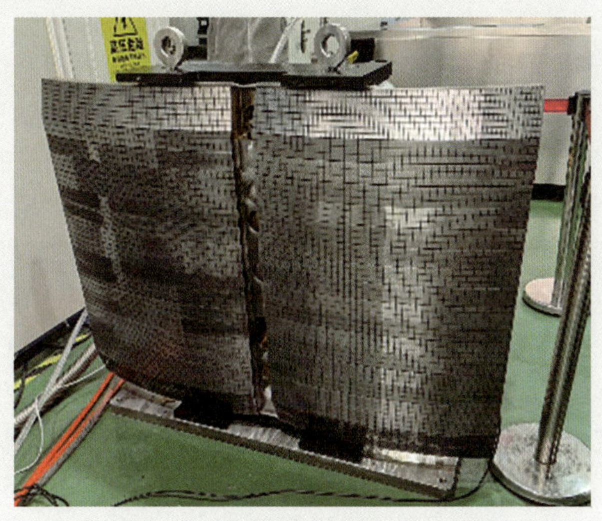

图3.17　ITER屏蔽包层第一壁试验件

中国科学院等离子体研究所在承担完成ITER超导磁体馈线(FEEDER)采购包中研发的高温超导电流引线集高载流能力、低冷量消耗和长失冷安全时间三方面优势于一体(图3.18)。超导接头是实现超导电连接的重要部件，是聚变装置面临的关键技术难题之一。该所首次在国内实现了利用铜-钢爆炸焊复合板进行接头盒设计与制造以及盒体的压力定位密封焊接；开展了超导线表面镀层二次处理方法与焊料低温下电阻特性研究。研发的盒式高载流低损耗超导接头，在5 K的温度下，接头电阻达到0.2 nΩ

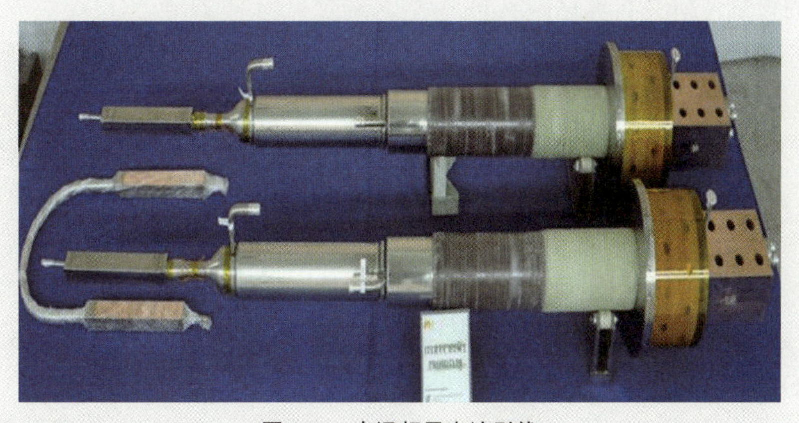

图3.18　高温超导电流引线

级的世界领先水平，极大地保障了聚变装置主机的安全运行。该所发展了以玻纤和聚酰亚胺为主体的预浸渍绝缘材料固化新工艺。其针对结构复杂的超导部件，创新了真空袋膜与硅胶辅助模的绝缘固化工艺，成功解决了液氦温度（4 K）电气绝缘难题。这些技术性突破，推动了我国在超导磁体、超导加速器、超导电力传输、超导空间推进等研究和产业领域的应用，同时带动了国内高温超导材料、绝缘材料、ITER级不锈钢等产业高新技术水平的提高。

中国科学院等离子体研究所长期进行国内各种聚变装置高功率电源系统及相关特种电气设备的研发，2007年前研发了亚洲最大的储能200 MJ电感、大功率发电机灭磁保护氧化锌、超导托卡马克HT-7装置120 MW磁体电源、微波电源、电机系统等。2011年后在国际ITER电源采购包的项目中取得了诸多关键技术性突破：包括：① 建成了获CNAS认证的国际领先、国内最大功率的2 kV/500 kA直流电源测试平台；② 研制了世界上最大的4600 MW四象限直流变流系统；③ 研制了世界最高电压和功率的66 kV/750 MW的SVC无功补偿系统；④ 研制了额定功率160 MW、额定电流55 kA、短路能力达430 kA的大功率变流器；⑤ 研制了额定电流30 kA、短路能力达200 kA的200 uH大功率直流电抗器；⑥ 研制了额定电压20 kV、额定交流电流45 kA、短路能力达415 kA的交流封闭母线；⑦ 研制了额定电压20 kV、额定电流55 kA、短路能力达360 kA的大功率直流开关。

3.5 我国核聚变研究前景展望

我国的核聚变研究与发达国家同时起步，经过50多年的努力，已经形成独立自主、内容基本完整的技术体系和水平较高、年龄结构合理的研究队伍，在一些聚变关键技术领域已经达到国际领先水平。随着ITER计划的全面实施，着眼于后ITER时代和未来聚变能的应用，我国在建造聚变工程实验堆前仍面临一系列聚变关键技术挑战，包括聚变堆总体集成设计、燃烧等离子体稳态运行、等离子体加热和电流驱动、等离子体不稳定性控制和破裂缓解、产氚包层技术、堆芯部件远程维护、氚自持、聚变堆材料、偏滤器技术、强磁场超导技术等关键问题。通过开展聚变堆总体设计、聚变堆芯关键技术研发、包层部件关键技术研发以及主机关键系统的研发，系统解决建设聚变工程实验堆面临的关键问题。

通过开展中国聚变工程实验堆（CFETR）的工程设计[10]，建造关键系统综合研究设施，研发聚变堆关键工程技术，我国已形成一支高水平聚变研发队伍和聚变堆设计队伍。在2030年左右，适时启动建设中国聚变工程实验堆（CFETR），完善国家聚变能研发体系，建立健全我国聚变堆的核与辐射安全法规、导则和技术标准，全方位开展国际合作，形成以我国为主的国际合作，实现我国聚变发展全面步入国际领先水平。在2050年前后开展中国聚变示范堆的建设和科学实验研究，启动建造商用聚变电站，实现聚变能源的商用化。

完成HL-3、EAST装置的扩建与性能改善，使其具备国际一流的硬件设施并开展具有国际先进水平的物理实验；运用现代先进的控制手段大幅度提高等离子体参数和品质，开展抑制MHD活动和控制等离子体参数分布的技术研发，探索先进托卡马克的控制运行技术；在改造升级的基础上，增加辅助加热和驱动装置，提高加热功率等，大力发展辅助加热和加料系统，建立更完善的诊断系统；借助数值计算和等离子体模拟研究等离子体物理。

ITER只能进行有限的聚变堆工程技术实验，由此直接过渡到聚变示范堆（DEMO）具有极大的风险。因此，在ITER与DEMO之间，我国必须设计和建造自己的聚变工程实验堆（CFETR），对未来的聚变堆的主要部件进行工程实验，为设计和建造DEMO提供技术基础。因此，中国建设CFETR的主要研究内容是：

（1）燃烧等离子体技术。

（2）产氚包层、能量的排出、氚的提取、回收与氚自持技术。

（3）材料与工艺技术、增殖剂技术、超导磁体技术。

（4）堆设计、制造与集成技术。

（5）安全与防护、远距离操作技术。

（6）加料、排灰、诊断与控制技术等。

从当前各国的发展看，增殖包层和氚增殖技术的解决是靠ITER，即在ITER包层位置建立实验窗口，待ITER建成后，进行多种方案的、国际合作的研究探索，确定最佳解决方案。这就是TBM计划。ITER的TBM可能会解决氚的产生问题，但并没有解决大用量氚的自持所包含的氚的提取、回收、检测、存储等工业化问题，所以我国的CFETR，需要在ITER TBM的研究、设计、建造和运行的基础上，实现氚自持的功能测试。包层以外的氚工艺问题仍需研发，全面参加ITER实验，掌握实验堆控制、氘-氚运行、安全等方面的科学方法和工程技术；同时，在国内全面开展50万千瓦级聚变能发电的稳态燃烧托卡马克实验堆的设计和建造工作；全尺寸验证聚变示范堆部件和关键技术，全面掌握聚变发电的科学技术和安全规则。

我国磁约束聚变发展的路线图是（图3.19）：设计建造中国第一个百万千瓦级聚变示范堆，掌握商用聚变堆设计、建造技术；完成我国商用聚变堆的设计。利用CFETR

深入开展DEMO堆芯技术研发；掌握商用聚变堆的堆芯技术，设计制造DEMO及商用聚变堆的产氚包层；完成DEMO的安全设计和商用聚变电站的安全分析；在2050年前后开展中国聚变示范堆的建设和科学实验研究；启动建造商用聚变电站，实现聚变能源的商用化。

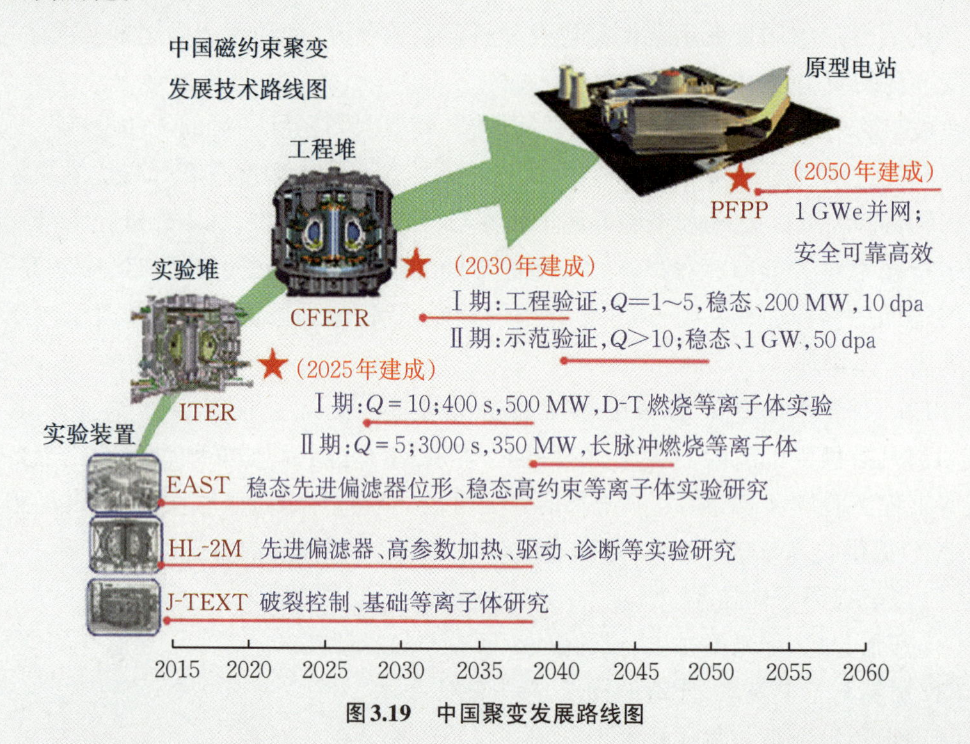

图3.19 中国聚变发展路线图

中国的聚变堆设计研究工作从20世纪70年代起步，完成了多种聚变堆概念设计：在聚变燃料方面，有D-T和D-^{3}He聚变堆；在等离子体约束位形方面，有磁镜堆和托卡马克堆；在堆的用途方面，有纯聚变堆、聚变增殖堆和嬗变堆；在聚变能发展阶段方面，有实验堆和商用堆概念设计。核工业西南物理研究院于1984—1986年间完成了串级磁镜增殖堆(CHD)的设计，接着从1987年起在国家“863计划”支持下开展了托卡马克聚变实验增殖堆FEB系列设计以及托卡马克商用混合堆(Tokamak Commercial Breeder，TCB)的设计。在1991—1995年间，由核工业西南物理研究院与中国科学院等离子体物理研究所共同完成了FEB的概念设计研究工作。FEB具有液态金属锂作冷却剂和氚增殖剂的自冷却包层设计的特点，不但保证氚自给，而且能生产出可供若干座裂变堆使用的裂变燃料^{239}Pu。

在FEB概念设计工作的基础上，1996—2000年间，由核工业西南物理研究院完成了FEB的工程概要设计，被称为FEB-E设计(图3.20)。FEB-E聚变热功率为207 MW，等离子体大半径为3.7 m，小半径为0.9 m，中子壁负载为0.6 MW。包层中子倍增材料用Be,以10 MPa高压氦气作为冷却剂,不锈钢作为结构材料。采用三维Monte-Carlo程序MORE-CGT用来模拟计算,得到氚增殖率TBR为1.1。开展了包层和偏滤器方面的设计研究,对重要部件的材料、结构、工艺制造、装配、运行、维修等方面进行工程技术和可行性论证,建立了工程材料数据库。在堆芯等离子体物理、中子学、堆结构、热水力、安全环境、经济分析等方面进行了深入研究。

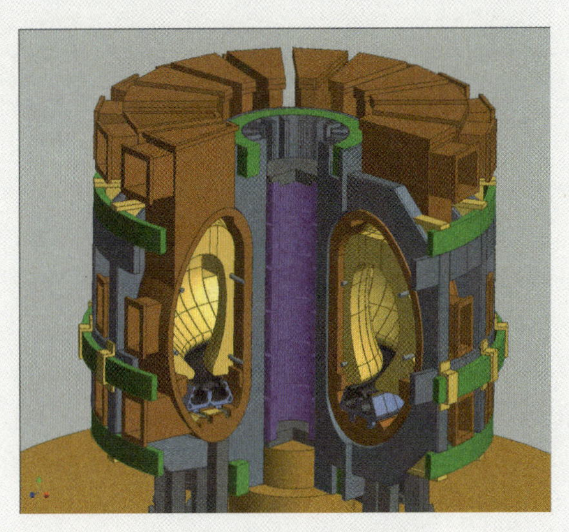

图3.20 FEB-E设计概貌图

同时,中国在用聚变中子处理长寿命放射性核废料的新堆型设计方面,也取得了重要成果[11],在世界上最先提出了"氚坑深度和氚坑时间"新概念[12],在氚循环和氚系统设计方面丰富和完善了FEB-E设计内容。自2000年以来,中国科学院等离子体物理研究所FDS团队持续开展了FDS系列聚变堆的设计研究工作,以液态金属包层设计为特征,以增殖裂变燃料和嬗变锕系核废物为主要设计目标,研制了一批具有自主知识产权的聚变堆设计软件[13]。

小结

以托卡马克为主要技术途径的磁约束核聚变研究,取得重要进展,其科学可行性已经被证实。以国际热核聚变试验堆(ITER)计划的实施为转折点,受控核聚变的研究进入以聚变能源商用为目标的新阶段。由于种种原因,ITER计划的进展被不断推迟,但人类已经看到了聚变能开发利用的曙光。在实施ITER计划的同时,几乎所有的计划参与方都制定了各自国家的聚变能研发计划,提出了不同的示范堆技术路线和设计方案,如中国的聚变工程实验堆(CFETR)设计,并同步开展相应的技术开发。可以预料,随着高温超导技术、大功率辅助加热技术和AI人工智能技术的快速发展,必将大大加速聚变能开发和利用的进程。

参考文献

[1] 袁宝山，姜韶凤，陆志鸿．托卡马克装置工程基础[M]．北京：中国原子能出版社，2011.

[2] Hemsworth R, Decamps H, Graceffa J, et al. Status of the ITER heating neutral beam system[J]. Nuclear Fusion, 2009, 49(4):571-576.

[3] 加里·麦克拉肯，彼得·斯托特．宇宙能源：聚变[M]．北京：中国原子能出版社，2008.

[4] Simonen T C. The long-range DⅢ-D plan [J]. Journal of Fusion Energy, 1994(13): 105-111.

[5] Kwak J G, Baee Y D, Chang D H, et al. Progress in the development of heating systems towards long pulse operation for KSTAR[J]. Nuclear Fusion, 2007, 47(5): 463-469.

[6] 核工业西南物理研究院．国际核聚变能源研究现状与前景[M]．北京：中国原子能出版社，2015.

[7] Xu G, Yang Q, Yan N, et al. Promising high-confinement regime for steady-state fusion [J]. Phys Eev Lett., 2019(22): 50-55.

[8] John W. Simpson, Outlook for the Fusuon Hybrid and Tritium-Breding Fusion Reactors [M]. Washington: National Academy Press, 1987.

[9] Feng K M, Zhang G S, Deng M G . Transmutation of minor actinides in a spherical tours tokamake fusion reactor, FDTR[J]. Fusion Engineering and Design, 2002(63):127-132.

[10] 李建刚，武松涛．托卡马克巨变堆研究进展[M]．上海：上海交通大学出版社，2023.

[11] 冯开明，胡刚．实验混合堆嬗变MA研究[J]．核科学与工程，1998，18(4)：160-166.

[12] 邓柏权．聚变堆物理：新构思和新技术[M]．北京：中国原子能出版社，2013.

[13] 吴宜灿．聚变中子学[M]．北京：中国原子能出版社，2016.

第4章　国际热核聚变实验堆(ITER)

4.1　ITER计划的背景

受控的核聚变能将是人类最终的永久性清洁能源,但是核聚变能源的开发难度极大。科学家们发现轻核聚变和重核裂变都在20世纪30年代。而第一座可控自持裂变反应堆在1942年就实现了,第一颗原子弹也在1945年爆炸了,9年后即1954年,就诞生了第一座基于裂变的试验核电站。可是,基于热核聚变的首枚氢弹在1952年便试验成功,但至今半个多世纪过去了,受控核聚变能源的研究才刚刚进入工程可行性和建造聚变实验堆的阶段。经过近50年的世界性研究和探索,托卡马克途径的磁约束核聚变研究已趋于成熟,在各种类型的磁约束聚变实验装置中,目前托卡马克装置技术最成熟,进展也最快。但是,在达到商用目标之前,基于托卡马克的聚变能研究和开发,还有一些科学和技术问题需要进一步探索。

如前所述,由于托卡马克聚变研究取得了稳步的实质性进展,为了验证托卡马克是否能够实现长时间的聚变能输出,解决聚变堆最重要、最关键的工程技术问题以及适应未来高效、紧凑和稳态运行的商业聚变堆的要求,1985年在日内瓦峰会上,由美国和苏联首脑倡议,在国际原子能机构(IAEA)的赞同下,提出建造国际热核聚变实验堆(ITER)计划。2006年10月,中国、欧盟、日本、俄罗斯、韩国、印度和美国七方政府在布鲁塞尔达成协议,共同实施ITER计划。ITER计划的实施,标志着托卡马克磁约束聚变能研究由基础性研究进入了以验证工程可行性为主要目标的实验堆研究阶段。

ITER是一个全尺寸托卡马克型聚变实验反应堆(图4.1),将演示聚变能和平利用的科学可行性与技术可行性，与未来用于发电的聚变反应堆具有相同规模的装置参数，具有核实验包层模块，采用了低温超导和偏滤器技术，目前的设计技术参数：中子壁负荷为0.78 MW/m²，可进行长达500 s的长脉冲运行，将产生500 MW的聚变功率输出。建设中的ITER主机厂房如图4.2所示。

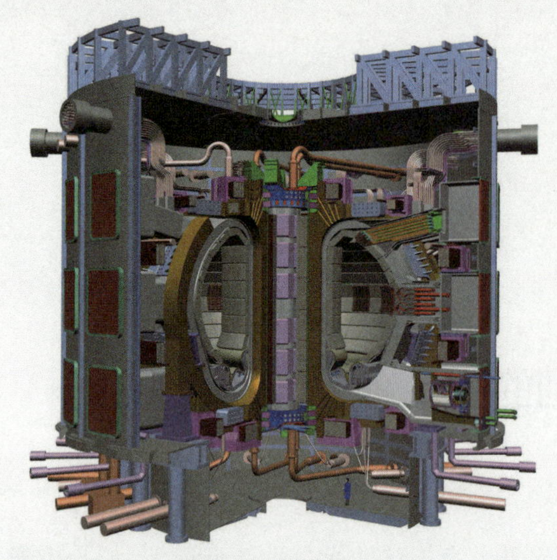

图4.1　国际热核聚变实验堆（ITER）

图4.2　建设中的ITER主机厂房

在拉丁语中，ITER的含义为“路”，寓意“未来能源发展之路”。ITER计划将集成当今国际受控磁约束核聚变研究的主要科学和技术成果，第一次在地球上实现能与未来实用、可与聚变堆规模相比拟的受控热核聚变实验堆，解决通向聚变电站的关键问题，其目标是全面验证聚变能源和平利用的科学可行性和工程可行性。更为重要的是，ITER取得的研究成果和经验将有助于建造下一个用聚变发电的示范反应堆（DEMO），示范堆的顺利运行将有可能使核聚变能实现商业化。因此，ITER计划是人类研究和利用聚变能的一个重要节点，是人类受控热核聚变研究走向实用的关键一步和里程碑事件。

ITER计划是一次人类共同的科学探险。参加ITER计划的七方总人口占世界总人口的一半以上，几乎囊括了所有的核大国，集中了全球顶尖科学家的智慧。各国共同出资参与ITER计划，共同承担风险，在政治上也体现了各国在开发未来能源方面的坚定立场，使其成为一个国际大科学工程。因此，ITER计划绝对不仅仅意味着各国共同出资建造一个装置，它的成功实施具有重大的政治意义和深远的能源战略意义。各参与方通过参加ITER计划，承担制造ITER装置部件的任务，可同时享有ITER计划所有的知识产权，在为ITER计划做出相应贡献的同时，全面掌握聚变实验堆的技术，达到其参加ITER计划的终极目标。参与方各国尤其是中国在内的发展中国家，通过派出科学家参与ITER工作，可以学到包括大型科研的组织管理等很多有益的经验，并在较短的时间内大幅提高国家聚变研究整体知识水平和技术能力，从而拉近与其他先进国家的距离。同时，再配合独自进行的必要的基础研究、聚变反应堆材料研究、工程技术研究等，则有可能在较短时间内，用较小投资使所在国的核聚变能源研究水平跻身世界前沿，为下一步自主开展核聚变示范电站的研发奠定基础，确保20年或30年后，拥有独立的设计、建造聚变示范堆的技术力量和聚变工业发展体系。这也是各参与方参加ITER计划的主要目标之一。

4.2 历史回顾

1998年，美国因为聚变政策的变动、ITER研究经费的日益增长、对ITER的技术目标的分歧，宣布退出该项计划。1998年夏，ITER计划开展了为期3年的降低费用的设计研究，其他方继续为较低价格和目标的设计开展工作(称为ITER-FEAT)。这种降低规模的ITER的详细工程设计于2001年7月完成。从2001年6月起，之后的一年多(到2002年底)，开展了共同技术协调活动(Co-ordinated Technical Activities，CTA)，以给选址谈判代表提供技术上的支持、维护项目的整体性及准备联合建造和运行相关的事宜。

在ITER的EDA阶段(1992—1998年)，大量研发工作的开展、一系列原型大型部件模块的成功制造和实验，论证了实验性聚变堆的工程技术可行性。ITER项目采纳了40年来全世界核聚变研究的成果，降低费用后的ITER-FEAT计划，预计耗资超过50亿美元。各国科学家寄希望于这座核聚变堆在受控核聚变攻关中实现质的飞跃，证实受控核聚变能的开发在技术和工程上都是可行的。如果ITER如期建成，则一座电功率为百万千瓦级的示范核聚变电站可望在其后10年内建成，并在2050年前后实现聚变电站商用化。

2002年12月，国务院授权科技部代表中国参加ITER计划谈判。2003年2月，ITER各方在俄罗斯圣彼得堡举行的第八轮政府间会谈中作出决定，同意中国正式加入ITER计划，美国重返ITER计划。2003年12月，ITER场址的政府间谈判启动。2005年6月，各方就场址的谈判达成协议，确定ITER将建在法国的卡达拉什。2006年12月，政府间谈判结束，七方签署共同建造ITER的协议并约定了各方任务(图4.3)。至此，ITER计划开始踏上漫长而艰辛的建设历程。

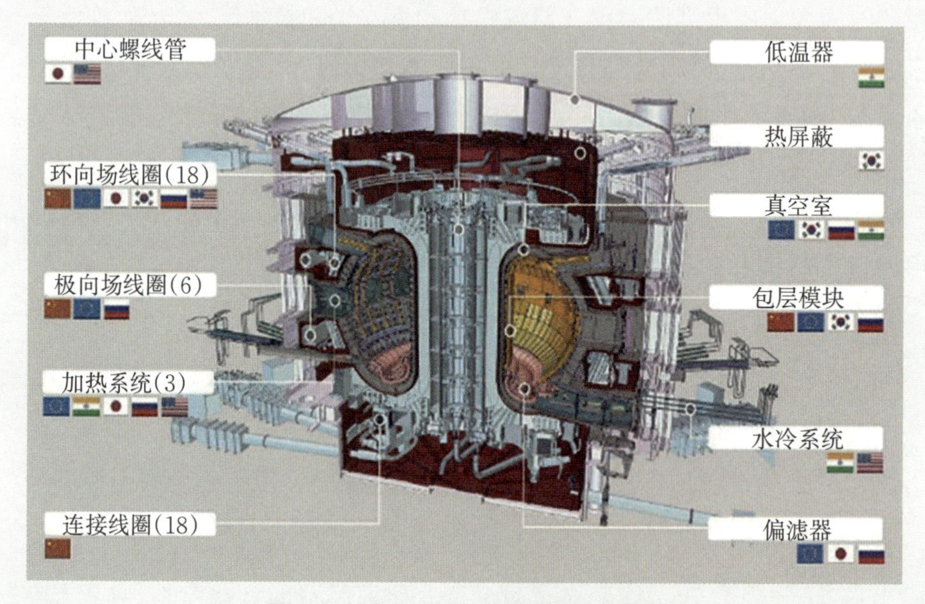

图4.3　各参与方承担制造的ITER部件

国际上将受控核聚变研究的发展分为六个阶段，即：① 原理性研究阶段；② 大规模实验阶段；③ 科学可行性验证阶段(ITER)；④ 工程可行性验证阶段(CFETR)；⑤ 经济可行性验证阶段；⑥ 商用聚变电站建设阶段。目前，国际聚变能的开发正处在从科学可行性验证阶段到工程可行性验证阶段转型过程中。

国际上对聚变发展前景的预测是，2025年建成大型先进D-T燃烧等离子体物理实验装置(如ITER)，2030年建成实验性聚变堆，2035年建成示范性反应堆(DEMO)，2050年建成聚变商用聚变电站(图4.4)。

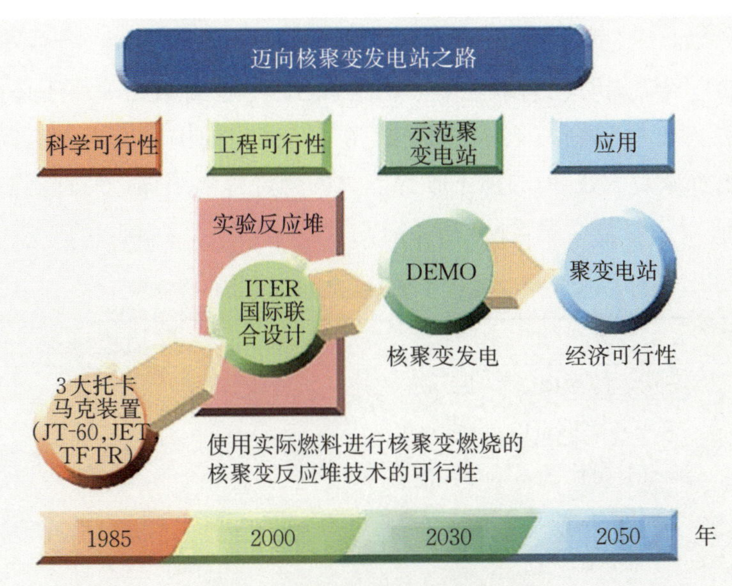

图4.4 磁约束核聚变能发展计划

4.3 ITER的科学目标

ITER是一个科学和工程意义上的聚变实验堆,反应堆的各部件完全按实际发电反应堆要求设计,集物理研究和反应堆相关工程技术研究于一体。ITER将研究氘-氚聚变等离子体的性质;发展包层核技术;研究聚变中子辐照下的材料特性;探索和平利用聚变能的工程可行性。早期由美国、日本、俄罗斯和欧盟进行技术设计。其后,改进设计的ITER-FEAT最终报告于2001年底完成。ITER的主要设计参数见表4.1。预计ITER真正建成并开始运转要到2029年前后,其技术可行性还要根据运转结果来验证。按当时的预算,ITER的建造总费用大约为56亿美元。

ITER的总体科学目标:以稳态为最终目标,证明受控点火和氘-氚等离子体的持续燃烧;在核聚变综合系统中验证反应堆相关的重要技术;对聚变能和平利用所需要的高热通量和核辐照部件进行综合试验。ITER计划分三个阶段进行[1]:

(1) 第一阶段为实验堆建设阶段,从2007年到2029年。

(2) 第二阶段为热核聚变运行实验阶段,持续20年,其间将验证核聚变燃料的性能、实验堆所使用材料的可靠性、核聚变堆的可开发性等,为大规模商业开发聚变能提供科学和技术认证。在第二阶段，通过非感应驱动等离子体电流，产生聚变功率大于350 MW、Q大于5、燃烧时间持续3000 s的等离子体，研究燃烧等离子体的稳态运行，这种高性能的"先进燃烧等离子体"是建造托卡马克型商用聚变堆所必需的。如果约束条件允许，将探索Q大于30的稳态临界点火的燃烧等离子体(不排除点火)。

(3) 第三阶段为实验堆退役阶段，历时5年。

表4.1 ITER主要设计参数

参数	设计指标
大半径，R(m)	6.2
小半径，r(m)	2.0
等离子体电流，I_p(MA)	15
纵向磁场，B_T(T)	5.3
拉长比，k_{95}	1.70/1.85
三角变形，δ_{95}	0.33/0.49
安全因子，q_{95}	3.0
总聚变功率，P_f(MW)	500(700)
平均中子壁载荷，W_{LOAD}(MW/m^2)	0.57(0.8)
能量增益因子，Q	＞10
等离子体燃烧时间，t(s)	＞400
等离子体体积，V(m^3)	873
等离子体表面积，S(m^2)	678
辅助加热功率，P(MW)	73

ITER具体的科学计划是：通过感应驱动获得聚变功率500 MW、Q大于10、脉冲时间500 s的燃烧等离子体。ITER计划科学目标的实现将为商用聚变堆的建造奠定可靠的科学和工程技术基础。ITER计划的另一重要目标是通过建立和维持氘-氚燃烧等离子体，检验和实现各种聚变工程技术的集成，并进一步研究和发展能直接用于商用聚变堆的相关技术。

4.4 ITER的工程目标

ITER作为人类历史上第一座热核实验聚变堆，将为未来发展聚变示范堆(DEMO)

和商用聚变堆进行关键的工程技术实验，其主要工程技术目标如下[1]：

(1) 演示主要聚变技术的有效性和包层性能(中子壁载荷：0.78 MW/m²，热载荷：0.5 MW/m²)。

(2) 演示实验聚变堆的各部件与系统集成技术(超导托卡马克)。

(3) 在燃烧等离子体条件下，测试将来的聚变堆试验部件检验各个部件在聚变环境下的性能，包括辐照损伤、高热负荷、大电动力的冲击等，同时发展实时、本地的大规模制氚技术等。这些工作是设计与建造商用聚变堆之前必须完成的，而且只能在ITER上开展。

(4) 利用D-T聚变中子环境，试验氚增殖模块(Tritium Breeding Module，TBM)概念。ITER没有设置增殖包层，只有屏蔽包层。在ITER的中平面位置，设置了3个TBM实验窗口，可进行不同概念和结构类型的增殖包层模块的测试，研究和验证聚变堆氚增殖与自持技术。ITER剖面图如图4.5所示。

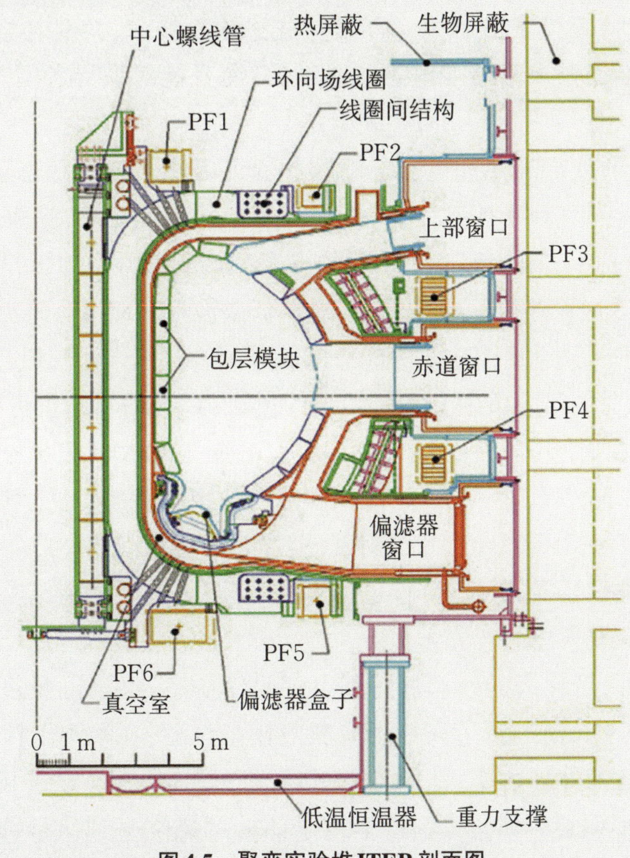

图4.5　聚变实验堆ITER剖面图

ITER目标的实现将为研究和发展用于聚变示范堆、商用聚变堆的各种技术奠定可靠的科学和技术基础。经过ITER七方专家的技术评估和论证，上述科学与工程技术目标是完全能够实现的。

4.5 ITER的技术基础

随着ITER计划的顺利实施，在过去的几年里，国际磁约束聚变界主要围绕未来ITER科学实验可能涉及的重大科学问题开展理论和试验研究，同时继续开发建设ITER所需的重大技术，开展大规模的装置建设等工作。ITER装置不仅集成了国际聚变能源研究的最新成果，而且综合了当今世界相关领域的一些顶尖技术，例如大型超导磁体技术、中能高流强加速器技术、连续大功率微波技术、复杂的远程控制技术、反应堆材料、实验包层、大型低温技术、氚工艺、先进诊断技术、大型电源技术及核聚变安全等。这些技术不但是未来聚变电站所必需的，而且能对世界各国工业、社会经济发展起到重大推进作用。

ITER有足够的外部加热和电流驱动功率验证等离子体的稳态运行。ITER设计的辅助加热和电流驱动系统有：33 MW的负离子中性束NBI；20 MW、170 GHz电子回旋射频波（ECRF）功率；20 MW、80 MHz的离子回旋射频波（ICRF）功率；此外，ITER还可提供额外的20 MW中性束功率和20 MW低杂波（LHRF）辅助功率。总的外部加热和电流驱动功率可达133 MW。为验证等离子体的稳态运行，ITER设计了三种非感应驱动方案：分别是弱的负磁方案剪切强的负磁剪切、和弱的正磁剪切（WNS、SNS和WPS）。对于这三种方案，所需中性束功率分别为30 MW，20 MW和28 MW；射频波功率分别是29 MW，40 MW和29 MW。数值模拟表明，这三种方案产生的聚变功率分别是365 MW，340 MW和352 MW，燃烧时间均持续3000 s。目前，ITER外部加热和电流驱动功率系统的关键部件已通过实际演示，其功率持续时间和效率还未达到ITER设计要求，有待进一步完善。

在感应驱动时，足够高的外部加热和电流驱动功率，也使得探索高Q运行的等离子体成为可能。ITER曾进行了高Q感应放电模拟试验：在等离子体燃烧开始（时间$t=10$ s），注入83 MW外加功率，在$t=13.5$ s时，把外加功率减少到10 MW，产生的聚变功率大约450 MW（$Q=45$）。这时，等离子体持续燃烧直到伏秒数用完。

ITER所有等离子体的运行模式均是有边缘局域模存在的高约束（ELMy H）模式。因此，实现ITER科学目标最重要的条件是ITER等离子体能够在ELMy H模式下安全运行。使用ITER的辅助加热和电流驱动系统的各种组合作为等离子体的控制手段，ITER等离子体的安全因子、电子温度、离子温度以及密度的剖面分布均达到形成H模输运垒的要求。唯一不确定的因素是横越磁场的输运定标。然而，ITER灵活的环向场线圈设计、极向场线圈设计、极向感应线圈设计以及灵活的偏滤器设计，为实现H模运行留下了较大的余地。

为了减少偏滤器靶板的负荷，ITER采用了脱离偏滤器(Detached Divertor)的概念，即加入额外的杂质，通过杂质辐射来减少偏滤器接受的排出功率。在H模式下运行的ITER等离子体，到达偏滤器的最大功率通量约10 MW/m²，远小于ITER偏滤器最大负载的设计值25 MW/m²。但是，如果出现第一类大幅度扰动的ELM模，它所引起的热负荷是ITER偏滤器靶板不能承受的。为了减少ELM热负荷，ITER设计了多种办法使第一类ELM模转变到第二类小幅度扰动的ELM模。

ITER等离子体阿尔法粒子的主要损失机制是环向场波纹和整体不稳定性。ITER采用了铁磁体插入，可使环向场波纹减少到可以忽略的程度，本质上消去了阿尔法粒子损失的主要通道。

ITER采用了多种方法来控制等离子体，实现等离子体的磁流体稳定性。ITER设计了18个马鞍形线圈，分成3组，每组6个，这18个马鞍形线圈既能补偿误差场，又能产生反馈场，从而控制等离子体的磁流体不稳定性。此外，中性束和电子回旋波均能作为控制磁流体不稳定性的工具。

随着ITER计划的启动，国际聚变界的普遍共识是：由于对ITER七大部件已在过去的十多年中做了大量的研发，成功建设ITER已无工程上的障碍，但是能否顺利实现ITER的科学目标依然有一定的风险和不确定性，需要在未来ITER科学实验中继续开展研究。

4.6 ITER的屏蔽包层

4.6.1 屏蔽包层设计

聚变堆包层的主要功能是增殖聚变燃料氚和排出沉积在包层中的热能。ITER设计没有设置氚增殖包层，只有屏蔽包层(图4.6)。屏蔽包层的第一壁将直接面对等离子体，其主要功能是保护真空室和使磁体免受中子的损伤。根据设计，ITER第一壁上14 MeV中子的注量为0.5 MW·a/m²，最高中子壁载荷为0.78 MW/m²。

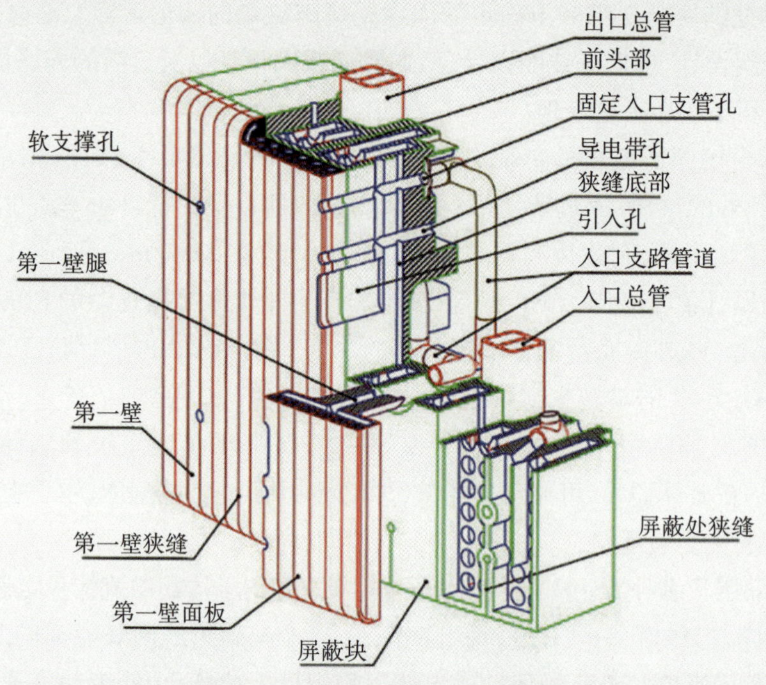

图4.6　ITER的屏蔽包层示意图

ITER屏蔽包层的材料总结于表4.2中。第一壁的材料为奥氏体不锈钢316L(N)-IG，厚度为49 mm。铜合金(DS Cu Al25-IG或CuCrZr-IG)由于具有很好的热导性能，被选择为热沉材料，厚度为22 mm。第一壁与热沉材料的连接采用热等静压(HIP)方法完成。第一壁表面的盔甲材料为铍(Be，S-65C)，厚度为10 mm。第一壁结构的截面示意图如4.7所示。

表4.2　ITER第一壁和屏蔽包层材料参数

第一壁部件	材料	许用温度(℃)	中子损伤(dpa)
盔甲	Be(S-65C或DShG-200)	700	2.6
热沉	DS Cu Al125-IG或CuCrZr-IG	400	5.3
结构材料和管材	316L(N)	400	3.4

4.6.2　第一壁面板

ITER第一壁设计有两种面板，一种是在1～2 MW/m²的正常热通量条件下工作；

另一种是以4.7 MW/m²运行的增强热通量(EHF)面板。在ITER第一壁设计的基础上,中方承担的任务主要集中在EHF FW模型的制造和测试的采购包合同,工艺上采用热等静压(HIP)技术,将铍瓦与CuCrZr合金连接,并将合金与316L(N)不锈钢(SS)背板连接,采用爆炸焊接技术成功制造出ITER第一壁CuCrZr/SS板带铍瓦的模拟件(图4.8)。根据最新的报道,ITER国际组织决定将第一壁铍瓦改为钨瓦,瞄准未来商用聚变堆对第一壁的要求。

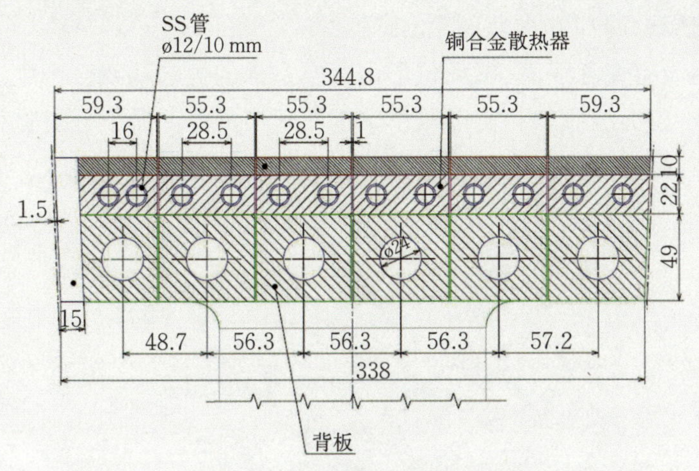

图4.7　ITER第一壁设计截面图

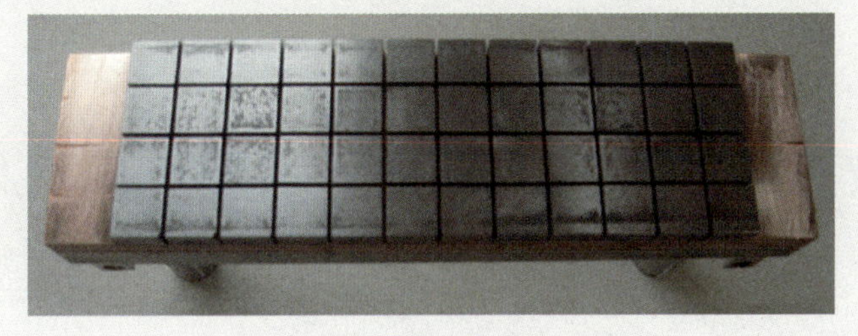

图4.8　ITER第一壁板模拟件

4.7　ITER的偏滤器与孔栏

4.7.1　偏滤器设计

ITER的设计中,聚变功率P_f=500 MW,其中约100 MW的热负荷通过粒子的辐射达到偏滤器靶板。通过十几年对碳纤维复合材料/铜和钨/铜连接技术的预研，已成功地进行了ITER偏滤器全尺寸组件模块的制造、组装与性能测试。可承受高达30 MW/m²的热负荷的单层面对等离子体部件模块试验已经完成。在完成ITER偏滤器工程设计的同时，一个1/2全尺寸偏滤器盒子的原型件已由ITER四方合作完成制造。在ITER装置上采用单零偏滤器设计，共安装54个偏滤器盒子，每个盒子长3.5 m，高2 m，宽度为0.4～0.9 m，每个偏滤器盒子的质量为10.6 t。偏滤器盒体材料为ITER级316LN-IG不锈钢，冷却方式为水冷。

偏滤器室内设有偏滤线圈，磁场位形由真空室外的极向场线圈产生。两个垂直靶板由碳纤维制成，磁力线倾斜相交以减小单位面积热负荷。居于分支磁力线下方的W制结构称为拱顶(Dome)，由54段组成。ITER偏滤器结构设计如图4.9所示。

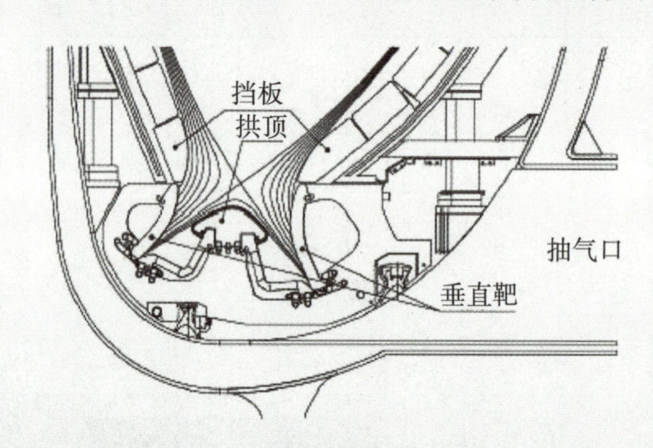

(a) 偏滤器X点磁力线

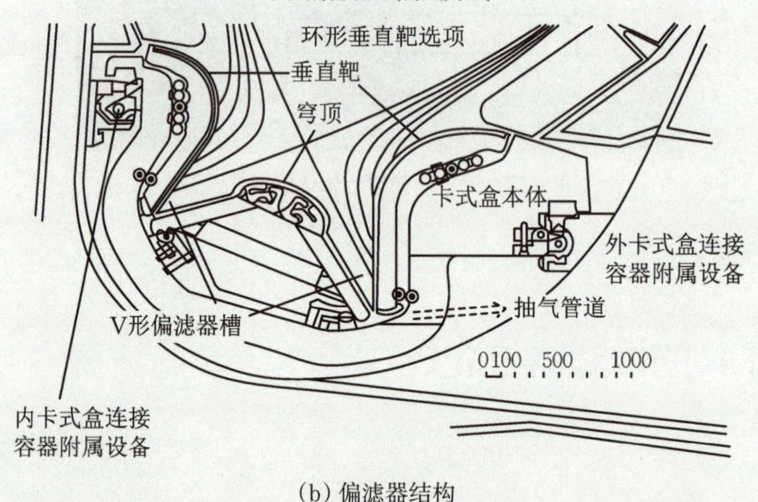

(b) 偏滤器结构

图4.9 ITER偏滤器结构设计

偏滤器靶板上面对等离子体的材料为碳纤维复合材料(CFC)，它能承受的最大稳态热负载为10 MW/m²，最大表面温度为1500 ℃。据计算，若采用CFC作为靶板盔甲材料，其厚度应为20 mm，若采用钨则厚度应为15 mm。采用钨和CFC材料的偏滤器靶板的腐蚀寿命分析如图4.10所示。

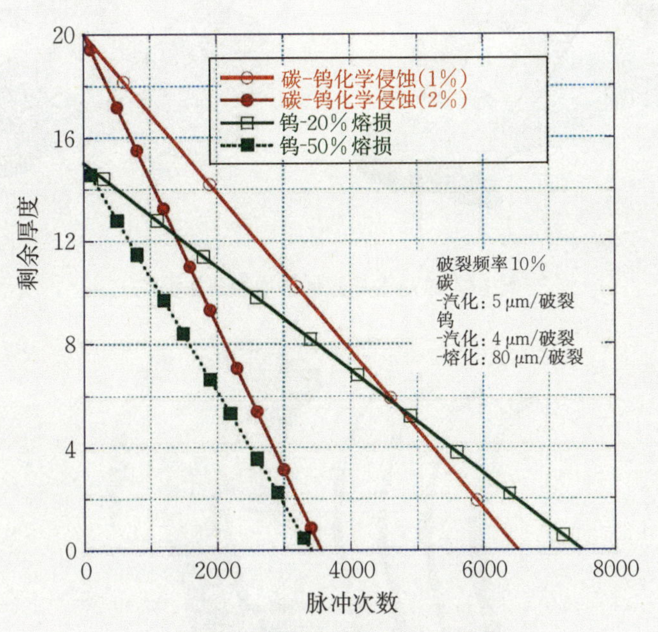

图4.10 不同靶板材料的腐蚀寿命

ITER包层模块和偏滤器遥控操作实验平台已分别在欧洲和日本建成。ITER偏滤器三维分离结构图如图4.11所示。

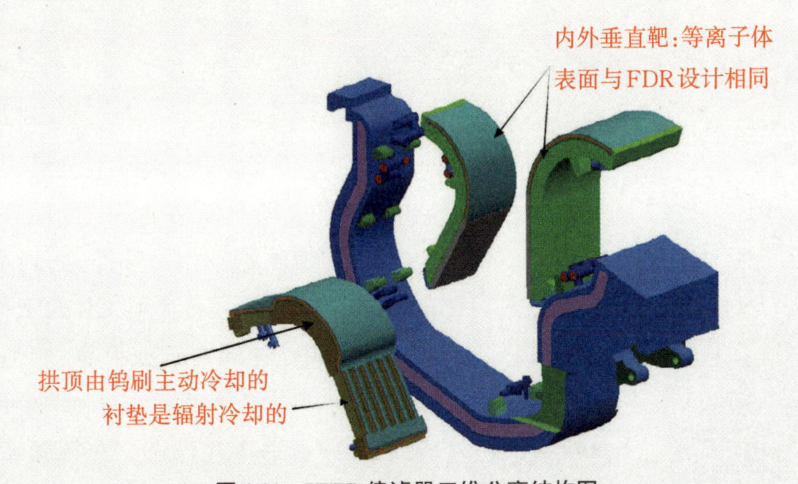

图4.11 ITER偏滤器三维分离结构图

ITER偏滤器拱顶和靶板设计如图4.12所示。ITER内垂直靶板示意图见图4.13。

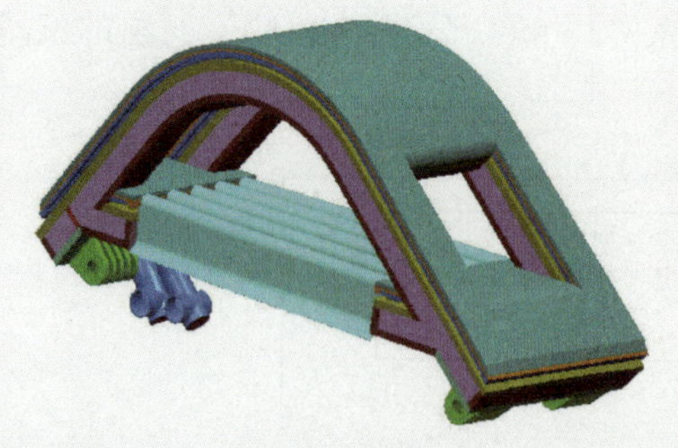

(a) 偏滤器拱顶　　(b) 偏滤器靶板

图4.12　ITER偏滤器拱顶和靶板设计

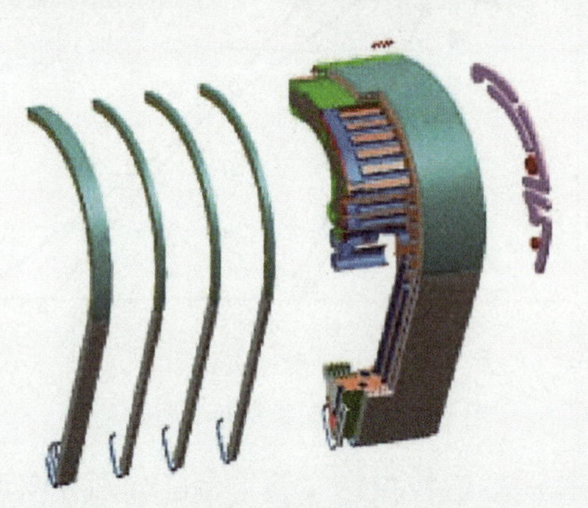

图4.13　ITER内垂直靶板示意图

4.7.2　偏滤器技术要求

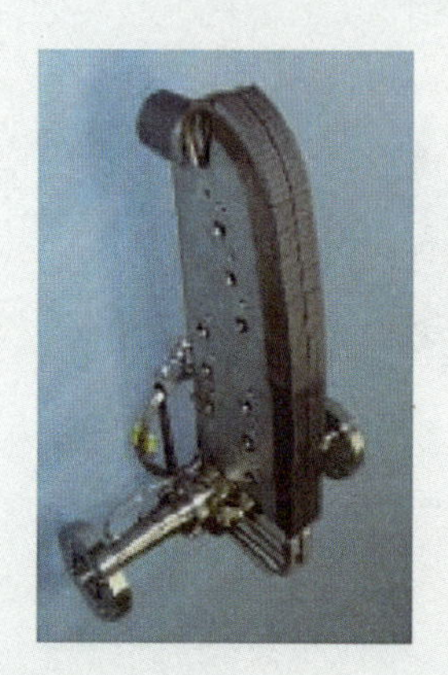

图4.14　偏滤器CfC和钨(W)铠甲原型件(EU)

在ITER计划的前期准备阶段，国际上已经成功研发出了能承受150～200 ℃下表面热负载为5～20 MW/m²，中子注量为0.1 MW·a/m²的偏滤器及相关部件，达到了ITER偏滤器技术目标的要求。偏滤器模件是ITER的工程设计中7个大部件项目之一，早期已经取得的成果有：制造和试验了适合ITER的全尺寸面对等离子体部件(plasma facing component，PFC)，制造了偏滤器本体模件。对偏滤器技术分项技术的评估结果，如表4.3所示，可以认为偏滤器的整体技术水平已达到ITER的设计要求。图4.14为欧盟研制的偏滤器CfC和钨(W)铠甲原型件。

表4.3 ITER偏滤器的前期技术评估结果

技 术 分 项	目 标	已达到目标程度
稳态的表面热负载	5 MW/m^2	80%
瞬态表面热负载	20 MW/m^2	100%
热疲劳寿命	3000 h	100%
冷却剂温度	100 ℃	80%
中子注量	0.1 MW·a/m^2	80%
达到烧毁的安全因子	1.3	80%

4.7.3 孔栏设计

在托卡马克装置的真空室内,用于限制等离子体边界的实体部件称为孔栏,亦称为限制器。使用孔栏限制了等离子体的边界,吸收了等离子体排出的功率,可以避免等离子体与真空室壁的接触而保护真空室。当等离子体边界上的约束粒子经向外扩散并超出约束漂移面时,这些粒子将撞击在孔栏的表面,从而达到限定等离子体边界的目的。孔栏可以是活动的,也可以是固定的。图4.15为ITER的孔栏结构设计示意图。ITER孔栏结构类似于它的包层结构设计,铜合金作为热沉材料,铍作为保护层与热沉结构连接,不锈钢管和板起冷却和支撑作用。

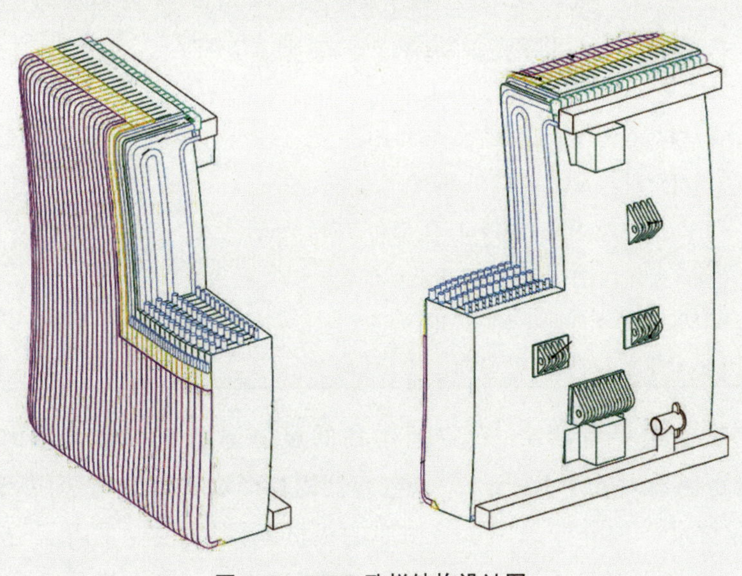

图4.15 ITER孔栏结构设计图

4.8 ITER的真空室

组成聚变堆结构的部件有包层、偏滤器、超导磁体线圈、真空容器等。真空容器是生成和约束等离子体的容器,同时也是为包层和偏滤器提供结构支撑的堆结构骨架。

4.8.1 真空室结构

真空室是聚变堆的重要组成部分,能够为等离子体提供高真空状态,也是ITER的核心部件。ITER真空室是环形不锈钢容器,处在低温恒温器内部,核聚变反应被限制在真空室内进行。同时,真空室和包层部件一道为聚变堆的安全防护提供了第一道屏障。在环形真空室内,等离子体中的离子不能与真空室器壁发生相互作用。ITER真空室的主要设计参数如表4.4所示。

表4.4 ITER真空室的主要参数[1]

序号	项　目	内　　容
1	尺寸、重量	高度11.3 m、环内周半径3.2 m、环外周半径9.7 m、真空容器本体(屏蔽体除外)2542 t、屏蔽体2889 t、窗口结构1967 t、管道1050 t、总质量8448 t
2	形状、结构	D形双重壁结构,内外壁之间设置增强肋
3	结构材料	SUS316L(N)-IG
4	屏蔽材料	SUS304B7,SUS304B4
5	降低纹波度材料	磁性材料SUS430
6	电阻	环向方向7.9 μΩ,极向方向4.1 μΩ
7	泄漏率	小于1×10^{-8} Pa·m^3/s
8	真空度	小于1×10^{-5} Pa
9	内压承受性	大于0.2 MPa

ITER的真空边界有两个,真空容器和低温恒温器。真空容器内真空度低于10^{-5} Pa,低温恒温器内低于10^{-3} Pa。真空容器为D形双重壁结构,内外壁上通过焊接方法连接有增强肋。内外壁采用60 mm厚的板材,增强肋主要采用40 mm厚的板材。真空容器的厚度在内周侧为337 mm,外周侧为750 mm。真空容器的高度为11.3 m,

环内周半径为3.2 m,环外周半径为9.7 m。装置总质量为8448 t。

图4.16和4.17所示分别为ITER真空室的结构和外形。

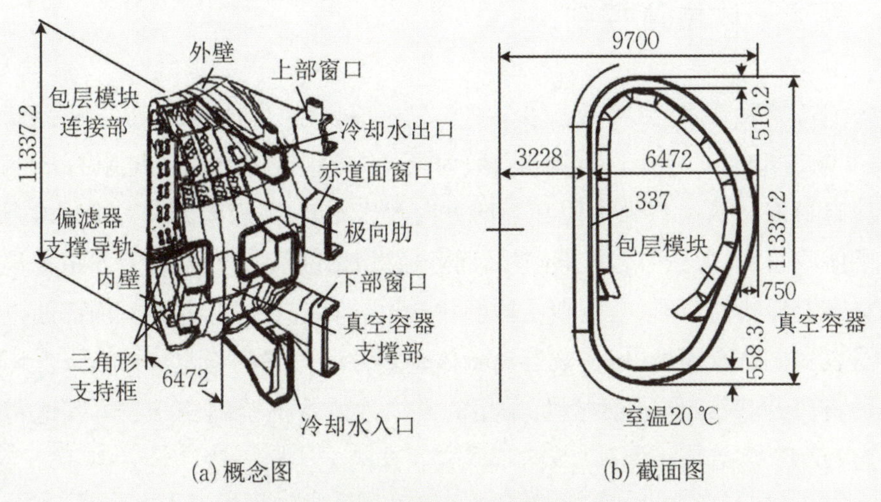

图4.16　ITER真空室结构(单位:mm)[2]

图4.17　ITER真空室部件的外形[2]

真空室的结构材料采用奥氏体系不锈钢SUS316L(N)-IG(ITER级)。该材料为了提高电子束焊接性能,调整了氮元素成分,并极力去除了长半衰期元素钴、镍、钽等。

4.8.2　超高真空的维持

1. 高温烘烤

在双重壁之间循环的冷却水,反应堆运行时用于除去核发热,参数为100 ℃、1.1 MPa,在烘烤时则为200 ℃、2.4 MPa的高温水。

2. 真空容器与堆内及其表面清洗系统

真空容器与堆内及其表面清洗系统包括采用氢气、氘气、氦气的库仑放电清洗,或采用氘气、氦气、氧气的电子回旋共振放电清洗。

4.8.3 等离子体位置控制

作为预备等离子体，当等离子体小半径为r=2 m，大半径为R=6.2 m，温度为T_e=100 eV，非圆拉长比为κ=1.7，有效电荷数为Z_{eff}=1.5，则等离子体的电阻为R_p=2.7 μΩ。与此对应，ITER的真空容器电阻在环向方向为7.9 μΩ，在极向方向为4.1 μΩ。这是因为等离子体截面大，容易引起放电破坏，而且通过ECH预备电离，容易形成等离子体。

真空容器形状为D形，与等离子体形状一致。真空容器的外周下侧部的包层下的真空容器表面上贴有铜板，以实现等离子体垂直方向位置的稳定。作为降低环向磁场纹波度的材料，同时兼作屏蔽材料，采用的是铁素体系不锈钢SUS430，其饱和磁感应密度约为1.7 T。

4.8.4 结构部件的支撑

包层和偏滤器的各自重量分别由真空容器支撑。真空容器则受到设置于赤道面窗口正下方的真空容器重力支撑部的支撑。真空容器重力支撑部设置于TF线圈壳体上，经由TF线圈壳体，受到与TF线圈壳体连接的重力支撑脚(多层板簧结构)的支撑(图4.18)。重力支撑脚与环支撑圈连接，环支撑圈经由18根圆筒支撑柱，被建筑物地面支撑。多层板簧的结构能够吸收线圈的热收缩、膨胀与电磁力引起的径向位移，并能够承受径向以外的位移和地震。

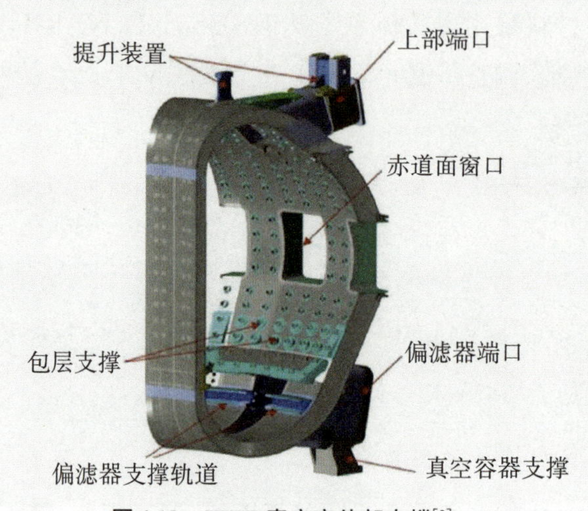

图4.18 ITER真空室外部支撑[2]

4.8.5 放射性物质屏蔽

真空容器的冷却有2个系统。真空容器的冷却依靠的是双重壁之间流动的冷却剂水来冷却。运行停止时的核发热则依靠自然循环来冷却。

为了提高热中子的吸收性能，作为屏蔽材料，选用含有2％硼的不锈钢(SUS304B7，SUS304B4)，制成板状叠层设置于双重壁之间。屏蔽体在双重壁之间的空间占有率约为60％，其余为冷却水(纯水)。

在各扇区的上部、赤道面、下部分别设置有窗口，用于加热电流驱动系统、冷却系统、测量系统、排气管道、维护等。各窗口均设置有开闭板，起着封闭放射性物质的边界的作用。真空容器中的放射性物质的封闭边界作用由真空容器内壁承担。

4.8.6 真空室的组装

真空容器沿环形方向分割成9块40°的扇区，分别在工厂制作。扇区的组装方法有两种：一种是首先制作极向方向一周的内壁，然后在其上面焊接肋，设置屏蔽材料，接着在肋侧焊接外壁，组装成扇区；另一种方法是首先制作沿极向方向分割的双重壁，接着将各区段沿极向方向焊接连接起来，组成扇区。作为代替方案，首先制作没有外壁的极向区段，将各极向区段焊接连接起来，制成极向一周部分。然后，在其上面焊接连接外壁，形成扇区。在ITER现场，将制作好的各扇区与TF线圈一起，对各扇区之间进行焊接连接，完成组装。ITER的TF线圈共有18个，每个扇区包括2个TF线圈。

真空容器内设置有440个包层模块和54个盒体状的偏滤器。各包层模块通过4个柔性支架的圆筒支撑结构体，安装在真空容器上。偏滤器盒体设置在位于真空容器下部的环向方向和极向方向的偏滤器支撑导轨上。

设置包层模块时，必须使包层的面向等离子体面与等离子体形状相一致。同时，也必须高精度地设置偏滤器板的受热面。因此，对于支撑这些部件的真空容器的制作也要求高精度，ITER的真空容器整体的制作和组装精度要求小于±20 mm。为了确保焊接部的精度，对于尺寸大于10 m的扇区的焊接部的坡口位置精度要求小于±5 mm。

为了确保设置精度，要在真空容器组装之后，设置包层模块。同样，在真空容器组装之后，设置偏滤器支撑导轨，然后再设置偏滤器盒体。

4.8.7 真空室的维护

一般情况下，真空容器本身属于不进行更换的半永久部件；包层、第一壁、偏滤器等属于可以维护更换的部件。为了便于这些部件的更换，真空容器上要设置用于更换的窗口；赤道面的窗口用于包层模块更换，下部的窗口则用于偏滤器部件的更换。

要基于适当的规格、标准进行设计、制作和检查，从而防止部件的破损。基于这一原则，服役中的无损检测方法是对防止破损对策的补充。真空容器如果发生哪怕是微小的泄漏，虽然不会导致真空容器出现不稳定破坏，但等离子体性能会出现劣化，或者发生等离子体破裂。所以，可以从等离子体的性能变化，判断真空容器的安全性和可靠性。

4.9 ITER的磁体系统

托卡马克聚变堆设置有以下三种线圈：

(1) 环向场线圈(Toroidal Field Coil，TF线圈)。

(2) 极向场线圈(Poloidal Field Coil，PF线圈)。

(3) 中心螺旋管线圈(Central Solenoid Coil，CS线圈，也称OH线圈、变流器线圈)。

TF线圈是将等离子体约束成圆环状的磁场线圈，PF线圈除了生成垂直磁场外，还生成保持等离子体平衡、控制等离子体形状的磁场。等离子体电流的驱动方式有电磁感应和非电磁感应两种，CS线圈是通过电磁感应提供磁通量的线圈。

4.9.1 环向场(TF)线圈

ITER磁体对电源的功率要求非常大，因此必须使用超导磁体线圈。ITER磁体线圈系统由18个环向场(TF)线圈、6个极向场(PF)线圈、一个中心螺旋管(CS)和一组误差校正场(CC)组成。环向场线圈总储能41 GJ，产生11.8 T的磁场，中心螺旋管线圈储能6.4 GJ，产生13 T的磁场。TF线圈材料为铌锡(Nb_3Sn)合金。极向场和矫正场线圈材料为铌钛(NbTi)合金。所有的线圈都用超临界氦气冷却到4 K(−269 ℃)温度。ITER环向场(TF)线圈规格如表4.5所示，结构如图4.19所示。在ITER设计阶段，对磁体的技术成熟度进行了技术评估，如表4.6所示。

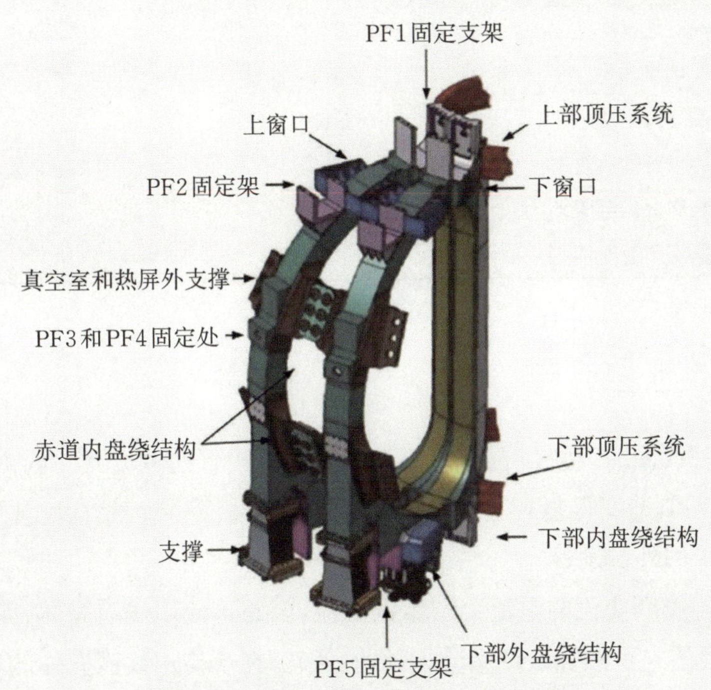

图4.19　ITER环向场(TF)线圈结构示意图

表4.5 ITER环向场(TF)线圈规格

序号	项　　目	内　　容
1	线圈尺寸	宽9 m,高13.6 m
2	线圈数	18个
3	超导材料	Nb_3Sn
4	额定电流	68 kA
5	最大经验磁场	11.8 T
6	额定运行温度	5 K
7	线圈结构——线圈壳体结构	JJ1、316LN不锈钢
8	线圈结构——径向板材料	316LN不锈钢
9	线圈结构——导管材料	316LN不锈钢
10	冷却方式	迫流冷却
11	支撑方式	楔形支撑方式

表4.6 ITER磁体的技术成熟度评估

技 术 分 项	目　标	已达到的程度
最高磁通密度	13 T	70%
电流	42 kA	70%
最高运行温度	6.5 K	70%
大型制冷设备的热效率	1/400	100%
线圈最高保护电压	15 kV	30%
磁场变化速度	1 T/s	100%

4.9.2 极向场(PF)线圈

极向场(PF)线圈的设置位置有内侧设置和外侧设置两种方式。内侧设置使得线圈容易小型化,但制造变得复杂。外侧设置不需要将线圈分解,结构简洁。ITER的极向场(PF)线圈采用外侧设置。

极向场(PF)线圈变化的电流会产生涡电流,因此不使用线圈壳体,而采用具有二重绝缘和冗余性的二重环绕型线圈结构(图4.20)。在不使用线圈壳体的情况下,为保持线圈的刚性,选择管材作为线圈结构材料。线圈产生的扩张力由管材的应力支撑,将管中导线型导体绕制成线圈。极向场(PF)线圈的自重以及垂直力靠环向场(TF)线圈壳体支撑。表4.7给出了ITER极向场(PF)线圈设计规格。

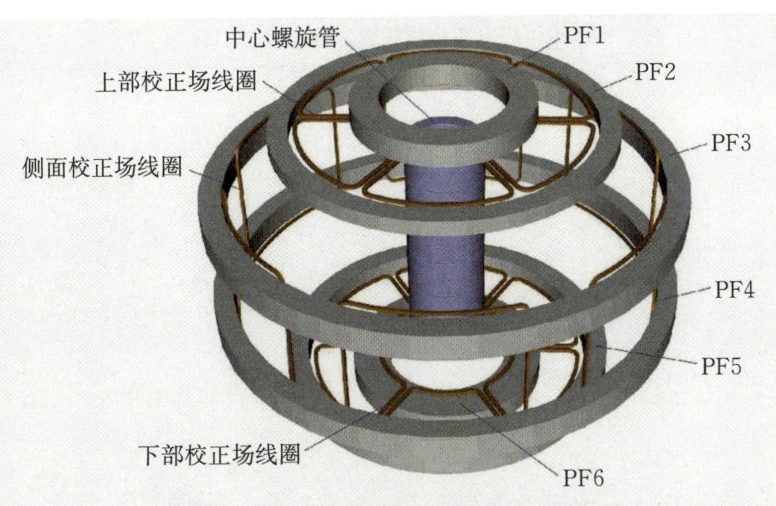

图 4.20　ITER 极向场(PF)线圈和校正场线圈

表 4.7　ITER 极向场(PF)线圈设计规格

序号	项　目	内　容
1	线圈尺寸	最大外径 24.6 m
2	线圈数	3 对
3	超导材料	NbTi
4	线圈额定电流	46 kA,后备 52 kA
5	最大经验磁场	6.0 T,后备 4.7 T
6	稳态运行温度	5 K,后备 4.7 K
7	线圈结构	不锈钢 316LN(管材)
8	冷却方式	迫流冷却
9	支撑方式	扩张力导管支撑 自重环向场(TF)线圈壳体支撑

4.9.3　中心螺旋管(CS)线圈

如前所述,中心螺旋管(CS)线圈的功能是为等离子体提供磁通量,以驱动等离子体电流。中心螺旋管(CS)线圈的设计要根据环向场(TF)线圈的设计进行,同时要考虑装置尺寸对中心螺旋管(CS)线圈直径的影响。中心螺旋管(CS)线圈的自重和垂直力由环向场(TF)线圈壳体提供支撑。ITER 的中心螺旋管(CS)线圈设计规格如表 4.8 所示。

表4.8　ITER中心螺旋管(CS)线圈设计规格

序号	项　目	内　容
1	线圈尺寸	外径4.2 m,高12.4 m
2	线圈数	6个模块构成
3	超导材料	NbSn
4	线圈额定电流	约42 kA
5	最大磁场	13.5 T
6	稳态运行温度	4.7 K
7	线圈结构	不锈钢JK2LB(管材)
8	冷却方式	迫流冷却
9	支撑方式	扩张力导管支撑 自重环向场(TF)线圈壳体支撑

ITER中心螺旋管(CS)线圈由相互绝缘的6个模块组成,而每一个线圈模块由5个6层绕线和2个4层绕线组合而成。图4.21为ITER中心螺旋管(CS)线圈截面图。

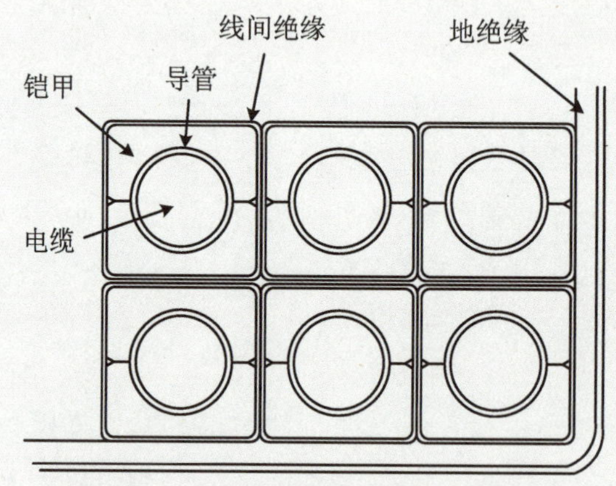

图4.21　ITER中心螺旋管(CS)线圈截面

4.10　ITER的实验包层模块

4.10.1　ITER-TBM概况

ITER的包层分为屏蔽包层和实验包层两种:其中屏蔽包层主要用于装置的辐射

防护，在已经完成的ITER-FEAT设计中有较完善的包层设计和技术研发；而ITER实验包层模块（ITER Test Blanket Module，ITER-TBM），主要用于对未来商用聚变示范堆（DEMO）产氚和能量获取技术进行实验，同时用于对设计工具、程序、数据等的验证和一定程度上对聚变堆材料进行综合测试。实验包层由各参与方提出自己的模块设计、技术研发与实验方案。ITER实验包层计划与DEMO的关系如图4.22所示。

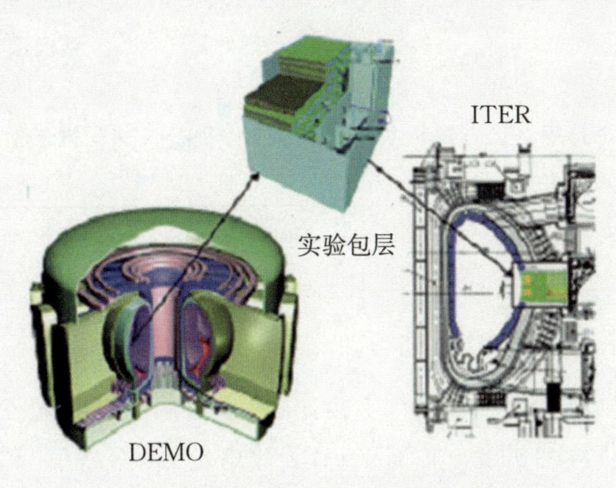

图4.22　TBM与ITER和聚变堆的关系

在ITER装置上设置了三个用于实验产氚包层模块的窗口。早期的ITER-TBM被称为产氚实验包层模块，只在ITER的D-T运行阶段投入实验。后来改称为实验包层模块，期望在ITER运行的第一天投入实验。在ITER的不同运行阶段（H-H、D-D、D-T）安放不同类型和功能的实验包层模块，依次进行电磁、热工水力、氚增殖和整体性能的实验。

ITER实验包层工作组（Test Blanket Working Group，TBWG）最初于1994年由原来的美、日、俄、欧四方建立，在ITER计划的过渡期ITA（ITER Transitional Arrangement，ITA）负责组织、协调ITER的实验包层模块（TBM）研制与实验工作。自1995年以来，TBWG共举行了16次会议，其中，在ITER工程设计（EDA）阶段（1995—1998年）举行了6次，在新ITER最终工程设计阶段（1998—2001年）举行了4次。中、美、韩加入ITER计划的谈判后，于2003年10月重组了TBWG，六方共同参与ITER实验包层计划的工作。前10次会议主要是在原ITER三方（欧、日、俄；美国参加了部分会议）的基础上召开的；后6次会议是由现在的ITER谈判六方共同参与的。

早期的欧盟、日本和俄罗斯等三方于1994年开始提出各自的ITER-TBM模块设计，先后提出了不同概念的TBM模块设计方案，有比较成熟的设计和关键技术预研基础。美国由通用原子公司（GA）牵头，先后提出了锂铅双冷和FLiBe熔盐两种概念的TBM包层计划和方案。在经过仔细研究与技术论证后，美国最终放弃了FLiBe熔盐概念的TBM包层方案。韩国采用氦冷固态氚增殖剂加石墨反射层的产氚实验包层模块技术方案。不同的技术方案和参与国家总结于表4.9中。

表4.9 五种不同实验包层模块(TBM)概念的基本特征

TBM概念	氦冷/陶瓷	氦冷/锂铅	水冷/陶瓷	自冷/锂钒	自冷/熔盐
冷却剂	氦冷	氦冷/锂铅	水冷	自冷/锂	自冷/熔盐
氚增殖剂	锂陶瓷	锂铅	锂陶瓷	液态锂	熔盐/FLiBe
中子倍增剂	铍	铅	铍	—	铍
结构材料	铁素体钢	铁素体钢	铁素体钢	钒合金	铁素体钢
代表方	所有各方	欧、美、中	日	日、俄	美

4.10.2 TBM的重要性

ITER TBM计划负责人L.Gaincarli指出:"ITER将在综合聚变环境下,为包层性能测试提供唯一可获得的机会。ITER-TBM计划是ITER各参与方进行氚增殖技术和能源获取技术研发的核心事项。包层实验是ITER关键任务之一,是ITER与DEMO之间的决定性纽带"。美国TBM计划负责人M. Abdou教授认为:"对TBM几百万美元的投入可以获得极其关键的数据和技术,是ITER几十亿美元投资中的最丰厚的回报"。

TBM技术不但是聚变实验堆到聚变示范堆的桥梁,也是聚变能源开发道路上至关重要的技术,而且其产氚技术本身也是敏感技术,利用TBM可以开展大规模的氚增殖实验。ITER作为迄今各国都远未能实现的特大聚变中子源(每年总中子产额为$3.83\times10^{26}\sim2.75\times10^{27}$ n/Yr),通过合理设计TBM模块,就可用来大规模处理裂变反应堆的长寿命核废料,可以数以吨计地提供用于裂变电站所需核燃料,也可以大规模生产放射性同位素。这些应用,不但对核聚变能的开发大有裨益,而且对核科学技术的发展和大规模应用都有潜在的重大意义。

4.10.3 主要技术方案

如前所述,ITER实验包层模块的发展目标是为验证将来的聚变示范堆(DEMO)的关键技术,因此各方提出的TBM设计方案都是基于本国对聚变能源发展战略和对聚变示范堆的定义确定的。

ITER各方先后提出的TBM方案都集中在以下5个基本设计概念上:

(1) 氦冷陶瓷氚增殖剂铁素体/马氏体钢(He-cooled/Ceramic/Be/F/M Stee)。

(2) 液态锂铅氦冷铁素体钢/马氏体钢(He-cooled/LiPb/F/M Steel)。

(3) 水冷陶瓷铁素体钢/马氏体钢(Water-cooled/Ceramic/Be/F/M Steel)。

(4) 液态锂自冷钒合金(Self-cooled/V)。

(5) 熔盐自冷(Self-cooled/Molten Salt)。

如果以氚增殖剂形态来对TBM概念进行分类,(1)和(3)称为固态氚增殖剂包层概念,其余则归为液态氚增殖剂包层概念。主要的固态氚增殖剂有:钛酸锂(Li_2TiO_3)、硅酸锂(Li_4SiO_4)、锆酸锂(Li_2ZrO_3)、偏铝酸锂($LiAlO_2$)和氧化锂(Li_2O)等材料。液态氚增殖剂有:金属锂(Li)、锂铅合金($Li_{17}Pb_{83}$)和氟锂铍熔盐(FLiBe)等。图4.23给出了早期不同概念的ITER固态增殖剂实验包层模块设计示意图。

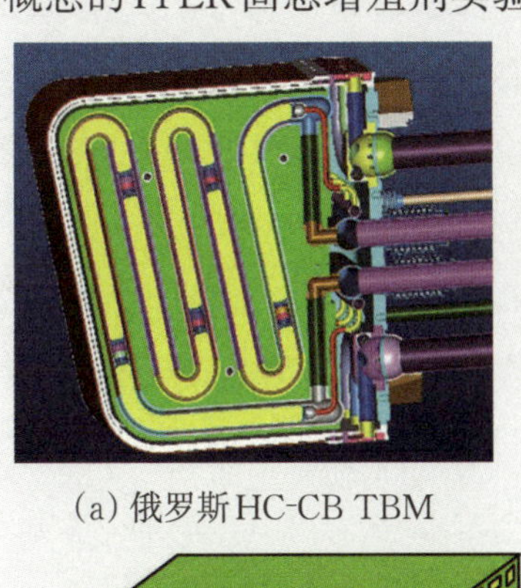

(a) 俄罗斯HC-CB TBM

(b) 欧盟HC-CB TBM

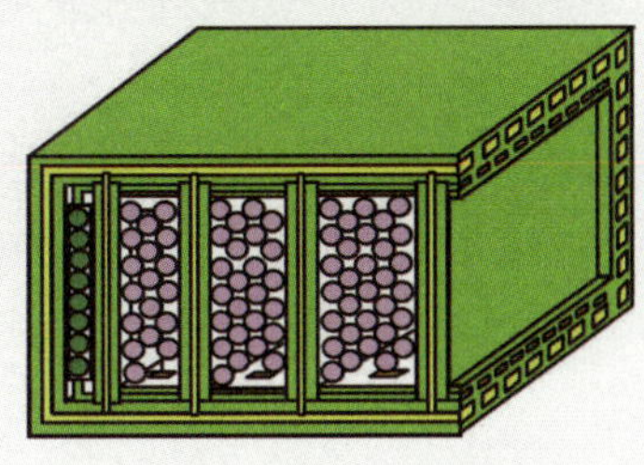

(c) 日本HC-SB TBM

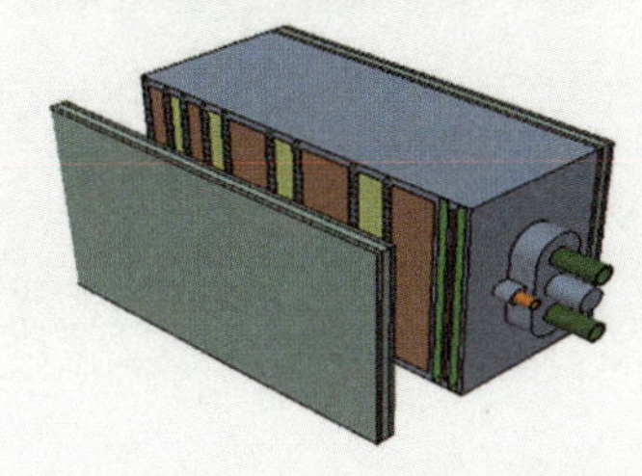

(d) 中国HC-SB TBM

图4.23 不同概念的ITER固态增殖剂实验包层模块设计示意图

目前,固态氚增殖剂/氦冷/铁素体钢的TBM概念被认为是最有可能在未来的DEMO聚变堆包层设计中实现应用,其优点是:① 采用氦气冷却避免了液态冷却剂的磁流体动力学压力降(MDH)问题;② 氦气与结构材料有良好的相容性避免了液态金属冷却剂与材料的腐蚀问题;③ 没有磁流体动力学压力降(MHD)问题;④ 固态氚增殖剂具有广泛的世界性研发技术基础。采用固态氚增殖剂包层也有缺点:① 需增加铍作为中子倍增剂才能满足聚变堆系统氚自持的需要;② 由于锂陶瓷的导热率较低,系统排热管路的设计相对复杂;③ 氚增殖区热工设计需满足一定的温度窗口(450~900 ℃),以利于氚的释放和提取。

根据TBWG的要求,在ITER运行的第一天,即H-H运行阶段,用于电磁性能测试的第一个实验包层模块(EM-TBM)将投入实验。在ITER装置的D-D和低运行因子的D-T阶段,用于中子学、核性能测试的包层模块(NT-TBM)投入运行。在低运行因子的D-T后期和高运行因子的初始阶段,将投入氚增殖性能测试和热工水力性能测试的模块(TM-TBM)实验。在ITER高运行因子的后期,将投入整体综合性能测试的模块(PI-TBM)实验。根据ITER装置的设计参数,可提供最大中子壁负载为0.78 MW/m^2,最大热负载为0.5 MW/m^{2}试验条件。

4.10.4 中国TBM进展

在中国氦冷/锂陶瓷/低活化铁素体钢概念的TBM初步设计中,实验包层模块采用整体结构,冷却剂采用氦气,压力为10 MPa。氚增殖剂采用锂陶瓷的Li_4SiO_4球床结构,微球的直径为0.5~1 mm。铍作为中子倍增剂,用0.5 mm和1 mm两种直径的微球构成球床结构。在实验包层模块本体设计的同时,TBM的氚提取、回收系统、氦冷回路系统、冷却剂氚净化系统的设计,以及锂陶瓷氚增殖剂的技术预研等取得了重要进展。表4.10给出了中国HC-SB TBM的主要设计参数。图4.24和图4.25分别给出了HC-SB TBM结构示意图和子模块结构布置图。

表4.10 中国HC-SB TBM设计主要参数[3]

结构与材料	说　明	设计参数
第一壁面积(m^2)	0.664(W)×0.890(H)	0.59
子模块尺寸(m)	(P)×(T)×(R)	0.26×0.19×0.42
中子壁负载(MW/m^2)		0.78
表面热负载(MW/m^2)	极端条件下	0.50
总热沉积(MW)	NT-TBM	0.76
氚产生量(g/d)	按ITER运行因子计算	0.0233
氚增殖剂(Li_4SiO_4)	微丸直径	0.1~1.0 mm,球床
	球床厚度	90 mm(4区),+2 mm(铍瓦)
	最高温度	543 ℃(铍瓦),617 ℃(球床)
中子倍增剂	Be(双尺寸),球床	0.5~1 mm
结构材料	铁素体钢(第一壁U形双层)	CLF-1
	最高温度	530 ℃
冷却剂(氦气)	压力	8 MPa
	进/出口温度	300 ℃/500 ℃

如图4.24和图4.25所示，为了提高实验模块的安全性、灵活性以及对ITER界面和辅助系统的适应性，在概念设计的基础上，对HC-SB TBM模块设计做了较大的改进，主要是：① 将整体的结构改为现在的模块化结构，整个模块由1×4排列的4个子模块构成；② 冷却剂压力由10 MPa降低为8 MPa；③ 每个子模块具有相对独立的冷却回路和载氚回路。图4.26为用于TBM模块冷却试验的氦气试验回路(HeEEL)系统图。

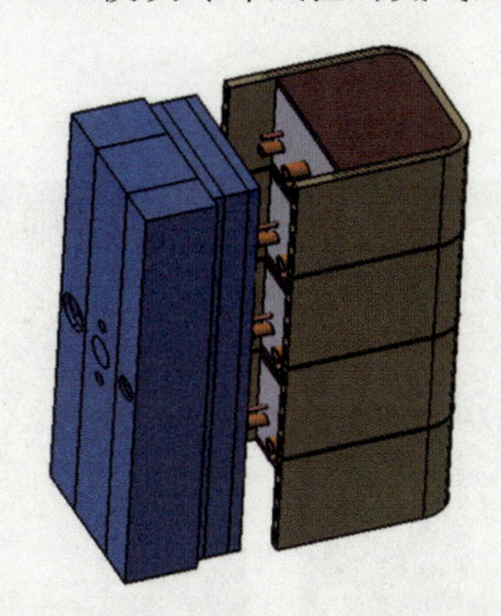

图4.24 HCSB TBM结构示意图

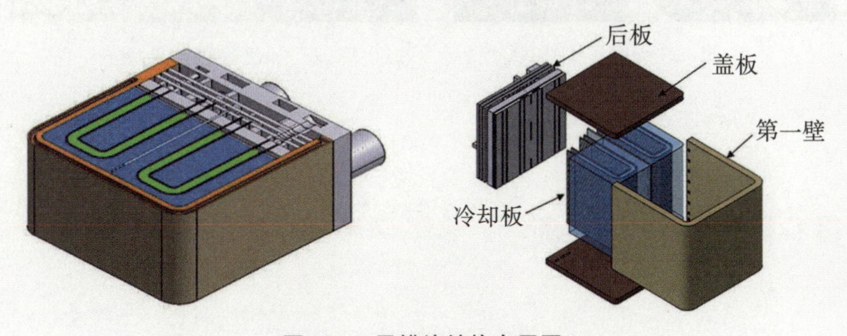

图4.25 子模块结构布置图

图4.26 HeEEL氦气实验回路系统图

在技术研发方面，中方采用熔融喷雾法研制了氚增值剂——正硅酸锂小球，采用旋转电极法（REP）成功研制出中子倍增剂——铍小球（图4.27）。中方用于TBM结构材料——低活化铁素体/马氏体钢-CLF-1的研制规模达到吨级，利用CLF-1钢进行了TBM 1/3模块的研制。中方TBM任务的设计报告获得ITER国际组织的批准。2014年2月13日，中方与ITER正式签署TBM采购包（TBMA）协议，在ITER各方中，中方成为第一个签署该协议的国家。近期，中方ITER TBM计划已经被国家列入磁约束核聚变研究重大专项计划，进入工程设计和建设实验阶段。

图4.27　用于TBM实验研制的铍小球（左）和正硅酸锂小球

4.11　ITER的材料问题

材料问题是聚变堆发展的关键。ITER是实验堆，采用脉冲运行，运行因子大约为4%，在ITER的整个寿期内结构材料的辐照损伤只有3 dpa，所以ITER的建设并没有挑战性的材料问题。表4.11给出了ITER、DEMO和商用聚变堆对材料的要求和发展现状。

表4.11　ITER、DEMO和商用堆对材料的要求

内　容	ITER	DEMO	商用堆
1. 包层结构材料			
材料	—屏蔽包层：316SS —测试包层：低活性铁素体/马氏体钢、钒合金	—低活性铁素体/马氏体、钒合金 —碳化硅-碳化硅复合材料	—低活性铁素体/马氏体、钒合金 —碳化硅-碳化硅复合材料

续表

内　容	ITER	DEMO	商用堆
目标	—屏蔽包层：材料寿命 0.3 MW·a/m² —测试包层：演示高温时的 0.3 MW·a/m²材料寿命	—中子壁载荷 10 MW·a/m²与氚相容 —低活性铁素体/马氏体材料水冷(500 ℃) —钒合金液态金属冷却(700 ℃) —碳化硅-碳化硅复合材料氦冷(1000 ℃)	—中子壁载荷 20 MW·a/m²与氚相容
现状	—屏蔽包层材料的基本性能包括辐照性能及热循环疲劳性能已经评估 —测试包层材料成分已经确定，辐照损伤相对较低	—材料的化学成分已确定，辐照性能研究进行中 —钒合金和碳化硅-碳化硅复合材料的加工难度大	—要满足商用堆设计的材料寿命和性能要求，需持续研发
问题	—测试包层材料的辐照性能研究 —与冷却剂及氚增殖材料的相容性	—缺乏中子辐照考验性能评估 —改善辐照诱导的断裂韧性的退降 —碳化硅-碳化硅复合材料的技术研发	—中子寿命 20 MW·a/m² —提高低活性铁素体/马氏体钢的高温强度
		2. 偏滤器材料	
材料	—结构材料：316 SS —冷却管：铜合金(CuCrZr, DS-Cu)	—结构材料：低活性铁素体/马氏体、钒合金和碳化硅-碳化硅复合材料 —冷却管：与结构材料相同或铜合金	同左
目标	—在辐照剂量 0.1 MW·a/m²仍保持中子屏蔽功能 —冷却管：承受稳态 5 MW/m²	—承受稳态 5 MW/m²，瞬态 20 MW/m²的热负载	—承受 20 MW·a/m²的中子辐照载荷
现状	—结构材料：基本性能包括辐照性能已经评估 —冷却管：基本性能包括辐照性能已经评估，满足设计要求	—结构材料与包层结构材料现状同 —需对冷却管材料弥散强化铜和沉淀强化铜成分和工艺优化	同左
问题	—结构材料：需要对制造过程进行评估 —冷却管：发展制备技术，研究辐照效应	—结构材料有包层材料相同的问题 —冷却管需解决弥散强化铜性能优化和制备工艺问题	—承受超 20 MW·a/m²的中子辐照载荷

续表

内　容	ITER	DEMO	商用堆
3. 偏滤器表面材料			
类型	碳/碳复合材料	与结构材料相同	与结构材料相同
目标	—辐照剂量0.1 MW·a/m²时材料性能稳定 —稳态5 MW/m²瞬态20 MW/m²热功率	—10 MW·a/m²的中子辐照载荷 —稳态5 MW/m²热负荷下使役温度1500 ℃	—20 MW·a/m²的中子辐照载荷
现状	—材料性能包括辐照性能已经评估	—缺乏再沉积层辐照效应数据	同左
问题	—需对再沉积层的吸附和解吸特性进行评估	—需对中子辐照效应进行评估 —表面成分、热处理和制备过程有待优化	同左
4. 氚增殖材料			
Li的燃烧	5%	5%~20%(两年更换)	5%~10%(两年更换)
核加热(MW/m³)	~50	~150	~150
温度℃(Li_2O样品)	200~400	400~1000	600~1000
气氛	He(~0.1 MPa)	He(~0.1 MPa)	He(0.1~10 MPa)
5. 中子倍增剂材料			
He产生率(appm)	~3000	~20000(两年更换)	~20000(两年更换)
核加热(MW/m³)	~10	~30	~30
温度℃	150~300	400~900	600~900
气氛	He(~0.1 MPa)	He(~0.1 MPa)	He(0.1~10 MPa)

一般而言,聚变堆的材料问题主要是靠近等离子体的那些材料受到高通量14 MeV中子辐照,引发的材料性能退降和损伤。如果聚变堆的第一壁结构材料采用不锈钢,在30年的运行寿期中,它的辐照损伤剂量将达到300~500 dpa(材料中平均每个原子被移动的次数)。而ITER在其设计运行寿期中,对奥氏体不锈钢产生的辐照损伤剂量仅有3 dpa。基于来自裂变堆的经验和数据,不锈钢在辐照损伤剂量达到30 dpa时,材料的辐照肿胀才会使材料失效。建造ITER所涉及的材料都是选用现在工业上已广

泛应用的、加工制造工艺成熟的且能满足ITER目标要求的高可靠性材料。

4.12　ITER的涉氚系统

ITER没有设置氚增殖包层，氚的来源将由加拿大提供。氚的半衰期为12.26年，放射性强度为9660 Ci/g。加拿大可为ITER计划中氚的处理、回收、氚特性与材料的相互作用、氚的管理，以及与氚相关的健康与安全问题的研究与实验提供技术支持。在D-T试验阶段，预期的ITER装置每年用氚量约为1.2 kg，加拿大重水反应堆具有每年提供2 kg氚的能力，氚的供应问题已获得保障。

ITER场所最大的存氚量小于3 kg，事故情况下可能涉及的氚含量小于450 g。目前，大量的动物模型和实验数据已验证了ITER的防氚和环境安全设计的可靠性。在过去几年里，加拿大原子能公司(AECL)在乔克河核研究所场地完成了一系列与氚有关的环境实验，确定了常规的氚水释放到大气后的环境氚水平，为准确预测ITER场地周围的放射性环境问题，积累了大量的实验数据。图4.28为ITER氚循环系统图。

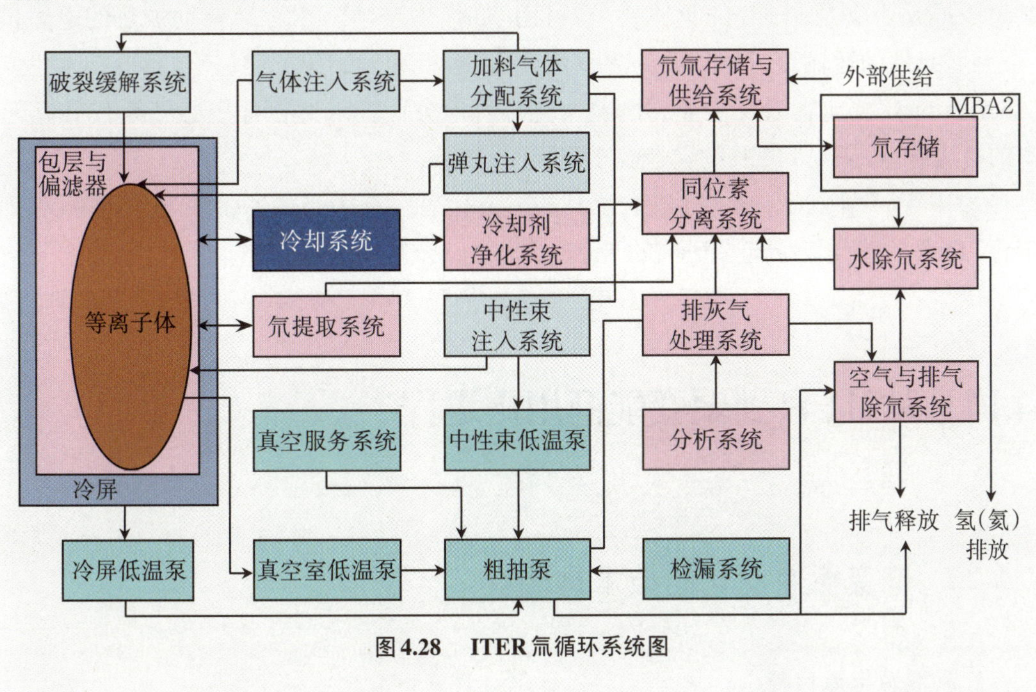

图4.28　ITER氚循环系统图

4.13 ITER的场址选择

ITER的建设地被选在法国南部艾克斯普罗旺斯附近的卡达拉什。

20世纪80年代初,欧洲原子能委员会运行的托卡马克和仿星器均是小型装置,当设计Tore Supra时,出现的问题是在什么地方建造以及怎样把所有的研究队伍集中在一个地方。从技术观点看,Tore Supra可以建在Saclay或Grenoble(法国东南部城市),但科技界已在考虑JET后的情形。因此,卡达拉什很自然被看作唯一能够建设庞大的热核反应堆的理想场所。早在1992年,当ITER项目工作组成立时,法国CEA就提出了第一个关于卡达拉什有能力运转这个未来的大型聚变装置的技术评估报告。

2000年7月11日,欧洲聚变最高权力机构接受了法国提出的把卡达拉什作为欧洲建造ITER装置的一个选址提案。他们授权欧洲ITER选址研究组(EISS)进行必要的技术准备。EISS组员主要由欧洲原子能委员会成员、Garching技术组和ITER中心组构成。他们的工作包括检查与卡达拉什具体位置相关的各种技术方面的问题,详细考察该地址是否满足ITER的具体要求:可用空地(40公顷)、永久性辅助加热的电力供应、大型元件的运输可行性以及为之立法建造、运行和拆卸等问题,还包括冷却水供应($16\ m^3/min$)、抗地震以及工业、社会、文化环境等方面。卡达拉什中心已经有18座基本的核设施,可满足ITER的建造要求。

2006年11月21日,参与ITER谈判的七方代表在法国布鲁塞尔签署最终协议,确定将ITER的建设场址选在法国的卡达拉什。

4.14 从ITER到聚变能商用化进程

4.14.1 聚变能商用化的技术挑战

1. 氚增殖与氚自持

建设磁约束氘-氚聚变堆首要条件是必须实现氚的自持。但是限于氚的稀缺、昂贵和放射性,聚变堆所需氚燃料的在线产生、提取、分离以及储存等一系列关键技术,目前国际上尚无这方面的成功经验和积累,存在极大的不确定性和风险。据计算,一座标准的聚变电站,每年净消耗的氚约为56千克,每年的氚循环量为数百千克。如此大规模的氚循环(提取、回收、净化,注入,阻氚渗透)技术,在世界上从未被验证过。

2. 抗辐照聚变材料

商用聚变电站需要长寿命运行,比如30年。商用聚变堆的第一壁材料的原子位移率为20~30 dpa/a,目前尚无任何材料能够在10年服役时间内满足示范堆安全、无损的运行工况。在14 MeV中子轰击下的核聚变堆材料,是未来聚变堆发展的难点之一,特别是反应堆内部整体部件,如氚增殖包层、偏滤器的功能和可靠性是未来聚变堆的关键,必须提供可靠的解决方法。

3. 燃烧等离子体稳态运行

燃烧等离子体的安全、稳态运行,仍然是制约聚变能商业化的关键因素。ITER可以部分演示燃烧等离子体特性技术,但ITER毕竟只是实验聚变反应堆,只能长脉冲运行,且运行参数比未来的商用聚变堆要低得多(ITER最高聚变功率500 MW,最长脉冲时间为500 s)。燃烧等离子体的破裂缓解仍无可靠、有效的解决方案。

4.14.2 从ITER到聚变能商用化

ITER的物理设计、工程设计、建设和运行,为未来的商用聚变堆提供了部分可借鉴的经验,特别是在等离子体诊断、控制、加热/电流驱动、远程维护、供电、氚、供水、真空、低温等系统的集成运行,以及各个部件和子系统的设计、测试、研制、组装、运行、维护等方面,但仍有非常大的局限性。

从ITER到DEMO存在巨大的技术缺口,物理上:燃烧等离子体的稳态运行、等离子体破裂预防与控制、聚变能量的输出以及系统集成等。工程上:氚增殖包层技术、氚自持与燃料循环技术、抗辐照材料技术、高热负荷部件及偏滤器技术、强磁场与高温超导磁体技术以及维修与遥操作技术等。

ITER计划于2029年建成并实现第一次等离子体放电,然后分别运行H-H,D-D,和D-T三个阶段,氘-氚运行阶段将于2035年进行,然后整体退役。在ITER计划成功运行并实现预期目标后,聚变能商业化还要经过聚变示范堆(DEMO)阶段再到商用化阶段。欧洲聚变计划的最新路线图是,在基于ITER的物理实验成果的基础上开展示范堆的设计和预研,计划2040年开始建造聚变示范堆,预期在2060年左右实现聚变能源的商业化。

小结

国际核聚变研究已经超过了半个世纪，即使ITER如期建成并投入运行，但展望其成为物理上先进、工程上现实、环境上能接受，且经济上又有竞争力的新一代能源，还需要走很长一段路程，下述问题值得思考：

(1) 聚变反应中的材料辐照损伤问题如何尽快解决？

(2) 磁约束D-T聚变堆能否实现氚自持的商业应用？何时可以进行工程化的试验验证？

(3) 托卡马克类型的磁约束D-T聚变反应堆能否实现燃烧等离子体稳态运行？

(4) ITER之后的下一步是直接进入聚变示范堆(DEMO)阶段，还是通过发展类似美国聚变核科学装置(Fusion Nuclear Science Facility，FNSF)予以过渡？

(5) 能否找到颠覆性的聚变概念和技术促进聚变能源商业化进程？

ITER计划是人类开发聚变能源从基础研究转向实际应用研究的转折点，但聚变能的商用化还有很长的路要走，聚变中子的非电应用是值得考虑的发展途径。

参考文献

[1] Rebut P H. ITER: the first experimatal fusim reactor[J]. Fusion Engineering and Design, 1995(27):3-6.

[2] Aymar R. Status of ITER project[J]. Fusion Engineering and Design, 2002(61):5-12.

[3] Feng K M, Zhang G S, Deng M G. Transmutation of Minor Actinides in a Spherical Torus Tokamak Fusion Reactor[J]. Fusion Engineering and Design, 2002(63):127-132.

第5章　聚变堆设计基础

5.1　引言

聚变能的商业应用需要通过设计和建设聚变反应堆来实现。20世纪80年代初聚变动力的科学可行性在TFTR、JET、JT-60等装置的实验中到证实后，聚变堆的设计和许多聚变工程问题被提上日程。

聚变堆设计从聚变研究开始之时就提出，早期的设计由于对聚变堆的物理知识缺乏，技术基础薄弱，所以堆的尺寸设计大得无法接受。聚变堆设计研究是对聚变堆本体和各辅助系统进行全面的设计，给出设计说明书、设计图纸以及物理、工程技术、环境安全、经济可行性等方面的计算分析报告。基于聚变堆设计研究结果，科学家们才能有针对性地积累所需的工程技术数据，在条件成熟时按照聚变堆的设计，启动建造和运行聚变反应堆。

在聚变堆的设计过程中，物理目标和工程目标的确定，是相互迭代和折中的过程。聚变堆的设计工作在聚变能的开发过程中，对于方案选择、参数选择、研发目标的制定，起着重要的指导作用。聚变堆设计主要内容包括：堆芯等离子体参数设计、包层与中子学设计、热工水力学设计、堆本体与部件结构设计（真空室、偏滤器等）、超导磁体设计、材料与辐射效应、氚与环境安全分析以及经济学分析等方面的内容。

在使聚变能成可行的商用能源之前，还必须解决许多与聚变堆相关的工程技术问题，具体如下[1]：

(1) 聚变中子学和增殖包层技术。

(2) 等离子体加料、加热和点火。

(3) 等离子体表面现象和辐射损伤。

(4) 强磁场系统的工程技术。

(5) 能量存储和转换。

(6) 等离子体杂质控制。

(7) 安全和环境问题。

(8) 经济学问题等。

以ITER计划的实施为标志,国际聚变能的技术开发和应用,进入具有里程碑意义的新阶段。此后,相继形成一系列聚变堆的专题国际会议:

(1) 美国核学会聚变工艺专题会议(Symposium on Fusion Engineering,SOFE)。

(2) 欧盟聚变工艺讨论会(Symposium on Fusion Technology,SOFT)。

(3) IEEE聚变研究工程问题讨论会(Institute of Electrical and Electronics Engineers,IEEE)。

(4) 聚变核工艺国际会议(International Symposium of Fusion Nuclear Technology,ISFNT)。

(5) IAEA聚变能国际会议(Fusion Energy Conference,IAEA FEC)。

(6) 国际聚变堆材料会议(International Conference on Fusion Reactor Materials,ICFRM)等。

国际原子能机构等离子体物理与受控核聚变研究大会,每两年举行一次。1996年正式将该会议更名为世界聚变能大会(Fusion Energy Conference,FEC),这标志着核聚变研究从科学研究跨越到以能源开发为目标的重要转折阶段。

5.2 聚变堆设计回顾

核聚变研究从一开始就要考虑聚变堆的设计问题。由美国加州大学圣地亚哥分校主导的ARIES(Advanced Reactor Innovative Engineering Study)设计团队,长期致力于聚变堆的概念设计研究,先后完成了多种类型的聚变堆设计研究。ARIES-ST是在商用聚变堆设计中采用了托卡马克稳态运行先进模式的低环径比概念,ARIES-RS是反剪切运行模式的商用聚变堆概念设计,而美国的FIRE和意大利的IGNITOR是“点火”装置设计方案。ITER-RC是ITER减少投资和缩小规模的方案,是正在建设中的

ITER-FEAT设计的前身。JET是欧洲最大的托卡马克试验装置,该装置在运行40年后于2023年12月18日正式宣布退役。聚变堆系统设计如图5.1所示。

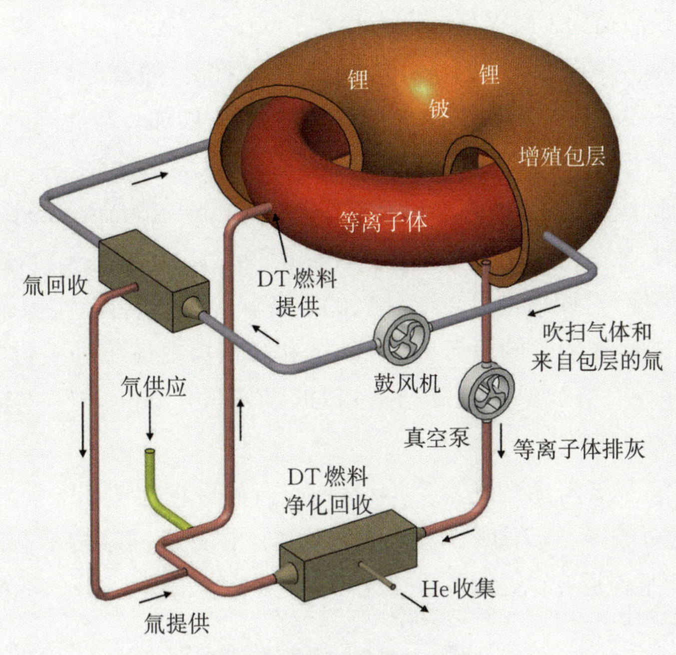

图5.1 聚变堆系统示意图

在聚变堆设计研究方面,日本JAERI主导的SSTR(Steady State Tokamak Reactor)计划,持续开展聚变商用堆设计,不断完善和改进,综合了物理和工程技术方面的研究成果,包括最终的环境及经济可行性评估。自1990年以来,国际上两大聚变堆设计研究团队ARIES和SSTR每年都要进行设计交流活动。表5.1给出了实验装置(JET)、实验堆(ITER)和商用堆(ARIES-ST,ARIES-RS)的主要设计参数,包括等离子体温度、压强、密度和等离子体电流,这些参数是经过计算分析后确定的。需要强调的是,这些不是仅靠等离子体物理学家能完全确定的自由参数,是结合工程实际需要经过反复迭代和折中考虑的结果。

表5.1 实验装置、实验堆、商用堆设计参数

装置参数	ARIES-ST	ITER-RC	ARIES-RS	JET	FIRE	INTOR
等离子体体积(m^3)	860	740	350	95	18	11
等离子体大半径(m)	3.2	6.2	5.5	2.9	2	1.3
等离子体表面积(m^2)	630	640	420	150	60	36
等离子体电流(MA)	30	13	11	4	6.5	12
聚变功率(MW)	2861	400	2170	16	200	200
燃烧时间(s)	steady	400	steady	1	10	5

1975年，美国威斯康星大学开始进行名为UWMARK聚变堆系列设计研究活动，分别是UWMARK-Ⅰ、UWMARK-Ⅱ以及Newmark。UWMARK-Ⅰ设计的电功率为1900 MW，中子壁载荷为1 MW/m²，大半径为13 m，小半径为5 m，UWMAK-Ⅱ设计的电功率为750 MW，中子壁载荷为5 MW/m²。可以看出，随着等离子体物理理论和实验的进展，聚变堆大半径不断减小，而中子壁载荷不断增加。与此同时，英国的卡拉姆实验室进行了Culham MK-Ⅰ、Culham MK-Ⅱ的聚变堆概念设计。

1986年之前，国际性的聚变堆设计计划是INTOR（International Tokamak Reactor）计划，由美国、欧洲、日本和苏联（俄罗斯）发起，该计划也是ITER计划的前身。INTOR的研究目标是“评估世界聚变计划的准备状况，完成首座实验聚变能反应堆的设计与建造，完成这种装置的设计概念，确定和分析需要解决的关键技术问题。”INTOR设计和优化一直持续到1988年启动ITER设计研究为止。INTOR最初的许多目标与设计被最终纳入ITER计划。

聚变堆设计首先要考虑的是聚变堆设计目标，然后在物理和工程限制的参数范围内确定聚变堆的框架参数。图5.2为聚变堆等离子体截面和结构示意图，图中黄色为等离子体，b为增殖包层，c为磁体（TF线圈），R_0为等离子体大半径，a为等离子体小半径，κ_a为等离子体拉长比。

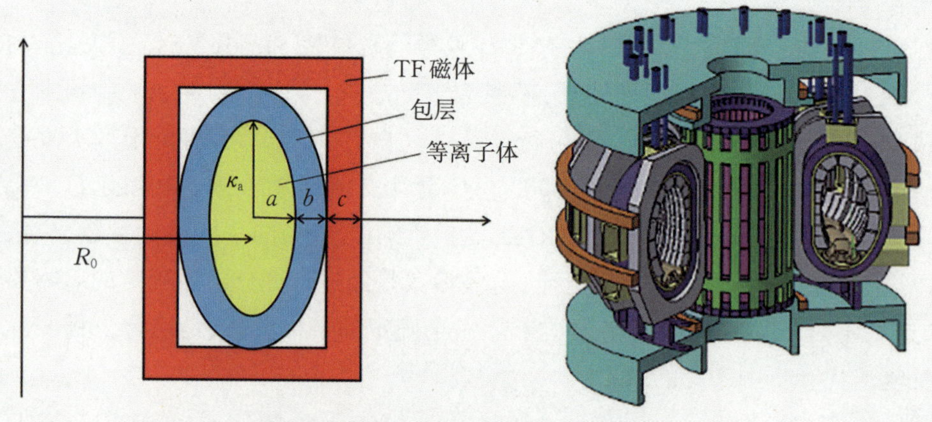

图5.2　聚变堆等离子体截面和结构示意图

聚变堆设计所面临的主要问题是：实现聚变堆上燃烧等离子体的稳态运行和控制技术，需要在ITER装置上试验验证；聚变堆的总体集成设计（包括遥操RH）和关键技术预研以及聚变堆氚的增殖与自持问题，在ITER装置上不能获得验证，部分技术需通过ITER实验包层模块（TBM）计划来实现。表5.2给出了聚变堆设计中常用的主要参数的定义。表5.3对几种典型的托卡马克装置的设计参数进行了比较。

表5.2 聚变堆设计中的主要参数定义

参数	符号	参数	符号
等离子体大半径	R_o	等离子体压强	p
等离子体小半径	r	能量约束时间	τ_E
等离子体拉长比	κ	等离子体芯部磁场	Bo
包层区厚度	b	归一化等离子体压强	β
磁体厚度(TF)	c	等离子体电流	I
等离子体温度	T	归一化反向电流	q_*
等离子体密度	n	自举电流份额	f_B

表5.3 典型的托卡马克聚变装置(堆)设计参数比较

参数	SPARC	C-Mod	AUG	DⅢ-D	EAST	Ignitor	CTF	FIRE	BPX	ITER
R_o(m)	1.85	0.67	1.65	1.66	1.7	1.32	2.10	2.14	2.59	6.2
r(m)	0.57	0.21	0.5	0.67	0.4	0.47	0.65	0.60	0.80	2.0
ε	0.31	0.31	0.3	0.4	0.24	0.36	0.31	0.28	0.31	0.32
B_o(T)	12.2	8.0	3.9	2.2	3.5	13.0	10.0	10.0	9.0	5.3
I_p(MA)	8.7	2.0	1.6	2.0	1.0	11.0	11.0	7.7	11.8	15.0
K_{sep}	1.94	1.8	1.6	2.01	2.0	1.83	1.83	2.0	2.0	1.85
δ_{sep}	0.54	0.4	0.50	0.75	0.60	0.4	0.4	0.7	0.45	0.48
P_{aux}(MW)	25	6	30	27	28	24	24	20	20	73
Δt(flattop)(s)	10	1	10	6	1000	4	4	20	10	400
Φ_{tot}(Wb)	42	8	9	12	10	33	75	43	77	277
P_{fus}(MW)	140					96	800	150	100	500
Q	11					9	∞	10	5	10

5.3 聚变堆发展阶段

在核聚变堆研究中,作为科学验证装置,TFTR、JET、JT-60等大型托卡马克装置已经实现了临界等离子体条件,即实现了D-T聚变反应试验和聚变功率输出。在聚变能的科学可行性得到验证之后,为了实现核聚变能的商用化,将经历实验聚变堆→原型聚变堆→商用聚变堆三个阶段。

5.3.1 实验聚变堆

从20世纪70年代到80年代，在NET(欧洲)、FER(日本)等的设计中对聚变实验堆进行了研究。在国际原子能机构(IAEA)的指导下，开展了INTOR计划。20世纪70年代，在美国普林斯顿大学设计和建造的TFTR是世界上第一座试验聚变反应堆。之后，美国、苏联(俄罗斯)、欧盟和日本联合开展了国际热核聚变实验堆(ITER)计划的概念设计活动(CDA)和工程设计活动(EDA)。目前，ITER仍处于建设阶段，预计2029年实现第一次等离子体放电。

5.3.2 原型聚变堆

原型聚变堆的目标是验证核聚变能发电。在核聚变领域，原型堆被称为DEMO堆。从核聚变能的输出角度来看，原型聚变堆与实验聚变堆的差别比较小。中国聚变工程实验堆(CFETR)的设计目标是DEMO聚变堆，其聚变功率为1.0～1.5 GW，氚增殖比(TBR)为1.2，实现氚自持(TBR>1)，可达到30%～50%的运行因子，目前已经完成初步工程设计。

5.3.3 商用聚变堆

建设商用聚变堆的目的是验证聚变能是否具有经济性。商用聚变堆是经过实验阶段、示范阶段的研究开发后，到达聚变能的实用阶段。

5.4 聚变堆设计流程

聚变堆设计大致可分为框架设计、概念设计、详细设计、工程设计。在框架设计中，确定设计目标、反应堆特征、主要物理和工程框架参数。概念设计阶段侧重于物理设计和主要的工程特征(结构、磁体、包层)设计，完成基本设计图。详细设计阶段是对概念设计阶段的工作进一步细化、深入并进行系统集成。详细设计一般以基本图为基础，设计组成堆结构的部件，完成部件图、装配图等。在工程设计阶段，设计部件的加工、生产工艺和组装图。

在聚变堆设计时，除堆芯等离子体性能外，还需要对聚变堆的装置性能、结构强度、温度分布、燃料增殖特性等进行评估。为了完成这些评估，需要有堆芯等离子体分析程序、工程设计分析程序、安全分析和经济性分析程序。

近年来，随着计算机技术的发展和计算分析程序的开发，聚变堆设计的技术也获得相应的快速发展。人工智能技术结合数字反应堆设计，可加速聚变堆设计技术的深入发展，促进聚变能商业化的实现。聚变堆的设计流程如图5.3所示。

5.5 聚变堆第一壁

5.5.1 第一壁概述

在聚变堆设计中，真空室内最重要的部件之一是包围等离子体的第一壁。聚变堆的第一壁直接面对芯部等离子体的壁面，沿着边界刮离层的磁面设置。因此，它承受着高热负荷产生的热应力以及堆运行时循环热应力导致的疲劳损伤。第一壁的壁板比较薄，核发热导致的发热量要小于包层，但是第一壁最靠近等离子体，因此第一壁的中子辐照损伤非常大。第一壁的一个目的是抑制混入等离子体的杂质量；另一个目的是，由于位于包层的等离子体侧，要尽可能减小对氚增殖比降低的影响。第一壁对材料基本要求如下：

(1) 耐辐照性：由于聚变反应会产生大量中子、离子和杂质，第一壁材料需要具有良好的耐辐照性能，能够抵抗高能中子和离子的辐射损伤。

(2) 热力学稳定性：在高温和高辐照环境中，第一壁材料需要具备稳定的化学性质和热力学稳定性，不会发生腐蚀、氧化等化学反应，从而保证聚变堆的长期稳定运行。

(3) 机械强度：第一壁材料需要具备足够的机械强度和抗疲劳性能，能够承受高温高压下的冲击、振动和应力。

(4) 热导性能：聚变堆是直接面向等离子体的材料和部件，需要具备优异的热导性能，能够快速散热，降低温升，保证聚变反应堆的稳定运行。

(5) 制备成本和可加工性：第一壁材料的制备成本和加工性能也是选择的重要考虑因素，需要具备一定的可制备性和可加工性，能够满足聚变堆的工程实际需求。

(6) 放射性产物：第一壁和铠甲材料，不能产生长寿命放射性产物，否则将增加废物处理成本和复杂性。

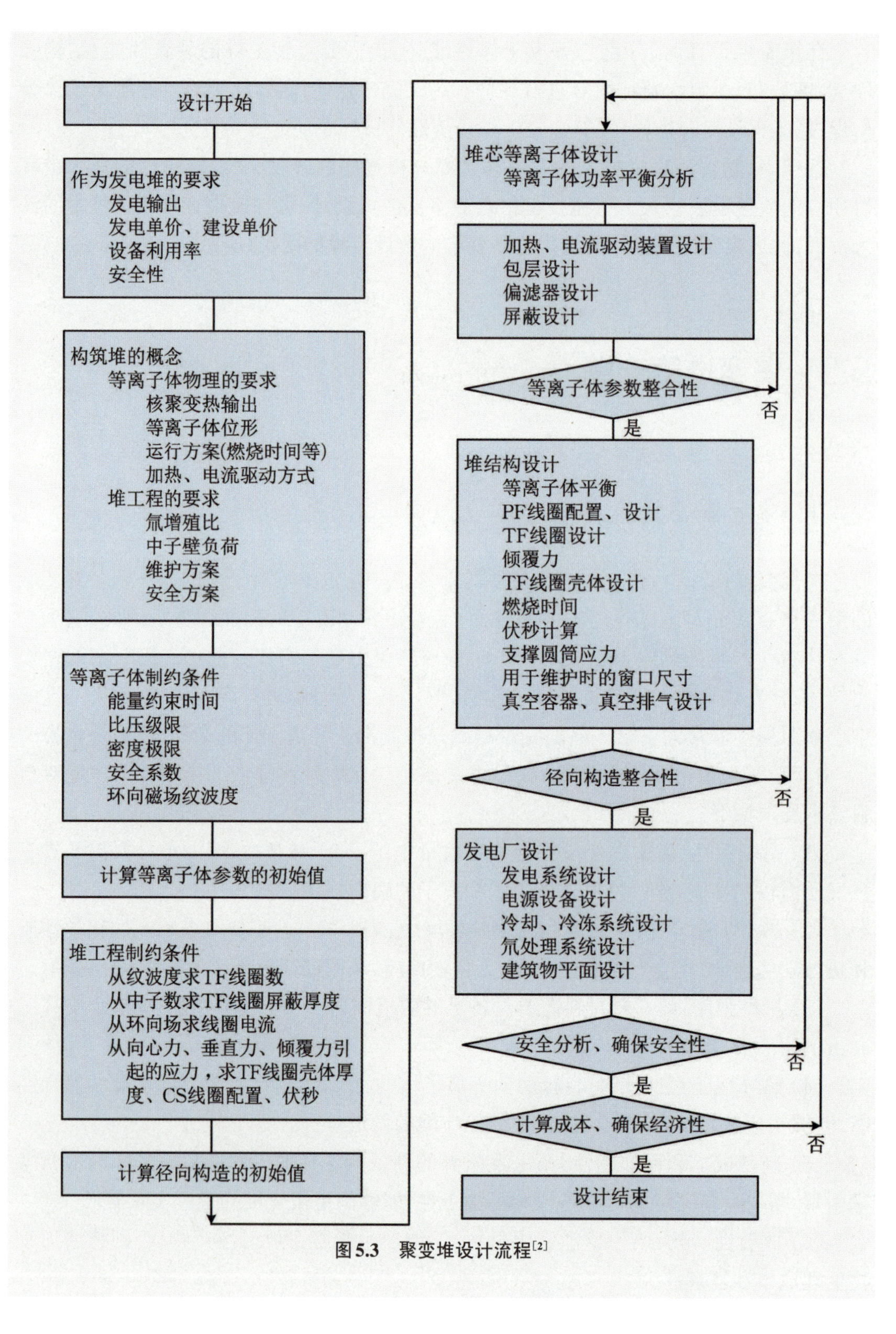

图5.3　聚变堆设计流程[2]

对于托卡马克型D-T聚变反应堆,等离子体中聚变反应所释放的所有能量,都必须穿过第一壁,为保证在聚变堆的长期运行过程中不被壁表面失效和结构破坏,因此对第一壁的热负载和中子壁载荷都有严格的限制即最高容许载荷。第一壁的候选材料、中子流量、功率载荷的限制,导致了对等离子体运行的功率密度、等离子体的径向尺寸和包层特征的限制。根据不同的设计,包层的冷却介质可以是水冷、气冷和液态金属冷却,因此冷却剂的选择决定了聚变堆包层设计的特征。

假设等离子体大半径为R,小半径为r,第一壁半径为r_w,第一壁的表面积A_w为

$$A_w = 2\pi r_w \times 2\pi R = 4\pi^2 R r_w \tag{5.1}$$

把第一壁面积与第一壁通量相乘,则聚变堆第一壁的传输功率P_j为

$$P_j = \varphi_j A_w = 4\pi^2 R r_w \varphi_w (\mathrm{MW}) \tag{5.2}$$

其中,j分别表示热辐射(r)、中子(n)和带电粒子(c)负荷。沿着反应堆大圆周的单位长度功率可以由式(5.2)除以圆周长而给出:

$$P_j = \frac{p_j}{2\pi R} = 2\pi r_w \varphi_w (\mathrm{MW/m}) \tag{5.3}$$

从式(5.2)和式(5.3)可以看出,聚变堆总功率和单位长度功率都直接与壁负载上限有关。壁负载的上限应该尽可能高,从而使聚变堆的单位长度上的功率最大。如果考虑到第一壁运行在辐射损伤及循环热和机械应力下,第一壁载荷就会受到目前工程技术水平的限制。

对于最高壁载荷的限制,可以采用在聚变条件下的模拟实验,也可以参照ITER第一壁的设计和工程经验数据。由于迄今为止,人们还没有把聚变材料和部件置于真实的聚变环境(中子通量、积分通量、中子能量和壁热负荷)条件下进行辐照考验过,所以在聚变堆设计过程中没有来自这些实验的直接工程数据,而获得这些重要数据是设计工程实验装置或实验平台的重要目的。在聚变工程实验装置中,将材料样品置于与聚变相关的中子和热能通量下,并持续足够长的时间,以获得材料辐照损伤、材料相容性、运行寿命以及容许的壁通量和积分通量(中子注量)方面的数据。

5.5.2 第一壁结构

如图5.4所示,第一壁有多种结构形式,可以有圆管型、肋型、波浪型结构。在管型结构中,将许多圆管连接在一起,构成第一壁。圆形截面对于冷却剂内压来说,是理想的形状,但在所连接的冷却管的前面和后面设置增强材料后,冷却材料的等价厚度增加。圆管型又可分为平板连接圆管型和平板连接半圆管型两种结构。

(a) 圆管型　(b) 平板连接圆管型　(c) 平板连接半圆管型

(d) 肋型　(e) 波浪型

图 5.4　第一壁结构类型[3]

采用金属壁与冷却管一体化结构,或者金属壁内部开冷却孔道,可以减少冷却材料等的等价厚度,同时提高氚增殖性能。波浪型由波浪板与平板连接而成,虽然可以减少冷却材料的等价厚度,但存在曲面或弯曲部的制作工艺问题。

聚变堆的工作环境极为苛刻,面临极端条件,材料问题主要是辐照损伤。在聚变堆建成之前,主要的实验手段是在聚变堆环境中进行辐照模拟和外推,最终的途径是建设 14 MeV 的聚变中子源来模拟考验。图 5.5 为第一壁保护结构设计,分别是裸结构、安装有保护材料的槽结构和铠甲结构。

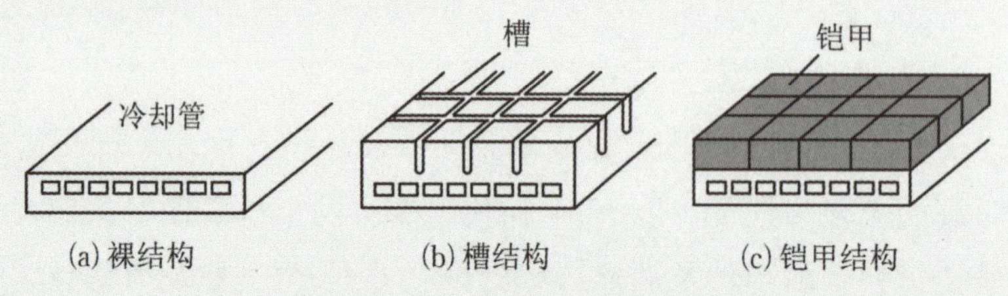

(a) 裸结构　(b) 槽结构　(c) 铠甲结构

图 5.5　第一壁保护结构设计[3]

聚变堆第一壁与偏滤器同为面对等离子体部件。在等离子体破裂时,从等离子体释放出来的热能沿着形成磁面的磁力线,进入偏滤器。流向第一壁的表面热负荷要小于偏滤器。晕电流直接流入面向等离子体机器或真空容器,因此晕电流引起的电磁力同样会在第一壁和偏滤器中产生。

由于第一壁的热负荷与偏滤器相比要小一些,铠甲材料的选择不仅要考虑高热传导性或高熔点,还要优先考虑那些即使混入等离子体后影响也小的低原子序数材料,因此首先考虑采用铍(Be)。第一壁热沉材料与偏滤器一样,采用铬锆铜。铠甲材料通过冶金方法与热沉材料进行连接。热沉材料内设置有不锈钢(SS)制成的冷却管,进行冷却。

中方ITER实验包层模块第一壁的铠甲材料是铍,结构材料采用国产低活化铁素体钢CLF-1[6],其最高使用温度被限制为550 ℃。

5.5.3　中子负载

D-T 聚变反应将产生 14.1 MeV 的高能聚变中子,它将聚变反应中 80% 的能量通过第一壁和包层带走。基于一些先进高性能燃料的聚变反应(无中子或少中子聚变反应),

以次级反应产物的形式产生高能中子。在估计第一壁容许的中子负载时,必须把中子流量、中子通量和积分中子通量,也称为中子注量,区分开来。由于聚变中子在与包层材料的作用过程中,被不断慢化和反射,第一壁中实际的中子通量总是会大于中子流量。

中子积分通量,是在通量或流量下对材料的总积分辐照量的度量:

$$积分通量=\varphi_{w}t(中子数/米^{2}) \tag{5.4}$$

在聚变堆设计中,有关材料的辐照数据是以积分中子通量的形式来表示的。在考虑聚变堆第一壁的负载限制时,必须假定更换第一壁之前应该具有的工作时间。从经济性考虑,特别是远距离维护技术和成本,自然希望第一壁工作寿命越长越好。假定聚变堆的聚变功率为3000 MW,等离子体大半径R为10 m,小半径r为2 m,中子壁负载为

$$\begin{aligned}P_{w}&=[3\times10^{9}/(2\pi a)(2\pi R)]\times0.80\\&=[3\times10^{9}/(4\pi^{2}aR)]\times0.80=3.04\ \mathrm{MW/m^{2}}\end{aligned} \tag{5.5}$$

当然这是一种保守的估算,因为它只包含了D-T聚变产生的中子功率,也有一些估算是考虑了包层中的^{6}Li(n,T)反应产生的能量,得到的中子壁负载会更高。中子壁负载的高低也与壁材料的中子俘获截面和中子倍增截面相关。

为了能从轻水堆和快中子增殖堆的数据中估算出聚变堆第一壁容许的流量限制,Roth和Roland[5]对有关文献进行了综述性总结(表5.4),显然,裂变堆能经受的中子流量比聚变堆要低。在表5.4中,假设第一壁中子负载的最大容许值为2 MW/m^{2}。

表5.4　核反应堆和聚变堆特征比较

堆型特征	轻水堆	增殖堆	聚变堆设计	参考堆
平均堆芯功率密度(MW/m^{3})	600	2400	—	—
平均燃料功率密度(MW/m^{3})	200	1100	0.6~4.7	—
平均堆内功率密度(MW/m^{3})	70	450	0.6~47	
包壳/第一壁功率密度(MW/m^{2})	1.8	3.0	3~5.0	0.6
第一壁平均热通量(MW/m^{2})	—	—	0.03~0.80	0.6
包壳/第一壁中子能量流(MW/m^{2})	0.05	0.08	1.1~5.6	2.0

5.3.4　第一壁热负载

在聚变堆设计中,另一个关键参数是直接面对等离子体的第一壁上的热负载。如果聚变功率为P_{W},等离子体大半径为R,小半径为r,第一壁上的负载P_{load}为

$$P_{load}=P_{W}/(2\pi a)(2\pi R)=P_{w}/(4\pi^{2}R) \tag{5.6}$$

如前所述,在P_{W}中的80%为聚变中子功率,20%为聚变产物阿尔法粒子能量。选

择不同的第一壁材料，壁上热负载会有一些差异。实际上，聚变过程中离开等离子体的能量包括三种：第一壁承受的中子通量；电磁辐射到壁的热通量；从等离子体中逃逸出来的高能粒子造成壁的热通量。为使第一壁具有足够长的寿命，可以把等离子体中逃逸出来的全部带电粒子从壁上移开，使其不至于对热负荷造成显著的影响。这样，从等离子体中逃逸出来的带电粒子的内能将出现在远离约束区的偏滤器靶板或其他结构上。但所有从等离子体发射出来的辐射能量将被第一壁吸收，而且可能由此决定了第一壁上的热通量。

目前，ITER第一壁的设计最大热负荷值为0.5 MW/m^2，显著超过第一壁的热负荷值，可能会导致壁的寿命缩短，由于ITER是实验堆，进行D-T聚变实验的时间很短，在整个寿期内其运行因子大约只有4%。最新的研究结果表明，上限高达2 MW/m^2的壁的热负载也是可以接受的。

5.3.5 第一壁活化

聚变堆的第一壁运行在极其恶劣的条件下，例如，高温和辐照损伤，因此第一壁的活性和辐照效应在聚变堆工程设计中是重要的考虑因素。由于这个原因，聚变堆活性计算程序（FDKR）[2]和材料失效计算程序（FWLC）[6]被开发用于分析研究第一壁的辐照和活性问题。已经有很多早期研究，包括在聚变堆概念设计的同时，探讨与环境安全有关的活性和辐照效应、放射性废物处理、部件失效期以及第一壁的材料选择。结果显示，对于运行200 MW聚变增殖堆一年的活性产物中，第一壁的放射性是3.80×10^{18} Bq，占所有活性材料总活性的36%，第一壁产生的最大活性值为4.30×10^{12} Bq/cm^3。

托卡马克工程实验混合堆（Tokamak Engineering Test Breeder，TETB）的设计目的是为了验证其工程可行性，并作为商用型聚变堆测试材料和关键部件的工具。由5 mm厚的316不锈钢构成的第一壁，运行在0.63 MW/m^2的中子壁环境下，其表面热流为25 W/cm^2，核加热功率为7.4 W/cm^3，并且依靠压力为0.35 MPa的液态锂进行冷却。冷却剂与第一壁的界面温度为374 ℃，第一壁的最高温度为440 ℃。

图5.6(a)给出了TETB设计中不同第一壁材料的放射性在停堆后的衰减曲线，改进的铁素体钢HT-9和钒基合金V-15Cr-5Ti也被选作第一壁的候选材料。图5.6(b)为结构材料中核素在停堆后的剂量率的变化曲线。

TETB设计的第一壁活性计算结果显示，在持续运行一年后停堆时第一壁的放射性是3.80×10^{18} Bq，占全堆放射性活性材料总放射性的36%。在停堆时刻，第一壁的最大放射性为4.30×10^{12} Bq/cm^3。聚变堆结构材料的活性产物在停堆后的余热主要是由于^{56}Mn的β衰变，其衰变能为2.53 MeV/次。^{58}Co的衰变热是另一个重要来源。从图5.6(a)可以看出，HT-9和V-15Cr-5Ti合金的放射性在停堆后快速下降，这两种材料的缓发热量和BHP均低于316号不锈钢。从低活性角度看，V-15Cr-5Ti合金是其中最好的第一壁结构材料。国际上发展的低活化铁素体/马氏体钢，如欧洲的Urofer97、日本的H82F以及中国的CLF-1/CLAM钢具有低活化的优点。

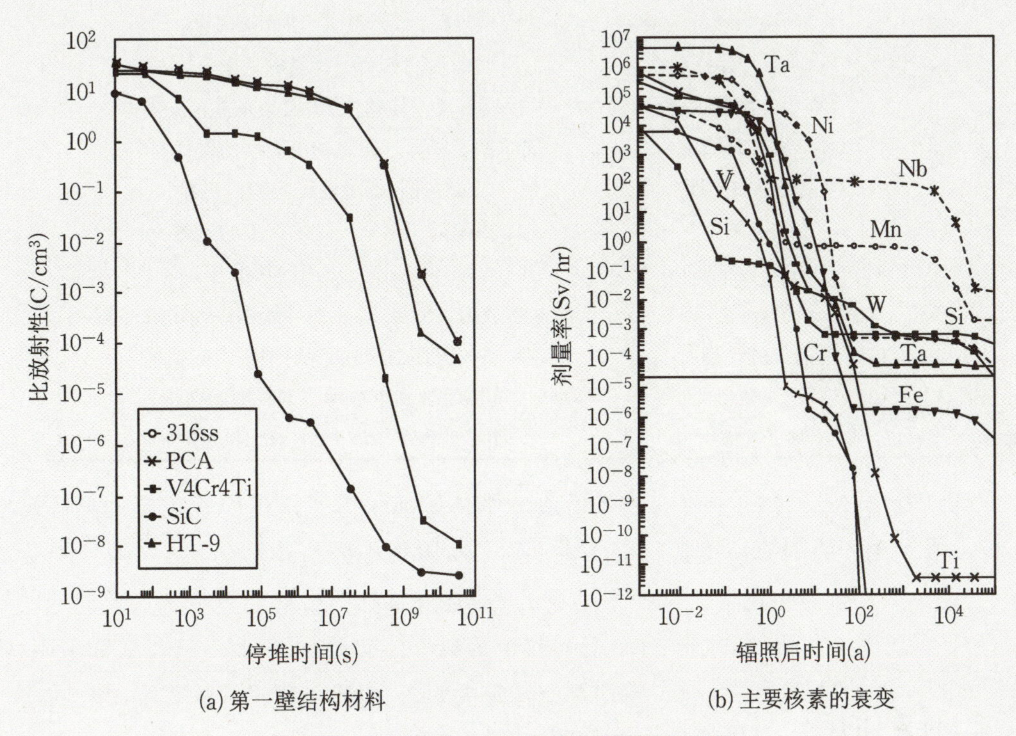

(a) 第一壁结构材料

(b) 主要核素的衰变

图5.6　结构材料比放射性和核素的衰变时间

5.6　聚变堆真空室

5.6.1　真空室概述

真空室和磁体一样，是永久性部件，它的作用是维持高质量的等离子体，同时通过包层部件带出核衰变热，也是第一道生物屏障。真空室内的主要部件包括：第一壁、包层、偏滤器、限制器、中心螺旋管。通常在真空室的四周要设置若干窗口，提供给等离子体加热、诊断、冷却、抽气及燃料循环系统用。聚变产生的14 MeV高能中子的能量也是通过第一壁进入包层经真空室被排出。为了产生并约束聚变堆的等离子体,需要设置能够提供高真空状态的真空容器。表5.5给出了真空室容器的主要功能。

表5.5　真空室容器的主要功能

序号	项　目	内　容
1	维持超高真空	生成与维持等离子体燃烧所需要的超高真空
2	高温烘烤	能够进行高温烘烤加热的结构
3	确保电阻	确保启动等离子体时的环向电阻
4	等离子体位置控制	控制等离子体的位置,尤其是垂直位置
5	环形磁场纹波度	支撑用于降低环向磁场纹波度的磁性材料
6	支撑堆内结构物	支撑包层、偏滤器等容器内机器
7	支撑电磁力	支撑等离子体消灭时等产生的电磁力
8	冷却性能	除去核发热等的热量
9	辐射屏蔽	对从事放射性业务人员、超导线圈进行辐射屏蔽
10	封闭放射性物质	封闭放射性物质氚、放射性粉尘的功能
11	组装	能够组装真空容器、TF线圈的结构
12	维护更换	能够远程维护堆内结构部件的结构

可以看出,真空室的主要功能是生成与维持等离子体燃烧反应所需要的超高真空环境。当利用压力对真空度进行分类时,10^{-5} Pa以下称为超高真空,0.1～10^{-5} Pa为高真空,10^{2}～0.1 Pa为中真空。从托卡马克的短期运行特点看,真空室是一个全连通的导体,覆盖整个等离子体的运行区,其电气参数如电阻、电感均具有特定的要求,也是工程设计的基本参数依据。

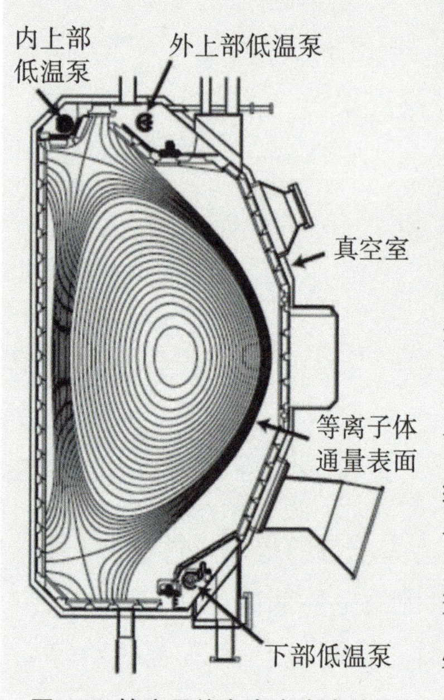

图5.7　等离子体在真空室内位形

等离子体在运行和破裂状况下产生的电磁力,使得真空室及内部件受到损伤和损耗,聚变堆堆内部件需要维护和更换。在聚变堆的设计中,在核聚变反应停止之后,真空容器内仍然是放射性环境下,需要远程操作。所以,聚变堆的真空容器的结构必须满足远程遥操作的要求。

在聚变堆中,D-T反应产生中子以及由于这些中子产生的伽马射线等射线。位于真空容器外侧的超导线圈受到中子辐照后,绝缘性能和机械性能都会不断下降。因此,对工作人员以及超导线圈而言,都需要真空容器承担起辐射屏蔽的作用。为了提高屏蔽性能,必须在双重壁内部设置屏蔽物体,或在外部另外设置屏蔽物体。图5.7为等离子体在真空室内位形分布图。

5.6.2 真空室设计

真空室是一个环形的双层结构，处于冷屏之内，被支撑在磁体上。聚变堆真空室设计是指设计用于聚变反应的堆体内的环境条件，主要包括真空度、温度、压力和辐射等因素的控制。以下是聚变堆真空室设计要点：

(1) 真空度控制：聚变反应需要在高真空环境下进行，因此真空度的控制是关键。真空室需要采用特殊材料，如不锈钢、铝合金等，并采取密封措施，如真空密封门、密封连接等，以确保达到所需的高真空度。

(2) 温度控制：聚变反应会产生大量的能量和热量，真空室内的温度需要进行有效的控制。可采用冷却系统、循环水体系等方式排热，以保持真空室内的温度在可控范围内。

(3) 压力平衡：聚变反应会产生巨大的压力，真空室需要设计合理的结构和阀门等设备，以平衡内外压力，防止压力过大造成设备损坏或安全事故。

(4) 辐射防护：聚变反应会产生大量的辐射，真空室需要采取辐射屏蔽措施，如厚度合适的屏蔽材料、辐射防护门等，以确保操作人员和设备的安全。

(5) 材料选择：真空室内的材料需要具有良好的耐高温、耐腐蚀等性能，以适应聚变反应的工作环境。材料的选择需要考虑到成本、可行性和可靠性等因素。

总之，聚变堆真空室设计需要综合考虑多个因素，包括真空度、温度、压力和辐射等要求，以确保聚变反应的安全和稳定运行。设计过程需要进行综合分析和优化，以满足特定的工程要求。同时，还要充分考虑与诊断、加热、抽气、偏滤器等内部件的安装工艺上的兼容性。真空室的材料选择要考虑其机械性能和可加工性能以及对等离子体的低导电性能。

真空容器在建设、运行、停止时，承受着从常温到烘烤时的数百摄氏度的温度环境变化。因此，真空室的支撑结构必须能够应对热应力、热膨胀力。在等离子体被击穿和等离子体电流的爬升过程中，真空室结构都会承受极大的电磁力。因此，在真空室的设计中，电磁力的计算与考虑是结构安全的重要环节。

图5.8所示为中国HL-3、韩国KSTAR和ITER的真空室结构。JT-60SA的真空室设计采用的结构材料为316 L(C_o<0.05 wt%)，10 mm厚的双层金属壁结构，采用硼酸水作冷却剂并作为中子屏蔽层介质，真空室的总质量为180 t，由18个扇段焊接而成(图5.9)。

在托卡马克真空实验运行期间，通常采用涡轮分子泵进行抽气，气压一般小于10^{-5} Pa，在烘烤系统的作用下，真空壁充分放气，气压可小于10^{-6} Pa。托卡马克的中性束注入系统与真空室相连，中性束的抽气也是提供真空室真空的重要抽气方式。此外，作为偏滤器附件的低温泵是实现原位抽气的重要手段之一，具有瞬间大抽气能力。

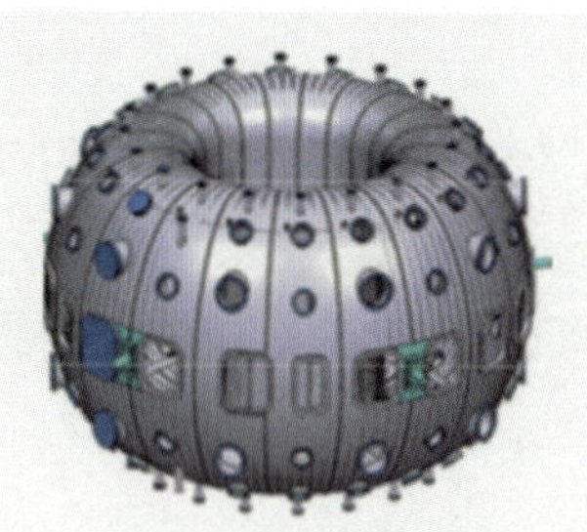

(a) HL-3真空室

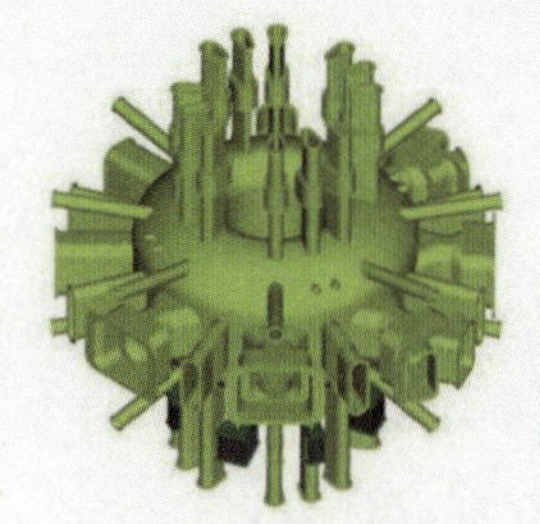

(b) KSTAR真空室

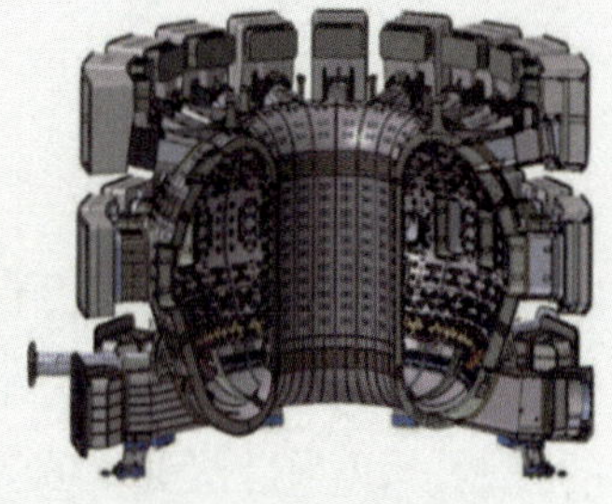

(c) ITER真空室

图5.8　不同真空室结构示意图

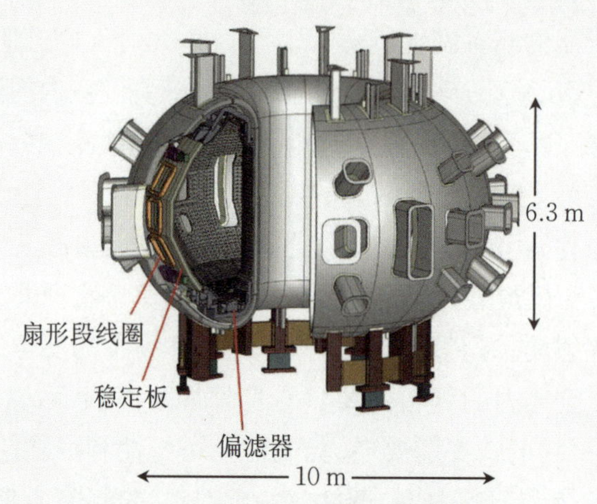

图5.9　日本JT-60SA真空室设计

5.7　聚变堆偏滤器

5.7.1　偏滤器概念

等离子体或中性粒子撞击面向等离子体壁时，产生溅射，将面向等离子体壁（第一壁、限制器、偏滤器靶板）的材料表面的粒子击打出来。这些粒子相对于等离子体来说成为杂质。如果降低等离子体或中性粒子的入射能量，可以抑制溅射量。为了抑制混入等离子体内的杂质，并将入射到面向等离子体壁上的能量降到最低，因此采用限制器或偏滤器的设想被提出。偏滤器的服役环境苛刻，其靶板表面将承受约 $10^{24}/(m^2\cdot s)$粒子流的轰击，产生的稳态热流 $>20\ MW/m^2$，瞬态热流 $>1\ MJ/m^2$，14 MeV的中子通量 $\geq 10^{18}/(m^2\cdot s)$。

偏滤器概念最早被应用在仿星器装置上,在20世纪50年代初由美国科学家莱曼·史匹哲提出,目的是为了控制杂质向等离子体中心渗入而影响等离子体运行的稳定性。1978年,在日本JFT-2a装置上证实了偏滤器对杂质离子的抑制效果。

聚变堆偏滤器可分为"单零"和"双零"两种,在ITER设计中偏滤器采用单零设计。采用偏滤器位形的最大特点是将大多数粒子和热量引入专门的偏滤器区域,让热量沉积在偏滤器的靶板上并以特殊的磁场结构使靶板上溅射的杂质难以回流到芯部等离子体区域。

聚变堆偏滤器可分为环向、极向和束偏滤器三大类,在托卡马克聚变堆设计中普遍采用极向偏滤器设计,如德国的ASDEX、美国的PDX和Doublet Ⅲ等装置都采用了极向偏滤器。

等离子体粒子或中性粒子与偏滤器或第一壁的面向等离子体壁发生碰撞,将粒子从面向等离子体壁的材料表面撞击出来,并通过辐射热使面向等离子体壁的材料表面发生升华、蒸发,这样使得面向等离子体壁的材料中的碳、铁等元素混入等离子体中。这些元素称为杂质。这些杂质在等离子体领域蓄积后,低Z(轻元素)杂质会稀释燃料,高Z(重元素)杂质则会增加辐射损失,从而使等离子体损失能量。

等离子体的离子与面向等离子体壁碰撞后,成为中性粒子,再次回到等离子体区域,离子化后又成为等离子体离子。反复进行这一过程(再循环),使得等离子体密度维持在一定值。为了维持一定的核聚变反应,需要维持一定的等离子体密度,因此需要控制燃料补给和排气,从而控制等离子体的粒子量。

等离子体粒子与面向等离子体壁碰撞时,会赋予很大的热能,从而需要热量处理功能。核聚变堆为了发电,需要有效地取出热量。同时,由于周边等离子体对约束会产生影响,因此也需要有改善约束的功能。

因此,偏滤器和面向等离子体壁所应具备的功能包括:杂质控制、等离子体粒子控制、等离子体热能的热量处理。

偏滤器形状有封闭式偏滤器、开放式偏滤器和半封闭式三种,表5.6总结了开放式和封闭式两种偏滤器形状的特征,半封闭式偏滤器则具有两者的中间特性。在偏滤器研究的初始阶段,采用了杂质控制性能优良的封闭式偏滤器和能够应对各种不同等离子体位形的变化的开放式偏滤器。由于偏滤器的体积变大等原因,正逐渐采用半封闭式偏滤器。

采用封闭式偏滤器的代表性装置有德国的ASDEX、日本的JT-60;采用开放式偏滤器的代表性装置有美国的DⅢ-D;采用半封闭式偏滤器的代表性装置有美国的Alcator-C MOD、欧洲的JET装置。

表 5.6 偏滤器形状的特征

序号	项目	封闭式偏滤器	开放式偏滤器
1	结构	偏滤器部的体积变大，为了生成零点，需要将线圈置放于主等离子体附近	可以减小偏滤器部的体积，为了生成零点，可以让线圈离开主等离子体
2	等离子体位形	难以应对等离子体位置和形状的变化	容易应对等离子体位置和形状的变化
3	杂质控制	容易减少从偏滤器部回到主等离子体周围的杂质粒子	难以抑制从偏滤器部回到主等离子体周围的杂质粒子
4	热负荷、溅射对策	容易增长主等离子体偏滤器之间的磁力线，容易增大辐射损失、降低热负荷	难以增长主等离子体偏滤器之间的磁力线，难以增大辐射损失、降低热负荷
5	排气性能	容易增加偏滤器室的气体压力，容易排气	难以增加偏滤器室的气体压力，难以排气

5.7.2 偏滤器设计

采用偏滤器位形的最大特点是将大多数粒子和热量引入专门的偏滤器区域，让热量沉积在偏滤器的靶板上并以特殊的磁场结构使靶板上溅射的杂质难以回流到芯部等离子体区域。图 5.10 为单零与双零的等离子体位形的比较，S 和 D 分别表示浅偏滤器和深偏滤器的位置。表 5.7 是单零偏滤器和双零偏滤器的比较。

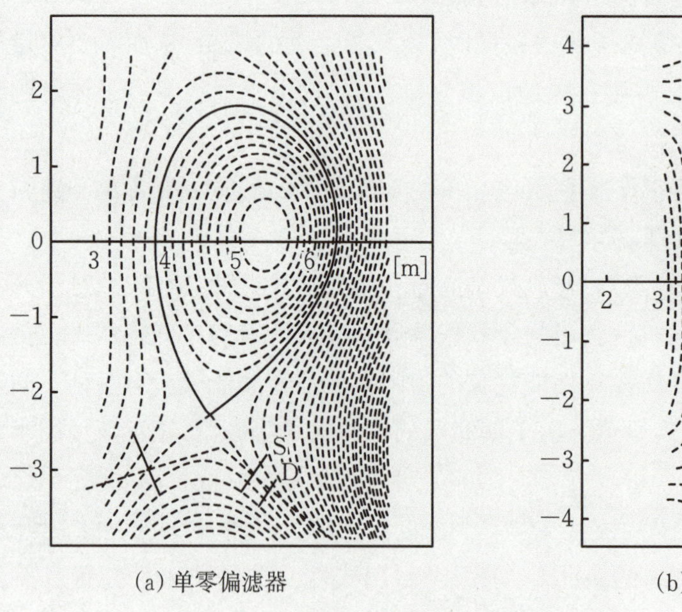

(a) 单零偏滤器

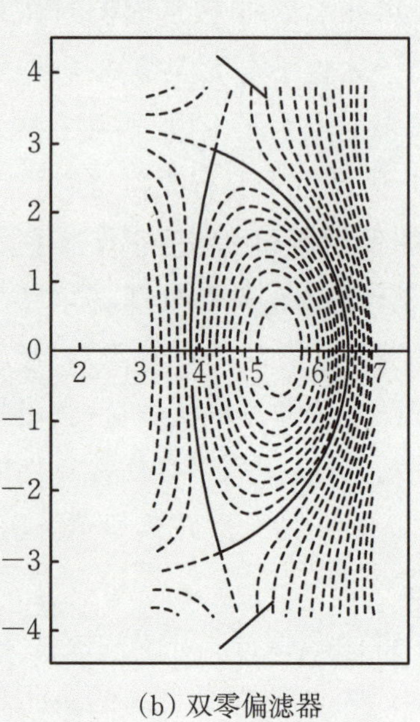

(b) 双零偏滤器

图 5.10 偏滤器的等离子体位形[7]

表5.7　单零偏滤器和双零偏滤器的比较

序号	项　目	单零偏滤器	双零偏滤器
1	堆结构	下部设置,结构简单	上下设置,结构复杂
2	TF/PF线圈的蓄能	TF线圈比双零少2成,PF线圈比双零少2～3成	TF/PF线圈均为单零的一半左右
3	分解维护性	在下部设置偏滤器,分解维护性能好	上部偏滤器的分解维护性能不好,尤其需要地震对策
4	氚增殖	可以增大氚增殖区面积	增殖区面积比单零要小
5	真空排气	排气速度比双零快	排气速度是单零的一半

在偏滤器板中,会由于高能粒子负荷的溅射刻蚀引起厚度减少,由于等离子体破裂引起结构材料熔化,解决方案是在热沉材料的面对等离子体一侧连接铠甲材料。对铠甲材料的要求有:① 是高熔点材料;② 热传导性良好;③ 溅射刻蚀小;④ 耐热应力;⑤ 与热沉材料的连接性能良好等。作为铠甲材料,一般可用高熔点材料的Be、C(碳纤维强化复合材料,CFC材料)、SiC、W、Mo等。Be、C、SiC是低Z材料,即使混入等离子体内,对等离子体的影响也很小。W则是溅射刻蚀或熔融损耗都很小的材料。

通常采用无氧Cu作为热沉材料。考虑到热应力的影响,冷却管采用热传导率大的Cu或Cu合金,或者高温强度好的Mo合金(TZM)。偏滤器的靶板作为受热板结构,采用铠甲材料来保护热沉材料的结构。铠甲材料的截面形状,有平板型、弯曲型、鞍型、单模块型等设计。图5.11为ITER偏滤器靶板结构示意图和原型件。

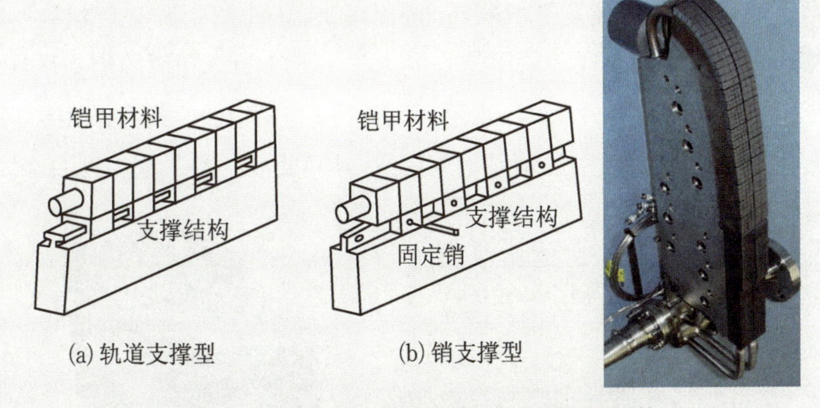

图5.11　ITER偏滤器靶板结构示意图和原型件

作为结构设计标准,采用ASME锅炉和压力容器设计标准规定,设计应力强度为$S_m = \min\{(1/3)\sigma_u, (2/3)\sigma_y\}$。这里,$\sigma_u$为材料的拉伸强度,$\sigma_y$为材料的屈服应力(0.2%抗拉强度)。

表5.8是偏滤器所使用的主要材料。在偏滤器板的垂直靶的上部和穹顶(dome),采用常温的热传导率约为180 W/(m·K)的轧制钨,包括打击点在内的垂直靶的下部则采用最大热传导率约为430 W/(m·K)的CFC材料。冷却管结构材料采用ITER级(ITER grade)的铬锆铜。

表5.8　偏滤器结构的主要材料

序号	项　目	内　容
1	铠甲	CFC材料、轧制钨
2	连接缓冲	铜合金(无氧铜,铜钨等)
3	螺旋带	无氧铜
4	冷却管结构	铬锆铜(CuCrZr-IG)
5	支撑结构	奥氏体系不锈钢(SS316L(N)-IG、XM-19)
6	配管结构	奥氏体系不锈钢(SS316L)
7	机械固定销	镍铝青铜(C63200)

5.8　聚变堆包层

聚变堆包层指位于第一壁和超导线圈之间的那些部件。基于设计的不同,增殖包层中的氚增殖剂有两种,即液态氚增殖剂和固态氚增殖剂。固态包层设计中,冷却方式有氦冷、水冷两种,近年来出现了采用超临界二氧化碳作为冷却剂的创新设计。图5.12为欧洲氦冷包层设计示意图,氚增殖剂为锂陶瓷,冷却剂为氦气,压力8 MPa。图5.13为欧洲水冷液态包层设计示意图,氚增殖剂为液态金属Pb-^{17}Li,冷却剂为压力水。

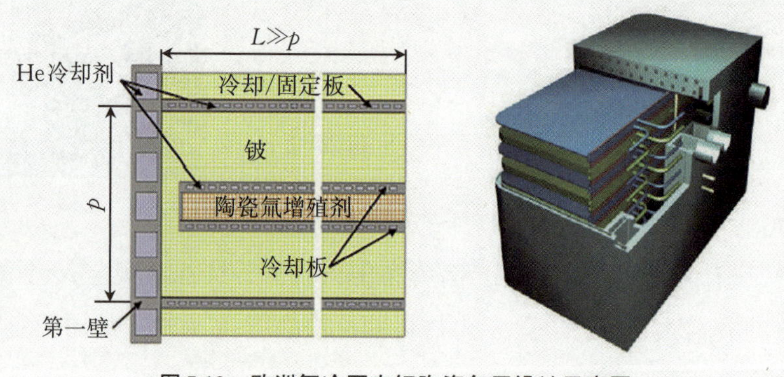

图5.12　欧洲氦冷固态锂陶瓷包层设计示意图

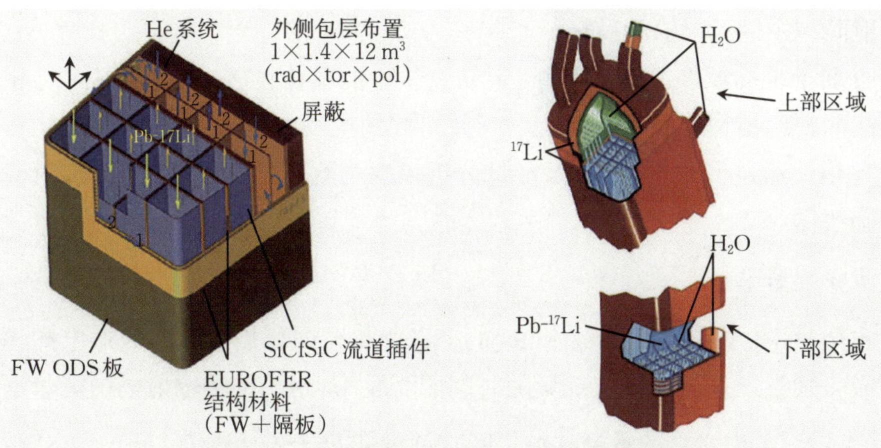

图5.13 欧洲水冷液态锂铅包层设计示意图

5.9 聚变堆屏蔽设计

在D-T聚变反应堆中,利用中子在包层内增殖燃料氚,同时利用中子能量进行发电。中子与堆结构材料相互作用,在释放热能的同时使材料被活化,产生次级中子和γ射线。活化后的衰变产物产生的γ射线对周围空间造成辐射剂量。因此,必须保护放射性业务工作者、公众以及装置本身免受这些射线的辐射。在聚变堆屏蔽设计和辐射安全分析中,需要对相关的吸收剂量、吸收剂量率、照射量和当量剂量进行计算和评估。

1. 吸收剂量

吸收剂量(Absorbed Dose)的定义是单位质量物质所吸收的电离辐射能量,是描述辐射能量在物质中沉积程度的关键物理量,直接影响生物组织或材料的辐射效应。吸收剂量D的表达式为:

$$D=\frac{\Delta E}{\Delta m} \tag{5.7}$$

式中,ΔE是电离辐射授予某一点处质量为Δm的物质的平均能量(单位为J);Δm是物质的质量(单位为kg)。国际单位制(SI)中D的专用名为戈瑞(Gray,Gy),1 Gy=1 J/kg。旧单位为拉德(rad),1 Gy=100 rad。吸收剂量适用于任何类型的电离辐射(如α、β、γ射线)和任何物质(如人体组织、空气、屏蔽材料)。吸收剂量未考虑不同辐射类型对生物组织的相对危害差异,而当量剂量(希沃特,Sv)会通过辐射权重因子ω_R修正,反映生物效应差异。吸收剂量用于评估辐射对材料的损伤(如电子元件辐照损伤)

以及辐射防护中剂量限值的设定。

吸收剂量是局域性量，需明确指定在物质中的具体位置。在生物体内，相同吸收剂量可能因辐射类型(如中子，γ射线)导致不同的生物效应，因此需要结合当量剂量进行综合评估。通过吸收剂量，可以定量分析辐射与物质的相互作用，为辐射安全防护提供基础数据。

2. 吸收剂量率

吸收剂量率(Absorbed Dose Rate)的定义为单位时间内物质吸收的电离辐射能量对应的吸收剂量。它表示吸收剂量随时间的变化率，用于描述辐射场中能量沉积的快慢，是动态监测辐射水平的重要参数。吸收剂量率 $\dot{D}$ 的表达式为：

$$\dot{D}=\frac{\mathrm{d}D}{\mathrm{d}t} \quad 或 \quad \dot{D}=\frac{\Delta D}{\Delta t} \tag{5.8}$$

其中，$\mathrm{d}D/\mathrm{d}t$ 是吸收剂量 D 对时间的瞬时变化率；ΔD 是在时间间隔 Δt 内的吸收剂量的增量。若结合吸收剂量的原始定义($D=\Delta E/\Delta m$)，吸收剂量率也可表示为

$$\dot{D}=\frac{\mathrm{d}}{\mathrm{d}t}\left(\frac{\Delta E}{\Delta m}\right)=\frac{1}{\Delta m}\cdot\frac{\mathrm{d}E}{\mathrm{d}t} \tag{5.9}$$

即单位质量物质在单位时间内吸收的辐射能量。国际单位制(SI)为戈瑞每秒(Gy/s)，也可用更常用的派生单位，如毫戈瑞/每小时(mGy/h)或微戈瑞/每秒(μGy/s)。旧单位是拉德每秒(rad/s)，1 Gy/s=100 rad/s。

吸收剂量率直接反映辐射场的强弱和能量沉积速率，例如高剂量率(如放射治疗设备)：短时间内能量沉积快，可能引发显著生物效应；低剂量率(如天然本底辐射)：能量沉积缓慢，需长期累积才可能产生影响。

吸收剂量率被用在核辐射监测中实时测量环境中的剂量率，确保在安全限值内。吸收剂量率是纯物理量，仅描述能量沉积速率，而当量剂量率(单位为Sv/s)则是通过辐射权重因子(ω_R)修正，反映不同辐射类型(如中子、γ射线)的生物危害差异。

应用示例：若某位置γ射线的吸收剂量率为2 μGy/h，则连续暴露1小时，其累积剂量为2 μGy；若暴露1年(约8760 h)，则累积剂量约17.52 mGy。通过吸收剂量率分析，可以动态评估辐射场的剂量时空分布特征，为辐射防护设计、安全操作规范制定提供处置依据。

3. 照射量

照射量(Exposure)的定义是当X射线或γ射线在单位质量的干燥空气中释放出的所有次级电子完全被空气阻止时，产生的同一种符号(正或负)离子的总电荷量，它适用于能量范围为1 keV～3 MeV的X射线或γ射线。照射量的表达式为

$$X = \frac{dQ}{dm} \tag{5.10}$$

式中,X为照射量,单位曾用伦琴(R),dQ为X/γ射线在质量为dm的干燥空气中释放的所有次级电子完全被阻止时,产生的同一符号离子的总电荷量(单位为库伦,1 R=2.58×10^{-4} C/kg),国际单位为库伦每千克(1 C/kg≈3876 R)。照射量只适用于衡量X(γ)辐射致空气的电离程度,不能用于衡量除此之外的任何射线值。

照射量也可通过以下公式近似转换为空气中的吸收剂量(D):

$$D_{空气}(\mathrm{GY}) \approx X(\mathrm{C/kg}) \times 33.97\ \mathrm{J} \tag{5.11}$$

式中,33.97 J/C是空气的平均电离能(每产生1 C电荷需消耗的能量)。照射量早期被用于辐射防护和放射治疗中辐射场的测量,通过电离室直接测量照射量,推算出辐射场强度。其局限是无法直接用于生物组织或其他介质,用于高能或低能X/γ射线测量时需修正电子平衡条件。

4. 当量剂量

当量剂量(Equivalent Dose)是用于量化不同类型电离辐射对生物组织产生的相对生物危害的物理量,它通过引入辐射权重因子(ω_R),修正吸收剂量以反映不同辐射类型(如α粒子、中子、γ射线等)对生物组织的差异效应。对于特定组织器官(T),当量剂量(H_T)的表达式为

$$H_\mathrm{T} = \sum_R \omega_R \cdot D_{T,R} \tag{5.12}$$

式中,H_T是组织或器官(T)的当量剂量(单位为希奥特Sv,1 Sv=1 J/kg),旧单位为雷姆(rem),1 Sv=100 rem;ω_R是辐射类型R的权重因子(无量纲);$D_{T,R}$为由辐射类型R在组织和器官T中产生的平均吸收剂量,单位为戈瑞(Gy)。辐射权重因子ω_R由国际辐射防护委员会(ICEP)根据辐射类型和能量确定,如表5.9所示。

表5.9 辐射权重因子ω_R的典型值

辐射类型	能量范围	权重因子
光子(γ,X射线)	所有能量	1
电子(β射线)	所有能量	1
质子	2 MeV	2
α粒子,重核,裂变产物	所有能量	20
中子	0.025 eV~1 MeV时,ω_R为2.5~20	1~20

当量剂量解决了吸收剂量未考虑的辐射类型的差异。例如:1 Gy的α射线(ω_R=20)对组织的危害是1 Gy的γ射线(ω_R=1)的20倍,即H_T=1Sv。对于辐射防护限值,

国际标准(如ICRP建议)中的人体器官或组织剂量限值均以当量剂量表示。

当量剂量(H_T)仅针对特定组织或器官,并考虑辐射类型的差异,而有效剂量(Effective Dose)还需要结合不同的组织的辐射敏感性(通过组织权重因子ω_R)进行加权,用于评估全身随机性健康风险。当量剂量是辐射防护中指定剂量限制值和评估局部辐射危害的重要依据。

5. 当量剂量率

若在t到$t+\mathrm{d}t$的时间内,当量剂量为$\mathrm{d}H$,则当量剂量率(Equivalent dose rate)按以下计算公式:

$$H(t)=\frac{\mathrm{d}H}{\mathrm{d}t} \tag{5.13}$$

当量剂量率的单位为戈瑞/小时。当量剂量率的国际制单位是焦耳每千克秒(J/kg·s)。

6. 停堆剂量率

停堆剂量率是反应堆停堆以后辐射质在相空间造成的人体生物剂量当量率。通俗地讲,停堆剂量率是指反应堆停堆以后,衰变光子辐射剂量率,不涉及中子剂量率。在实际的计算中,是由衰变光子通量乘以特定的转换因子(DF)而得到。

除停堆剂量率外,相关的还有接触剂量率。对于无限大平板模型,表面接触剂量率定义为:

$$D=5.76\times10^{-10}\times\frac{B}{2}\sum_{i=1}\frac{\mu_{\mathrm{a}}(E_i)}{\mu_{\mathrm{m}}(E_I)}S_{\nu}(E_i) \tag{5.14}$$

式中,E_i为能群i的平均能量,μ_{a}是空气的质能吸收系数($\mathrm{m^2/kg}$),μ_{m}为材料的质能吸收系数($\mathrm{m^2/kg}$),B为累计因子(=2),S_{ν}为光子的释放率(MeV/(kg·s))。对于距离点源某处的一个点,该处的接触剂量率定义为:

$$D=5.76\times10^{-10}\times\sum_{i=1}^{24}\frac{\mu_{\mathrm{a}}(E_i)}{4\pi r^2}\mathrm{e}^{-\mu(E_i)r}\frac{S_{\nu}(E_i)}{1000} \tag{5.15}$$

式中,r为距离点源的距离,$\mu_{\mathrm{m}}(E_i)$为γ射线在空气中的衰减系数。

5.9.1 屏蔽要求

反应堆运行时,如果中子和γ射线的辐照使得超导线圈中的核发热率超过规定值,就会引发失超。失超不仅会导致超导线圈损坏,还可能损坏放射性物质封闭边界。因此,在对反应堆结构材料辐照损伤进行评估的同时,也应评估超导线圈屏蔽。表5.10为聚变堆屏蔽分析内容。

表5.10　聚变堆屏蔽分析内容

运行阶段	分析评估项目	内　　容
运行时	建筑物内剂量率	计算材料全体(整体)的屏蔽,考虑到NBI管道贯通孔部和设备间隙的辐射流,计算建筑物内的剂量率
	结构材料的辐照损伤	评估中子辐照量、吸收剂量、击出损伤、He产量、H和D产量
	核发热量	评估核发热率、总的核发热量
	超导线圈屏蔽	评估辐射流在超导线圈的辐照量、超导线圈低温部分的发热率与总发热量、铜稳定性材料的击出损伤率、超导线材料的中子通量、绝缘材料的射线吸收剂量
	空间辐射	评估建筑物外的剂量率
停堆后	建筑物内剂量率	利用有关感应辐射能引起的γ射线的屏蔽计算、辐射流计算,评估建筑物内的剂量率
	衰变热	评估异常时的衰变热,放射性废弃物的衰变热
	空间辐射	评估建筑物外的剂量率
维护时	堆内剂量率	移动活化了的设备时,评估堆内的剂量率

5.9.2　屏蔽设计

聚变堆屏蔽设计包括装置屏蔽和生物屏蔽两大部分,表5.11给出了核聚变堆的主要屏蔽体分类和内容。

表5.11　核聚变堆的主要屏蔽体

序号	分　类	屏蔽对象	内　　容
1	装置屏蔽	超导线圈	防止核发热量引起的失超,确保关乎超导线圈稳定性的铜、绝缘材料、绕线层等安全的屏蔽体
2		加热、电流驱动装置、测量设备	防止受到从真空容器贯通孔等部位泄漏的射线的辐照损伤,确保设备安全性的屏蔽体
3		反应堆结构件的再焊接部位	更换包层模块等时需要对反应堆结构件再焊接,为抑制这些再焊接部位的氦生成量的屏蔽体
4	生物屏蔽	从业者的保护	降低从业者进入的反应堆室剂量率的屏蔽体
5		一般公众的保护	降低运行中及停机后的剂量率的屏蔽体

对于装置屏蔽,需要有确保超导线圈安全的屏蔽体,遮挡从电流驱动装置、测量设备等真空容器上贯通孔等泄漏的射线,以确保设备的安全。为了能在更换堆内设备时对反应堆结构的焊接部再次焊接,需要抑制氦的生成量而设置相应的屏蔽层。对于生物屏蔽,主要对应于保护从业者。在反应堆运行时,通常禁止进入堆内,而对于反应堆

停机后进入的堆室的剂量率要进行评估。对于公众活动的区域,也要评估反应堆运行时和停堆后的剂量率。

屏蔽层应设置在接近放射源的位置,这对于减小辐射区域、缩减屏蔽层的重量非常重要。为了抑制超导线圈的核发热量,需要在超导线圈内侧(等离子体侧)设置屏蔽层。另外,为了在包层内有效地进行氚增殖及中子等的能量回收,需要将屏蔽层设置在包层外侧,以便让包层充分吸收中子能量。生物屏蔽体设置在低温恒温器的外侧。

1. 核分析程序

在聚变堆屏蔽设计过程中,首先需要对中子输运方程进行数值解析,求解中子束和γ射线束。屏蔽计算的解析方法有确定论方法和概率论方法。确定论方法中,开发了采用离散型坐标差分求解的Sn法、直接积分法等。作为计算程序,有采用Sn法的一维输运程序ANISN和二维输运程序DOT3.5,国内华北电力大学开发了基于离散纵标法的三维中子/光子输运程序-CTDOS等。概率论方法采用蒙特卡洛法,计算程序有MCNP(Monte Carlo N-Partic Transport Code)、再开发的MCNPX、MORSE以及PHITS等。PHITS是三维程序,可以评估半导体损伤,能够评估对于堆芯周围安装的含有半导体元件的设备是否需要追加保护屏蔽。Serpent是另一种基于蒙特卡洛方法的三维中子输运计算程序,由芬兰的VTT技术研究中心开发。它支持并行计算,可以高效地处理大规模计算问题。

2. 数据库

已完成核数据评价的核数据库有JENDL(Japanese Evaluated Nuclear Data Library)。JENDL的整理工作正在进行,目前公开发表的有JENDL-4.0。JENDL与美国的ENDF/B(Evaluate Nuclear Data File Version B)数据库、欧洲的JEFF(Joint Evaluated Fission and Fusion File)数据库并称为世界三大数据库。对于输运截面组,从已评价的数据库中制作的用于聚变堆核设计的群常数组有Fusion-J3(中子125群,γ射线40群)、Fusion-42(中子42群,γ射线21群)、JSSTDL-300(中子300群,γ射线104群),以及用于连续能量蒙特卡洛输运计算用截面库FSXLIB-J3R2等。

5.10 聚变堆安全

核聚变反应堆存在各种各样影响安全的因素,例如,当某种原因造成能量释放时,有可能会由于等离子体热能损坏仪器,由于冷却材料蒸发和冷冻材料泄漏造成压力上升而损坏设备,由于电磁力损坏设备等。还要考虑由于设备损坏有可能泄漏放射性物质,从而出现辐射风险。此外,聚变堆能量转换和输出过程中,也存在安全问题。聚变堆安全设计的主要内容将在第9章中做详细介绍。

5.11 聚变堆设计实例

为适应核聚变能源开发的需要,20世纪80年代初在核工业西南物理研究院成立了聚变堆设计研究室。此后,我国聚变堆的研究工作从以前分散的专题研究转入到堆整体的概念设计研究,部分工作已进入聚变堆工程性的设计研究阶段。在国家“863计划”的支持下,我国先后完成了不同堆型(磁镜、托卡马克)、不同用途(混合堆、工程实验堆、商用堆、D-^{3}He聚变堆)的托卡马克聚变堆系列设计研究。

所完成的多种类型的聚变堆概念设计包括:在聚变燃料方面,有D-T和D-^{3}He聚变堆;在等离子体约束位形方面,有磁镜堆和托卡马克堆;在堆的用途方面,有纯聚变堆、聚变增殖堆和嬗变堆;在不同发展阶段,有实验堆和商用堆设计。

5.11.1 聚变实验增殖堆(FEB)设计

聚变增殖堆设计初期,以托卡马克工程实验混合堆(TETB)系列设计为主。此后,为了展望聚变-裂变混合堆的发展前景,完成了托卡马克商用混合堆(TCB)的设计。TCB设计的聚变功率增大至TETB-Ⅱ的10倍。为了进一步提高实验堆的安全性能,随后提出了TETB-Ⅲ设计。采用抑制裂变包层代替原来的快裂变包层。包层功率密度降低,相应停堆余热也降低。这样在LOCA事故下,包层温度上升缓慢,达到的峰值温度低,无须将燃料小球从包层卸出,简化了堆的结构。在液态金属锂(LLi)流动途径上进行改进,以降低的包层功率密度,使MHD压降减小至1 MPa以下。除了自冷却包层外,TETB-Ⅲ也提出了He冷却LLi氚增殖剂的双冷包层设计方案。这是理想的设计组合,采用了新型的内置氦冷却通道的冷却板设计,并利用了LLi良好的导热性能,包层仍保持了结构简单的优点。

TETB系列设计逐步完善,堆的安全性和工程技术可行性有了实质性的提高。但是,设计的深入和详细程度还不足以转入工程性设计。为此,需要一个详细概念设计,基于此构想提出了聚变实验增殖堆(FEB)设计。

FEB工程概要设计为其全面工程设计勾画轮廓，实现从概念设计到工程设计的转变。设计需考虑材料的工程性选择、设计部件的可制造性，设计的各个方面要留有一定裕量以确保设计可以实现。

5.11.2 聚变示范堆(DEMO)设计

我国的聚变示范堆(DEMO)的设计研究工作自2000年开始，重点是DEMO增殖包层的设计研究。以前期在ITER装置上进行实验包层模块测试为基础，先后完成了HCSB-DEMO的堆芯参数设计研究以及包层的概念设计分析。

DEMO包层类型的选择将确定反应堆的基本特征。根据国际聚变研究与技术的发展趋势，中国DEMO聚变堆设计采用锂陶瓷氚增殖剂/氦冷却剂/低活化铁素体钢的包层概念(HCSB)。中国HC-SB DEMO基本设计参数：聚变功率为2050 MW，中子壁负载为2.64 MW/m^2，等离子体半径为7.0/2.1，氚增殖比(TBR)为1.05～1.0，采用氦气为冷却剂，进出口温度为300～500 ℃，氚增殖剂为Li_4SiO_4(60%^6Li)微球，中子倍增剂为直径1 mm的小球组成球床结构，结构材料为低活化铁素体/马氏体钢RAFM(CFL-1)。

5.11.3 中国聚变工程实验堆(CFETR)设计

2010年中华人民共和国科学技术部批准启动中国聚变工程实验堆(CFETR)的设计工作，物理设计工作于2015年底完成，初步工程设计工作于2020年完成。CFETR结构如图5.14所示。

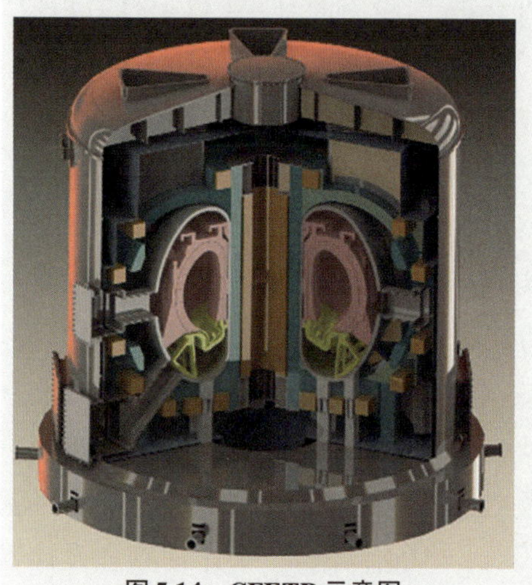

图5.14 CFETR示意图

1. CFETR的科学目标

在现有托卡马克和ITER建设的基础上，在建造DEMO之前，设计和建造一座聚变工程实验堆，用于验证聚变堆的工程技术，是聚变商用之前不可缺少的一步，CFETR科学目标如下：

(1) 基于ITER等离子体物理和技术基础，实现稳态运行。

(2) 关注聚变能实现的关键工程技术问题，作为未来DEMO建设的物理与技术基础。

(3) 实现氚自持和聚变燃烧，稳态运行，运行因子在30%～50%。

(4) 进行聚变科学、材料、部件等方面研究并建立核数据库。

(5) 建立聚变堆核安全及标准体系。

2. CFETR的技术指标

用多种运行模式实现“自持聚变燃烧”的科学目标:

(1) 高聚变功率(200～1000 MW)运行。

(2) 自持聚变(200 MW)运行。

(3) 聚变燃烧时间占比率30%～50%。

(4) 研究和发展氚增殖和取能技术,使总体氚增值率(Tritium Breeding Ratio, TBR)>1.2,实现聚变“氚自持”。

(5) 以未来商用聚变堆的科学、安全、经济运行为目标,建立完整的核数据库。

(6) 为实现“建立聚变堆核安全及标准体系”的科学目标,建立系统的聚变堆核安全架构及聚变堆标准体系。

CFETR的主要设计参数如表5.12所示。图5.15和图5.16为装置基本尺寸分布图。

表5.12 CFETR的主要设计参数

参数名称	参数范围
装置大半径,R_0(m)	7.2
装置小半径,r(m)	2.2
聚变功率(MW)	200～1000
拉长比,κ	2
三角度,Δ	0.8
中心纵场,B_t(T)	6.5
等离子体电流,I_p(MA)	14
偏滤器结构	下单零偏滤器

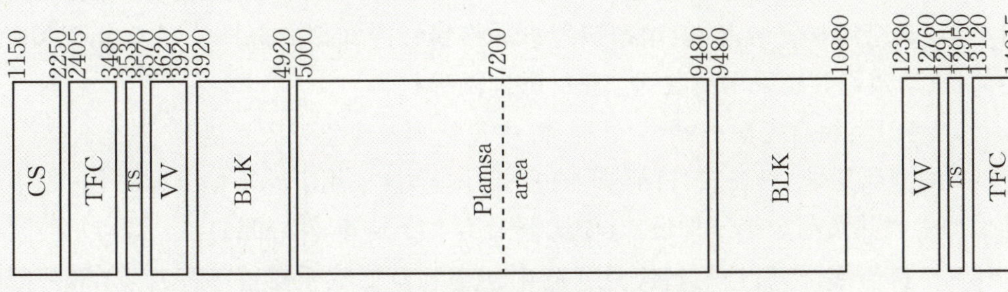

图5.15 CFETR沿赤道面重要尺寸分布(单位:mm)

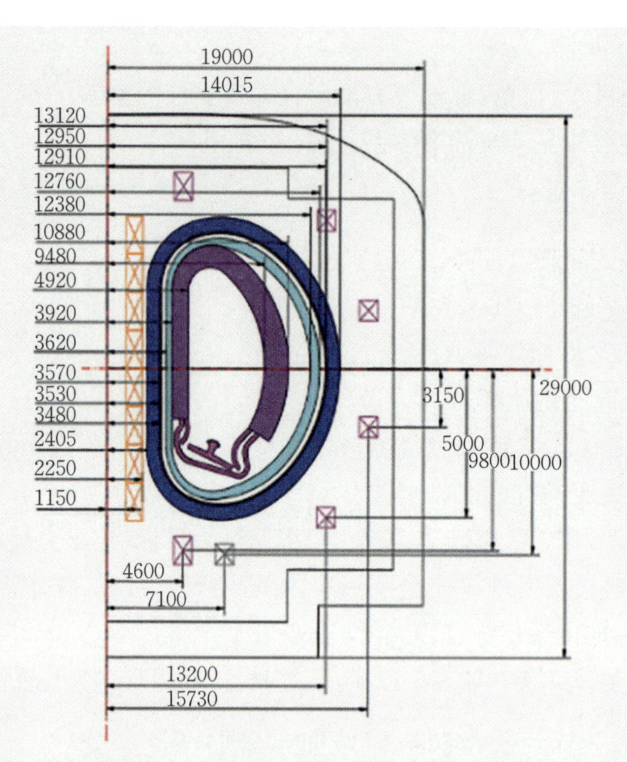

图5.16　CFETR主要截面尺寸(单位:mm)

3. CFETR工程技术特点

(1) 磁体系统:采用先进导体技术(TF:7.0 T,CS:Nb_3Sn,Bi2212,PF:Nb_3Sn),同时发展Nb_3Al技术。

(2) 真空室及窗口:为保证科学目标的达成,应尽可能大地增加氚增殖屏蔽包层的面积,减少窗口占用面积(上窗口为4个,中平面窗口为6个,下窗口为8个)。

(3) 包层系统:包层的增殖和屏蔽部分,应一体化设计,兼顾核安全、机械强度、热工水力等要求(屏蔽效果要比ITER高100倍;同时考虑气冷和水冷通道,满足200~1500 MW不同功率的工况;屏蔽包层由高场侧、低场侧和底部模块三部分组成,仅低场区可更换,其余用作安装基准;增殖剂能自动换料);冷却剂的选择分别考虑水冷和氦气冷却;氚增殖剂分别采用钛酸锂和正硅酸锂两种材料。

(4) 氚工厂:综合考虑内循环、外循环、去氚化水及应急三大系统。

(5) 偏滤器系统:具备较好的热和杂质排出能力(采用下单零偏滤器结构;先进偏滤器位型+高热负荷导热结构设计;偏滤器采用水冷或氦气冷却剂)。

(6) 材料与部件:所选材料应具备耐中子辐照及低粒子滞留率等特点(第一壁材料:钨及其合金;结构材料:ODS FS;偏滤器材料:钨合金,ODS及铜合金;阻氚因子要求大于10^5)。

(7) 诊断系统:诊断系统分为三类——核安全及装置保护、运行控制、辐射防护。诊断系统须采用最可靠的技术实现上述三类目标。

(8) 加热和驱动系统:采用NBI、ICRF、EC、LHCD四种方法,总功率在80 MW以下,根据不同的运行模式,选取效率最高的加热和驱动的组合。

(9) 遥操作系统:尽可能少地更换部件,同时缩短更换时间(以垂直吊装为主,MPD+偏滤器为辅,与热室综合考虑)。

(10) 低温系统:采用和ITER类似的技术路线,考虑适当的放大,并考虑在CS使用高温超导磁体时使用1.8 K技术的可能性。

(11) 电源系统:采用和ITER类似的技术路线,考虑未来电源技术的发展,考虑使用新技术的可能性。

(12) 高压变电站:采用和ITER类似的技术路线,考虑未来电源技术的发展,考虑使用新技术的可能性。

(13) 水冷系统:采用和ITER类似的技术路线,考虑适当的放大。

(14) 控制和数据系统:采用和ITER类似的技术路线,考虑未来控制技术的发展,考虑使用新技术的可能性。

(15) 安全防护系统:采用和ITER类似的技术路线。

(16) 建立聚变材料研究基地,包括热室、分析设备等。

(17) 建立聚变堆发电设施。

CFETR的氚燃料循环系统如图5.17所示,由内循环系统、外循环系统和氚包容系统三大部分构成。CFETR的线圈结构如图5.18和图5.19所示。

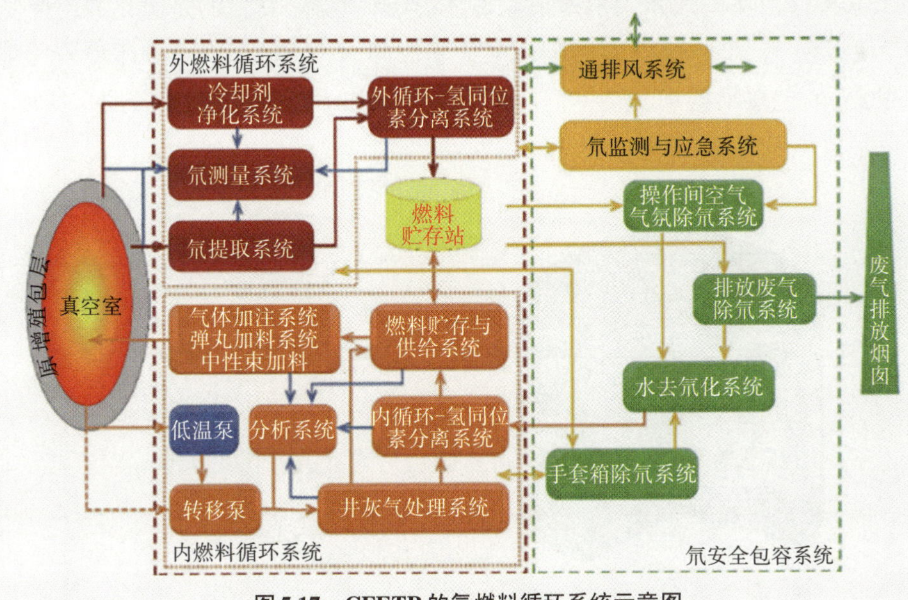

图5.17 CFETR的氚燃料循环系统示意图

图5.18　CFETR的TF和PF线圈结构图

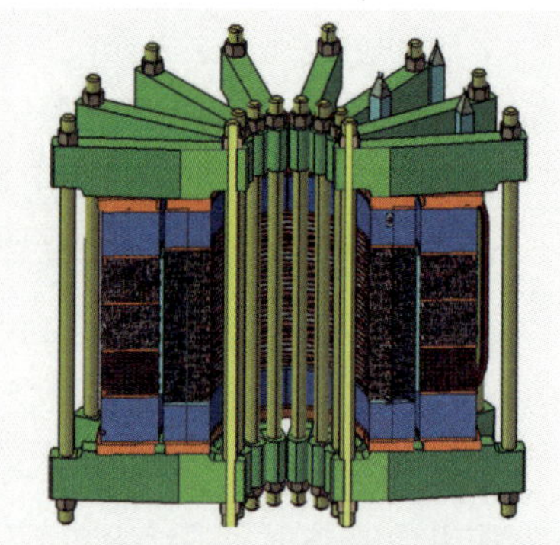

图5.19　CFETR的中心螺旋管线圈结构图

5.11.4　ARISE设计

ARISE是美国开展的一项托卡马克聚变能研究项目，旨在开发一种可控核聚变技术来实现环保、高效的能源产生方式。ARISE聚变堆设计采用了先进的设计和工程概念，以提高聚变反应的效率和可靠性。

此外，ARISE聚变堆还具有高安全性和环保性。与传统核能源相比，它不产生高放射性废物，也不存在重大的核事故风险。由于聚变反应使用的燃料是氘和氚，而非核裂变反应中使用的铀或钚等放射性物质，因此ARISE聚变堆的辐射污染风险非常低。

目前，ARISE聚变堆设计研究活动已经处于停滞阶段，需要进一步的实验和测试来验证其设计的可行性。

ARISE设计由美国加州大学圣地亚哥分校牵头实施，其目的是优化商用聚变电站的研究，使其具有商业竞争力，高度的安全保障及具有吸引力的环境安全特点。ARISE的结构、包层结构和真空室内部件截面分别如图5.20、图5.21和图5.22所示，其主要设计参数见表5.12。

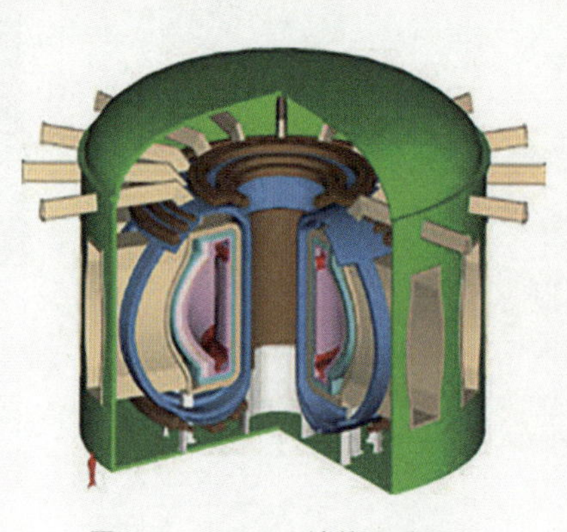

图5.20　ARISE结构示意图

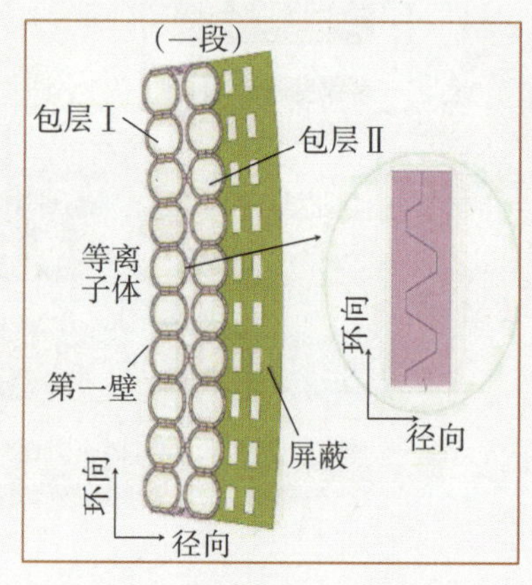

图5.21　ARISE包层结构示意图

表5.12　ARIES系列主要设计参数

主要参数	ARUES-Ⅰ	ARIES-Ⅳ	PULSAR
等离子体大半径(m)	6.75	7	8.5
等离子体小半径(m)	1.5	1.5	2.1
环径比(A)	4.5	4	4
轴上纵场强度(T)	11.3	7.7	6.7
线圈纵场强度(T)	21	16	12
等离子体比压	1.9%	3.4%	2.8%
等离子体电流(MA)	10	6.6	13
自举电流份额	0.68	0.87	0.38
中子壁负载(MW/m²)	2.5	3.2	1.3

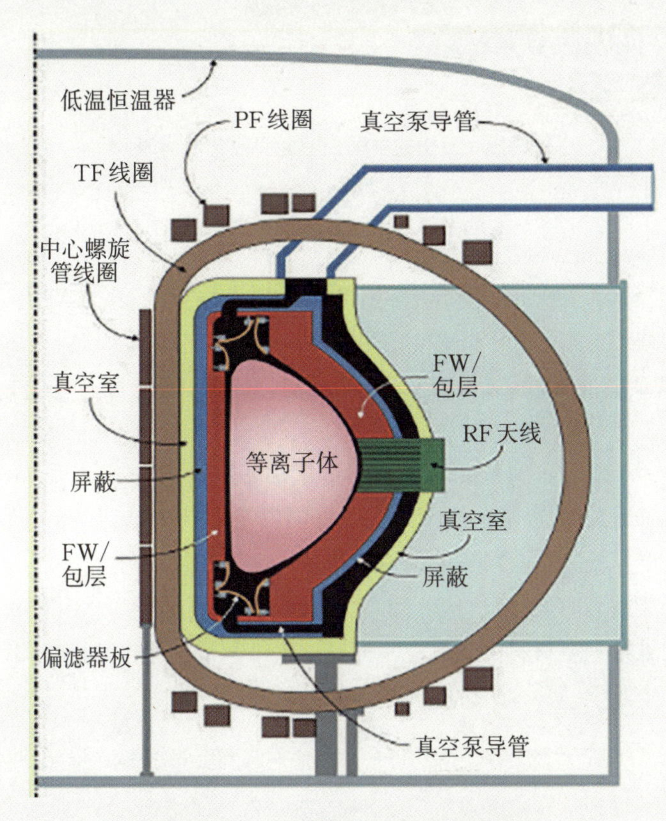

图5.22　ARISE真空室内部件截面图

小结

随着聚变能开发技术的进展，从早期的等离子体物理研究与实验逐步过渡到以能源开发为目标的聚变堆技术发展阶段。ITER的设计、研制与建设是这一重要转变的里程碑。加入ITER计划后,基于吸收、消化和再创新的思路,极大地促进了我国聚变技术的发展。以CFETR的工程设计为标志,中国核聚变技术研究进入快速发展阶段。设想的中国聚变能商业化时间表如图5.23所示。

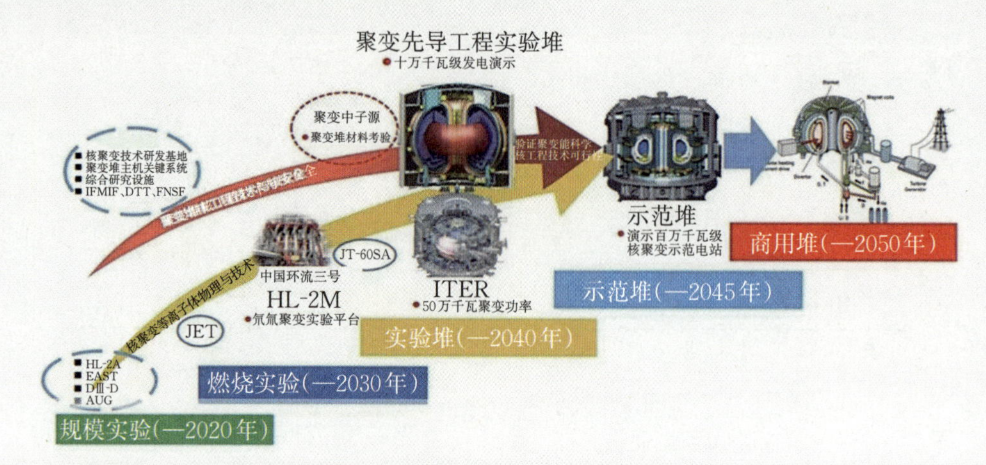

图5.23 设想的中国聚变能商业化时间表

参考文献

[1] 卡马什.聚变反应堆物理:原理与技术[M].黄锦华、霍裕昆、邓柏全,译.北京:中国原子能出版社,1982.

[2] 冈崎隆司.核聚变堆设计[M].万发荣,叶民友,王炼,译.合肥:中国科学技术大学出版社,2023.

[3] Wu X H, Cao Q X, Liao H B, et al. Design and fabrication R&D progress of CN HCCB TBM[J]. Fusion Engineering and Design, 2021(173):112-117.

[4] 吴宜灿.核安全导论[M].合肥:中国科学技术大学出版社,2017.

[5] 邱励俭.聚变能及其应用[M].北京:科学出版社,2008.

[6] 冯开明.聚变堆第一壁材料辐照效应研究[J].核科学与工程,1991(4):31-35.

[7] 吴宜灿.聚变中子学[M].北京:中国原子能出版社,2021.

第6章　聚变堆中子学理论与计算方法

6.1　引言

反应堆内的物理过程以及它的核工程方面的特性，都和中子在系统内的产生、运动、消亡以及系统内中子的空间-能量分布有关。核反应堆理论的主要问题之一就是确定反应堆内中子通量密度的分布以及为求得中子通量密度分布所采用的各种模型和分析方法。

聚变中子学是指研究氘-氚（D-T）聚变反应产生的14 MeV单能中子在聚变堆系统内的产生、运动、消亡的过程，以及研究聚变中子利用和防护等的新兴交叉学科。由于聚变中子能量高、通量大、能谱范围宽，在介质内的各项异性散射不能忽略，只能采用中子输运方程才能够准确描述。这与裂变堆不同，裂变堆内由于大量热中子存在，一般可使用扩散方程描述。除描述方程不一样外，由于聚变堆系统的中子能量较高，其数据库制作方法相比裂变堆也有一定差别。此外，聚变堆结构复杂，尺寸庞大，材料组成复杂且极不均匀，增加了中子学计算的难度，并对中子学宏观实验提出了新的挑战。

聚变堆中子学研究的内容涉及描述聚变中子行为的基础理论与方法、聚变中子学设计和聚变中子学实验三个方面。其中聚变堆中子学设计的核心内容是在确保系统安全、环境许可的前提下，获得足够高的氚增殖比（TBR），实现聚变燃料——氚的自持。图6.1为聚变堆第一壁上的中子能谱分布。

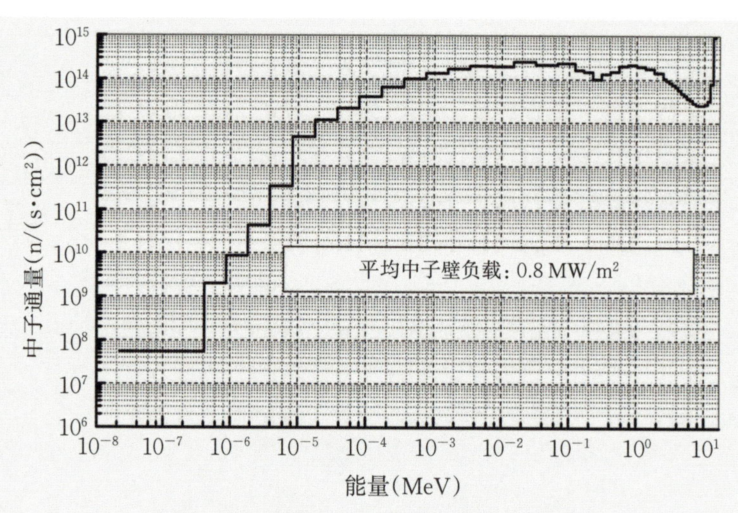

图6.1　聚变堆第一壁上的中子能谱分布

6.2　中子输运理论

中子在介质内的迁移是周围原子核散射的结果,它在介质内运动的历史和轨迹是一个随机过程,是一种杂乱无章的具有统计性质的运动,即原来在堆内某一位置具有某种能量与某一运动方向的中子,在晚些时候,将运动到堆内的另一位置以另一种能量和另一运动方向出现,这一现象称之为中子在介质内的输运过程。研究中子输运过程的理论叫作中子输运理论,描述中子输运过程的精确方程叫作玻耳兹曼(L. Boltzman)中子输运方程。中子输运理论是基于以下假设:

(1) 中子被看成是一个点粒子,其意思是中子可以用其位置和速度完全描述。

(2) 中子在介质内的输运过程,主要是中子与介质原子核碰撞的结果。

(3) 中子在所讨论的介质内有足够大的中子密度,因而可以忽略中子密度的涨落对期望值的影响。中子输运方程式是用来描述其"期望"特性的。

(4) 由于中子不带电荷,不受电和磁的影响,可以认为它在介质内两次碰撞之间穿行的路程是直线。

(5) 中子与核的碰撞和发射可认为是瞬时发生的。

研究中子输运理论所应用的一条基本原则,就是所谓中子数目守恒或者中子平衡。在一定体积内,中子密度随时间的变化率应等于它的产生率减去泄漏率和移出率,即$\frac{\partial n}{\partial t}$ = 产生率 (Q) − 泄漏率 (L) − 移出率 (R),这里$\partial n/\partial t$是中子密度随时间的变化率。当系统处于平衡状态(稳态)时,它便等于零。

通过讨论在t时刻,在相空间$(\boldsymbol{r}, E, \boldsymbol{\Omega})$上的$r$处$\mathrm{d}r$体积元内,中子能量在$E$和$E+\mathrm{d}E$之间,运动方向为$\boldsymbol{\Omega}$附近的立体角$\mathrm{d}\boldsymbol{\Omega}$内的相空间微元内的中子数目平衡问题,得到了在非稳态下的中子输运方程:

$$\frac{1}{v}\cdot\frac{\partial\Phi}{\partial t}+\boldsymbol{\Omega}\cdot\nabla\Phi+\Sigma_t(\boldsymbol{r}, E)\Phi=\int_0^{\infty}\int_{\boldsymbol{\Omega}'}\Sigma_s(\boldsymbol{r}, E')f(\boldsymbol{r}; E'\to E, \boldsymbol{\Omega}'\to\boldsymbol{\Omega})\times\Phi(\boldsymbol{r}, E', \boldsymbol{\Omega}', t)\mathrm{d}E'\mathrm{d}\boldsymbol{\Omega}'+S(\boldsymbol{r}, E, \boldsymbol{\Omega}, t) \quad (6.1)$$

式中,$\Phi=\Phi(\boldsymbol{r}, E, \boldsymbol{\Omega}, t)$,$S(\boldsymbol{r}, E, \boldsymbol{\Omega}, t)$为除裂变中子之外的独立中子源的源强。中子输运方程构成了反应堆物理分析及在中子输运理论的基础。由此可见,中子输运方程是一个线性的微分-积分方程。

6.3 稳态中子输运方程

稳态时,$\frac{\partial n}{\partial t}=0$,$\Phi=\Phi(\boldsymbol{r}, E, \boldsymbol{\Omega})$,便得到稳态中子输运方程:

$$\boldsymbol{\Omega}\cdot\nabla\Phi+\Sigma_t(\boldsymbol{r}, E)\Phi=\int_0^{\infty}\int_{\boldsymbol{\Omega}'}\Sigma_s(\boldsymbol{r}, E')f(\boldsymbol{r}; E'\to E, \boldsymbol{\Omega}'\to\boldsymbol{\Omega})\times\Phi(\boldsymbol{r}, E', \boldsymbol{\Omega}')\mathrm{d}E'\mathrm{d}\boldsymbol{\Omega}'+S(\boldsymbol{r}, E, \boldsymbol{\Omega}) \quad (6.2)$$

式中,$\boldsymbol{\Omega}'$是中子的运动方向,$\Sigma_t(\boldsymbol{\Omega}, E)$是宏观总截面,方程右边第一项是由于相互作用,在$\vec{r}$处单位距离内粒子由$(\boldsymbol{\Omega}', E')$转移到$(\boldsymbol{\Omega}, E)$的总几率,$Q(\boldsymbol{r}, \boldsymbol{\Omega}, E)$是独立源,即与所涉及的粒子密度无关的源。式(6.2)虽然是中子输运方程,但是只要稍作改动便适用于光子输运计算。如对于中子,$\Phi(\boldsymbol{r}, \boldsymbol{\Omega}, E)=\psi=N(\boldsymbol{r}, \boldsymbol{\Omega}, E)v$,对于$\gamma$光子,$\Phi=I=fh\nu c$,$f=f(\boldsymbol{r}, \boldsymbol{\Omega}, \nu)$是单位体积和单位能量间隔的光子数。对于$\gamma$光子,$Q(\boldsymbol{r}, \boldsymbol{\Omega}, E)$含有中子与核相互作用产生的$\gamma$的贡献。

守恒方程式(6.2)在不同几何坐标形式为

平板

$$\mu\frac{\mathrm{d}\Phi}{\mathrm{d}X}+\Sigma_t\cdot\Phi=\iint\sigma' f\Phi'\mathrm{d}\boldsymbol{\Omega}'\mathrm{d}E'+Q \quad (6.3)$$

球

$$\frac{\mu}{r^2}\cdot\frac{\partial}{\partial r}(r^2\Phi)+\frac{1}{r}\cdot\frac{\partial[(1-\mu^2)\Phi]}{\partial\mu}+\Sigma_t\cdot\Phi=\iint\sigma' f\Phi'\mathrm{d}\boldsymbol{\Omega}'\mathrm{d}E'+Q \quad (6.4)$$

柱

$$\frac{\mu}{r}\cdot\frac{\partial}{\partial r}(r\Phi)+\frac{\eta}{r}\cdot\frac{\partial\Phi}{\partial\theta}+\xi\frac{\partial\Phi}{\partial Z}-\frac{1}{r}\cdot\frac{\partial}{\partial\omega}(\eta\Phi)=\iint\sigma' f\Phi'\mathrm{d}\boldsymbol{\Omega}'\mathrm{d}E'+Q \tag{6.5}$$

其中

设平板系统

$$\mu=\boldsymbol{\Omega}\cdot\boldsymbol{e}_z \tag{6.6}$$

球对称系统

$$\mu=\boldsymbol{\Omega}\cdot\boldsymbol{e}_r \tag{6.7}$$

柱系统

$$\mu=\sqrt{1-\xi^2}\cos\omega \tag{6.8}$$

$$\eta=\sqrt{1-\xi^2}\sin\omega \tag{6.9}$$

（ω是$\boldsymbol{\Omega}$绕ξ轴旋转的角度）

$$\mu^2+\eta^2+\xi^2=1 \tag{6.10}$$

边界条件:

真空边界

当$\boldsymbol{\Omega}\cdot\boldsymbol{n}<0$时,$\Phi(\boldsymbol{r},\boldsymbol{\Omega},E)=0$。其中$\boldsymbol{n}$是几何区域边界外法线方向。

全反射边界

在全反射边界上,$\Phi(\boldsymbol{r},\boldsymbol{\Omega},E)=\Phi(\boldsymbol{r},-\boldsymbol{\Omega},E)$。

周期边界条件$\Phi(A,\boldsymbol{\Omega})=\Phi(B,-\boldsymbol{\Omega})$,即离开一个边界的角通量等于前一个边界上进入的角通量。

反照率边界条件

$$\Phi_{\mathrm{in}}(\boldsymbol{\Omega})=\beta\frac{\int_{\boldsymbol{\Omega}}(\boldsymbol{\Omega}\Phi)_{\mathrm{out}}\mathrm{d}\boldsymbol{\Omega}}{\int_{\boldsymbol{\Omega}}\boldsymbol{\Omega}_{\mathrm{out}}\,\mathrm{d}\boldsymbol{\Omega}} \tag{6.11}$$

即边界上出射的角通量对角度积分后又在此边界各向同性的反射回β部分,$1<\beta\leqslant1$。

6.4 计算方法

中子输运方程是一个含有$\boldsymbol{r}(x,y,z)$、E和$\boldsymbol{\Omega}(\theta,\phi)$等六个自变量的微分方程,因此,要精确求解是很困难的,只有在极个别特别简单的情况下才能直接求解,在实际应用中一般采用近似的方法对其求解。中子输运方程的求解与计算主要有三种方法[1]:

第一种是球谐函数方法。该方法通过利用一组正交球谐函数针对$\boldsymbol{\Omega}(\theta,\phi)$进行级数展开，再通过近似、简化而得到的解析方程。该方程在许多情况下是一种简单、有效和常用的方法，特别是由它得到的扩散方程在裂变堆里已得到非常广泛的应用。该方法在反应堆的理论物理研究中是一种经常用到的方法。

第二种是离散纵标方法。在数值求解中，对能量自变量，采取"分群近似"进行离散；对于空间坐标，采用"有限差分"来离散；对于发射角$\boldsymbol{\Omega}$采用"离散纵标"S_N方法差分处理。在中子输运计算中，S_N方法首先离散变量，然后将输运方程转化为差分方程组，然后通过消元、化简等，并借助计算机迭代运算出数值方程的解。S_N方法能够得到精度很高的中子通量及反应率的空间分布。但是由于S_N方法仅能用群截面核数据库，求解的数值方程来自微分中子输运方程，因此，该方法对于精确能谱计算不太理想，比如计算穿过很厚介质后能谱误差很大，特别是对能谱要求很高的深穿透中子屏蔽问题研究不太适合；另一方面，微分方程求解速度不如积分方程快。

第三种是蒙特卡洛方法。蒙特卡洛方法是基于模拟中子与介质系统相互作用的随机过程来求解中子输运方程。该方法直接从中子积分输运方程出发，以概率统计理论的方法模拟中子的随机散射过程。该方法的主要优点是：① 能够在不增加计算运行时间的情况下描述任意复杂的几何结构；② 使用连续截面库，可获得非常准确的能谱，广泛应用于中子学试验模拟。该方法的缺点是只能根据用户需求提供所需参数，无法提供完整的中子场空间分布。整体上讲，该方法比前面两种准确得多，特别是计算积分总变量。

6.4.1 球谐函数方法

球谐函数方法是一种近似的函数展开方法，它是把未知函数$f(x)$用一组已知的正交函数列$P_n(x)$（通常为多项式）展开成级数，而$P_n(x)$通常称为展开函数，即

$$f(x)\approx\sum_{n}f_nP_n(x) \tag{6.12}$$

式中，f_n为未知的待定系数，这样就把问题转化为求解一组待定系数的问题。一旦求出系数，就可以确定出$f(x)$了。

对于输运理论，实质上是把方程中含$\boldsymbol{\Omega}$的一些函数，如中子通量密度$\Phi(\boldsymbol{r},E,\boldsymbol{\Omega})$等，用球谐函数作为展开函数，按照式(6.12)展开成级数，然后把它代入中子输运方程中去，这样就可以把原来的方程化成一个微分方程组，然后由它确定出级数中的每个系数。

为简便起见，从研究一维平面问题的中子输运方程开始。

$$\mu\frac{\partial\Phi(z,\mu)}{\partial z}+\Sigma_t\Phi(z,\mu)=\frac{1}{2\pi}\int_0^{2\pi}\int_{-1}^{+1}\Sigma_t f(\mu_0)\Phi(z,\mu)\mathrm{d}\mu'\mathrm{d}\phi'+\frac{S(z)}{2} \tag{6.13}$$

式中，$\mu=\cos\theta$；$\mu_0=\cos(\boldsymbol{\Omega},\boldsymbol{\Omega})=\cos\theta_0$。这里简单起见，假定中子源为各向同性。而

式中的中子通量密度和散射函数是已经对方位角积分后的数值,即

$$\Phi(z,\mu)=\int_0^{2\pi}\Phi(z,\boldsymbol{\Omega})\mathrm{d}\phi=2\pi\Phi(z,\boldsymbol{\Omega}) \tag{6.14}$$

$$f(\mu_0)=2\pi f(\boldsymbol{\Omega}\rightarrow\boldsymbol{\Omega}) \tag{6.15}$$

现在,可以用球谐函数方法对式(6.13)近似求解。对于一维问题,可把$\Phi(z,\eta)$及$f(\mu_0)$用勒让德多项式展开成级数:

$$\Phi(z,\mu)=\sum_{n=0}^{\infty}\frac{2n+1}{2}\Phi_n(z)P_n(\mu) \tag{6.16}$$

$$f(\mu_0)=\sum_{n=0}^{\infty}\frac{2n+1}{n}f_nP_n(\mu_0) \tag{6.17}$$

式中,$P_n(\mu)$为n阶勒让德多项式。系数$\Phi_n(z)$及f_n可以利用勒让德多项式的正交性来求得。勒让德多项式的正交性可以表述如下:

$$\int_{-1}^{+1}P_n(\mu)P_m(\mu)\mathrm{d}\mu=\begin{cases}0, & \text{当}n\neq m\text{时}\\ \dfrac{2}{2n+1}, & \text{当}n=m\text{时}\end{cases} \tag{6.18}$$

将式(6.16)、式(6.17)两边分别乘以$P_n(\mu)$及$P_n(\mu_0)$,利用正交性质便可求得:

$$\Phi_n(z)=\int_{-1}^{+1}\Phi(z,\mu)P_n(\mu)\mathrm{d}\mu \tag{6.19}$$

$$f_n=\int_{-1}^{+1}f(\mu_0)P_n(\mu_0)\mathrm{d}\mu_0 \tag{6.20}$$

将式(6.19)和式(6.20)代入输运方程(6.13),经过复杂推导与化简,得到包含$\Phi_n(z)$的一组无限多个微分方程:

$$\frac{n+1}{2n+1}\cdot\frac{\mathrm{d}\Phi_{n+1}(z)}{\mathrm{d}z}+\frac{n}{2n+1}\cdot\frac{\mathrm{d}\Phi_{n-1}(z)}{\mathrm{d}z}+\Sigma_n\Phi_n(z)=S(z)\delta_{0,n} \tag{6.21}$$

式中,$\Sigma_n=\Sigma_t-\Sigma_s f_n$;$\delta_{i,k}$的意义是:当$i\neq k$时,$\delta_{i,k}=0$,当$i=k$时,$\delta_{i,k}=1$。

实际计算,只取有限项来近似,如取

$$\Phi(z,\mu)=\sum_{n=0}^{N}\frac{2n+1}{2}\Phi_n(z)P_n(\mu) \tag{6.22}$$

即假定$n>N$时,$\Phi_n(z)=0$。这样便得到$N+1$个微分方程组:

$$\left.\begin{aligned}&\frac{\mathrm{d}\Phi_1}{\mathrm{d}z}+(\Sigma_t-\Sigma_s)\Phi_0=S\\&\frac{2}{3}\cdot\frac{\mathrm{d}\Phi_1}{\mathrm{d}z}+\frac{1}{3}\cdot\frac{\mathrm{d}\Phi_0}{\mathrm{d}z}+(\Sigma_t-\Sigma_s\boldsymbol{\mu}_0)\Phi_1=0\\&\frac{n+1}{2n+1}\cdot\frac{\mathrm{d}\Phi_{n+1}}{\mathrm{d}z}+\frac{n}{2n+1}\cdot\frac{\mathrm{d}\Phi_{n-1}}{\mathrm{d}z}+(\Sigma_t-\Sigma_s f_n)\Phi_n=0\\&\frac{N}{2N+1}\cdot\frac{\mathrm{d}\Phi_{N-1}}{\mathrm{d}z}+(\Sigma_t-\Sigma_s f_N)\Phi_N=0\end{aligned}\right\} \tag{6.23}$$

这是一个常微分方程组，加上适当的边界条件便可解出$\Phi_0,\Phi_1,\cdots,\Phi_N$。这样的解法称之为$P_N$近似法，式(6.23)称为$P_N$近似方程。当取$N=1$时，便得到中子扩散方程，对于大型裂变堆或中子通量分布接近各向同性的情况下，P_1近似就可以满足精度要求。

6.4.2 离散纵标方法

离散坐标法最早由B.G. Carlson应用于对中子输运方程的求解。中子输运方程式(6.1)是包含有空间坐标$\boldsymbol{r}(x,y,z)$，能量E和中子运动方向$\Omega(\theta,\psi)$和时间t等七个自变量的微分-积分方程，即使在稳态情况下，由于实际问题中几何和结构的复杂性与非均匀性，同时考虑到各种材料原子核的截面都是随能量作复杂变化等大量细节，要对这样的方程进行精确求解在数学上是困难的，即使应用高性能计算机，数值求解也仍然是非常复杂和困难的事情，并且不是所有的复杂问题都能求出其解。为对中子输运方程进行求解，建立一些简单的近似模型和分析方法，并且应用到具体问题中进行求解是非常必要的。

正是由于中子输运方程的复杂，中子输运方程只有在极其简单的情况下才能够得到精确的解析解。对于一般的问题，通常必须采用一些近似的方法求解。在所有的近似方法中，除对模型简化外，数值离散方法是最重要的也是最有效的方法。现在简要介绍一种离散方法——离散纵标方法(S_N方法)。离散纵标方法的优点在于它对所有自变量都采用直接离散，因而数值求解过程比较简单。当应用迭代方法求解时，源项作为已知项，每个离散方向的方程便都是独立的，并且具有相似的数值过程，同时它可以编成适用于不同离散方向数N(阶)的通用程序，这给工程计算带来极大方便，它的主要缺点在于需要比较大的存储量和计算时间。近年来随着大型电子计算机的发展，对离散坐标S_N方法研究的深入，S_N方法已经成为研究粒子输运问题的有效的数值方法之一。

离散坐标方法的实质在于：对于函数$f(x)$，首先把自变量x离散化，得到离散坐标点列$x_1,x_2,\cdots,x_N$，然后求出离散坐标点上的函数值$f(x_i)$，并用它近似地表示函数$f(x)$。显然，当离散点取得足够密时，便可以得到所需要的精确度。离散坐标法的优点在于它对所有自变量都采用直接离散，因而数值过程比较简单。在中子输运方程中，中子通量密度是$\boldsymbol{r}$，E和$\boldsymbol{\Omega}$的函数。A对于变量E，通常用“分群方法”对它离散处理。习惯上，在输运问题中所谓离散坐标方法，也主要是只对自变量$\boldsymbol{\Omega}$所作的离散化处理而言的。实际问题中的微分方程总是反映物理上的某种守恒，稳态时的中子输运方程式(6.2)就是反映在相空间$r\times E\times\Omega$的微元$\mathrm{d}V\mathrm{d}E\mathrm{d}\boldsymbol{\Omega}$内中子数的守恒，即：泄漏数+消失数=产生数，式(6.2)中的$\boldsymbol{\Omega}\cdot\nabla\Phi(r,E,\boldsymbol{\Omega})$就是表示微元内中子的泄漏损失。

现在以一维球对称单速情况为例，因为它基本包含了S_N方法的主要思想与特点，只要稍作修改，这些结果就可以用于平板或者无限长圆柱几何条件。一维球对称单速情况的中子输运方程的守恒形式可以写为

$$\frac{\mu}{r^2}\cdot\frac{\partial}{\partial r}\left[r^2\Phi(r,\mu)\right]+\frac{1}{r}\cdot\frac{\partial}{\partial\mu}\left[(1-\mu^2)\Phi(r,\mu)\right]+\Sigma_t\Phi(r,\mu)=q(r,\mu) \tag{6.24}$$

式中，$q(r,\mu)$为源项：

$$q(r,\mu)=\frac{\Sigma_s}{2\pi}\int_{\Omega'}f(\mu_0)\phi(r,\mu')\mathrm{d}\boldsymbol{\Omega}'+\frac{\nu\Sigma_f}{2}\int_{-1}^{+1}\Phi(r,\mu')\mathrm{d}\mu' \tag{6.25}$$

在式(6.24)中，第一项表示体积元(r_i,r_{i+1})内中子的净流失(泄漏)率，方程第二项表示中子在曲线坐标中虽然其实际运动方向没有改变，但是方向坐标却随空间位置连续的变化而带来影响，也就是由于运动方向坐标的变化而离开相空间基元的中子数。对于直角坐标系，中子的运动方向的坐标沿运动轨迹不随空间位置而变化，因此不出现这一项。第三项积分是中子由于各种碰撞的损失率。第四项则给出了中子的产生率。

式(6.25)称为一维球坐标输运方程的守恒形式。从守恒形式导出的差分方程中每一项都有明确的物理解释，并且比从非守恒形式输运方程中直接导出的，具有更高的精确度。以下从式(6.24)出发来简要说明离散的差分方程的思想与方法。

把$0\leqslant r\leqslant R$(R—外推半径)区域以$r_0=0,r_1,\cdots,r_k,\cdots,r_m$分成为$M$个小区，同时使所有不同介质的分界面均落在离散点$\{r_k\}$上，因此在每个区间$(r_{k-1},r_k)$内中子截面值均等于常数。把自变量$\mu$以$\mu_0=-1,\mu_1,\cdots,\mu_j,\cdots,\mu_n=1$分割成$N$个离散区间，第$J$区间的宽度为$\Delta\mu_J=\mu_i-\mu_{i-1}$(注意：这里以大写字母$K$,$J$或罗马数Ⅰ,Ⅱ…表示区间及基点的序号，用小写字母$k$,$j$及阿拉伯数值表示分点的序号)，这样，根据数值积分有

$$\int_{-1}^{+}\Phi(r,\mu)\mathrm{d}\mu=\sum_{J=I}^{N}w_J\Phi(r,\mu_j) \tag{6.26}$$

式中，w_J为求积系数，μ_J为第J个区间的基点$\mu_{j-1}\leqslant\mu_J\leqslant\mu_j$。

计算实践表明，选取角度变量μ的离散分点的方法、数目以及基点$\{\mu_J\}$和相应的求积系数$\{w_J\}$，对于计算的精确度有很大的影响。一般常取N为偶数，而每个区间的宽度可以是等距离或者不等距离，但是通常要求分点μ_j和基点μ_J的方向对$\mu=0$为对称，即

$$\mu_j=-\mu_{N-j};\mu_J=-\mu_{N+1-J};w_J=w_{N+1-J} \tag{6.27}$$

因而

$$\sum_{J=1}^{N}\mu_Jw_J=0 \tag{6.28}$$

早期的离散方法，区间宽度通常取成等距 $\Delta\mu_J=2/N$，$\mu_j=-1+2j/N$，同时在每个区间内的中子通量密度认为是直线变化，且 $\mu_J=-1+(2j-1)/N$，也就是认为在 $[-1,+1]$ 区间内 $\Phi(r,\mu)$ 被近似用 N 个相等的弦段来表示，所以称之为 S_N 方法。现在的离散方法应用了一些更精确的高斯求积公式。

在 $(r_{k-1},r_k)\times(\mu_{j-1},\mu_j)$ 相空间单元 (K,J) 上，推导出球对称下输运方程的差分格式为

$$\mu_J(A_k\Phi_{k,J}-A_{k-1}\Phi_{k-1,J})+\frac{B_{K,j}\Phi_{K,j}-B_{K,j-1}\Phi_{K,j-1}}{w_J}+V_K\Sigma_{t,K}\Phi_{K,J}=V_kq_{K,J} \tag{6.29}$$

式中，球表面积 $A_k=4\pi r_k^2$，体积元体积 $V_k=4\pi(r_k^3-r_{k-1}^3)/3$，曲率系数 $B_{K,j}=4\pi r_K\Delta r_K(1-\mu_j^2)$，源项 $q_{K,J}=\frac{1}{2}(\Sigma_{s,k}+(\nu\Sigma_f)_K)\sum_{J'=1}^{N}\Phi_{K,J'}$。

对每一 (K,J) 基元从守恒形式方程式(6.28)出发导出离散的差分方程

$$\mu_J\left(A_k\Phi_{k,J}-A_{k-1},\Phi_{k-1,J}\right)+\frac{B_{K,j}\Phi_{K,j}-B_{K,j-1}\Phi_{K,j-1}}{\omega_J}+V_K\Sigma_{t,K}\Phi_{KJ}=V_kq_{K,J} \tag{6.30}$$

式中，ω_J 为求积系数，μ_J 为 J 区间的基点 $\mu_{j-1}\leqslant\mu_J\leqslant\mu_j$，$A_k=4\pi r_k^2$ 为 r_k 处的球面积。$\Phi_{k,J}\equiv\Phi(r_k,\mu_J)$，$B_{K,j}$ 为曲率系数，$B_{K,j}=4\pi r_K\Delta r_K(1-\mu_j^2)$，$B_{K,j}$ 的递推公式为 $B_{K,j}-B_{K,j-1}=-\mu_J\omega_J(A_k-A_{k-1})$，$V_K=4\pi(r_k^3-r_{k-1}^3)/3$ 为体积元的体积。

但是在每一 (K,J) 基元的方程中包含有 $\Phi_{k,J}$, $\Phi_{k-1,J}$, $\cdots$, $\Phi_{K,J}$ 等五个未知数，因此还要建立一些辅助关系式，以减少未知数量，利用菱形差分格式，可以得到如下递推关系：

$$\Phi_{K,J}=\frac{-A_{K,J}\Phi_{k,J}+\alpha_{K,J}\Phi_{K,j-1}+V_Kq_{K,J}}{\Sigma_{t,K}V_K-A_{K,J}+\alpha_{K,J}} \tag{6.31}$$

$$\Phi_{K,J}=\frac{A_{K,J}\Phi_{k-1,J}+\alpha_{K,J}\Phi_{K,j-1}+V_Kq_{K,J}}{\Sigma_{t,K}V_K+A_{K,J}+\alpha_{K,J}} \tag{6.32}$$

式中，$A_{K,J}=\mu_J(A_k+A_{K-1})$；$\alpha_{K,J}=(B_{K,j}+B_{K,j-1})/\omega_J$，这时外推边界($k$=$m$处)条件可以写成：$\Phi_{m,j}=\Phi_{m,J}=0$，当 $\mu_j\leqslant0$ 或者 $\mu_J\leqslant0$。

离散坐标方法的优点是它对所有自变量都采用直接离散，因而数值过程比较简单。当迭代求解时，源项作为已知项，每个离散方程都是独立的，并且有相似的数值过程便于编程。同时更重要的是它可以编成适用于不同离散方向 N(阶)的通用程序。当需提高或改变计算精度时只需改变输入的离散方向 N 即可。

6.4.3 蒙特卡洛方法

1. 简介

蒙特卡洛方法(Monte Carlo)也称概率论方法,它是基于统计或者概率理论的数值方法,对所要研究的问题构造一个随机模型来加以计算。蒙特卡洛方法则对给定的问题建立相应的随机抽样模型,并用一系列随机数跟踪大量粒子历程的方法完成对粒子输运的模拟。与确定论相比,蒙特卡洛方法能更好地适应复杂几何条件。

蒙特卡洛方法模拟辐射输运的思想在20世纪40年代由美国洛斯·阿拉莫斯国家实验室的科学家提出,1976年开发了通用程序MCNP[2]。它也是计算机诞生后发展起来的一门新兴计算科学,是计算数学的一个重要分支,它是通过随机模拟和统计实验方法来求解数学、物理等方面问题近似解的数值方法。在计算机上利用一系列随机数来模拟中子在介质中的运动行径,追踪每个中子的历史,然后对获得的信息加以分析的计算方法,因而也称之为随机抽样技巧或统计试验技巧方法。蒙特卡洛方法是以概率与统计理论为基础,以在计算机上进行随机模拟为重要手段,所以蒙特卡洛方法具有对任何复杂几何形状域以及中子截面随能量变化很复杂的特性进行计算的适应性,并获得精确的结果,特别适用于求解本身就带有随机性的物理现象的问题,如粒子输运问题的求解等,也可以把一般的确定性问题转化为随机概率问题来求解。但是,它需要相当长的计算时间,这也是限制其广泛应用的主要障碍。

采用蒙特卡洛方法进行中子输运模拟时,首先要建立单个中子在给定的几何系统介质中随机运动的历史,通过对大量中子历史的跟踪,得到充足的随机抽样值,最后统计得到随机变量某个数值特征的估计量,并以此估计量作为问题的解。采用蒙特卡洛方法求解中子输运问题,包括三个过程:① 源分布抽样过程;② 空间、能量和运动方向的随机游走过程;③ 记录贡献与分析结果过程。

2. 粒子输运的模拟

中子和光子在物质中的输运的宏观表现是大量粒子与原子核微观作用的平均结果,蒙特卡洛方法通过逐一模拟和记录单个粒子的历程来求解输运问题。要得到合理的平均需要跟踪大量的粒子,至于单个粒子在其生命中的某一阶段如何度过,可以在已知统计分布规律的前提下通过抽取随机数来决定。这就像掷骰子一样,因而得名蒙特卡洛方法。

图6.2显示了模拟一个中子射入物质后的随机过程。首先根据中子与物质作用的物理规律(分布函数),选取一个随机数决定中子在何处与原子核碰撞,本例中在1点碰

撞;然后再用抽取随机数的方法决定中子与原子核发生了什么反应,这里抽出的是非弹性散射反应;散射中子能量和向哪个方向飞行也是通过抽取随机数的方法从一支分布函数中决定;碰撞过程中是否已经产生光子以及光子能量、飞行方向等参数还是要通过抽取随机数从已知分布中决定,图中产生了一个光子。跟踪光子确定它在第7点与原子核碰撞并被吸收。散射后的中子在第2点与原子核发生(n,2n)反应,其中一个中子射向探测器,另一个在第3点被吸收。在第2点的碰撞还产生一个光子,它在第5点又与原子核发生了一次散射反应,并离开物质。这一入射中子的历史过程结束了,有一个中子到达探测器,结果被记录下来。跟踪越来越多的入射粒子的历程后,平均结果就能反映出宏观效果。通过以上描述不难领略蒙特卡洛方法如何通过跟踪粒子历程的方法计算问题,也了解了随机数在蒙特卡洛方法计算中的独特作用。

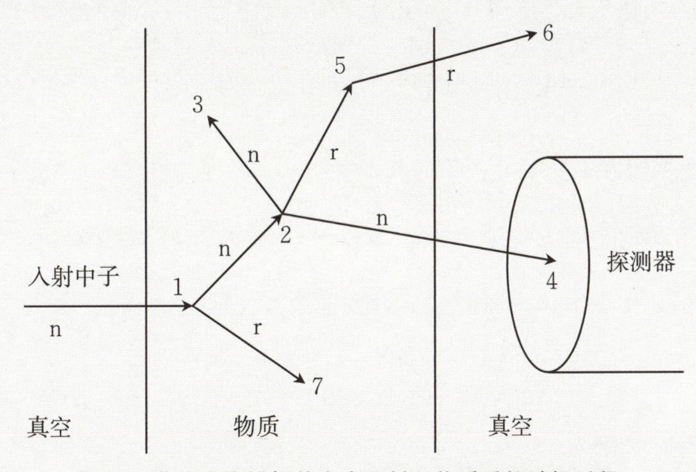

图6.2　蒙特卡洛模拟单个中子射入物质后的随机过程

3. 求解过程

以下举例说明从一维到多维积分的计算:

一维积分可以近似改写成求和形式:

$$I=\int_0^1 f(x)\mathrm{d}x \approx \frac{1}{N}\sum_{i=1}^{N} f(x_i) \tag{6.33}$$

式中,N代表区域[0,1]上的均匀分段数,x_i代表每一小段的中点坐标。从概率的角度来理解,上式代表在区域[0,1]内,以相对概率挑选出N个坐标点,把这些坐标点的函数求和起来,除以次数N,就是它的积分值。因此也可以用概率的方法来求积分。其中x_i可用区域[0,1]内的均匀随机数来代替,而不必取精确分点$x_i=\dfrac{2i-1}{2N}$处的函数值。在FORTRAN语言中,均匀随机数由随机数子程序(库程序)RANDOM(x_i)产生,其中x为随机数种子。

(1) 加权积分法

把积分(6.33)改写成下述形式：

$$I=\int_{0}^{1}\mathrm{d}x w(x)\frac{f(x)}{w(x)} \tag{6.34}$$

其中，$w(x)$满足归一化条件：

$$\int_{0}^{1}\mathrm{d}x w(x)=1 \tag{6.35}$$

做积分变换，令 $\mathrm{d}y=w(x)\mathrm{d}x$，则

$$y(x)=\int_{0}^{1}\mathrm{d}y\frac{f(x(y))}{w(x(y))} \tag{6.36}$$

如果挑选的函数 $w(x)$比较接近$f(x)$，那么$F(x)=\dfrac{f(x)}{w(x)}$的波动较小。这种方法要求权函数$w(x)$可积，且积分后反函数容易解析求解，使得$F(x)$的波动要小，否则不可取。

(2) 推广到多维积分

$$I=\int_{0}^{1}\mathrm{d}x_1\int_{0}^{1}\mathrm{d}x_2\cdots\int_{0}^{1}\mathrm{d}x_n f(x_1,x_2,\cdots,x_n)=\sum_{i=1}^{N}f(x_{1i},x_{2i},\cdots,x_{ni})\frac{1}{N} \tag{6.37}$$

其中，$x_{j,i}$为[0,1]区间内的独立均匀随机数，必须独立选取。令

$$\boldsymbol{x}=(x_1,x_2,\cdots,x_n),\boldsymbol{y}=(y_1,y_2,\cdots,y_n),$$
$$\mathrm{d}\boldsymbol{x}=(\mathrm{d}x_1,\mathrm{d}x_2,\cdots,\mathrm{d}x_n),\mathrm{d}\boldsymbol{y}=(\mathrm{d}y_1,\mathrm{d}y_2,\cdots,\mathrm{d}y_n)$$

则式(6.37)可简化为

$$I=\int f(\boldsymbol{x})\mathrm{d}\boldsymbol{x}=\frac{1}{N}\sum f(\boldsymbol{x}_i) \tag{6.38}$$

对于加权积分，其相对应的多维积分可简记为

$$I=\int\mathrm{d}\boldsymbol{y}\frac{f(\boldsymbol{x}(\boldsymbol{y}))}{w(\boldsymbol{x}(\boldsymbol{y}))} \tag{6.39}$$

$w(\boldsymbol{x}(\boldsymbol{y}))$与$\boldsymbol{x}$,$\boldsymbol{y}$间的关系应满足雅可比行列式，即

$$\left|\frac{\partial\boldsymbol{y}}{\partial\boldsymbol{x}}\right|=w(\boldsymbol{x})=\begin{vmatrix}\dfrac{\partial y_1}{\partial x_1} & \dfrac{\partial y_1}{\partial x_2} & \cdots & \dfrac{\partial y_1}{\partial x_n}\\ \dfrac{\partial y_2}{\partial x_1} & \dfrac{\partial y_2}{\partial x_2} & \cdots & \dfrac{\partial y_2}{\partial x_n}\\ \cdots & \cdots & \cdots & \cdots\\ \dfrac{\partial y_n}{\partial x_1} & \dfrac{\partial y_n}{\partial x_2} & \cdots & \dfrac{\partial y_n}{\partial x_n}\end{vmatrix} \tag{6.40}$$

(3) 收敛性与统计方差

蒙特卡洛作为一种计算方法，其收敛性与统计方差是普遍关心的一个重要问题，具体处理步骤如下：

① 建立或者构造问题的概率模型

对于本身就具有随机性的问题，如粒子输运问题，则主要是正确地描述概率过程。对于本身没有随机性质的确定性问题，如求定积分、线性方程组等，就必须事先构造一个与问题有关的人为的随机模型或者概率过程，它的某个随机量的数字特征正好是所求问题的解。

② 随机试验

确定了概率模型后，根据该模型并从已知的概率分布中进行大量的随机试验，从而获得随机变量的大量试验值(抽样值)。

③ 统计处理

构造了正确的概率模型并能根据这个模型进行模拟随机试验后，接下来就要用统计的方法作出该随机变量的某个数字特征的估计量，该估计量就是问题的近似解。蒙特卡洛作为一种计算方法，其收敛性和统计方差是一个重要问题。由于蒙特卡洛方法的理论基础是概率论与数理统计，其中大数定律和中心极限定理是蒙特卡洛收敛性和统计方差的理论基础。

④ 收敛与统计方差

蒙特卡洛方法是由随机变量Z的简单子样$Z_1,Z_2,\cdots,Z_n$的算术平均值$Z_N=\frac{1}{N}\sum_{i=1}^{N}Z_i$作为所求解的近似值，由大数定律可知，如果$Z_1,Z_2,\cdots,Z_n$独立同分布，并且具有有限期望值($E(Z)<\infty$)，则$P\left(\frac{1}{N}\sum_{i=1}^{N}Z_i \underset{N\to\infty}{\to} E(Z)\right)=1$，这表明，当随机变量$Z$的子样数$N$充分大时，其均值以概率1收敛于它的期望值。

蒙特卡洛方法的近似值与真实值之间的统计方差可由概率论的中心极限定理得到。在$1-\alpha$置信水平下(α称为置信度)，近似值与真实值的统计方差为$\frac{x\sigma}{\sqrt{N}}$(σ是随机变量均方差)，这里需要说明的是：第一，蒙特卡洛方法的统计方差为概率统计方差，这与其他数值计算方法是有区别的；第二，统计方差中的均方差σ是未知的，必须使用其估计值$\hat{\sigma}=\sqrt{\frac{1}{N}\sum_{i=1}^{N}Z_i^2-\left(\frac{1}{N}\sum_{i=1}^{N}Z_i\right)^2}$来代替，在计算所求量的同时，可计算出$\hat{\sigma}$。蒙特卡洛方法的近似值与真值的统计方差问题，概率论的中心极限定理给出了答案。该定理指出，如果随机变量序列$Z_1,Z_2,\cdots,Z_n$独立同分布，且具有有限异于零的方差，则

$$\lim_{N\to\infty} P\left(\frac{\sqrt{N}}{\sigma}\left|\hat{Z}_N - E(Z)\right| < x\right) = \frac{1}{\sqrt{2\pi}}\int_{-x}^{x} e^{-\frac{t^2}{2}}dt \tag{6.41}$$

式中,σ是随机变量Z的均方差

$$\sigma^2 = E(Z - E(Z))^2 = \int (t - E(Z))^2 f(t)dt \tag{6.42}$$

$f(x)$是Z的分布密度函数。当N充分大时,有如下的近似式

$$P\left(\left|\hat{Z}_N - E(Z)\right|\right) < \frac{x\sigma}{\sqrt{N}} \approx \frac{1}{2\pi}\int_{-x}^{x} e^{-\frac{t^2}{2}}dt = 1 - \alpha \tag{6.43}$$

式中,α为置信度,$1-\alpha$为置信水平。

4. 优缺点

(1) 蒙特卡洛方法的优点:① 能够比较真实地描述具有随机性质的事物特点及物理实验过程,甚至可以得到物理实验难以得到的结果;② 受几何条件的限制少;③ 收敛速度与问题的维数无关;④ 具有同时计算多个方案与多个未知量的能力;⑤ 统计方差容易确定;⑥ 程序结构简单,容易实现。

(2) 蒙特卡洛方法的缺点:① 收敛速度慢;② 统计方差具有概率性。

6.4.4 中子与物质的相互作用

中子不带电,它与物质作用中原子的相互作用主要表现为与原子核作用,与核外电子作用可忽略。不同能量的中子与原子核的作用有不同特点:

(1) 能量在0~1 keV之间的慢中子与原子核主要发生弹性散射和俘获反应。热中子能量k_T=0.025 eV(k是玻尔兹曼常数,T是绝对温度,取293 K),它是与原子热运动达到平衡时的能量,其速度接近麦克斯韦分布。能量大于0.5 eV的中子称为超热中子。能量在1 eV~1 keV之间的中子称为共振中子,这种中子被原子核强烈地共振吸收,吸收截面很大。

(2) 能量在1 eV~0.5 MeV之间的中能中子与原子核的主要作用形式为弹性散射。

(3) 快中子的能量在0.5~10 MeV之间,与原子核主要发生弹性散射和非弹性散射反应。

(4) 能量高于10 MeV的超高能中子与原子核发生弹性散射和非弹性散射反应。MCNP/4C模拟的中子的能力范围是10~20 MeV。

当能量很高的中子与大块物质作用时,经过多次与原子核碰撞,能量不断减少,最

后或被俘获，或变成热中子。低能中子和原子核碰撞时受热运动的影响，也受周围碰撞原子的影响。MCNP一般用自由气体模型处理原子核热运动，这种模型下弹性散射截面在零温度截面基础上作修正；其他中子反应的截面不随温度变化。对于某些常用原子，MCNP还提供一些温度条件下的考虑了晶格和化学键影响的精细S(α,β)表。如果中子能量足够低S(α,β)，使用S(α,β)表后，总截面是常规截面表中俘获截面和S(α,β)表中的散射截面、非弹性散射截面的总和。

MCNP模拟中子输运时，要跟踪径迹反复考虑如下事项：

(1) 碰撞前中子的能量、飞行方向和径迹长度。

(2) 与哪种核碰撞，被碰撞核的速度与方向[除非使用S(α,β)处理]。

(3) 碰撞过程是哪种反应，如弹性散射、(n,xn)、(n,p)、(n,α)和俘获等。

(4) 碰撞过程选择的产生光子，模拟每个光子的能量、飞行方向、权重。

(5) 碰撞后中子(或几个中子)的能量、飞行方向、权重，下次在什么位置和哪种核碰撞。如此反复，直至中子能量足够低或权重足够小。

1. 过程描述

MCNP程序模拟光子的能量范围是1 keV～100 MeV。有两种处理光子的方法。

这种处理对高Z和深穿透问题不适用，整个物理处理过程只有光电效应、电子对效应和康普顿散射，总截面$\sigma_t=\sigma_{pe}+\sigma_{pp}+\sigma_s$，其中$\sigma_{pe}$是光电截面，$\sigma_{pp}$是对产生截面，$\sigma_s$是非相干(Compton)散射截面。光电效应被认为是纯吸收过程，由光子权重相应减少的暗含俘获来实现。在每次碰撞中，权重和能量在相应的俘获箱中被记录下来，而没有俘获的权重被追经电子对效应或康普顿散射。若选择电子对效应，认为在碰撞点产生正负电子对后，动能转化为热能沉积下来，正负电子立即湮没，各向同性地发散一个携带权重的0.511 MeV光子。若选择康普顿散射，通过与自由电子碰撞的几率抽样，确定出射光子能量和飞行方向余弦、被沉积下来的能量。

这一过程十分复杂，特别是对电子的输运和效应的处理。在MCNP/4版本以前是缺省的，在MCNP/4版本以后进行一定处理，目前完全的处理还在进行中。该过程包括光电效应、电子对效应、相干散射和非相干散射，记录产生的荧光光子，并且考虑电子束的影响，从而对Thomson和Kleilin-Nishina微分截面进行修正。总截面$\sigma_t=\sigma_{pe}+\sigma_{pp}+\sigma_{scoh}+\sigma_s$，其中$\sigma_{scoh}$是非相干(Thomson)散射截面。

2. 记数

记数是对结果的记录，MCNP提供一些标准记数方式，用户可以根据自己的意愿加以选择，记数都被归一化成对应一个源粒子。下面介绍几种常用到的记数类型。

(1) 面流量记数

F1型记数记录如下物理量:

$$F1=\int_A\int_\mu\int_t\int_E J(r,E,t,\mu)\mathrm{d}E\mathrm{d}t\mathrm{d}\mu\mathrm{d}A \tag{6.44}$$

$$*F1=\int_A\int_\mu\int_t\int_E E\cdot J(r,E,t,\mu)\mathrm{d}E\mathrm{d}t\mathrm{d}\mu\mathrm{d}A \tag{6.45}$$

此记数是流过界面的粒子数(*$F1$是能量),流量与通量的关系是$J(r,E,t,\mu)=|\mu|\varphi(r,E,t)A$,其中$r,E,t$和$m$分别表示粒子通过曲面时的位置、能量、时间和方向余弦,φ是通量函数,A是面积。

(2) 通量记数

$F2$和$F4$型记数可表示为

$$F2,F4=\int_t\int_E\varphi(r,E,t)\mathrm{d}E\mathrm{d}t \tag{6.46}$$

$$*F2,F4=\int_t\int_E E\cdot\varphi(r,E,t)\mathrm{d}E\mathrm{d}t \tag{6.47}$$

(3) 栅元能量沉积记数

栅元加热和能量沉积记数也与径迹长度有关

$$F6=\frac{\rho_\mathrm{a}}{\rho_\mathrm{g}}\int_t\int_E H(E)\varphi(r,E,t)\mathrm{d}E\mathrm{d}t \tag{6.48}$$

式中,ρ_a是原子密度(atoms/barn-cm),ρ_g是质量密度(g/cm^3),$H(E)$是加热函数,$H(E)=\sigma_\mathrm{T}H_\mathrm{avg}(E)$。$\sigma_\mathrm{T}$是中子或光子的总截面。

(4) 探测器记数

探测器包括点探测器和环探测器。点探测器用确定论方法计算空间中某点处的通量,记录源粒子和碰撞产生的粒子对该点贡献。点探测器也称为"下次事件探测器",因为估计点通量记数时,下一个事件是一个无碰撞直接到达点探测器的事件。这种过程可以理解为伪粒子的输运。环探测器和点探测器类似,但环探测器在一个环上记录。在环状系统中,绕对称轴环上各点通量相等。环探测器的优点表现在,MCNP通过位置偏倚技巧选择环上探测点,使靠近环的碰撞得到优化处理,在探测器总记数不变情况下,经常抽样贡献较大的事件,减小相对统计方差,所以环探测器比点探测器有更高的效率。

(5) 记数精度

程序输出记数结果同时,也给出记数精度,包括给出记数结果的平均值、方差和标准偏差。记数结果是抽样许多历史事件贡献的平均值,假定$P(x)$选择一个随机过程的概率密度函数,x是该过程产生的要估计的值,X_i是从$P(x)$中抽取的第i个历史贡献,

共抽样N个粒子，则x的近似期望值为

$$\bar{x}=\frac{1}{N}\sum_{i=1}^{N}x_i \tag{6.49}$$

式中，$\bar{x}$是MCNP输出文件中给出的平均值。

x值分布的方差σ^2是其离散性的量度，此方差的估计值S^2为

$$S^2=\frac{\sum_{i=1}^{N}(x_i-\bar{x})^2}{N-1}\sim\frac{1}{N}\sum_{i=1}^{N}x_i^2-(\bar{x})^2 \tag{6.50}$$

σ称为标准偏差，是方差的平方根，其估计值S是实际抽样值x_i标准偏差的总体估计。$\bar{x}$的方差由$S_{\bar{x}}^2=S^2/N$进行估算。由于$S_{\bar{x}}$与$1/\sqrt{N}$成正比，减小一个数量级$S_{\bar{x}}$要计算100倍原来的粒子数目。也可以固定N通过S的减小来减小$S_{\bar{x}}$，即通过减小方差的方式来实现。

在MCNP的输出文件中，对应每个记数平均值$\bar{x}$，还给出其相对统计方差

$$R=\frac{S_{\bar{x}}}{\bar{x}}=\left(\frac{1}{N}\left(\frac{\overline{x^2}}{\bar{x}^2}\right)-1\right)^{1/2}=\left(\frac{\sum_{i=1}^{N}x_i^2}{\left(\sum_{i=1}^{N}x_i\right)^2}-\frac{1}{N}\right)^{1/2} \tag{6.51}$$

MCNP建议$R<0.05$的结果才是可信的。

6.5 中子学计算程序

中子学计算主要借助计算机程序来完成，是广泛应用于核科学与工程领域的计算。对于聚变堆设计研究的中子学计算，应用最广泛的计算是基于三维几何的中子输运计算，因为它能够给出最为精确的中子学计算结果。但是在过去，由于计算手段落后，处理三维复杂空间的计算问题是难以想象的，不仅麻烦、计算速度慢，而且易出错。早期不得不发展一维和二维中子输运方程的简化模型计算程序，这些程序计算量小，在特定情况下的确能够很好解决一些问题。随着计算机技术发展，现在的计算速度已经非常快捷，即使三维几何问题的计算也变得很容易了。

尽管三维程序可以真实地描述像托卡马克装置这样极其复杂的几何结构，而且计算具有很高的精度，但是在中子学设计中的有些方面，不如一维/二维程序那样方便灵

活。现在中子学计算一般采取少维计算和多维计算相结合的方式进行,即一维/二维程序因为能够快捷地实现描述系统几何,更多用在方案筛选和定性比较方面,而三维计算用在方案优化设计完成后,验证其设计的可靠性。

6.5.1 蒙特卡洛方法——MCNP程序

1. 程序概述

MCNP程序是一套通用的、模拟三维空间中连续能量的中子、光子耦合输运的程序,采用蒙特卡洛方法,由美国洛斯·阿拉莫斯国家实验室的蒙特卡洛小组研制。MCNP是一个不断发展、升级的大型通用中子-光子输运程序,可用于计算中子、光子或者中子-光子耦合输运问题,也可以计算临界系统(包括次临界及其超临界)的本征值问题。

20世纪40年代,美国洛斯·阿拉莫斯国家实验室的Feimi,von Neumann和Ulam等人提出用蒙特卡洛方法模拟辐射输运的思想。1947年Feimi等发明了第一台用蒙特卡洛方法计算中子链式反应的机器。从20世纪50年代开始,von Neumann领导一个小组研制了早期的中子输运计算程序MCS。1963年蒙特卡洛方法描述语言进入标准化。1965年完成的中子输运计算程序MCN有了很大改进,使用了标准的截面库,并且具有复杂几何描述功能。后来,美国洛斯·阿拉莫斯国家实验室又开发了模拟光子输运的程序MCG(高能区)和MCP(能量低至1 keV)。1973年MCN和MCG合并为MCNG,形成MCNP的雏形。成熟的MCNP于1976年开发成功,1977年6月投入运行。MCNP第3版发行后,这一程序逐渐成为最流行的通用程序,程序结果和实验结果吻合较好,当时程序使用的主要数据库是评价核数据库ENDF/B-4。1988年发行的3B版程序增加了几何重构功能。1990年后,4A—C版相继问世,加入了模拟带电粒子(离子)输运部分,可以模拟探测器的测量结果,使用了最新的ENDF/B-6评价核数据库。

MCNP在核技术领域的应用范围十分广泛,主要包括:反应堆设计、核临界安全、辐射屏蔽和核防护、探测器设计和分析、核测井、个人剂量与物理保健、加速器靶设计、医学物理与放射性治疗、国家防御、废物处理、射线探伤等。

MCNP程序的计算流程如图6.3所示。计算时需要准备3个输入文件:参数输入文件INP,ACE格式的核数据文件和核素名称目录文件XDIR。输出文件有5个:计算结果输出文件outp、信息列表文件output、接续文件runtpe、记录结果输出文件mctal、接口文件commout。MCNP程序配套有较强的绘图功能,如输入的三维几何模型绘图、介质材料的核反应截面与入射粒子能量的坐标变化曲线、记录卡输出的计算结果等。

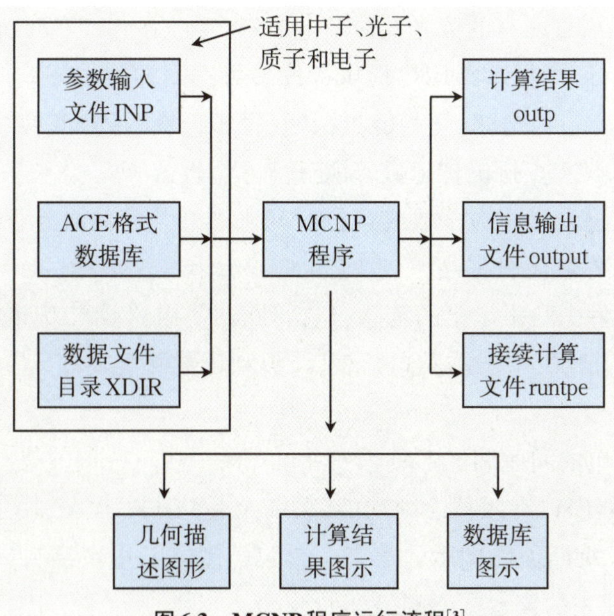

图6.3　MCNP程序运行流程[3]

2. 程序的特点

(1) 可以处理任意三维几何结构的问题。在输入文件INP中,空间被曲面分割成相互邻接的区域,成为栅元(Cell),可以给栅元填充各种物质。栅元的界面可以是平面、二阶曲面或某些四阶曲面(椭圆环状面)。程序中定义了三种操作:"交"(即and)、"和"(即or)及"余"(即非)。每个基本几何单元可由包围表面的"交""和"及"余"定义。这样,一个复杂的几何体可以较简单地表示出来,适应性更强。几何块中的结构可由任意多种同位素组合而成。

(2) 可以模拟中子输运、光子输运和二者耦合输运。

(3) 用户可以非常方便地在任何地方指定体源、面源、线源和点源,设置源粒子位置、能量、时间、飞行方向等参数的分布。

(4) 程序提供多种记录模拟结果方法,包括通过某一界面的粒子流量和通量、进入某一栅元的通量、沉积能量和点通量。模拟结果在MCNP中称为记数,可以按位置、能量、时间、粒子飞行方向和粒子种类记数。

(5) 该程序是连续能量的蒙特卡洛程序,因而使用的核数据没有太大的近似。可以按三种方式使用:连续能量,使用能量点线性插值,一般设置几百个到几千个点,把所有截面压缩成240群。如果不需要太多能点,可以"稀疏",用较少能点的连续能量计算。MCNP-4C程序考虑了ENDF/B-VI库给出的所有中子反应类型。对于热中子,可选用自由气体及S(α,β)两种模型处理。对于光子,考虑了相干散射和非相干散射,并处理了光电吸收之后可能有的荧光发射及电子对产生后的就地韧致辐射光子。

(6) 为了提高计算时效,给用户提供了许多可选用的减小方差技巧,主要包括:重要抽样、权重截断和轮盘赌、时间和能量截断、模拟俘获、指数变换、强迫碰撞、能量分裂和轮盘赌、源的偏倚、点探测器记数、确定论输运、权窗等。

(7) 用户可通过设置源粒子数或运行时间来通知程序何时终止运行,还可以在原有计算结果基础上接续运行程序。

(8) 在输出文件中给出丰富的信息,包括列表、使用的截面表、粒子生成和丢失表、栅元中的粒子活动情况、中子诱发光子表、计数和计数涨落表等,还可以根据用户要求给出其他信息。

(9) 提供了简单的问题调试工具。

(10) MCNP程序包有两种绘图功能,第一个是PLOT程序,用于INP输入文件描述的几何模型的二维断面的图示。第二个是MCPLOT,用来绘制MCNP输出记录结果和MCNP程序使用的核数据库的坐标曲线。

3. MCNP数理基础

(1) 粒子权重(particle weight)

一个MCNP粒子仅代表一个实际粒子,且具有为1的权重。为了提高计算效率,MCNP允许用户使用并非实际过程的计算技巧,如为使计算结果不出偏差,人为地改变粒子数后,同时相应调整每个粒子权重。所谓权重,就是每个模拟粒子携带的一个数w,其代表该粒子对最终结果有w份贡献,或者说该粒子相当于w个实际粒子。w不一定是整数,有时小于1。

(2) 粒子径迹(particle track)

径迹是指源粒子和诱发粒子在其历程中的运行轨迹,粒子在两次与原子核碰撞之间的运行线路是直线,粒子自身之间的作用忽略不计。在任何材料的栅元中,MCNP计算沿径迹到下次碰撞点的距离而不是计算单位体积内碰撞几率。假设微观总截面是Σ_t,要抽样的长度是l,可以证明,l和取出的[0,1]区间随机数ξ之间的关系是:

$$l = -\ln \frac{\xi}{\Sigma_t} \tag{6.52}$$

6.5.2 离散纵标方法——ONEDANT/TWODANT程序

ONEDANT程序是在ANISN程序的基础上为解一维、多群、中子、光子玻尔兹曼输运方程的离散坐标形式开发出来的计算程序。它的输入格式和使用有许多方面与

ANISN相似,用户填写的参数较少且直观明了。在一次计算后,程序形成的宏观截面存放在文件MACRXS中,如采用这些宏观截面作下一次计算就可以不必再去形成宏观截面,这可以节省相当多的计算时间。ONEDANT程序用了模块结构,模块结构可分离成输入数据处理、输运方程的求解和后处理或编辑。程序模块各自是独立的,分别是INPUT、SOLVER、EDIT等主要模块。这些模块借助二进制接口文件来连接。INPUT模块加工处理所有的输入说明和数据,重要的是它还产生二进制文件用于SOLVER或者EDIT模块。SOLVER模块完成输运计算,并且产生通量文件用于EDIT模块。同时这个模块还生成用于别的程序的其他接口文件或者生成SOLVER模块以后计算要用的接口文件。EDIT模块利用SOLVER模块生成的通量文件完成截面和响应函数的编辑。

TWODANT是为求解二维、稳态、多群离散坐标形式的玻尔兹曼输运方程而开发的计算机程序。TWODANT同ONEDANT一样运用了模块结构,模块结构同样是分离成输入数据处理、输运方程的求解和后处理或编辑。程序模块各自是独立的,分别是INPUT、SOLVER、EDIT等主要模块,其运行方式也基本一致。

TWODANT程序包有以下特点:

(1) ONEDANT的自由格式卡片映像输入同样适用于TWODANT,便于用户记忆和理解。

(2) TWODANT是相当完善且标准化的程序。数据和文件均按计算机协调委员会(CCCC)统一管理方式,使用了顺序文件和随机存取文件技巧。

(3) 在SOLVER模块里,采用了综合加速方法以加速迭代过程。

(4) 可作直接(通常)或者共轭计算。

(5) 可应用于X-Y,r-Z和γ-θ几何坐标。

(6) 适应真空、反射、周期、白边界或者表面源边界条件。

(7) 提供非齐次(固定)源或者K_{eff}的计算以及时间-吸收、核浓缩或者维数检索等选择。

(8) 输运方程的解采用了菱形差分方法。

(9) 使用了新的扩散求解方法——多栅方法。

(10) 用户可以非常灵活地使用卡片映像或者顺序文件进行输入,同时用户可以灵活地控制模块和子模块的执行。

6.5.3 离散纵标方法——ATTILA程序

ATTILA程序是由美国Transpire公司开发的基于离散纵标方法的中子/光子输

运程序,能够处理复杂几何的输运问题。该程序采用FORTRAN语言编写,已经成功应用于裂变堆和聚变堆核分析以及放射治疗与核测井等领域。该程序使用离散纵标方法处理角度变量,使用多群近似方法对能量进行离散,采用非结构四面体网格进行空间离散,通过在每个网格中求解多群中子输运方程。ATTILA程序已初步应用于聚变装置的核分析,例如在ITER诊断窗口的中子学分析中得到了应用。我国早期的聚变堆中子学设计中,通常采用一维纵标程序ANISN。

6.6 核数据与核截面

核截面数据的选择和处理,是中子输运计算的出发点和重要依据。为了提高中子输运计算的精度,一要对计算模型和方法进行改进;二要提高初始核数据的参数的精确性。正确处理和使用核数据是很重要的,它是取得正确计算结果的关键。

6.6.1 核截面数据库

与裂变堆相比,聚变堆包层计算对核反应微观截面的能谱要求更宽,既需要考虑高能区的非弹性散射截面等阈能反应截面,还需要考虑热能区对氚增值计算相关的Li和Be的热散射截面等。除此之外,聚变堆包层中还包含着一些裂变堆不常用的材料,因此,需要针对聚变堆工程的特点开展中子学计算的需求分析,为后续研制具备完全自主知识产权的聚变堆核截面数据库提供条件。

核聚变材料数据库的开发,许多国家早已建立起相对完善的数据库。目前国际上先进的材料数据库有日本原子能机构(JAEA)建立的HFIR/ORR辐照实验数据库,日本的三个国家级研究机构共同开发的先进核材料分布式数据库系统Data-Free-Way数据库;欧盟建立的欧洲聚变材料性能数据库、欧洲聚变中心开发的EUROFER97钢材料特性手册,欧洲的ITM项目旨在建设一个核聚变数据和模拟程序耦合的数据库,故障数据库FCFR-DB也是欧洲的网页数据库;国际能源机构IEA建立的国际聚变材料数据库;还有其他数据库例如E.Mas de les Valls等人开发的LiPb数据库等。

由于中子输运计算中涉及大量的同位素以及在各个能量区域内中子截面和能量的复杂关系,计算需要用到的核截面数据的数量是很庞大的。随着反应堆、加速器的测量仪器的迅速发展,已逐渐积累了大量的中子截面数据资料,对核数据的搜集和编纂评价工作也迅速开展起来。许多国家都努力建立一套标准的、评价过的核截面库。为了汇集这些数据，不仅要搜集、处理那些不同来源的大量数据，还要对它们进行评价，通过理论计算或内插方法填补空白，审查其自洽性和精确性，同时还必须通过一些实验对这些数据进行检验，最后将其汇编成便于核工程人员使用的核数据库。

国际原子能机构(IAEA)的核数据部发起并协调的聚变评价数据库FENDL(Fusion Evaluation Nuclear Data Library)被广泛应用于聚变堆的设计中。它是从美国的ENDF/B、俄罗斯的BROND、欧洲的EFF、日本的JENDL以及中国核数据中心的CENDL中挑选并编纂而成的核数据库，并对聚变应用加以修正。这个数据库的第一个版本是FENDL-1，被用作ITER的工程设计阶段的参考数据库。它的第二个版本是FENDL/E-2.0，包含了评价过的中子、光子-原子和光子产生的反应截面，以ENDF格式存在，适用于57种核素的共振参数。在改进的FENDL/E-2.0中，包含有处理过的逐点ACE格式截面，可用于蒙特卡洛输运程序MCNP，也包含有多群的GENDF和MATXS格式，可用于离散坐标的中子-光子耦合输运程序，如ANISN和ONEDANT等。

6.6.2 评价核数据库

评价核数据库是评价核数据按照一定格式的数据集合，是为中子学计算提供基础核数据的数据库。不同的评价核数据库覆盖的靶核数据有所差别，覆盖的中子能区也有所不同，考虑到聚变堆工程计算的需要，拟选择以国际最新的面向聚变装置计算的FENDL-3.2数据库为主。另考虑到对材料性能测试的计算需要，FENDL中的180个核素不一定能够完全涵盖，故考虑采用国际通用的ENDF/B系列数据库对FENDL进行补充。计算参数需求：FENDL-3.2评价库、ENDF/B系列数据库。

能量范围与能群结构：在聚变堆的材料研究中，需要模拟聚变堆中高通量中子的工况，而模拟这一部分工况需要特别的装置。如国际聚变材料基准实验装置IFMIF中，采用40 MeV氘粒子束轰击Li靶的反应来产生高通量的中子流，而这个反应会引入能量高至60～70 MeV的出射中子。因此，在中子学计算中，需要考虑超高能量中子的影响。另外，在多群的数据库中，为了便于计算和验证，对能群结构也提出了要求。

6.6.3 聚变材料核数据库

在聚变反应堆运行中，结构材料受到强烈的辐照，会发生中子活化反应产生大量不稳定的核素，这些核素会不断衰变产生α粒子、β粒子和光子等射线。精确计算活化材料的放射性活度、衰变热以及辐射源项对提高聚变反应堆的安全性、经济性和环保性都有重要的意义。活化数据库中的活化链数据库包括核素的衰变常数、衰变分支比、发生衰变和中子反应的产物信息以及衰变热计算需要的衰变能量。基于评价核数据库获得的全活化链包含三千余种核素。

聚变堆包层与偏滤器所使用的材料与裂变堆有较大区别，所以在聚变堆的模拟计算中，需要提供的核素也与裂变堆并不相同。计算参数需求要涵盖聚变堆冷却剂常用材料成分中的所有核素：冷却剂材料的H、O、He、Li等；结构材料中的Fe、Ni、Cr、Cu等；氚增殖材料中的Li、Si、Ti等；中子增殖剂材料的Be、Ti等；面向等离子体材料的W等等。材料及热工水力数据库温度范围覆盖常温到事故工况最高温度，压力范围覆盖常压到升压事故工况压力峰值；热工水力模型与特殊过程模型的预测误差小于20%；与FUMDS材料数据库的功能和精度相当；需要对氦气流动特性和包层内氦气换热系数等进行实验验证。

目前国际上先进的材料数据库有日本原子能机构(JAEA)建立的HFIR/ORR辐照实验数据库，在收集分析了大量受辐照的聚变材料后，整理辐照性能相关数据形成数据库。另外，日本的三个国家级研究机构共同开发了先进核材料分布式数据库系统Data-Free-Way数据库，此数据库是在三大研究机构都有各自的核材料数据库基础上建立的，目的在于将三大基础数据库相互完善并整合起来加以利用。日本的国立聚变科学研究所、日本原子能机构和部分大学联合开展的BPSI项目，运用现代计算机新技术将材料数据、核数据等数据和模拟软件综合起来，目的在于开发出系统级别的核聚变自主模拟平台。

欧盟建立了欧洲聚变材料性能数据库，该数据库是网页数据库，不仅收集了ASME和RCC-MR设计准则的数据，还有各国的书籍、期刊等材料的数据，形成了一个系统的数据库。欧洲的ITM项目旨在建设一个核聚变数据和模拟程序耦合的数据库，此项目将收集到的数据以及需要做的模拟相结合，开发成功后使用者不需将数据进行整合就可以得到模拟结果。故障数据库FCFR-DB也是欧洲的网页数据库，此数据库收集、分析和整理了在聚变实验内由于故障失效的典型构件，得到构件的边界条件、运行条件以及设计环境等失效数据。

国际能源机构IEA建立的国际聚变材料数据库初衷是为NET、ITER实验堆设计而建立的，在不断完善后可以为更多的聚变堆设计提供权威的数据支持。此外还有更有针对性的数据库，例如E. Mas de les Valls等人开发的LiPb数据库，内含完善的LiPb热物性以及该金属在MHD效应下的参数、适用模型等；欧洲聚变中心开发的EUROFER97钢材料特性手册，包含3000条EUROFER97钢的原始记录以及国际公认数据验证方法，为未来欧洲DEMO堆的设计提供数据支持。此类数据库都是针对某一材料进行深入探究后得到的数据合集，涉及的参数种类多、范围广、数值精确。国内的材料数据库有中国科学院等离子体物理研究所FDS团队建立的FUMDS，针对性地收集了常规聚变堆内所有材料的热物性，包含结构材料、面向等离子体材料、涂层、冷却剂、超导体、屏蔽材料、燃料、燃料增殖剂、氚增殖剂等材料的性能，甚至还可以搜索价格、用途、组织结构等诸多信息。

中国科学院还建立了核反应堆材料数据库NRMD，此库和聚变材料数据库异曲同工，内收集有RCC-MRx、ASME核反应堆设计标准的各种材料热物性，还有适用于聚变堆结构材料（CLAM钢、F82H钢等）、冷却剂、保护层等材料的热物性，热物性参数包括元素构成、力学性质、化学性质、物理性质、组织结构、辐照性能、腐蚀性能以及焊接后的物性。国内中国工程物理研究院的肖成建等氘-氚燃料循环团队成员初步构建了聚变堆氚增殖材料性能数据库，此库针对聚变包层内的氚增殖而形成，内含LiPb、Li_4SiO_4、Li_2TiO_3等增殖材料的工艺方法、力学性质、物理性质、化学性质、机械特性等。

核工业西南物理研究院基于聚变-裂变混合堆设计中放射性计算的需要，研制了活化元素、裂变产物和锕系元素的活化衰变链数据库AF-DCDLIB库，该数据库被美国橡树岭国立实验室辐射屏蔽情报中心（RSIC）数据库收录[4]，库中含相关核素数据390余种。

6.6.4 核数据处理

在聚变堆中子学设计中，根据中子学计算方法的不同，核数据库可以分为两类：其一采用确定论方法的中子和光子输运计算，为多群截面数据库，一般以WIMS-D，MATXS格式保存；其二采用蒙特卡洛输运计算的连续能量截面数据库，一般以ACE格式进行保存。

连续能量截面数据库是评价截面数据的重新排列，所以其保留的截面信息相对完整，精度较高，但使用其进行输运计算时较为耗时。多群截面数据库由于采用有限能群截面数据来描述实际上的连续能量点的截面数据，其优点是节省计算时间，缺点是牺牲了部分计算精度。图6.4是工作截面库的制作流程图[4]。

NJOY是国际上广泛使用的群截面数据制作程序。它读取ENDF格式的评价核数据，并且把它们用不同的方式进行转化，输出适应各种中子学程序计算需要的不同格式的库。NJOY94是采用模块形式的计算程序，现对一些模块的功能进行简单的介绍：

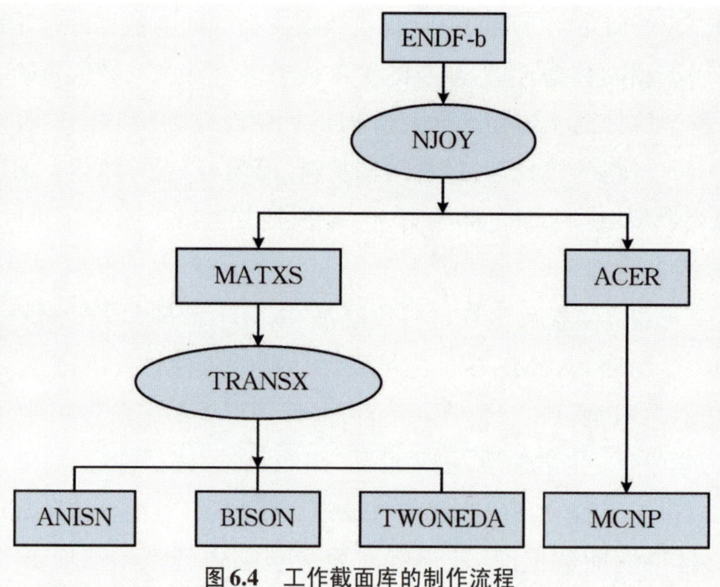

图6.4　工作截面库的制作流程

(1) NJOY模块:控制各模块的组合运行。由于每个模块是各自独立的,NJOY模块实际是一个主程序,它控制着所有使用到的模块及子程序调用的顺序。

(2) RECONR模块:对ENDF的共振参数和插值表进行处理,形成点截面库。

(3) BROADR模块:多普勒展宽点截面。

(4) UNRESR模块:在不可分辨能量范围内计算点自屏截面。

(5) HEATR模块:计算发热截面(KERMA)和损伤能量产生。

(6) THERMR模块:在热中子范围内产生中子散射截面和点到点散射核。

(7) GROUPR模块:计算自屏多群截面,群到群散射和光子产生矩阵。

(8) GAMINR模块:计算多群光子相互作用截面、散射矩阵和热产生。

(9) ERRORR模块:构成多群的协方差矩阵。

(10) COVR模块:处理来自ERRORR模块的协方差。

(11) MODER模块:数据转换,由十进制数转换成二进制数,反之,将二进制数转换成十进制数。

(12) MATXSR模块:转换多群截面数据成广泛使用的MATXS截面格式。

(13) ACER模块:为MCNP程序制作连续截面。

通过一系列模块的处理,可以根据计算的需要选择输出,这里只考虑MATXS格式和ACE格式的截面库输出。

首先选择MATXS格式的截面输出,并且通过配套程序(BBC和TRANSX2.15)进行处理。BBC程序的功能包括将MATXS库数据进行10→2和2→10进制的转换,给出MATXS库的内容索引,挑选打印库内的各种数据以及挑选核素形成新的用户

MATXS库。TRANSX2.15是连接MATXS与输运程序的程序。它的主要功能有:将MATXS库转换成输运程序所要求的格式的工作截面库,包括FIDO格式、CARD格式、ANISN格式、GOXS格式、ISOTXS格式等;根据用户的需要进行并群;对截面进行编辑等。

根据计算需要,通过ENDF/V-I格式→MATXS格式→CARD格式的转换,制作了一个满足ONEDANT程序和TWODANT程序要求的工作截面库。这是一个67群(45群中子+21群光子)截面库,计算各向异性散射的勒让德阶数是P_3,介质温度是300 K。选择ACE格式输出,为蒙特卡洛程序MCNP4C计算提供连续核素截面库。

小结

聚变堆中子学计算的方法与程序,与裂变堆工程设计研究中使用的程序、数据和截面库的制作类似,但由于其中子能量范围、能谱分布及反应堆结构的不同而更复杂[5]。针对聚变堆的研究、设计与建设的需求,人们在核数据测量与评估、程序发展与验证,以及大量的聚变中子学实验方面,都取得了重要的成果,为ITER的建设以及商用聚变堆的实现,奠定了重要的基础。补充和完善聚变堆重要材料的核数据(如氚增殖剂材料),开展聚变中子学积分实验、继续提高计算工具的可靠性,是未来聚变堆中子学设计方面的主要工作。

参考文献

[1] 谢仲生.核反应堆物理数值计算[M].北京:中国原子能出版社,1997.

[2] 胡永明.反应堆物理数值计算方法[M].长沙:国防科技大学出版社,2000.

[3] 许淑艳.蒙特卡洛方法在实验核物理中的应用[M].北京:中国原子能出版社,1996.

[4] 冯开明.AF-DCDLIB:活化材料、裂变产物和锕系元素衰变链数据库[J].核科学与工程,1991,11(3):194.

[5] 吴宜灿.聚变中子学[M].北京:中国原子能出版社,2016.

第7章　聚变堆包层设计

7.1　聚变堆包层概述

聚变堆包层位于等离子体和真空室之间，是聚变堆中的关键部件。聚变堆包层必须能在高能中子辐照、高热负荷、强磁场等复杂环境下长时间、可靠地运行。包层对聚变堆的经济、环境及安全等特性都有很大的影响。因此，包层技术是聚变能走向商业应用的核心技术之一。

聚变堆包层的主要功能是：把聚变能转换为热能，进一步被冷却流体导出实现发电；利用聚变中子增殖聚变燃料——氚，实现氚自持（氚增殖比 TBR>1）；对位于包层外部的超导线圈提供屏蔽保护。此外，在聚变-裂变混合堆中，包层还可以实现易裂变核材料的生产与增殖。包层在达到这些目标的同时，需要为氚的高效提取和回收提供合适的提氚结构设计，并在满足包层部件的冷却需求下，实现聚变能的高效转换与利用。

聚变堆包层系统涉及的零部件繁多，对部件的安全性、可靠性、稳定性、可检测性及可维护性都提出了较高要求，以确保各个零部件和系统能够满足设计功能需求。包层在整个聚变堆系统的真空室内的位置如图7.1所示（左图中红色部分）；图7.1右图为ITER真空室内部件和包层位置。包层的分类、功能与设计研究内容如表7.1所示。

由于聚变堆包层有不同类型，其设计方法、输入条件与设计的侧重点也有所不同。尤其是对于产氚与发电包层设计，要确定聚变堆的发电功率和运行因子，并根据聚变堆输出功率（热输出或聚变功率）、聚变堆尺寸等来确定包层的设计条件和输入参数。聚变堆包层的主要设计条件如表7.2所示。聚变堆包层应具备的基本功能如表7.3所示。

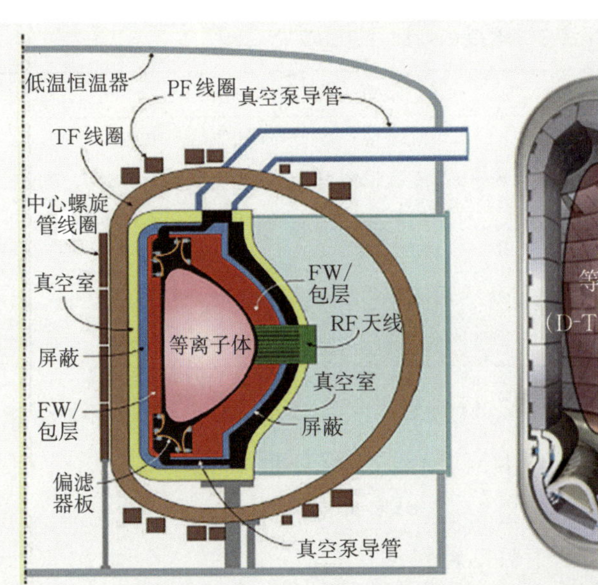

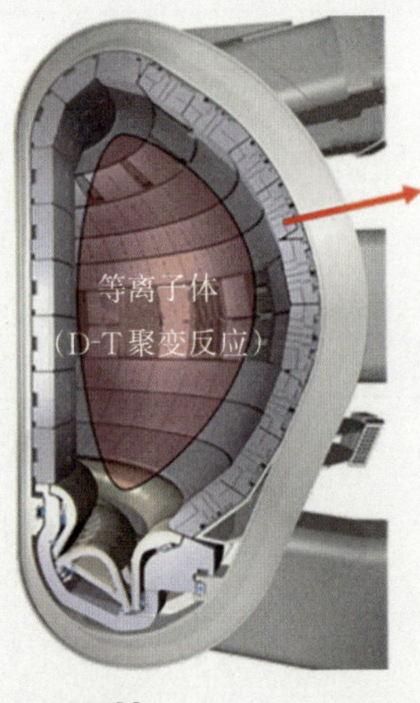

图 7.1　聚变堆包层示意图[1]

表 7.1　聚变堆包层分类、功能与设计研究内容

类型		功能	设计研究内容
实验包层	屏蔽包层	中子和热屏蔽(ITER、聚变实验堆)	结构设计(FW,屏蔽、冷却、支撑);结构分析(电磁结构、热结构);热工水力分析;核分析(中子学设计);制造与检测工艺;安装与维护方法;成本评估等
	产氚测试包层	热工、电磁、增殖性能等测试(ITER、聚变实验堆)	除屏蔽包层研究内容外,研究增殖区结构设计,氚的增殖,防氚渗透,氚的提取(吹扫气体)与回收等,系统集成技术及其对聚变装置的影响,拆卸与更换方法,退役、存储及去活化处理等
商用包层	产氚与发电包层	氚增殖和提取,能量转换和发电,辐射屏蔽(聚变示范堆、商用聚变堆)	除上述设计内容外,研究能量转换与发电,内外氚燃料循环,初始氚装载,安全与屏蔽技术等

表 7.2　聚变堆包层的主要设计条件

序号	条目	主要设计条件
1	热负载	第一壁表面热负荷
2	中子壁负载	第一壁中子辐照量
3	中子注量	中子的累计辐照量
4	氚增殖性能	氚增殖比
5	冷却性能	材料许用温度,发电效率
6	结构完整性	结构载荷,材料许用应力
7	活化性能	材料易活化元素含量

表7.3　聚变堆包层的功能与设计要求

序号	分　类	功　能　与　要　求
1	氚增殖	氚增殖比高，增殖的氚容易回收
2	热排出	发电效率高，能量倍增率高，冷却性能良好，功率分布均匀
3	核屏蔽	对于超导线圈及人员、环境的屏蔽性能强
4	系统维护	更换频度少，维护难度低
5	结构可靠性	能够承受中子和粒子负荷、电磁力等
6	安全性	防止包层破损、放射性物质泄漏等

聚变堆包层的上述功能必须通过多种材料组合来实现，包括：能够承受高能中子辐照以及真空、重力、热和电磁应力等的结构材料，为保证足够高的氚增殖比而采用的氚增殖剂、中子倍增剂，为慢化和吸收14 MeV中子而采用的反射层、慢化剂或屏蔽层材料，以及为减少氚的渗透而采用的阻氚层材料等。

目前国际上提出的聚变堆包层概念，根据其采用的氚增殖剂形态不同，可以分为液态增殖剂包层和固态增殖剂包层两种。表7.4列出了典型的聚变示范堆包层设计概念及其参数。其中，ARIES设计为美国加州大学圣地亚哥分校(UCSD)牵头的聚变堆系列设计。表中TAURO为欧洲的液态锂铅自冷包层设计，采用碳化硅作为结构材料。

表7.4　典型聚变示范堆包层设计参数[2]

包层类型	HCPB	WCLL	ARIES-RS	TAURO	ARIES-ST
增殖剂	锂陶瓷	Pb-17Li	Li	Pb-17Li	Pb-17Li
结构材料	RAFM钢	RAFM钢	V合金	SiC/SiC	RAFM钢
冷却剂	He	水	Li	Pb-17Li	Pb-17Li/He
平均中子壁负载(MW/m^2)	3	3	5	3	4
最大表面热流(MW/m^2)	0.6	0.6	1	0.6	0.8
热效率	35%	35%	46%	46%	46%
平均中子积分通量(MW/m^2)	6	6	10	/	10
平均寿命(a)	2	2	2	/	2.5

7.2　包层的设计要求

在聚变堆运行条件下，包层结构材料的温度可能高达900 K；包层将经受14 MeV

高能聚变中子的强辐射考验，中子的壁负载可高达5 MW/m^2。此外，由于聚变堆工作在强磁场环境下，包层内部的磁感应强度可能会高达10 T，液态金属作为包层传热或增殖材料时会有较大的MHD压降。聚变堆包层最重要的功能是氚增殖和排出中子在包层中沉积的能量，包层的设计要求首先要满足这两大功能。

作为聚变堆能量输出、利用和实现氚自持的关键部件，商用聚变堆设计中对包层的要求可以大体上归纳为：

(1) 允许的功率密度(表面热负荷，中子壁负载)。

(2) 能量转换系统的发电效率。

(3) 使用寿命。

(4) 负荷因子(duty factor)。

(5) 氚增殖比(TBR)。

(6) 结构与环境安全(正常运行和事故状态下放射性产物的排放，高放射性废物的处理)。

(7) 对其他部件的辐射防护，屏蔽功能等。

在聚变堆设计中，通常第一壁和包层是连接在一起的并被固定在真空室内壁上。由于第一壁和包层直接面对等离子体，高能聚变中子对其材料和结构的辐照损伤会严重限制聚变堆包层部件的寿命。辐照寿命和辐射水平的关系一般用中子积分通量来衡量，其单位为MW·a/m^2，也就是中子通量乘以时间。对于D-T聚变实验装置，寿命与对应的积分通量的预期目标值是5 MW·a/m^2。对于商业化聚变堆，这一目标则为20～40 MW·a/m^2。就目前的材料发展水平而言，还难以实现这一目标。影响和限制材料部件寿命的主要因素有：材料肿胀；放射性蠕变；抗拉强度的变化；延展性随辐照的变化，辐照对疲劳、疲劳裂纹增长和断裂强度的影响；以及从延展性到脆性转变温度的改变等。

当高能聚变中子与第一壁和包层材料原子晶格中的原子碰撞时，被碰撞原子将发生位移，这个原子从点阵中的正常位置中被撞出来，进入其他位置。在D-T聚变堆中，每年每个原子都要发生高达几十次的位移，这些位移的长期效应是在组成包层的晶格中造成缺陷。一般情况下，当聚变堆第一壁上的中子壁负载是1 MW/m^2时，在第一壁上的中子通量约为4.43×10^{14} n/(cm^2·s)，经过一年的连续运行后，在第一壁上发生的原子位移大约是10 dpa/年的水平。当聚变中子与晶格原子相互作用时，会引起散裂反应或嬗变反应而产生氦气、氢气或其他气体，从而引起材料的肿胀和脆化等效应。

目前在国际上提出的聚变示范堆包层的概念主要有：氦冷球床包层(Helium cooled pebble bed，HCPB)，水冷锂铅包层(Water cooled lead-lithium，WCLL)，液态锂自然对流冷却包层(ARIES-RS),锂铅自然对流冷却包层,双冷却回路包层(DCLL,ARIES-ST),以及高热流带蒸发冷却包层等六种类型。表7.5列出了六种典型的聚变堆包层设计概念。

表7.5 六种可能的包层设计性能比较[2]

包层类型	HCPB	WCLL	ATISE-RS	TAURO	ARISE-ST	EVOLVE
增殖剂	锂陶瓷	Pb-17Li	Li	Pb-17Li	Pb-17Li	Li
结构材料	普通钢	普通钢	铅	SiC/SiC	普通钢	W
冷却剂	He	水	Li	Pb-17Li	Pb-17Li/He	Li(蒸汽)
外层	He	Al_2O_3	CaO	Pb-17Li	SiC	Li(蒸汽)
平均中子壁负载(MW/m^2)	3	3	5	3	4	>10
最大表面热流(MW/m^2)	0.6	0.6	1	0.6	0.8	>2
热效率	35%	35%	46%	46%	46%	60%
平均中子积分通量(MW/m^2)	6	6	10	—	10	—
平均寿命(a)	2	2	2	—	2.5	—

在覆盖等离子体的全部面积中,能够设置增殖包层的面积与全部面积的比值称为包层覆盖率。在氚增殖比的计算中,体积积分的区域只限定于增殖包层所覆盖的区域。在聚变堆的运行中,伴随着氚的生成,^{6}Li和^{7}Li的原子数密度也会随运行时间因燃耗而不断减少。显然,为了实现高的氚增殖比和氚自持,在包层设计中增加包层的覆盖率是需要考虑的。

增殖包层的面积占有率(包层覆盖率)降低的因素,包括等离子体加热电流驱动用或分解组装用等的通道类、控制杂质的偏滤器、等离子体诊断窗口的设置等。在设计中,需要实现这些窗口的小型化,以提高氚增殖包层的面积占有率。

7.3 包层中子学设计

如前所述,包层是聚变堆的关键部件,聚变堆设计的重要环节是包层设计,而包层设计的输入参数来自中子学计算的结果。图7.2为聚变堆中子学计算的流程图。通过计算分析,得到系统中的材料元素分布、放射性活度、衰变预热以及接触剂量等参数。根据中子学计算结果,进行包层的结构、热工水力、氚增殖性能等的计算分析。

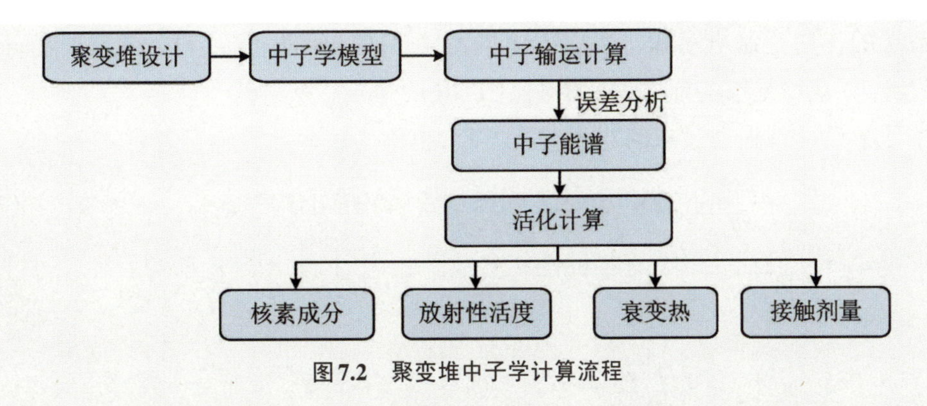

图7.2　聚变堆中子学计算流程

聚变核能是两个较轻的原子核聚合成较重原子核时释放出的能量。可以作为未来核聚变电站燃料的元素有氘(D)、氚(T)、氦(3He)、锂(^{6}Li)和硼(^{11}B)等。一些有意义的核聚变反应如下：

$$D+T\rightarrow {}^{4}He(3.52\ MeV)+n(14.1\ MeV) \tag{7.1}$$

$$D+D\rightarrow {}^{3}He(0.82\ MeV)+n(2.45\ MeV) \tag{7.2}$$

$$D+D\rightarrow T(1.01\ MeV)+p(3.02\ MeV) \tag{7.3}$$

$$D+{}^{3}He\rightarrow {}^{4}He+p(14.67\ MeV) \tag{7.4}$$

$$D+{}^{6}Li\rightarrow 2{}^{4}He(22.4\ MeV) \tag{7.5}$$

$$D+{}^{7}Li\rightarrow {}^{2}4He(17.3\ MeV) \tag{7.6}$$

$$p+{}^{6}Li\rightarrow 2{}^{3}He+2{}^{4}He+4.0\ MeV \tag{7.7}$$

$$p+{}^{11}B\rightarrow 3{}^{4}He+8.7\ MeV \tag{7.8}$$

式中，括号内的数字表示反应物所携带的动能，单位为兆电子伏(MeV)；n表示中子，p表示质子。对于D-T反应，中子携带14.1 MeV动能，α粒子携带3.52 MeV动能，单位质量的氘放出的能量为3.56 MeV。相对于核裂变反应，每个^{235}U核裂变时放出的能量约为200 MeV，单位质量的^{235}U放出的裂变能量则为0.85 MeV。因此，单位质量的氘聚变释放出的能量约为单位质量的^{235}U裂变时所放出能量的4倍。

根据核聚变反应的类型，核聚变堆可分类为：第一代的D-T反应堆、第二代的D-D反应堆和第三代的p-^{11}B(质子-硼)反应堆、D-^{3}He反应堆。在第一代的D-T反应堆中，采用的燃料是氘(D)和氚(T)。从资源量来说，海水中含有的氘非常丰富，可以说是近似无限。而氚在自然界几乎不存在，需要让D-T反应生成的中子与锂进行反应来生成氚。锂资源可以来自锂矿山，也可以从海水中回收。

利用D-T反应所产生的聚变中子与锂反应而产生氚，基本的原理如下：

$${}^{6}Li+n\rightarrow {}^{4}He+T+4.78\ MeV \tag{7.9}$$

$${}^{7}Li+n\rightarrow {}^{4}He+T+n'-2.147\ MeV \tag{7.10}$$

包层的作用是氚增殖和排出中子沉积的核热能。因此,包层设计的首要任务是中子学设计,以获得足够的氚,即氚增殖比(TBR)>1。

中子学设计首先通过求解中子输运方程,也称为玻尔兹曼输运方程:

$$\frac{1}{v}\cdot\frac{\partial\Phi}{\partial t}+\boldsymbol{\Omega}\cdot\nabla\Phi+\Sigma_t\Phi=\iint\Sigma_s{}'f\Phi'\mathrm{d}E'\mathrm{d}\boldsymbol{\Omega}'+S \tag{7.11}$$

求得$\Phi(\boldsymbol{r},E,\boldsymbol{\Omega},t)$和堆的各种性能参数。稳态时,$\Phi=\Phi(\boldsymbol{r},E,\boldsymbol{\Omega})$,然后通过燃耗方程:

$$\frac{\mathrm{d}N}{\mathrm{d}t}=\text{生成率}-\text{烧毁率}-\text{衰变率} \tag{7.12}$$

求得被嬗变核素的核密度变化,并计算放射性和热沉积等。

表征系统的嬗变能力通常用嬗变率(TR)、有效半衰期($T_{1/2}$)来表示。

当只有一种核素时,燃耗方程简化为

$$\frac{\mathrm{d}N}{\mathrm{d}t}=\lambda N+\bar{\sigma}_{nf}N\Phi+\bar{\sigma}_{n\gamma}N\Phi=\lambda N+\bar{\sigma}_aN\Phi \tag{7.13}$$

式中,$\bar{\sigma}_a$为谱平均截面,$N(\boldsymbol{r},t)$为$\boldsymbol{r}$点的核密度。在快中子谱中$\bar{\sigma}_a$还包含(n,2n)、(n,3n)、(n,p)等有阈反应。由式(7.13)得

$$N=N_0\mathrm{e}^{-(\lambda+\bar{\sigma}_a\Phi)t} \tag{7.14}$$

7.4 包层的关键性能与材料选择

7.4.1 氚增殖和氚自持

聚变堆芯部等离子体区由D-T反应产生14 MeV的聚变中子,进入聚变堆包层并与锂反应生成氚。等离子体每次聚变反应产生的中子在包层中至少应生成一个氚原子,包层中增殖的氚可以为聚变堆稳态地提供燃料,同时还要补偿循环过程中损失的氚。

$${}_1^2\mathrm{D}+{}_1^3\mathrm{T}\rightarrow{}_2^4\mathrm{He}+{}_0^1\mathrm{n}+17.6\,\mathrm{MeV} \tag{7.15}$$

燃料氘在海水氢中占有0.015%的含量,因此作为核聚变燃料的资源来说,基本上是无穷的。与此相对应的是,氚在天然中几乎不存在。据计算,D-T聚变堆每天每兆瓦(热)功率所消耗的氚为1.54×10^{-4} kg,对于一座标准的聚变电站,氚消耗量为56 kg/(GW·a)。目前已有的氚生产方法如表7.6所示,其中任何一种生产方法所能达到的年生产量也只有数克到1 kg左右。因此氚的生产还远远不能满足核聚变堆的消耗,需要开发与这

些生产方法不同的氚生产方法。

表7.6 氚的生产方法

序号	生产方法	内　容
1	轻水堆(燃料)	利用核裂变生成
2	再处理工厂	从使用后燃料中提取
3	重水堆	利用重水捕获热中子生成
4	熔盐堆	利用锂与中子的反应生成
5	轻水堆(锂辐照)	利用锂与中子的反应生成

另一方面,氚是氢的不稳定同位素,其半衰期为12.3年,每年衰变掉的氚约为5%。因此,聚变堆中的氚燃料必须通过中子与包层中锂的反应来产生。天然锂由^{6}Li(7.4%)和^{7}Li(92.6%)两种同位素组成,两者都和中子作用生成氚。这些反应是:

$$^6_3\mathrm{Li} + {}^1_0\mathrm{n} \rightarrow {}^4_2\mathrm{He} + {}^3_1\mathrm{T} + 4.8\,\mathrm{MeV} \tag{7.16}$$

$$^7_3\mathrm{Li} + {}^1_0\mathrm{n} \rightarrow {}^4_2\mathrm{He} + {}^3_1\mathrm{T} + {}^1_0\mathrm{n} - 2.5\,\mathrm{MeV} \tag{7.17}$$

这里,第一种反应是放热反应,它对聚变反应系统释放的总热能是有贡献的。每次聚变反应释放的总能量与在等离子体中释放的能量之比称为包层能量增益M,由于包层中的这些放热反应,包层的能量增益M总是大于1的。第二种反应是吸热反应,除α粒子和氚外还产生一个慢中子。^{7}Li的中子反应仅当中子能量在4 MeV以上时才有相当大的截面。锂与中子的反应截面随中子能量变化曲线如图7.3所示,其中^{6}Li的热中子产氚反应截面大约为950 b,^{7}Li的产氚反应仅当中子能量在4 MeV以上时才有相当大的截面,这些数据对包层结构布置和设计非常重要。

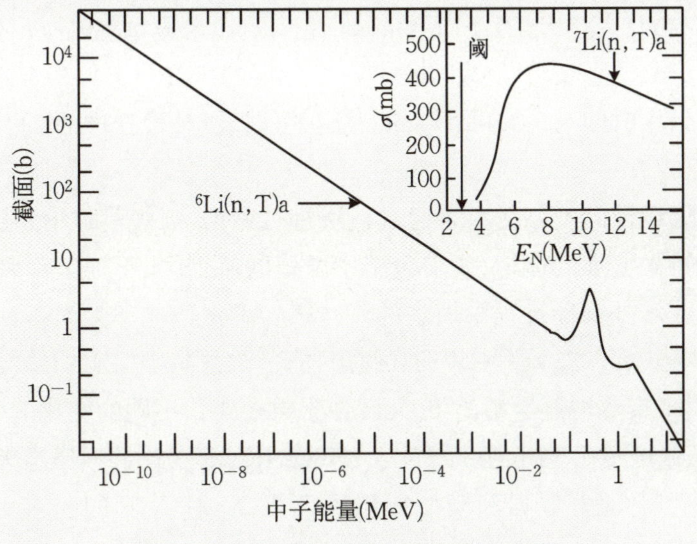

图7.3 锂的产氚截面随中子能量的变化[4]

前面可以看到，式(7.15)中，每次反应消耗一个氚原子，生成一个中子。这个中子通过式(7.17)的反应，生成1个氚和1个中子，然后这个中子又通过式(7.16)再生成1个氚。这样，通过这些反应，在聚变堆的包层系统中最多可以生成2个氚原子。但是，实际上聚变产生的中子还会被反应堆结构材料俘获吸收，伴随着氚的生成，^{6}Li和^{7}Li的原子数密度也会随运行时间减少。另外，包层也不能覆盖等离子体的周围全部区域，能够设置包层的面积与全部面积的比值称为包层覆盖率，其受到等离子体加热、电流驱动等的通道、控制杂质的偏滤器、等离子体诊断窗口的设置等诸多因素影响。因此，为了提高氚增殖性能，在包层设计中需要考虑利用铍、铅等中子倍增剂的(n,2n)反应来增加中子数量，满足聚变堆氚燃料实现自给自足(自持)的需求。此外，可通过减少等离子体加热、诊断窗口的体积等方式，以尽可能提高氚增殖包层的覆盖率。

考虑到各种氚损失途径(氚回收、提纯、再注入等操作过程的渗透、泄漏、衰变)后，聚变堆设计通常要求氚增殖比(TBR)至少应大于1.1。其中氚增殖比是聚变堆的关键设计参数之一，其定义是单位时间内生成的氚量与单位时间内因核聚变反应消耗的氚量的比值，可以通过氚生成比例P_t与氚消耗比例C_t来表示

$$\mathrm{TBR}=\frac{P_t}{C_t} \tag{7.18}$$

聚变堆中氚的投料量和倍增时间可通过下式计算：

$$T_2=1.9\times10^{-3}\frac{\mathrm{EY}}{\mathrm{SP}}(\mathrm{TBR}-1) \tag{7.19}$$

式中，T_2为倍增时间(年)；SP为聚变堆的比功率；TBR为氚增殖比；EY为产生的能量，表示每消耗一克氚所放出的能量(MW·d)。假定包层的能量倍增因子$M=1.2$，则在每次D-T反应释放的总能量为21.1 MeV的基础上，可以求得每克氚所产生的能量为EY=7.85 MW·d。如果选取SP值为0.5 MW·d，包层的TBR=1.1，基于式(7.19)可计算出聚变堆的氚倍增时间为0.3年，即3.6个月。可以看出，聚变堆的氚倍增时间远小于液态金属快堆。

聚变堆包层设计的主要任务是通过包层进行氚增殖，提高氚增殖比，实现聚变堆氚自持。要维持聚变堆的运行，要求包层中增殖的氚，要大于等于等离子体D-T反应所消耗的氚和在堆外循环过程中损失的氚。聚变堆氚消耗率为7.85 MW·d/每克氚，一座标准的聚变电站为56 kg/(GW·a)(假定：能量增益$M=1.2$)。

图7.4给出了聚变堆氚增殖比TBR设计参数随年代不同的变化。可以看出，早期的聚变堆设计，氚增殖比TBR都高于1.2，UWMAK-I是美国威斯康星大学的聚变堆设计，TBR高达1.5。随着数据和模型的精确度提高，对TBR的要求不断降低(1.1~1.5)。在中国聚变工程实验堆(CFETR)设计中，全堆TBR为1.16。

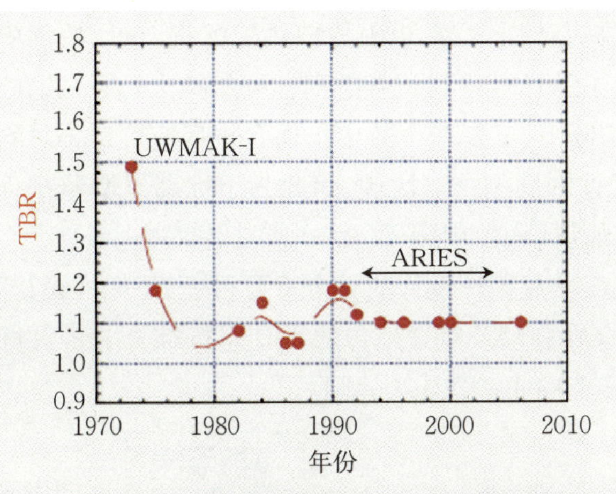

图7.4　聚变堆氚增殖比的设计参数变化

对于氚增殖比以1.3运行的聚变堆系统，其氚的倍增时间为0.08年，在聚变堆的初始运行阶段，可供使用的氚非常有限，倍增时间是非常重要的设计指标。

包层中增殖的氚可以从提氚介质中提取，也可以从包层的冷却循环流体中提取。对于以燃料形式注入等离子体中未发生反应的氚会集中到孔栏或偏滤器上，则必须通过真空泵加以回收，分离和提取出来的氚经重新处理、分离和纯化，然后加工成燃料丸和其他形式，重新注入聚变堆芯部产生聚变反应。图7.5为聚变堆的氚循环流程示意图。

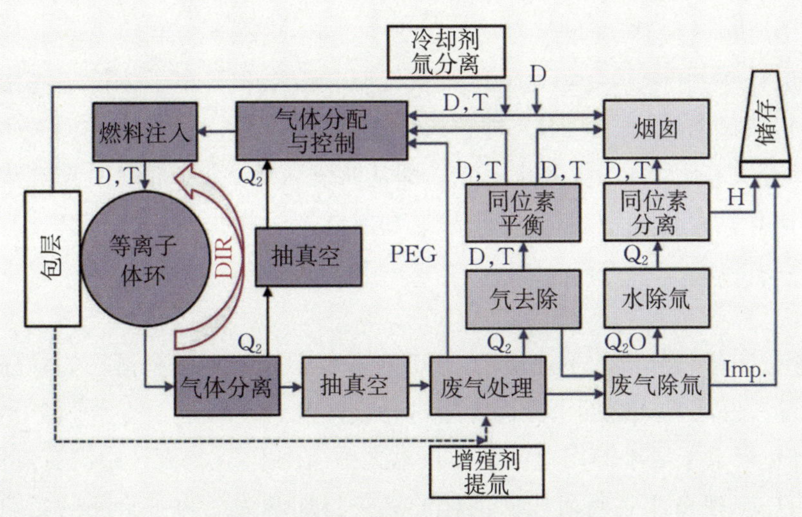

图7.5　聚变堆的氚外循环流程示意图

由于14 MeV的中子和^{6}Li的增殖反应是放热反应，因此它对聚变反应系统释放的总热能有贡献。每次聚变反应释放的总能量与在等离子体中释放的能量之比称为包层能量增益M，由于包层中的这些放热反应，包层的能量增益M总是大于1的。

对于氘-氚聚变堆设计而言，系统中的核热能沉积、包层的氚增殖特性，氚增值增殖比的大小可通过中子学计算得到。考虑到各种氚损失途径后，在聚变堆设计中要求氚增殖比大于1.1。实际上，聚变产生的中子还会被反应堆结构材料吸收，另外包层也不能全部覆盖等离子体的周围全部区域，因此为了提高氚增殖比，需要利用中子倍增剂的(n,2n)反应来增加包层中的中子数量。

实现氚自持是聚变堆氚循环设计的一个重要目标，所以在设计聚变堆氚工厂中的各子系统时，必须结合堆芯以及氚增殖包层设计进行综合分析，以保证氚自持条件能得到满足。图7.6为聚变堆的氚系统流程图。

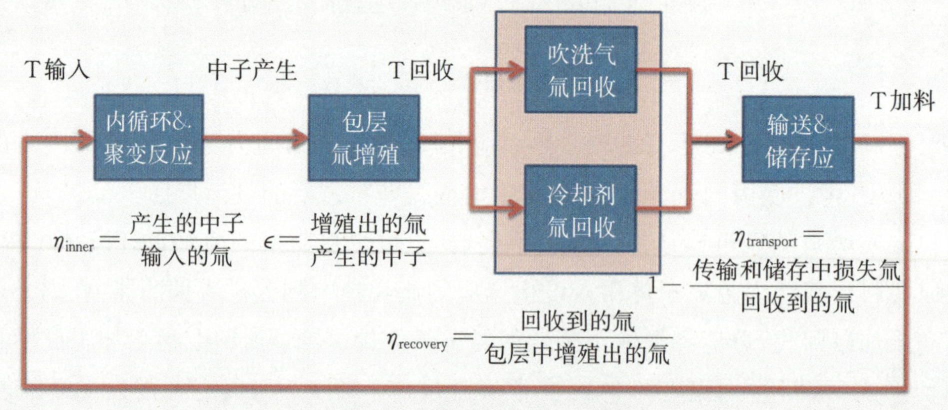

图7.6　聚变堆氚系统流程图

如图7.6所示，影响聚变堆氚自持的因素主要有：内循环氚利用效率η_{inner}，主要由堆芯氘-氚反应效率，托卡马克等离子体排灰气回收效率和等离子体排灰气氚回收系统效率决定；包层氚增殖比ε(TBR)，即包层中生成的氚和进入包层的中子数的比值，与包层的设计有关；氚回收系统效率$\eta_{recovery}$，即从吹洗气体，冷却剂中回收增殖出氚的效率；氚在运输和储存过程中通过泄漏、渗透和氚衰变的损失，过程的效率$\eta_{transport}$。要保证氚自持，必须满足：

$$\eta_{inner}\cdot\varepsilon\cdot\eta_{recovery}\cdot\eta_{transport}>1 \tag{7.20}$$

同时考虑计算和分析的不确定性，分析时需要留出一定的余量。如果分析结果不能满足氚自持，也需要从这四个方面考虑进行设计改进。

氚自持是未来聚变堆商用化的关键技术之一，在ITER的设计中没有氚增殖包层，只有屏蔽包层。在D-T运行阶段所消耗的氚来自加拿大。为了验证聚变堆的氚增殖技术，在ITER的中平面位置设置了三个窗口，用于氚增殖模块实验(TBM)。

对于在聚变堆内生成的氚来说，还会由于氚回收、提纯、再注入等操作出现损失，氚的利用效率不可能是100%。由于其他的反应堆内部件的存在，包层对于堆芯的覆盖面积占有率也不可能是100%。因此，需要设法提高氚处理的利用效率，提高有效利用D-T反应生成的中子的面积占有率，从而提高氚增殖比，实现聚变堆内氚的自持。

7.4.2 氚增殖剂选择

氚增殖剂一般采用含锂的材料，分液态和固态两种。常见的液态增殖剂有液态金属锂、锂铅合金($Li_{17}Pb_{83}$)、氟锂铍熔盐(Li_2BeF_4)等。就材料本身而言，锂、锂铅合金、氟锂铍熔盐都是发展比较成熟的材料，但是液态氚增殖剂材料存在磁流体动力学效应(MHD)、化学活性大、对结构材料的腐蚀性大、氚提取困难等不利因素。常用的固态氚增殖剂有Li_2O、γ-$LiAlO_2$、Li_2ZrO_3、Li_2TiO_3和Li_4SiO_4等，国内外各研究机构还开发了Li_4SiO_4-Li_2TiO_3复相陶瓷微球、$Li_{2+x}TiO_{3+y}$、$Li_2Be_2O_3$、Li_3TaO_4和Li_4SiO_4-PbO_2以及Li_2TiO_3-Li_4SiO_4等先进固态氚增殖剂。

固态氚增殖剂的化学稳定性好，可在更高的温度下使用而且提氚容易，因而固态增殖剂是目前氚增殖剂研究领域一直持续广泛关注的材料。不同固态氚增殖剂的特性如表7.7所示。在固态增殖包层设计中，氚增殖区结构采用充填有直径1 mm左右的固体微小球状的氚增殖剂、中子倍增剂的球床结构。利用在氚增殖剂内循环的氦气来回收所生成的氚。中子与氚增殖剂、中子倍增剂、结构材料等反应产生的热量，通过冷却剂进行回收。另外，为了提高氚增殖比，也可将氚增殖层与中子倍增层交互布置。固态增殖剂包层设计特征与示例见表7.8。

表7.7　固态氚增殖剂特性

增殖剂材料	Li_2O	$LiAlO_2$	$LiZrO_3$	$LiSiO_4$	Li_2Ti_3
熔点(K)	1696	1883	1888	1523	1808
密度(g/cm^3)	2.02	2.55	4.15	2.4	3.43
锂密度(g/cm^3)	0.94	0.27	0.38	0.51	0.43
热导(773 K)(W/(m·K))	4.7	2.4	0.75	2.4	1.8
与水的反应	大	小	无	小	无
氚滞留时间(713 K)(h)	8.0	50	1.1	7.0	2.0
锂气化辐照温度(℃)	>600	>900	>800	>700	>800
稳定性(2年)	不稳定	稳定	不稳定	不稳定	不稳定
最佳释氚温度(℃)	>400	>400	>400	>350	>300
运行温度范围(℃)	400~600	400~900	400~800	350~700	300~800
氚增殖比，TBR	高	低	中等	中等	中等

表7.8 固态增殖剂包层设计特征与示例[2]

序号	冷却剂	氚增殖剂	中子倍增剂	设计机构
1	He	$Li_2Al_2O_4$	Be	UWMAK-Ⅱ(UW)
2	He	Li_2O	无	JXFR(JARI))
3	He	Li_2O	无	JDFR(JARI))
4	He	Li_2O、$LiAlO_2$	Be、Pb等	STARFIRE(ANL)
5	He	Li_2O、$LiAlO_2$、Li_4SiO_4	Be	INTOR(IO)
6	He	Li_2TiO_3	$Be_{12}Ti$	DREAM(JARI)
7	He	Li_2TiO_3	Be、BeTi合金	ITER(IO)
8	He	Li_4SiO_4	Be	HCSB,CFETR(SWIP)
9	水	Li_2TiO_3	Be	CFETR(ASIPP)
10	水	Li_2O、$LiAlO_2$	Be、Pb等	STARFIRE(ANL)
11	水	Li_2O	Be、Pb等	FER(JARI)
12	水	Li_2O、$LiAlO_2$	Be、Pb等	INTOR(IO)
13	水	Li_2O	Be	SSTR(JARI))
14	水	Li_2TiO_3	Be、BeTi合金	ITER-TBM(EU)

在液态增殖包层设计中，一般采用锂和中子倍增剂的化合物，利用液态增殖剂替代固态增殖包层的氚增殖剂、中子倍增层，因此有可能简化包层内的结构。液态增殖剂不停地循环流动，将液态增殖剂中形成的氚从包层内送到反应堆外，进行分离和回收。液态包层不像固态增殖包层那样，增殖剂需要定期进行更换。作为热量的取出方法，既有与固态增殖包层一样、设置冷却管或冷却板、通过冷却剂进行回收的方法，也有通过循环的液态增殖剂本身进行回收的自冷方式。另一方面，液态增殖剂在堆内的强磁场环境下进行循环流动，会出现MHD压力损失，以及液态增殖剂与结构材料的化学活性度带来的腐蚀、相容性等问题。

7.4.3 中子倍增剂选择

中子倍增剂材料(Neutron Multiplier)在聚变堆中用于增加中子的数量和提高反应效率，可以提高聚变反应的产能和效率。中子倍增剂材料通常是一种具有高中子吸收截面的物质，能够吸收高能中子并释放出更多的低能中子，从而增加中子的数量。常见的聚变堆中子倍增剂材料包括铍、铅等。

聚变堆中子倍增剂材料的选择是根据其中子吸收截面和中子倍增能力来确定的。材料的中子吸收截面越高，中子倍增效果越好。同时，中子倍增剂材料还需要具备较好的热稳定性和辐照稳定性，以便在高温和高辐照条件下保持稳定的性能。

为了提高包层的产氚率，固态包层概念设计中必须要有中子倍增剂材料。虽然铍和铅都可以作为中子倍增剂材料，相较于金属铅，铍(n,2n)反应阈值和吸收截面较低(图7.7)，但熔点较高，因此，一般在固态包层设计中选择金属铍作为中子倍增剂材料。主要中子倍增剂材料的反应阈值如表7.9所示。基于球形材料装卸容易、具有更大的表面积、小球间具有更多的孔道、透气性能好、有利于氦、氚的扩散和释放等优点，聚变堆中子倍增剂铍通常被制作成小球以球床结构的形式构成中子倍增区。

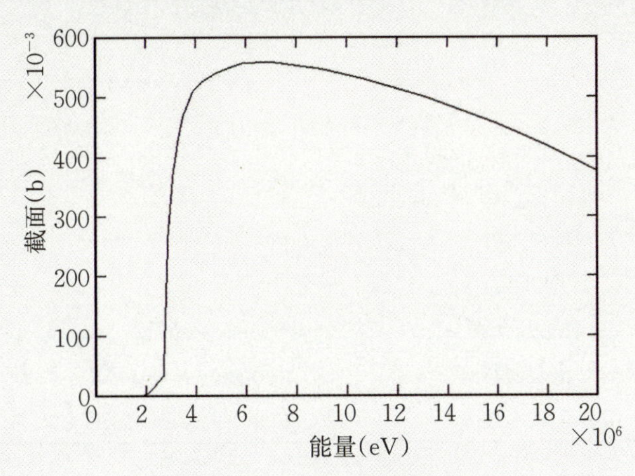

图7.7　^{9}Be(n,2n)反应截面曲线[5]

表7.9　主要的中子倍增剂特性

序号	中子倍增剂	(n,2n)反应的阈值(MeV)
1	Be	2.5
2	Pb	7
3	Mo	7
4	Nb	9

金属铍被制作成铍小球，有三种可选择的工艺方案：镁还原法、熔融气体雾化法和旋转电极法。与其他制备方法相比，旋转电极法能够制备0.2～2.5 mm范围内的铍小球，并且制备出的小球具有球形度好、粒径分布窄、杂质少等优点。

由于熔化潜热高和热扩散能力低的综合影响，铍小球由熔融态凝固成固态颗粒，晶粒较为粗大。从释氚的角度考虑，晶粒越小氚越容易释放，因此需要降低铍小球的晶粒大小。一般认为有两种方式可以降低铍小球的晶粒尺寸，一是提高微球的冷却速率，二是在铍电极棒中掺加合金元素。图7.8为我国SWIP采用旋转电极法生产的铍小球样品，其性能参数如表7.10所示。

图7.8 粒径为0.7~1.1 mm的铍小球样品(SWIP)

表7.10 中方TBM设计用铍小球的性能参数

测试项	数 值
Be纯度	>98%
BeO	<1.0%
微观结构	致密
粒径尺寸	0.2~1.2 mm
球形度	99.4%
表面开孔率	1.32%
比表面积	0.5075 m^2/g(平均)
表观密度	98.89%(理论密度)

国内外已经针对铍材料开展了一系列辐照实验,考核了铍在中子辐照条件下,铍与氚增殖剂材料、铍与316L不锈钢、铍与马氏体钢的相容性问题、氚和氦的释放特性、铍小球辐照后的稳定性。在开展铍小球辐照实验的同时,德国KIT开发了ANFIBE(ANalysis of Fusion Irradiated BEryllium)程序,用于分析辐照后氦、氚产生、扩散、滞留及释放的机理。

随着研究的深入,金属铍抗氧化性较差,易肿胀,易与水蒸气发生反应等缺点逐渐受到关注。日本JAEA和德国KIT分别开发了铍合金来克服金属铍的缺点,重点研究的铍合金为Be12Ti。以铍合金代替金属铍是以牺牲铍原子的个数为代价,从而造成中子倍增能力减弱。

在液态包层设计中,一般采用液态金属锂、铅作为中子倍增材料,优点是其既可作中子增殖剂,也可作冷却剂材料使用,缺点是需要克服其腐蚀问题和MHD压力降问题。

7.4.4 结构材料选择

聚变堆结构材料通常指包层结构材料,其面临着14 MeV的高通量中子辐照。辐照不仅使结构材料本身产生大量空洞、位错等缺陷，同时嬗变产生的H、He等元素还会导致材料产生氢/氦泡、氢/氦脆等现象，使材料的力学性能显著下降，影响聚变堆的安全性。为了保证聚变堆安全稳定地运行，结构材料需要满足以下基本要求：① 活化性低，需要对材料的杂质含量进行严格地控制；② 抗辐照损伤，即在14 MeV的高能中子辐照下也能保持较好的结构稳定性；③ 力学性能稳定，主要是具有优异的高温强度、良好的韧性，抗高温蠕变；④ 较好的抗腐蚀性，能与氚增殖剂、中子倍增剂、冷却剂等材料相容。

依据目前广泛推荐的聚变堆材料发展路线图，聚变堆的主要候选结构材料包括低活化铁素体马氏体(RAFM)钢、改良RAFM钢、ODS钢(含机械合金化和非机械合金化类型)、钒合金、碳化硅复合材料等，但以上材料都存在一些局限性，导致其无法完全满足未来示范堆或商用堆的要求。因此，从长远来看，聚变堆要想实现真正的商业应用还需要拓展先进结构材料的开发范围。表7.11给出了几种典型RAFM钢的成分质量分数以及未辐照时的韧脆转变温度(DBTT)值。

表7.11　几种典型RAFM钢的成分质量分数(wt%)以及未辐照时的韧脆转变温度(DBTT)

成分	F82H	JLF-1	EUPOFER 97	9Cr2WVTa	CLF-1	SCRAM	SIMP
Fe	Bal.	Bal.	Bal.	Bal.	Bal.	Bal.	Bal.
Cr	7.46	9.00	8.82	8.90	8.5	9.24	10.5
C	0.09	0.09	0.10	0.11	0.1	0.088	0.20
Mn	0.21	0.49	0.37	0.44	0.5	0.49	
P		0.003	0.005			0.0059	
S		0.0005	0.003			0.001	
B			0.001				
N	0.006	0.0150	0.021	0.021	0.025	0.0077	
W	1.96	1.98	1.1	2.01	1.5	2.29	1.5
Ta	0.023	0.083	0.068	0.06	0.1		
Si	0.10		0.005	0.21		0.25	1.2
Ti			0.006			0.005	0.15
V	0.15	0.20	0.19	0.23	0.25	0.25	0.2
Ni			0.021	0.01			
Co			0.005				
Cu			0.0038				
Nb	0.0001		0.001	0.01			
O		0.0019	0.0026			0.0047	

续表

成分	F82H	JLF-1	EUPOFER 97	9Cr2WVTa	CLF-1	SCRAM	SIMP
Mo	0.003		0.0012	0.01			
Al			0.008				
Sn			0.005				
As			0.005				
DBTT(℃)	−600	−86	−90	−88	−60	−55	

结构材料中第一壁材料最为重要,第一壁材料直接面对等离子体,在表面损伤因素中,包括局部过热引起的蒸发、溅射和起泡等。等离子体中被磁场捕获的运动中的带电粒子通过与中性粒子的电荷交换,失去电荷后作为中性粒子从等离子体中释放出来。中性粒子的能量等于电荷交换之前所具有的动能。在核聚变堆等离子体中,该能量为数百电子伏特。中性粒子以这一能量入射到第一壁上。在偏滤器处,想办法在其附近生成偏滤器等离子体,从而散射掉入射过来的粒子的能量,因此与偏滤器靶板碰撞的中性粒子的能量大概为数十电子伏特到数百电子伏特之间。这些中性粒子与第一壁和偏滤器等面向等离子体壁碰撞后产生溅射,使得面向等离子体壁发生损耗。如果发生等离子体破裂,在壁表面的局部过热将引起蒸发。一般认为在常规运行时,对于堆芯等离子体中的杂质产生的影响最大的是溅射。

第一壁整体的中子辐照损伤包括辐照脆性、辐照蠕变、辐照肿胀(体积膨胀)等。同时,中子辐照引起的核的损伤对寿命会产生影响。中子辐照损伤包括靶材的原子被击出后产生的击出损伤和核嬗变引起的损伤。为了确保材料的完整性,需要对这些损伤进行评估,以确定更换频度。

在脉冲运行模式下,循环热疲劳很大;而在稳定运行模式下,可以减轻循环热疲劳。

7.5 聚变堆包层设计方案

7.5.1 固态包层设计

聚变堆固态氚增殖剂包层简称固态包层,采用氦气(或水)作为冷却剂,锂陶瓷作为氚增殖剂，低活化铁素体钢RAFM作为结构材料。在固态包层的设计中，一般将氚增殖剂材料（正硅酸锂等）和中子倍增剂材料（金属铍或铍合金）制作成1 mm直径的固体微小球，包层结构上可采用单直径或双直径的球床结构，低压的载氚气体同时作为冷却剂。表7.12给出了聚变堆包层主要材料的选择。

表7.12　聚变堆包层主要材料选择

材　料	固　态　包　层	液　态　包　层
结构材料	RAFM，V合金，SiC复合材料，W合金	RAFM，V合金，SiC复合材料，W合金
氚增殖剂	$LiSiO_4$，Li_2TiO_3，Li_2ZrO_3，$LiAlO_2$，Li_2O	Li，LiPb，FLiBe
中子倍增剂	Be	Pb
冷却剂材料	He，水	He，水，Li，LiPb，FLiBe

增殖包层作为真空室内的重要部件，决定了聚变堆的主要特征。图7.9为德国KIT研究所提出的聚变堆固态包层结构设计图。图中所示的包层的结构材料为低活化的铁素体/马氏体钢。氚增殖剂材料采用正硅酸锂（Li_4SiO_4）小球，增殖区采用球床结构形式嵌入铍球床内，增殖剂材料位于冷却剂管道外的“OB（Out in Breeder）”箱形构造，球床的宽度为11 mm。中子倍增材料采用金属铍小球，结构为球床堆积形式，球床宽度为33 mm。氚增殖区和中子倍增区交替构成“三明治”结构概念。

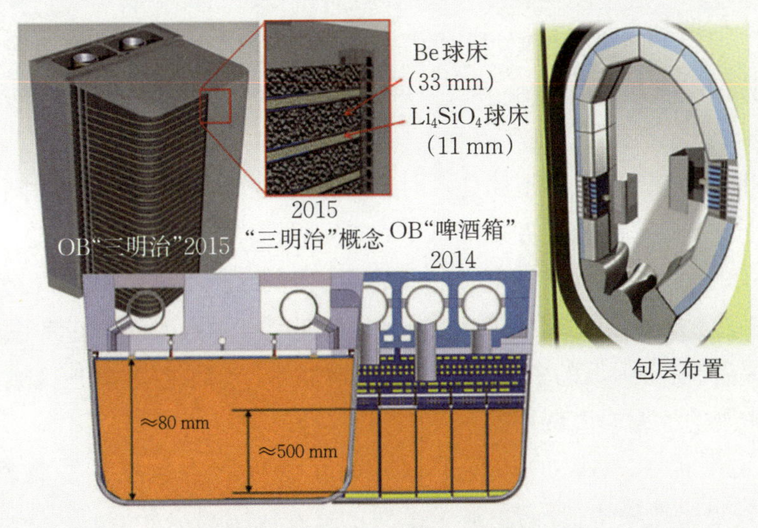

图7.9　典型氦冷固态包层设计（德国KIT）

在固态增殖包层设计中，考虑到中子倍增剂所产生的中子的被散射特性，将氚增殖剂设置在中子倍增剂的前面，利用在氚增殖剂内循环的氦气来回收所生成的氚。氚增殖剂、中子倍增剂、结构材料等反应产生的热量通过冷却剂进行回收。另外，为了提高氚增殖比,也有设计将氚增殖层与中子倍增层交互配置,通过中子学优化计算得到最大的氚增殖比。图7.10为中国聚变工程实验堆(CFETR)氦冷固态包层结构示意图。

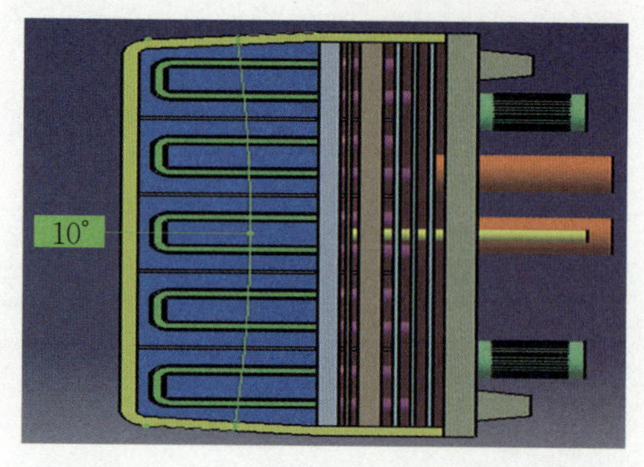

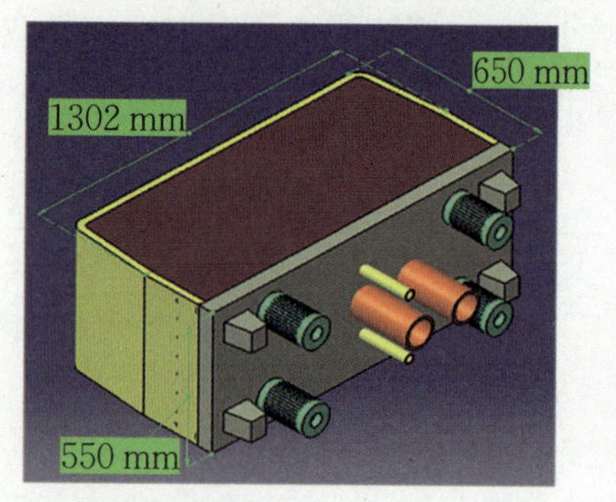

图7.10 CFETR氦冷固态包层U型增殖区方案示意图[6]

在图7.10 CFETR氦冷固态包层的设计方案中,氚增殖采用单尺寸正硅酸锂小球,直径为1 mm,填充率为60%~63%,^{6}Li的丰度大于80%。包层的中子倍增剂采用双尺寸金属铍(Be)小球,直径为0.5~1.0 mm,填充率为80%。考虑第一壁和增殖区后包层的厚度为650 mm,屏蔽区为350 mm,包层总厚度为1 m。包层和屏蔽的冷却剂采用压力为8 MPa的氦气,进出口温度为300 ℃/500 ℃。包层的结构材料采用国产的RAFM钢(CLF-1),包层模块总数是25个,最大功率密度:24 MW/m^3(归一化到1 MW/m^{2}壁负载)。通过调整氦冷包层的内部材料和布置,在满足安全和屏蔽要求的前提下进行了不同极向位置包层模块的中子学设计和优化,优化后氦冷包层的全堆氚增殖比为1.177,能够较好地满足产氚包层的设计目标。考虑诊断和辅助加热系统占空后,氦冷包层全堆TBR从1.177降为1.101,共下降6.48%。

在对CFETR进行全堆中子场分析时,通过增加模拟粒子数量,同时采用权窗、强迫碰撞、能量分裂与轮盘赌等方式降低了MCNP计算的误差统计方差。分析结果表明,在1.5 GW的聚变功率下CFETR的最大中子通量约为6.9×10^{14} n/(cm^2·s)。增加屏蔽后,真空室外大部分区域的中子通量可以降低约2个数量级。在考虑中性束注入窗口占用包层后,窗口附近的中子通量可急剧增加约3个数量级,其他区域的中子通量也由于聚变中子的泄漏而大幅增加。

在聚变功率为1.5 GW的环境下,CFETR氦冷固态包层的总核热功率约为1402 MW。各包层模块中,等离子体中平面位置外包层模块产生的核热最高,主要是因为在该位置处中子壁负载最高。

聚变堆包层所处环境极为苛刻,在包层的中子学设计分析中要考虑各种因素对设计的影响,如中子辐射场、温度场、流场、密度场等多物理多尺度耦合的复杂非线性特性。在多物理场耦合作用下,会对固态包层增殖区微观核性能的分布产生影响,包括核截面数据、中光子通量、反应率(产氚、倍增、慢化等反应)、中光子能谱、中子价值、核热沉积等。同时,各物理场偏微分方程的耦合还将对TBR的数值计算结果带来不确定性。图7.11为CFETR氦冷固态包层的全堆中子学分析模型,以及中子通量密度、核热、氚增殖比和活化等结果。随着数据和模型的精确度提高,对TBR的要求不断降低。在考虑到氚的堆外损失后,CFETR要求TBR>1.2。

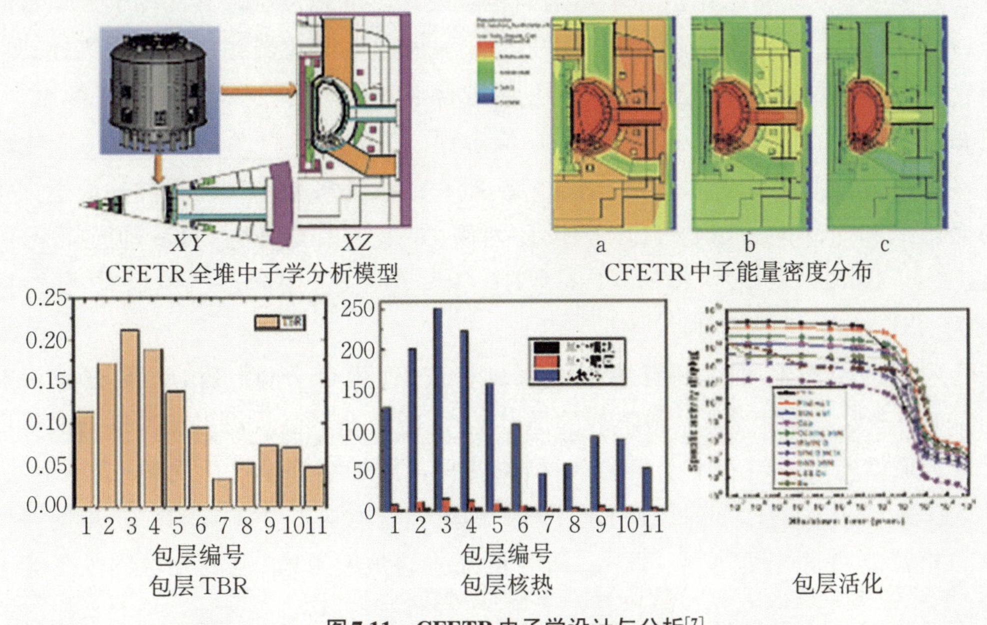

图7.11　CFETR中子学设计与分析[7]

图7.12为日本的水冷固态包层设计示意图。氚增殖材料为钛酸锂(Li_2TiO_3),中子

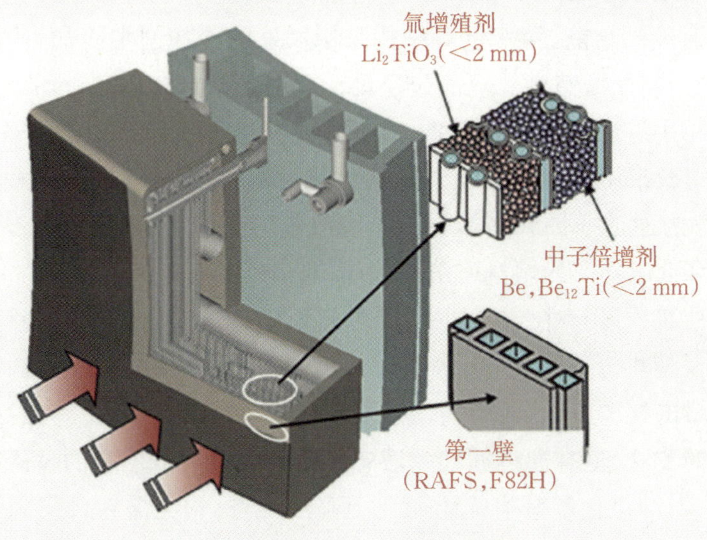

图7.12　典型水冷固态包层结构示意图(日本)

倍增材料为铍钛合金($Be_{12}Ti$),冷却剂为超临界水,结构材料为日本研发的低活化的铁素体钢(RAFS)F82H。

7.5.2 液态包层设计

液态包层概念是指采用液态增殖剂的包层设计。液态包层以其冷却剂的运行压力低、产氚窗口宽、氚提取简便、经济性好等优点,被认为是更具经济性与先进性的包层概念。国际上早在20世纪70年代就开始进行液态包层的设计研究,并持续至今。在液态增殖包层的设计中,开发初期采用液态锂,它与水、空气等的化学反应会生成Li_2C_2、Li_3N、Li_2O、Li_2CO_3等。与液态锂相比,现在的设计多采用反应温和的液态锂铅作为增殖剂和冷却剂。以INTOR的设计为例,如果采用$Li_{17}Pb_{83}$,自冷却时TBR为1.1,氦冷时TBR为1.45,水冷时TBR为1.1~1.5。如果采用固态增殖剂时,氦冷时TBR为1.31~1.65,水冷时TBR为1.4~1.9。

可采用的液态氚增殖剂有液态金属锂(Li)、锂铅合金($Li_{17}Pb_{83}$)、氟锂铍熔盐(FLiBe)等三类。采用液态氚增殖剂的优点是:此类液态金属既可以作冷却剂又可以同时作为氚增殖剂材料和中子倍增剂材料,使得包层的结构设计更简单,成本更低。但是,液态金属作为冷却剂时,会引起严重的磁流体动力学压力降(MHD)问题与结构材料的相容性和腐蚀性问题。此外,从涉氚工艺的角度考虑,氚的提取回收工艺更复杂。

液态包层设计的冷却方式有多种,分别是自冷、单冷和双冷。自冷包层设计概念是指冷却剂和氚增殖剂是同一种介质(材料),比如液态金属锂。单冷包层设计概念是指氚增殖剂没有冷却功能,第一壁等结构采用额外的冷却剂来冷却,比如氦气或水作冷却剂,液态锂铅作氚增殖剂。双冷包层设计概念是指冷却剂和氚增殖剂分别采用不同的介质,比如用氦气或水作冷却剂,液态锂或锂铅既作氚增殖剂又作冷却剂材料。包层的第一壁一般采用铁素体钢(FS)作为结构材料,使用碳化硅纤维或碳化硅复合材料(SiC_f/SiC)作为通道插件和隔热材料。熔盐包层设计中,采用氦冷/FS第一壁结构与具有低熔点和低电导率的熔盐增殖剂,不需要额外的通道插件。

在液态包层工作环境中,液态增殖剂不停地循环流动,将液态增殖剂中形成的氚从包层内送到反应堆外,进行分离和回收。不像固态包层那样,增殖剂需要定期进行更换。对于热量的提取方法,既有与固态增殖包层一样、设置冷却管或冷却板、通过冷却剂进行回收的方法,也有通过循环的液态增殖剂本身进行回收的自冷的方式。相对于固态包层而言,液态包层具有氚增殖比更高的优点,它无需在包层内专门安排高成本的中子增殖剂(如Be)。采用液态金属作为冷却剂,具有更好的导热和载热能力。

利用液态金属包层的特点，允许设计出高功率密度、高热效率的包层方案。在液态包层设计中，氚循环载体采用的是液态锂或锂铅共熔体，可以进行实时在线提氚，减少了包层更换频率，提高了堆的可用性。同时，采用液态包层设计的聚变堆系统，可实时在线补充消耗掉的锂。

液态增殖剂在堆内的磁场环境下进行循环流动，导电流体在磁场中运动时会产生感应电势，进而产生感应电流，感应电流与磁场相互作用，对运动流体产生了额外的电磁力，即洛伦兹力，从而影响流体的运动，导致磁流体动力学MHD效应，它是聚变堆中的特有问题。在磁流体动力学中，描述流体与磁场相互作用的基本方程包括：质量守恒方程（连续性）、法拉第电磁感应定律、安培定律、欧姆定律、状态方程，以及动量方程。直接给出MHD效应的单一公式是困难的，因为MHD效应是这些方程综合作用的结果。不过，我们可以从动量方程中看到洛仑磁力J×B对流体运动的影响：

动量方程

$$\rho\left(\frac{\partial \boldsymbol{u}}{\partial t}+(\boldsymbol{u}\cdot\nabla)\boldsymbol{u}\right)=-\nabla p+\mu\nabla^2\boldsymbol{u}+\boldsymbol{J}\times\boldsymbol{B} \tag{7.21}$$

式中，ρ 是压力，u 是流体的黏性系数，$\boldsymbol{J}$ 是电流密度，$\boldsymbol{B}$ 是磁场强度，$\boldsymbol{J}\times\boldsymbol{B}$ 是洛仑磁力项。

MHD压力降的计算公式为

$$\Delta p_{\mathrm{MHD}}=kL\sigma\boldsymbol{u}\boldsymbol{B}^2 \tag{7.22}$$

式中，L 为流动长度，$\boldsymbol{B}$ 为磁场强度，$\boldsymbol{u}$ 为流动速度，σ 为流体电导率，k 与流体和管壁电导率、尺寸等参数有关。因此，MHD压力降与流体的电导率、流体流动速度、磁场的大小、流道尺寸、壁垫带率等参数有关。在实际应用中，需要对这些基本方程联立求解，并且需要引入额外近似和假设来简化问题。深入研究液态金属磁流体在强磁场环境下流动引起的MHD效应，对聚变堆液态包层的设计研究以及整个聚变堆系统的安全运行至关重要。表7.13给出了部分液态增殖包层的设计实例。

表7.13　液态增殖包层的设计实例

序号	冷却剂	增殖剂	倍增剂	设计实例
1	自冷	液态Li	无	英国卡拉姆研究所实验堆
2	自冷	液态Li	无	UWMAK-I（威斯康辛大学）
3	自冷	液态Li	无	UWMAK-Ⅲ
4	自冷	液态Li	无	ITER
5	Li-K	液态Li	无	ORNL实验堆
6	自冷	$Li_{17}Pb_{83}$	$Li_{17}Pb_{83}$、Be	INTOR

续表

序号	冷却剂	增殖剂	倍增剂	设计实例
7	自冷	FLiBe	FLiBe	ITER
8	He	FLiBe	FLiBe	普林斯顿大学
9	He	液态Li	无	ORNL实验堆
10	He	$Li_{17}Pb_{83}$	$Li_{17}Pb_{83}$	INTOR
11	He	$Li_{17}Pb_{83}$	$Li_{17}Pb_{83}$	ITER
12	水	$Li_{62}Pb_{38}$	$Li_{62}Pb_{38}$	NUWMAK(威斯康辛大学)
13	水	$Li_{17}Pb_{83}$	$Li_{17}Pb_{83}$	INTOR
14	水	$Li_{17}Pb_{83}$	$Li_{17}Pb_{83}$	ITER

图7.13为INTOR液态增殖包层的设计示意图。氚增殖剂采用液态$Li_{17}Pb_{83}$，自冷。中子倍增剂采用实际厚度10 cm的Be，以提高氚增殖比。液态$Li_{17}Pb_{83}$的入口温度设定在275 ℃，为了抑制腐蚀和循环运行产生的热应力，出口温度设定在较低的350 ℃。为了抑制MHD压力损失，将液态$Li_{17}Pb_{83}$的流速控制在0.4～0.5 m/s。

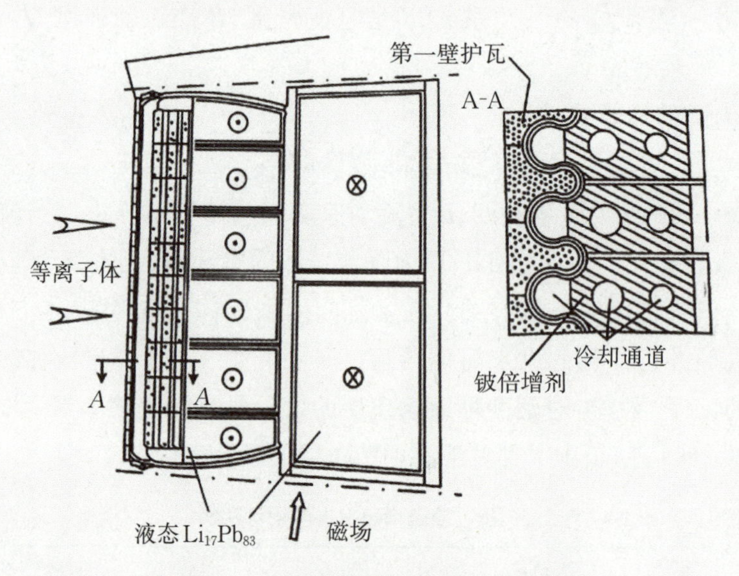

图7.13 INTOR液态增殖包层结构示意图

图7.14为美国液态锂铅双冷包层设计示意图。在氚增殖区，液态金属锂铅既作增殖剂，同时也作为冷却剂，为了降低液态金属对结构材料的流动腐蚀，在流动管道四周加设厚度为5 mm的碳化硅插件(SiC FCI)。为了降低磁流体压力降(MHD)效应，液态金属锂铅的流动速率很慢。同时，对结构部件(如第一壁)采用氦气冷却，这种设计被称为双冷液态包层概念。

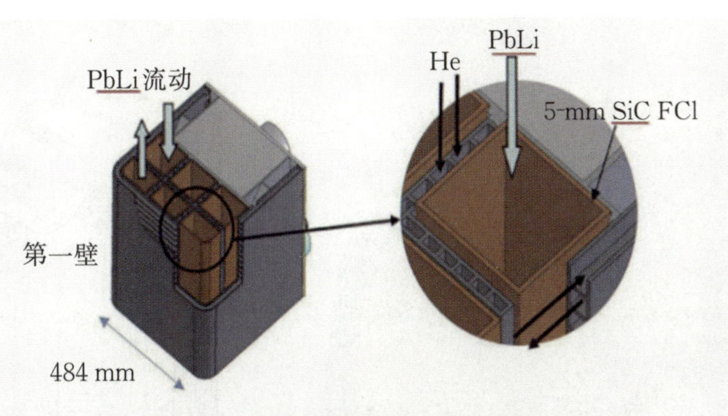

图7.14　美国液态锂铅双冷包层设计

图7.15为美国APEX-Flibe液态自冷包层设计，FLiBe（氟锂铍）既作增殖剂又作冷却剂，出口温度为681 ℃，其优点是电导率和热导率都很低，在磁场环境下流动降低了MHD效应。包层的结构材料为先进的铁素体钢纳米复合材料。为了提高氚增殖率，采用铅作中子倍增剂，避免了使用铍所造成的热机械和辐照肿胀。

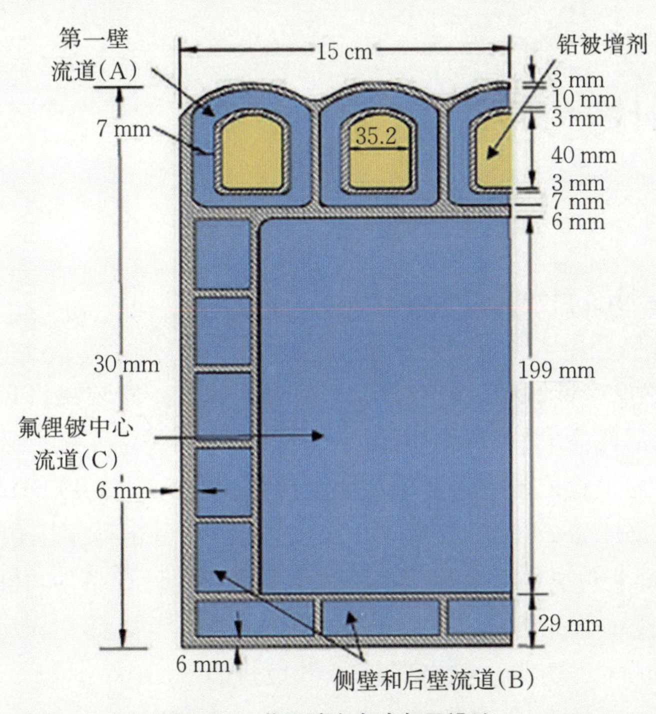

图7.15　美国液态自冷包层设计

图7.16(a)为欧洲双冷锂铅包层设计示意图，采用氦气和液态锂铅双冷系统，氦气用于冷却结构，锂铅用于增殖区自冷却(700 ℃)，第一壁结构材料为Eurofer铁素体钢，并在第一壁表面镀层ODS钢，使用碳化硅为流道插件。图7.16(b)为欧洲自冷锂铅包层设计示意图，液态锂铅用于自冷却，出口温度为950 ℃，碳化硅作为结构材料。

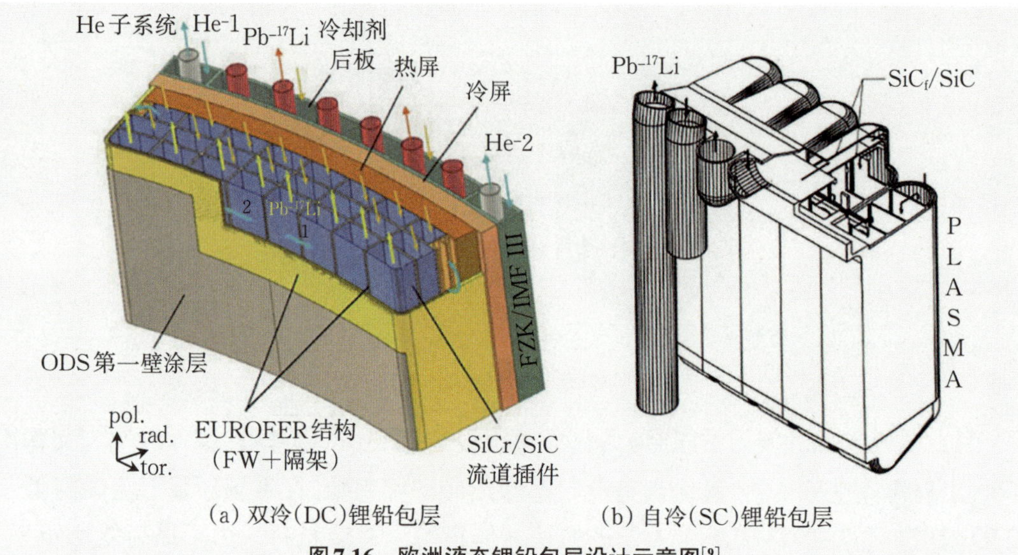

(a) 双冷(DC)锂铅包层　　(b) 自冷(SC)锂铅包层

图7.16　欧洲液态锂铅包层设计示意图[9]

7.6　中国ITER实验包层设计

7.6.1　ITER TBM计划

ITER是实验反应堆,没有增殖包层,只有屏蔽包层。安装在ITER上的屏蔽包层是由水冷不锈钢部件构成的,主要功能只是对堆芯等离子体实施屏蔽,不具备氚增殖和发电功能。但为了验证未来聚变堆的增殖性能和发电功能,ITER采用实验包层模块(Test Blanket Module,TBM)放置于多个实验窗口,可进行不同包层概念的实验。表7.14为ITER屏蔽包层的主要设计条件。实验包层的设计条件与屏蔽包层类似,结构材料也需要承受中子壁负荷0.78 MW/m^2,热流束平均为0.25 MW/m^{2}等。

聚变堆包层的主要功能是:① 产氚;② 获取热能;③ 中子屏蔽。为实现能满足这些功能的包层,科学家们提出了各种各样的方案。目前聚变堆工艺的研究大多集中在满足ITER的建造和实验上。ITER计划的工程目标之一就是安装DEMO(商用聚变示范堆)用增殖包层模块,开展以验证氚增殖功能和发电功能为目的的ITER实验包层模块(TBM)实验。

表7.14 ITER屏蔽包层(500 MW聚变功率)主要设计条件

序号	参 数	数 值
1	包层总热功率(MW)	690
2	第一壁表面积(m^2)	680
3	第一壁热通量 稳态,平均/最大(MW/m^2) 瞬态(10 s),最大(MW/m^2)	 0.25/0.5 0.5~1.4
4	中子壁负荷,最大/平均(MW/m^2)	0.55/0.78
5	中子注量,最大/平均($MW·a/m^2$)	0.3/0.5
6	限制器热通量,平均/最大(MW/m^2)	~3/~8
7	中子通量(MW/m^2)	0.3
8	等离子体破裂时的第一壁热负荷(MJ/m^2)	0.5(1~10 ms)
9	模块数量,总/NB注入	421/17
10	模块总重量(t)	1530
11	模块重量限制(t/模块)	4.5

ITER参与各方建议的TBM设计方案有以下5个基本设计概念:

(1) 氦冷锂陶瓷铁素体钢/马氏体钢(He-cooled/Li-Ceramic/Be/F/M Steel)。

(2) 氦冷液态锂铅铁素体钢/马氏体钢(He-cooled/LiPb/F/M Steel)。

(3) 水冷锂陶瓷铁素体钢/马氏体钢(Water-cooled/Li-ceramic/Be/F/M Steel)。

(4) 自冷液态锂钒合金(Self-cooled/Li/V)。

(5) 自冷熔盐(Self-cooled/Li molten Salt)。

(1)和(2)两种包层方案为主流设计方案,由多方开展设计;包层方案(3)是日本提出的基于压水堆超临界水概念的水冷陶瓷铁素体钢/马氏体钢包层概念;包层方案(4)为日本、俄罗斯早期提出的基于高效产氚、排热的液态锂增殖剂和先进结构材料钒合金的自冷液态锂钒合金包层概念;包层方案(5)是美国基于阿贡实验室的技术提出的自冷氟锂铍(FLiBe)熔盐包层概念。表7.15为各方参与ITER实验包层模块(TBM)计划提出的技术方案和设计特征。

表7.15 ITER实验包层模块(TBM)设计特征

概念特征	氦冷/陶瓷	氦冷/液态锂铅	水冷/陶瓷	自冷/锂钒	自冷/熔盐
冷却剂	氦冷	氦冷/液态锂铅	水冷	自冷/液态锂	自冷/熔盐
氚增殖剂	锂陶瓷	液态锂铅	锂陶瓷	液态锂	熔盐/FLiBe
中子倍增剂	铍	铅	铍	—	铍
结构材料	铁素体钢	铁素体钢	铁素体钢	钒合金	铁素体钢
代表国家	所有各方	欧、美、中	日	日、俄	美

其中固态增殖/超临界水冷却TBM是日本为主建议的方案。2000年日本原子能委员会核聚变会议批准的“聚变堆包层研究开发进程”将具有高度固有安全性，数据库较为丰富的固态增殖包层为主要开发目标，用加压轻水作冷却水，低活化铁素体钢作结构材料。该包层相关材料及堆工艺技术的研究开发由日本原子能研究开发机构为主，相关研究机构和高校等协助进行。根据设计，固态增殖/水冷却方式TBM的氚增殖材料使用Li_2TiO_3，中子增倍增材料使用Be或不容易与水反应的Be金属间化合物。上述材料均分别加工为直径约1 mm的微小球，以层状填充到TBM中。TBM容器使用日本在世界上率先开发的低活化铁素体钢。日本在世界上首次用高温各向同性加压法(HIP)研制成功内置有采用低活化钢F82H矩形冷却管的第一壁。日本基本确立了氚增殖剂、中子倍增剂材料微小球的制作技术、低活化钢制作技术和加工技术以及微小球充填层高温特性、氚释放特性等制作TBM必需的关键技术。

中国基于聚变-裂变混合堆研究基础和聚变能研发长远目标，在加入ITER TBM计划的早期选择了前两种包层方案进行设计和技术研发，最终确定采用第一种包层方案。

钒合金具有低活化特性且与液态金属相容性好的优点，是未来聚变堆包层结构候选材料之一，俄罗斯在2009年生产了110 kg的V-4Cr-4Ti锭，目标是解决与DEMO包层制造相关技术问题。因此，俄罗斯单独提出了液态锂/钒合金的实验包层模块设计方案。图7.17为试验包层模块(TBM)在ITER中平面窗口上的位置示意图。

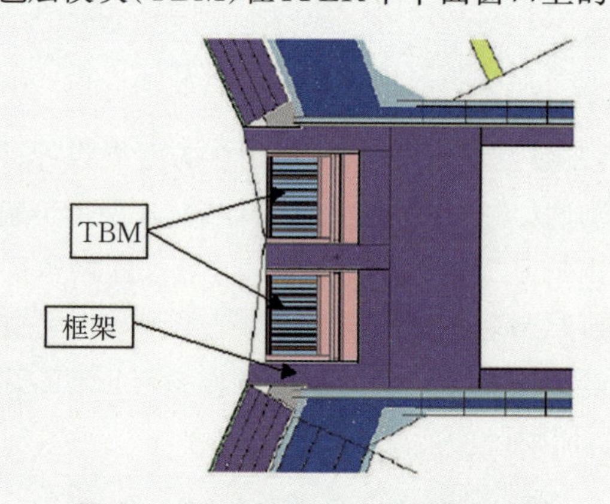

图7.17　TBM在ITER中平面窗口位置

7.6.2　中方ITER TBM模块设计

1. 结构设计

如表7.16所示，中方早期提出的氦冷固态氚增殖剂实验模块(ITER HCSB TBM)

主要由以下结构部件组成:第一壁、盖板、格架、后板、连接件、冷却管、提氚气体管以及子模块等。第一壁采用的是30 mm厚的双层板结构设计;在其内部是串联的U型冷却通道。格架和盖板也有其独立的冷却通道。其中格架焊在第一壁上,这有利于加强整体结构的安全性和可靠性。整个HCSB TBM共有12个子模块,每个子模块都有独立的冷却通道和提氚气体通道,这些通道在子模块之间采用的是并联设计。

表7.16　中方ITER HCSB TBM主要设计参数[8]

结构特征	管 外 增 殖	模块化:2×6个子模块
第一壁面积	0.484 m(环向)×0.1660 m(极向)	0.803 m^2
中子壁负载		0.78 MW/m^2
表面热流		0.30 MW/m^2(正常工况) 0.50 MW/m^2(极端工况)
总的热沉积	NT-TBM,PI-TBM	1.03 MW
局部氚增殖比	硅酸锂,Li_4SiO_4	0.57 (3-D),80% ^6Li
产氚率	ITER运行	1.23×10^{-2} g/d
子模块尺寸	(极向)×(环向)×(径向)	250 mm×203 mm×420 mm
陶瓷增殖剂(硅酸锂)	单一尺寸规格的小球	直径0.5~1 mm,球床形式
	厚度	90 mm (4个区)
	最高温度	687 ℃
中子倍增剂(铍)	两种尺寸规格的小球	直径0.5~1 mm,球床形式
	厚度	200 mm(5个区)+2 mm(铍保护板)
	最高温度	507 ℃(铍保护板) 660 ℃(铍球床)
结构材料	铁素体钢	性能参考EUROFER
	最高温度	516 ℃
冷却剂(氦气)	压力	8 MPa
	压降	0.1 MPa
	温度(进口/出口)	300 ℃/500 ℃
	流量	1.3 kg/s
管型	直径(外径/内径)	85/80 mm
提氚气体(氦气)	压力	0.12 MPa
	压降	0.02 MPa

如图7.17所示,整个HCSB TBM模块的结构和尺寸是以ITER 1/2实验窗口为设计基准,其中硅酸锂作为氚增殖剂,铁素体/马氏体钢作为结构材料,氦气用作冷却剂和提氚气体。为了确保足够的氚增殖比,用铍球床作为中子倍增剂,增殖剂硅酸锂^6Li的丰度也达到了80%。

在ITER正常工况下,产氚率是1.23×10^{-2} g/d。为了改善包层模块的功率密度分布，增殖区当中中子倍增剂铍球床的布置将会进一步优化。

根据HCSB（Helium-cooled Solid Breeder）TBM模块的相关参数，初步设计了氦冷系统，其主要设备放置在ITER托卡马克水冷室中。TBM模块冷却剂氦气的进出口温度分别是300 ℃和500 ℃，氦气质量流量是1.3 kg/s，压强大约是0.1 MPa。通过氦冷系统，TBM产生的热量被转移到了ITER的二回路水冷系统当中；二回路热交换器的进出口水温分别是35 ℃和75 ℃，质量流量是5.8 kg/s。同时估算了氦冷系统的空间要求，整个系统在ITER托卡马克水冷室中需要的净空间大约是16 m^2。

针对NT-TBM模块，对氚提取系统和冷却剂净化系统进行了设计，氚提取系统的主要特性和设计参数如下：提氚气体成分比是He∶H_2＝1000∶1；提氚气体进出口压力分别是0.12 MPa和0.1 Mpa；产氚率是1.23×10^{-2} g/d；氚提取效率是95%；氦流量是0.6 g/s。同时考虑了空间要求，氚提取系统必须放置在手套箱里，此外手套箱中的空气必须进行除湿处理以免形成HTO。

冷却剂净化系统并联接入氦冷回路中的气体循环泵两端，通过分流阀从氦冷回路中分流出一部分气体进入该系统，经过除氚及氦纯化后返回氦冷回路。冷却剂净化系统的主要设计参数是：冷却剂氦气压力8 MPa，最大流量450 mg/s；氚提取效率大于等于95%。冷却剂净化系统连同氦冷系统一块位于ITER托卡马克水冷室当中。

为了在ITER运行期间对中子通量和能谱进行测量，设计了一套专门的中子测量系统。这个测量系统包括封装薄箔活化片分析系统、微裂室探测器和紧凑型中子能谱仪。为此NT-TBM模块应设计3个完整的径向诊断通道，通道内径大约是3 cm，每个通道从TBM后部进入，在这3个通道中分别插入活化片、微裂室探测器和中子能谱仪。

图7.18为中方ITER固态增殖剂模块概念设计的结构示意图，包层模块的尺寸为

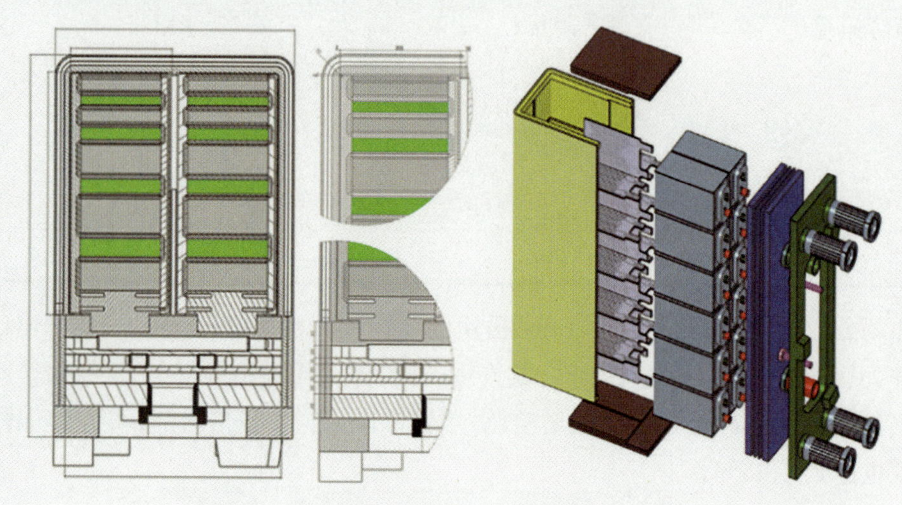

图7.18　中方ITER HCSB TBM初始设计示意图

宽462 mm、高1670 mm、厚484 mm。结构形式采用4个子模块组合成1个实验模块。利用电子束焊接将后板和子模块组合一体化连接起来,构成1个包层模块。根据中子学设计结果,氚增殖层与中子倍增层交互配置,其间设置冷却管。中方的TBM的改进设计如图7.19所示。

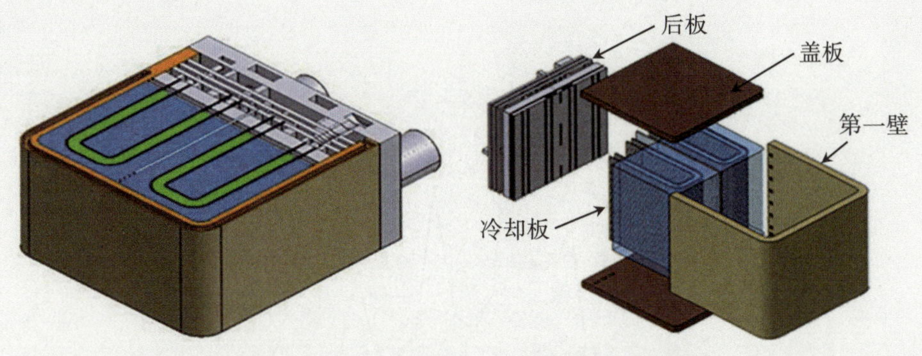

图7.19　中方ITER HCSB TBM改进设计示意图

采用水冷固态增殖剂(Water-cooled Ceramic Breeder,WCCB)的ITER实验包层模块的主要设计参数如表7.17所示。

表7.17　ITER WCCB TBM的主要参数[2]

序号	项　目	内　　容
1	第一壁面积	680 mm×1940 mm
2	结构材料	低活化铁素体钢RAFM
3	冷却剂	加压水
4	冷却剂的温度、压力	入口/出口:285/325 ℃,15 MPa 入口/出口:360/390 ℃,25 MPa(10年后)
5	增殖剂/倍增剂	Li_2TiO_3/Be、BeTi合金
6	进入热量	1.56 MW

2. 性能分析

中子学计算采用的是中子输运程序3-D MCNP,3-D中子学结果是其他相关设计分析的直接参数依据。而1-D和2-D中子学计算主要用于增殖区的尺寸和材料优化。数据库是基于FENDL2.1。

热工水力及热工机械计算分析采用的是ANSYS程序,分析结果表明各个材料区的温度分布都在许用范围内,其中当第一壁的热流密度是0.5 MW/m²时,TBM模块增殖区的最高温度是687 ℃,共计有1.03 MW的能量沉积于其上。冷却剂氦气的进口温度是300 ℃,出口温度控制在500 ℃左右。对于第一壁和子模块冷却板,其最高温度分别是507 ℃和516 ℃,最大应力分别是295 MPa和402 MPa,这些结果均符合结构设计要求。

利用中子输运程序BISON 3.0和活化计算程序FDKR及其衰变链数据库DCDLIB进行活化计算分析。图7.20为模块径向功率密度分布，横坐标为模块的位置区号。

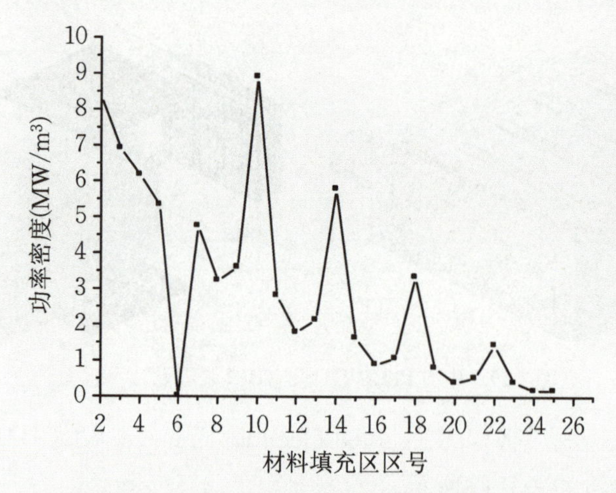

图7.20　中方TBM模块径向功率密度分布[10]

此外，针对事故安全状况，例如LOCA和LOFA等，中方TBM设计也进行了相关计算分析。

7.7　中国DEMO包层设计

聚变示范堆(DEMO)的研究目标是建立反应堆的物理和工程基础，并明确其局限性。DEMO一定是ITER运行后下一步发展的目标，将是对可行的磁约束核聚变应用在技术、材料、经济性、环境安全和废物处理等方面进行总体评价的长期规划的重要方面。

DEMO以传统托卡马克位形、稳态运行等离子体、气体靶偏滤器以及超导磁体线圈为设计特征，其主要性能参数和等离子体运行模态，以及磁体系统正在评估中。

根据ITER工程设计实践，中国DEMO堆的下列原则和设计特征将作为研究发展的框架：

(1) 聚变功率在2500～3000 MW，第一壁平均中子壁负载为2.0～3.0 MW/m²。

(2) 氚自持。

(3) 以稳态运行的反剪切等离子体模态作为首选方案。

(4) 中性束注入驱动电流。

(5) 对氦冷陶瓷包层不同的设计方案进行评估。

(6) 经过5～15 MW·a/m²照射后的真空室内部件的可替换性。

(7) 包层模块装卸的垂直方案。

(8) 在30年使用寿命期限内永久超导磁体系统的可靠性。

基于上述定义和设计原则，通过采用系统程序COAST4，确立了HCSB DEMO堆的主要性能参数以及等离子体的运行模态。中国HCSB DEMO堆的主要参数列于表7.18，初步的三维结构概念见图7.21。

表7.18　中国HCSB DEMO堆主要参数[3]

参　数	数　值
聚变功率(MW)	2500
大半径(m)	7.2
小半径(m)	2.1
拉长比，κ	1.8
聚变增益，Q	35
中子壁负载(MW/m²)	2.3
表面热负载(MW/m²)	0.43
氚增殖比，TBR	1.1
效率	50%～70%
偏滤器峰值负载(MW·a/m²)	8.0(水冷)

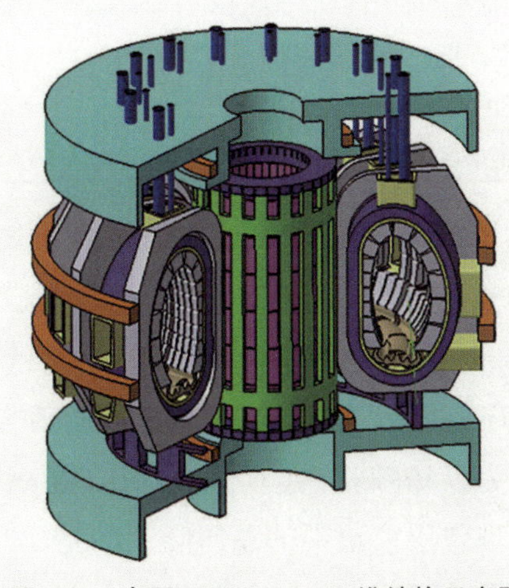

图7.21　中国HCSB DEMO堆结构示意图

中国HCSB DEMO堆将采用Nb_3Sn超导磁体系统。结构部件与TF线圈、PF线圈以及中心螺线管组成一个单独的实体并承受电磁和重力载荷。

中国HCSB DEMO堆陶瓷包层采用模块化设计,在极向上共有14个包层模块依次排列,这样的排列在环向上共有72排,所以总共大概有1008个包层模块。这些包层模块设计是通过真空室的垂直窗口来进行装卸。在真空室内,内侧包层模块的径向厚度大约是630 mm,外侧包层模块厚度大约是800 mm。

包层模块拟采用紧凑的焊接设计,主要包括焊接后板、第一壁以及增殖区等。后板是一个承重部件,共有2个包层模块对称地焊接在其上。目前选用低活化铁素体钢作为包层模块的结构材料,硅酸锂作为氚增殖剂,铍作为中子倍增剂。中国HCSB DEMO堆包层的主要设计参数列于表7.19。

表7.19　中国HCSB DEMO堆包层的设计参数

参　数	数　值
中子壁负载(MW/m^2)	2.3
表面热负载(MW/m^2)	0.43
氚增殖比	>1.1
冷却剂	He
进出口温度(℃)	300～500
压力(MPa)	8
氚增殖剂[^6Li丰度]	Li_4SiO_4小球[80%]
填充率	63%
工作温度(℃)	400～920
中子倍增剂	Be
填充率	80%
工作温度(℃)	400～700
结构材料	CLF-1钢
工作温度(℃)	300～550

中国HCSB DEMO堆包层模块结构如图7.22所示。第一壁是一个复杂的U形板,里面加工有环向冷却通道,外面有一层铍保护板,同时第一壁通过加强筋与包层模块焊接固定为一体。在第一壁和后板之间是包层模块的增殖区域。

增殖区域共有13排循环冷却通道,6排正硅酸锂球床和8排铍球床,其中单体正硅酸锂球床(孔积率37%)作为氚增殖材料,双体铍球床(孔积率20%)作为中子倍增材料。冷却剂氦气在DEMO堆包层模块中的总压降大约是0.2 MPa,这在允许的范围之内。另外,在允许范围内,通过调整增殖区的厚度和丰度对其进行优化。初步的热工水力分析结果满足设计要求。MCNP程序被用作3-D中子学计算工具。在初始运行阶段氚增殖比的最优化结果是1.1,运行3个满功率年(FPY)之后,锂的消耗要降低此值的3%~6%。

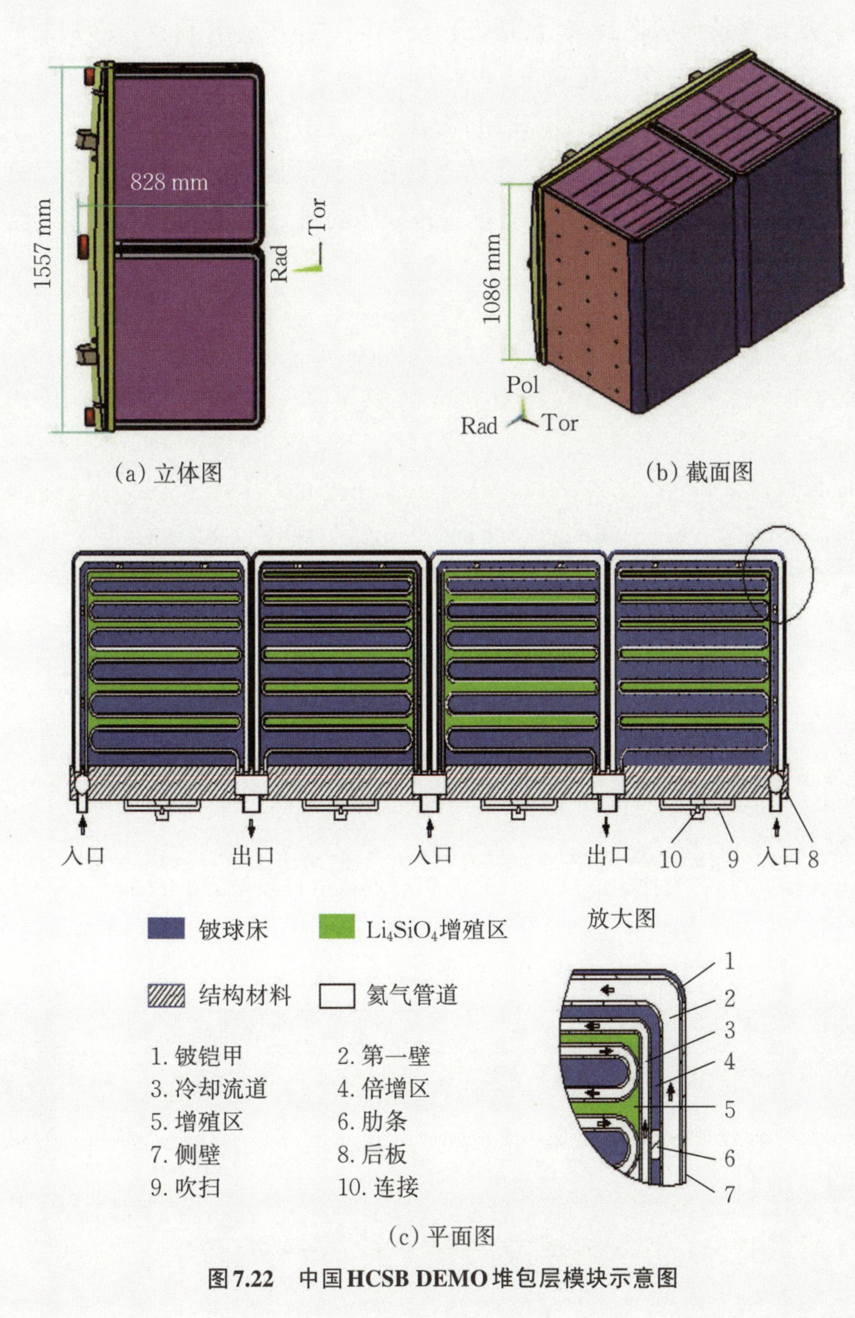

图7.22　中国HCSB DEMO堆包层模块示意图

小结

包层是聚变堆最重要的部件之一，氚自持和能量的安全排除要通过合理的包层设计来实现。从氚增殖剂的选择来看，液态包层和固态包层各有利弊。冷却剂的选择与增殖剂的选择密切相关，分别是氦气、水、液态金属。在包层结构材料方面，目前的设计采用低活化铁素体/马氏体钢(RAFM)为首选。聚变堆包层设计所面临的主要挑战是如何提高氚增殖比实现氚自持，目前缺乏具有工程规模的氚试验设施来验证聚变堆氚自持的工程可行性，国内聚变界正在推进该领域的研究和技术发展。

参考文献

[1] Aymar R. Status of ITER project[J]. Fusion Engineering and Design, 2002(61):5-12.

[2] 冈崎隆司. 核聚变堆设计[M]. 万发荣，叶民友，王炼，译. 合肥：中国科学技术大学出版社，2023.

[3] Feng K M, Zhang G S, Zheng G Y, et al. Conceptual Design Study of Fusion DEMO Plant at SWIP[J]. Fusion Engineering and Design, 2009(84):2109-2113.

[4] 吴宜灿. 聚变中子学[M]. 北京：中国原子能出版社，2016.

[5] 郝嘉琨. 聚变堆材料[M]. 北京：化学工业出版社，2007.

[6] Cao Q X, Wang X Y, Wu X H, et al. Neutronics and shielding design of CFETR HCCB blanket[J]. Fusion Engineering and Design, 2021, 17(3):11-18.

[7] Qu S, Cao Q X, Duan X R, et al. Study on Multiphysics coupling and automatic neutronic optimization for solid tritium breeding blanket of fusion reactor [J]. Energies, 2021, 17(14): 42-54.

[8] Feng K M, Pan C H, Zhang G S, et al. Progress on Design and R&D for Helium-cooled Ceramic Breeder TBM China[J]. Fusion Engineering and Design, 2012(87):1138-1145.

[9] 邱励俭. 聚变能及其应用[M]. 北京：科学出版社，2008.

[10] 冯开明. ITER实验包层计划综述[J]. 核聚变与等离子体物理，2006, 26(3): 161-169.

第8章　聚变堆材料

8.1　引言

在共同推进ITER计划的同时，各国都有自己的聚变堆设计与聚变材料的同步发展计划。材料科学家认为，未来的第一代聚变示范堆（DEMO）建设的首选结构材料仍然是低活化的铁素体/马氏体钢。为此，欧盟研发了铁素体钢Eurofer 97，日本发展了F82H钢，中国也开发了CLAM和CLF-1两种低活化的铁素体/马氏体钢作为聚变堆结构材料。

聚变堆材料技术发展所面临的主要问题是：在聚变堆14 MeV聚变中子高剂量辐照下的材料寿命问题，目前的数据几乎都是来自裂变中子辐照，需要通过国际聚变材料辐照装置IFMIF的建设和试验以及抗辐照的聚变堆材料研发来解决聚变堆的可靠性、核安全和环境影响问题。

聚变堆材料可分为结构材料和功能材料两大类。结构材料包括第一壁/偏滤器和包层等真空室内部部件用结构材料，主要有低活性铁素体钢/马氏体钢（RAFM）、奥氏体钢、钒合金、SiC_f/SiC纤维复合材料等。热沉铜合金类似于结构材料，用于水冷第一壁和偏滤器部件。面向等离子体材料，包括铍、钨、碳材料等。聚变堆功能材料主要分为中子倍增剂和氚增殖剂材料两大类。中子倍增剂材料主要是铍和铅。氚增殖剂材料包括：液态锂、锂铅合金材料；固态锂陶瓷材料（Li_2O，$LiAlO_2$，Li_2ZrO_3，Li_4SiO_4，Li_2TiO_3）等。如果是聚变-裂变混合堆设计，还有裂变材料（^{235}U，^{233}U，^{239}Pu）和高放废料（Np，Pu，Am，Cm）处理问题。D-T聚变燃料循环本身不产生高放射性废物，但14 MeV

的高能中子会给周围环境带来巨大的麻烦，因此要求合格的聚变堆材料必须考虑以下因素：

(1) 放射性衰变热。

(2) 放射性的传播途径。

(3) 潜在生物危害。

(4) 比放射性。

(5) 长半衰期放射性核素。

我国聚变堆工艺与材料研究始于20世纪的国家"863计划"，并在国家核能开发、科技部ITER专项计划的支持下，开展了聚变堆低活性结构材料、面对等离子体材料、氚增殖材料和防氚渗透材料的研究，并加入了国际能源机构(IEA)聚变实施协议的政府间协议。曾先后在低活化铁素体钢FeCrMn合金、钒基合金V-4Cr-4Ti、碳化硅复合材料SiC/SiC等研究方面取得了重要成果。通过元素替换法(以Mn代Ni)，研制了多种FeCrMn合金，使316不锈钢的活性得以降低。测试了合金性能，考察了相稳定性，利用硅、碳反应在较低温度和压力下制备出致密SiC/SiC烧结材料等。近年来，由于核能发展的需求，在SiC_f/SiC纤维复合材料方面也取得了很好的进展。加入ITER计划后，加速了低活化铁素钢(CLF-1，CLAM)的研究，已经达到工业化规模，并被选择用于ITER实验包层模块(TBM)的结构材料。

8.2 聚变堆结构材料

磁约束聚变堆的第一壁及其附属结构的工作环境极为苛刻，结构材料会受到聚变反应的14 MeV高能中子的辐照以及来源于D-T等离子体运行和中子与材料的(n，p)、(n，α)反应产生的氢(氢同位素)和氦的滞留，它们通常会恶化中子辐照的离位损伤行为。因此，聚变堆结构材料的抗辐照性能和活化特性是聚变堆材料发展的重要标准。

8.2.1 铁素体/马氏体钢

低活性铁素体/马氏体钢(Reduced Activation Ferrtic/Martensitic，RAFM)具有抗辐照性能好和热应力低的优点，使用温度可达到550 ℃，且有良好的工业制造技术基础，被视为未来聚变堆的首选结构材料。1982年，国际上基于高Cr耐热钢（如T91）提出了低活性铁素体/马氏体钢的概念以满足聚变堆结构材料的需要，基本的想法是用W取代Mo，Ta取代Nb。与奥氏体钢相比，它的优势在于没有高放射性元素，整体处于低放射性水平，以满足核废料的沙土浅埋条件，同时具有更高的热导率（降低了Cr的含量）、低的热膨胀系数、低的辐照肿胀等特点。日本的F82H和欧洲的Eurofer 97是国际上发展较为成熟的两种RAFM钢，组织成分是F82H（Fe-8Cr-2W-0.2V-0.04Ta）和Eurofer 97（Fe-9Cr-1W-0.2V-0.12Ta），按照核废料的处理标准，N含量应控制在一个合理的水平。

热蠕变性能是耐热钢的重要参数，总体上F82H和Eurofer 97钢的蠕变断裂性能与T91耐热钢相当，从这个意义上讲，保证了其可以作为结构材料使用，但目前数据并不充分，仅有的有限数据可以获得最小的蠕变速率[1]（图8.1）。

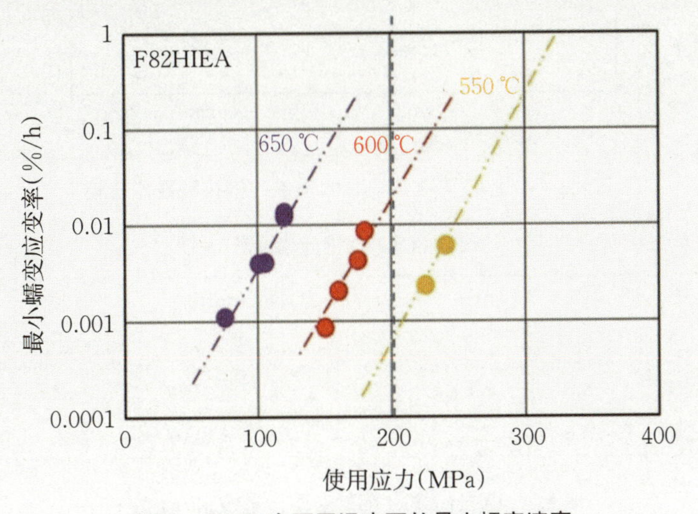

图8.1　F82H在不同温度下的最小蠕变速率

为了配合聚变堆的设计及为ITER实验包层模块提供材料及性能数据，核工业西南物理研究院在早期LHT-9钢的研究基础上，进行了低活性铁素体/马氏体钢CLF-1的研发，重点研究了材料的离子辐照效应、其在液态锂合金中的腐蚀行为以及对合金成分的优化。

在RAFM钢研究方面，国内典型的有核工业西南物理研究院的CLF-1钢，中国科学院核能安全技术研究所的CLAM钢，还有中国科学院兰州近代物理所为ADS项目开发的SIMP钢，成分和组织上都与F82H和Eurofer 97类似，热物理及力学性能也类似，规模都达到了5 t的水平，氧含量控制在20 mg/L以下，活性杂质元素含量也控制在可接受的范围内，同时还掌握了各种型材如不同尺寸的棒材、板材以及管材的制作工艺。

通过对CLF-1钢进行基本性能的测试分析，结果表明该钢在基本力学性能方面已经达到或接近国际同类RAFM钢的水平。CLF-1钢已被用于CFETR设计，性能符合设计要求。图8.2为中国CLF-1钢与日本JLF-1钢拉伸性能的比较。表8.1、表8.2分别为CLF-1钢的元素成分和杂质含量控制值。

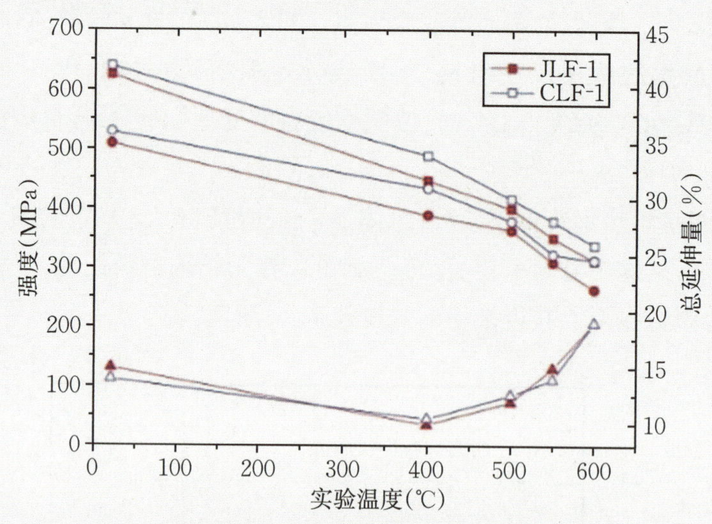

图8.2　中国CLF-1钢与日本JLF-1钢拉伸性能比较

表8.1　中国CLF-1钢元素成分(wt.%)

RAFM	C	Cr	W	V	Mn	Ta	O	N	Fe
CLF-1	0.11	8.5	1.5	0.25	0.5	0.10	0.0020	0.02	Bal.
Eurofer97	0.11	8.9	1.1	0.20	0.4	0.14	0.0012	0.03	Bal.
F82H	0.09	8.0	2.0	0.16	0.2	0.02		0.007	Bal.

表8.2　中国CLF-1钢的杂质含量控制(wt.%)

元　素	S	P	Ti	Nb	Mo	Ni	B
杂质控制	0.0017	0.005	<0.005	<0.005	<0.005	0.01	<0.005
元　素	Cu	Al	Co	Zr	As	Sn	Sb
杂质控制	0.01	0.02	<0.005	<0.005	0.009	0.0008	0.0002

8.2.2　钒基合金

1. 钒合金特性

作为聚变堆材料的特性指标，一个非常重要的参数是热应力指数：$\eta=(1-A)B\sigma/$

$E\alpha$(A,B,σ,E,α分别为泊松比、热传导率、拉伸强度、杨氏模量、线膨胀系数)。钒合金的热应力指数高于铁素体钢和奥氏体钢,从而可承受更高的热流。这也是当年ITER设计时曾提出采用钒基合金(V-4Cr-4Ti)的原因。如果采用钒基合金,则可以大大提高核聚变堆第一壁的设计自由度、经济性以及安全性。

由于钒合金具有低的诱导放射性、出色的高温力学性能,在V-Li包层的设计中被选择为聚变堆候选结构材料。钒合金与液态锂有良好的相容性,使用温度可达到650~700 ℃,在国内已经具备了小规模的制造能力。目前主要研究集中在:

(1) 合金元素对力学性能的影响,加入一定W、Al后,对力学性能有一定改善作用。

(2) 钒合金的高温氧化机理研究,并给出了氧化反应活化能的理论求解。

(3) 合金间隙杂质元素H、O对力学性能的影响,氢脆机理及氢释放和室温蠕变效应。

(4) 钒合金的冷变形及热处理研究,如时效强化(沉淀析出)和高温稳定性、冷变形回复与再结晶等。

(5) 钒合金的氦离子辐照效应及热解析研究。

在聚变堆结构材料筛选阶段,一般采用离子辐照和计算模拟结果外推,而中子辐照测试则是钒合金辐照损伤研究的重要途径。目前,钒合金的中子辐照损伤研究利用的是裂变中子(能量<5 MeV,通量$1\times10^{13}/(cm^2\cdot s)$),研究的重点集中在辐照后的脆性方面。研究发现,在400 ℃以下中子辐照导致的低温脆性是最关键的失效原因。在400 ℃以上,嬗变氦引起的脆性是钒基合金面临的关键问题。而辐照诱导的蠕变则发生在高温段。

2. 研究进展

美国、日本等从20世纪80年代起就开展了大量的钒合金作为聚变堆结构材料的研究。根据裂变中子辐照结果以及高温蠕变性能等,确定了以V-Cr-Ti系为主的优化合金成分。20世纪90年代中期,美国成功制作出1200千克级规模化V-4Cr-4Ti合金锭子,为在DⅢ-D装置上的试验提供条件。日本核聚变科学研究所于2000年后制作出高纯V-4Cr-Ti合金,证明钒合金的气体杂质元素(O、N)控制是可行的,目前正在开展其中子辐照性能、高温力学性能、自修复电绝缘涂层技术和焊接性能研究。俄罗斯在10年前也制作出100千克级的V-4Cr-4Ti合金,拟用于DEMO聚变堆和快中子增殖堆,重点研究其强化处理工艺和机理,其高温加工可行性得到验证。近年来,俄罗斯正向高强度ODS钒合金方向发展。法国和英国也加入到了钒合金的研究行列,研制出数十千克级钒合金。我国从20世纪90年代开始进行聚变应用钒合金材料研究,于数年前成功研制出30千克级V-4Cr-4Ti合金(图8.3),同时也开展了V-5Cr-5Ti等的研制工作,近期主要研究钒合金的高温力学性能优化,并在纳米粒子弥散强化钒合金方面开展了一些工作。

图8.3　30千克级钒锭(真空熔炼)

3. 工程应用

钒合金在工程应用方面基础较薄弱,主要缺点是成本高,这与其缺乏大规模产业利用的经验和基础有关。同时,钒合金在高温下容易氧化和吸收杂质氧,高温处理必须采取保护措施,制造成本高。

技术挑战方面,如采用V-Li自冷聚变堆包层设计,在运行时伴生的磁流体动力学(MHD)效应显著。为了减少MHD压降损失,需要在结构材料的表面形成电绝缘被覆层。作为包层结构材料,需要设置阻氚涂层以克服其氚渗透的缺点。

8.2.3　碳化硅(SiC)

碳化硅复合材料具有优异的耐高温强度(大于1000 ℃)、抗蠕变性能、耐腐蚀和热冲击性能以及在聚变堆环境下固有的低诱导放射性和活化余热的优点,在国际上很多聚变堆概念设计(TAURO、ARIES、DRAEM)中颇受瞩目。聚变堆设计中对结构材料重点关注的是:热导率、聚合物裂解纤维的辐照稳定性、纤维-基体材料界面相的辐照稳定性、嬗变、密封性与连接技术以及纤维-基体材料界面对氦的相容性、热疲劳和热震性能、长期热稳定性。按目前的认识,SiCf/SiC复合材料将是未来聚变堆先进结构材料中极具竞争力的候选材料。

SiC作为先进聚变结构材料,其高温力学性能优异,温度窗口为600～1100 ℃。作为聚变堆结构材料,其缺点是,在制备与成型过程中可加工性差,致密度低于冶金材料，因而批量生产成本过高。实验发现，在高能中子辐照下其强度也显著降低，同时会嬗变产生He，但肿胀仍低于不锈钢。在液态包层的设计中，SiC材料被用作改善MHD效应的绝缘插件（图8.4）。

图8.4　碳化硅绝缘插件

目前，美国、日本以及法国等国家均在大力发展SiC_f/SiC复合材料。日本京都大学发展了核用SiC_f/SiC复合材料的NITE工艺，成功制备了致密的SiC_f/SiC复合材料，其抗氢、氦渗透、高导热、低活化、抗高能中子辐照以及高温力学强度等性能均基本满足聚变堆结构材料基本要求，并发展了相关焊接工艺，但是材料脆性相对比较高，而且成型工艺复杂，难以制备大尺寸构件。

我国对SiC_f/SiC复合材料用于聚变堆设计的研究基础相对薄弱，厦门大学、西北工业大学和国防科技大学分别开展了SiC纤维和SiC_f/SiC复合材料制备的关键技术研究、力学性能评价、热化学环境行为和中子辐照效应等基础研究。

8.2.4　低活化ODS钢

1. ODS钢特性

ODS钢，也被称为氧化物弥散强化钢，是一种特殊的结构材料。ODS钢主要由钢基体和氧化物颗粒组成，其中氧化物颗粒均匀地分布在钢基体中。ODS钢中的纳米级氧化物数密度可达10^{22}～$10^{24}/m^3$，这些纳米级氧化物能够有效钉扎位错，稳定组织，提高材料的抗蠕变性能。ODS钢中的纳米级氧化物以Y-Ti-O为主，且ODS钢中Y和Ti的含量普遍低于0.5 wt%。这些氧化物颗粒与基体的界面能够捕获辐照过程中产生的He泡等缺陷，提高材料的抗辐照性能。

ODS钢因其优异的高温性能和抗辐照性能,常用于反应堆结构材料,特别是在替换锆合金作为包壳材料方面。ODS钢的使用温度(500~700 ℃)比锆合金(280~320 ℃)高,且不会与水蒸气反应生成氢气,从而避免了氢气爆炸事故。与传统的RAFM钢相比,ODS钢具有更强的抗辐照特性[1]。

ODS钢在诸多领域中都得到了广泛应用,包括核能领域、航空航天领域、锅炉、汽轮机等大型设备的制造领域。总之,ODS钢是一种具有优异高温性能和抗辐照性能的结构材料,其独特的组成和性能特点使其在许多领域都发挥着重要作用。

2. ODS钢发展概况

目前主要有两种类型的ODS钢:9CrODS具有更好的抗中子辐照能力;12~15CrODS具有更好的抗腐蚀性能,其化学成分一般为9~15Cr,1~2W,0.2~0.4Ti,0.2~0.3Y,0.1~0.2O,<0.03~0.15C。主要采用机械合金化、热挤压或热等静压、热锻、冷轧等工艺流程来制造ODS钢。通过高密度纳米氧化物颗粒弥散强化、细晶强化(晶粒尺寸0.5~2 μm)及固溶强化机制,使得高温强度得到最大化。目前在日本发展的ODS钢主要有9CrODS、12CrODS、14~16CrODS(SOC1,SOC5,SOC-P3等);韩国15CrODS;欧洲ODS-Eurofer;法国Fe-14CrWTi ODS。我国目前也已经开展了多种ODS-RAFM钢的研究工作,如ODS-CLF、ODS-CLAM等。但是,国内的ODS钢的制备滞后于国外,样品的可重复性不高,材料中的纳米氧化物粒子一致性较差。国外已经开展了大量的ODS钢中子辐照实验研究,国内仅是有限的离子辐照模拟研究工作。

对于ODS钢的发展:

(1) 与传统的RAFM钢一样,能否实现大规模的工业化生产以满足包层和偏滤器结构材料运用的巨大需求,是将其运用到聚变堆设计中成功与否的关键因素。目前日本的9CrODS和12CrODS仅生产了2 kg,ODS-Eurofer为30 kg,仍处于实验室研究水平。限制其产量的主要原因在于机械合金化的球磨机容量。为了满足聚变堆用ODS钢的巨大需要,需要采用吨级工业化球磨机来生产,且在制备过程中需要严格控制好工作气氛,避免合金粉末的氧化污染。

(2) 中子辐照特别是在350 ℃以下的低温辐照所导致ODS钢的硬化及韧-脆转变温度(DBTT)的升高,也是关键问题之一。需要发展更为先进的具有稳定纳米氧化物的ODS钢,以提高抗中子辐照性能。

(3) 与冷却剂的相容性,也是限制ODS钢运用到包层结构中的因素。日本和韩国通过提高Cr的含量并添加Al来提高ODS钢的抗氧化和抗腐蚀的能力。另外,需要发展合适的涂层以提高抗腐蚀性能,如Al_2O_3、Er_2O_3涂层等。

(4) 包层及偏滤器部件的制造技术对于聚变堆建造也很关键。需要大力发展ODS钢自身以及与其他材料的异种材料连接技术。需要尽量避免采用熔化焊接的方式来连接ODS钢,因为高温会导致纳米氧化物颗粒的团聚,降低结合性能。欧洲采用电子束焊接来连接ODS-Eurofer,发现拉伸性能和冲击性能显著降低。可采用搅拌摩擦焊接和热等静压连接ODS钢,并严格控制焊接参数,避免纳米氧化物颗粒的尺寸、形态、分布等发生变化,从而使得接头的力学性能等于或优于母材。

8.3 聚变堆第一壁材料

第一壁靠近芯部等离子体区域,中子辐照损伤非常大,同时由于第一壁靠近包层,所以需要通过优化设计减小对包层氚增殖比的影响。

8.3.1 第一壁材料概况

我国聚变堆第一壁材料的研究开始于20世纪80年代初,系统地开展了高性能石墨和C/C复合材料的研发,成功研制出了系列的硼(B)、钛(Ti)、硅(Si)掺杂石墨和C/C复合纤维材料,热导率最高可达到278 W/(m·K),接近当时的国际先进水平。表8.3和表8.4归纳了掺杂石墨和C/C复合材料的主要性能指标。研究人员进行了功能梯度材料作为第一壁材料与部件的研究,利用自蔓延烧结技术在钨的骨架上液相烧结铜基形成W/Cu梯度材料和B_4C/Cu、SiC/C系列梯度功能材料,系统地研究了W/Cu、B_4C/Cu和SiC/C梯度材料与聚变等离子体的相容性,如真空性能、氢同位素的滞留与释放行为、高热负荷性能以及托卡马克等离子体的原位辐照性能等。

表8.3 C/C复合材料的物理性能

样　品	0#	1#(12#)	2#(6#)	3#	4#
成分		10% B_4C	6% B_4C	沥青+4.5%B_4C	沥青+3.7%Si
密度(g/cm^3)	2.03	2.04	1.99	2.00	2.00
气孔率	3.8%	4.9%	3.9%	4.4%	5.3%
热导率	194⊥	119⊥	124⊥	95⊥	128⊥
(W/m·K)	50//	41//	/	34//	37//

表8.4 系列掺杂石墨的物理性能

样品	成分	密度 (g/cm^3)	气孔率	抗弯强度 (MPa)	抗压强度 (MPa)	电阻率 $(\mu\Omega \cdot m)$	热导率 $(W/(m \cdot K))$
GST-1	2.5%Si,15%Ti	2.02	—	64	—	2.33⊥ 4.23//	—
GST315-01	2.5%Si,15%Ti	2.11	—	97	—	1.91⊥ 6.29//	278
GBTS-03	3%Si,3%B_4C 7%Ti	1.86	—	47.2⊥ 30.7//	—	6.52⊥ 3.50//	—
GBTS-04	4%Si,3%B_4C 13%Ti	1.94	1.41%	49.35⊥ 30.9//	—	—	—
GBTS-05	4%Si,3%B_4C 13%Ti	2.04	—	—	—	—	—
GBTS-06	4%Si,3%B_4C 13%Ti	2.10	—	—	—	—	—
GBTS5105-02	—	2.018	7.85%	—	—	—	—
GBTS5105-05	—	2.197	3.20%	—	—	—	—
GBTS5105-07	—	2.233	2.57%	—	—	—	—
GBTS5105-08	—	2.140	4.80%	—	—	—	—
GBTS5105-09	—	2.227	2.97%	50.56⊥ 94.08//	83.6⊥ 140.0//	2.48⊥ 3.98//	—

20世纪90年代起,国际上对聚变堆第一壁材料的研究重点转向难熔金属钨(W)。我国也开展了碳和铜基上的真空等离子体钨涂层的研究,在碳和铜基上进行真空等离子体钨涂层工艺开发,成功研制了厚度为300～500 μm的钨涂层,涂层的室温热导率高达90 W/(m·K),能够承受5 MW/m^2的高热负荷。还开展了物理气相沉积制备钨涂层的研究,采用多弧离子镀的方法成功制备5 μm左右的PVD-W涂层,可以用于目前的托卡马克壁涂层上。钨材料的研究重点是弥散强化的钨合金和化学气相沉积钨涂层CVD-W,通过传统的粉末冶金技术开发了W-TiC合金,CVD-W涂层,可在不锈钢上制备出5 mm厚的钨涂层。

由于ITER的需要,国内于2004年开始进行ITER级真空热压铍材的研发,图8.5是中国VHP-Be锭和40 MJ/m^2 VDE负载下的表面裂纹情况,可以看出裂纹都限制在熔化区内,所有的测试项目都满足了ITER的要求,与美国S-65C一样成为ITER第一壁的合格材料。

Modul FT163-1

1 mm

20119
Ziegel 2(B)
Werkstoff: Beryllium

图8.5　中国ITER级真空热压铍CN-G01及在VDE负载下的裂纹行为

8.3.2　第一壁材料性能要求

聚变堆第一壁选择的关键是材料的服役性能，如钒合金第一壁中氧的溶入和致脆作用实际上排除了在此类设计中氦气作为冷却剂的可能性。如采用液态金属作为钒合金第一壁冷却剂，由于腐蚀问题将限制钒合金的运行温度须低于500 ℃，并且在此温度下氚在钒合金中的可溶性和扩散率较高。

表8.5列出了聚变堆设计中第一壁材料选择和依据，涵盖了服役性能的各个方面。就辐射损伤而言，具有充分数据基础的似乎只有不锈钢。其他材料如Al，C，和Mo的数据有限，而且都是在材料中含少量氦气的情况下，并且在中子照射剂量很低的情况下获得的。第一壁材料中杂质的存在，特别是氦的存在将会对材料性能产生很大的影响。

表8.5　第一壁材料优选判据[2]

判　　据	可选材料	避免材料
1. 辐照损伤和寿命		
肿胀(尺寸稳定性)	Ti，V，Mo，SS	Nb，Al，C
脆裂	C，Nb，V，Ti，SS	Mo，Al
表面性能	V，Ti，Al，C	SS，Nb，Mo
2. 与冷却剂和氚的相容性		
锂	Ti，V，Nb，Mo，SS	Al，C
氦	SS，Ti，Mo，SS	Nb，V
水	SS，Al，Ti	C
氚	Mo，Al，SS	Ti，V，Nb，C

续表

判　据	可选材料	避免材料
3. 机械性能和热性能(辐照后)		
屈服强度	Mo,Nb,V,Ti,SS	Al
破裂韧性	SS,Ti,Al	V,Nb,Mo,C
蠕变强度	Mo,Al,Nb,V	Ti,SS,C
热应力参数M	SS,Al,Ti	Ti,SS,C
4. 可加工和连接	SS,lL,Ti	Nb,V,Mo,C
5. 工业生产能力和数据基础	SS,Al,Ti	Nb,Mo,V
6. 费用	C,lL,SS,Ti	Mo,Nb,V
7. 长寿命感生放射性	V,C,Ti,Al	SS,Nb,Mo
8. 资源可获得性	C,Ti,Mo,lL,SS	Nb,V

8.4　聚变堆功能材料

聚变堆功能材料包括:中子倍增剂材料、氚增殖剂材料和防氚渗透材料三大类。

天然^{6}Li和^{7}Li是两种稳定同位素,分别占天然锂的7.52%(原子)和92.48%(原子)。它们分别通过以下反应转换成氚(T):

$$
\begin{aligned}
{}^{6}\mathrm{Li} + \mathrm{n} &\longrightarrow {}^{4}\mathrm{He} + \mathrm{T} + 4.78\,\mathrm{MeV} \\
{}^{7}\mathrm{Li} + \mathrm{n} &\longrightarrow {}^{4}\mathrm{He} + \mathrm{T} - \mathrm{n} - 2.5\,\mathrm{MeV}
\end{aligned}
\tag{8.1}
$$

聚变燃料氚的增殖是在聚变堆堆芯外围的包层内进行的。常见的氚增殖材料有含锂的陶瓷和液态金属(含合金和熔盐),包括固态的氧化锂、偏铝酸钠、正硅酸锂、偏锆酸锂和钛酸锂等。液态增殖剂包括液态锂、锂铅合金、氟锂铍熔盐等,它们既可作增殖剂也可兼作冷却剂使用。在固态增殖剂包层中需同时设置冷却系统(氦气或压力水)和提取氚的氦气回路系统。产氚率的高低取决于增殖剂材料中的锂原子密度。

为了满足ITER包层和未来DEMO堆的发展需求,增殖剂材料的生产应有足够的规模,还需考虑反应堆中剩余锂的回收。含锂陶瓷材料具有优良的热物理性能和力学性能以及氚释放性能。锂陶瓷增殖剂材料主要制备方法有熔化-喷射法、溶胶-凝胶法、挤出-球化-烧结法等。

8.4.1 固态氚增殖剂

目前,固态氚增殖剂/氦冷/铁素体钢的包层概念,被认为是最有可能在未来的DEMO堆包层的设计中实现应用,其优点是:① 采用氦气冷却避免了液态冷却剂的磁流体动力学压力降(MDH)问题;② 氦气与结构材料有良好的相容性避免了液态金属冷却剂对材料的腐蚀问题;③ 固态氚增殖剂具有广泛的世界性的研发技术基础。采用固态氚增殖剂包层的缺点是:① 需增加铍作为中子倍增剂才能满足聚变堆系统氚自持的需要;② 由于锂陶瓷的导热率较低,系统排热管路的设计相对复杂;③ 氚增殖区热工设计需满足一定的温度窗口(450～900 ℃),以利于氚的释放和提取。表8.6为目前可考虑的聚变堆氚增殖剂候选材料。

表8.6　氚增殖剂的候选材料

种　　类	增殖剂	密度 (g/cm³)	原子密度 (g/cm³)	使用温度 最低/最高(℃)
液态增殖剂	Li	0.48	0.48	180/750
	$LiBeF_4$(FLiBe)	2.0	0.28	363/800
	$Li_{17}Pb_{83}$	9.4	0.064	235/750
固态增殖剂	Li_2O	2.02	0.94	400/800
	Li_8ZrO_6	3.0	0.68	400/760
	Li_5AlO_4	2.2	0.61	400/600
	Li_4SiO_4	2.28	0.54	400/730
	Li_2TiO_3	3.43	0.43	500/900
	Li_2SiO_3	2.52	0.36	400/700
	Li_2ZrO_3	4.15	0.33	400/970
	$LiAiO_2$	2.6(γ)	0.27(γ)	400/970

图8.6为氚增殖比随中子能量增益的变化。图8.7所示为采用熔融喷雾法(REP)制备氚增殖剂小球的原理与设备。表8.7为ITER TBM模块设计中采用的正硅酸锂小球的性能参数。图8.8为用REP法制备的正硅酸锂小球的外观和微观特性。

图8.9和图8.10为停堆后氚增殖剂的接触剂量率的变化。其中,中子输运程序采用MCNP/4C,活化计算程序为FISPACT-2007,根据ITER运行500 MW聚变功率计算,总中子通量为1.1×10^{14} n/(s·cm²),工况为运行1.33月,然后停堆8个月后,再辐照1.33月。

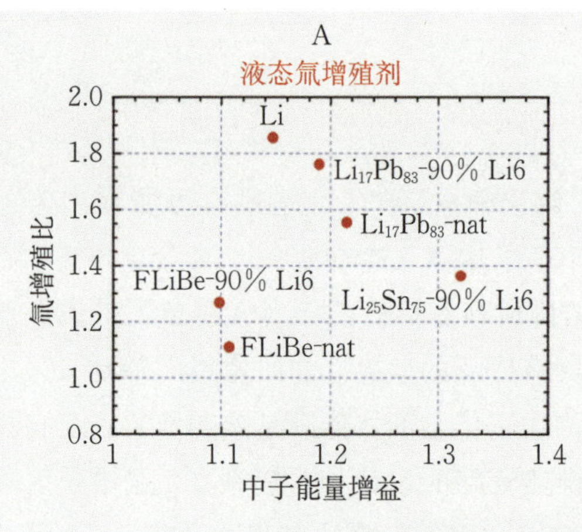

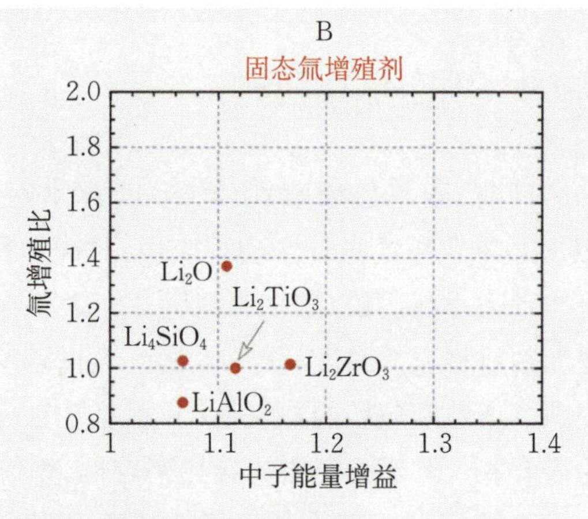

图 8.6　氚增殖比与能量增益[1]

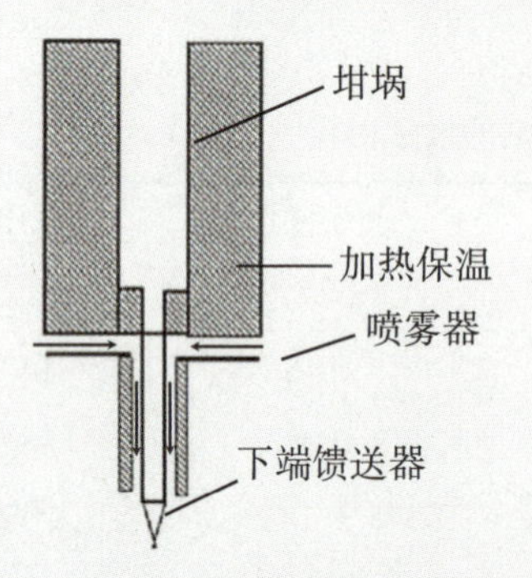

图 8.7　熔融喷雾法(REP)制备硅酸锂小球原理与设备[3]

表 8.7　氚增殖剂 Li_4SiO_4 小球物理特性[3]

	初始态	热处理后
密度(% TD)	~93.5	~94
开孔率(%)	~5.7	~5.2
闭孔率(%)	~0.8	~0.75
比表面积(m^2/g)	2.796	1.095
总空隙体积(cc/g)	3.403e−03	2.012e−03

图 8.8　用 REP 法制备的正硅酸锂小球的外观和微观特性

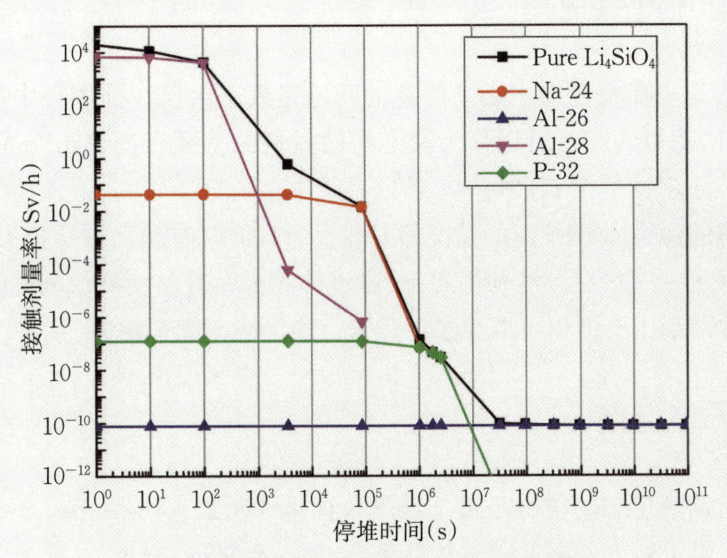

图 8.9 正硅酸锂材料在停堆时刻的接触剂量率

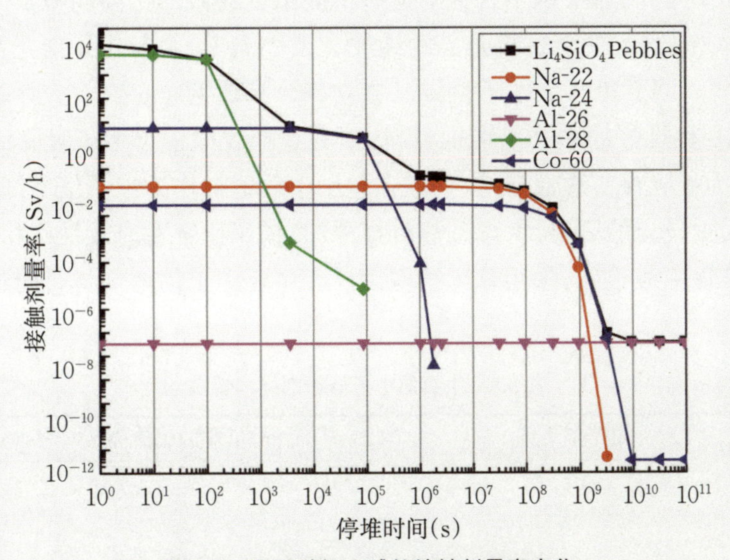

图 8.10 正硅酸锂小球的接触剂量率变化

8.4.2 液态氚增殖剂

液态金属应用在聚变堆中必须注意的问题是液态金属在强磁场中流动产生的磁流体动力学(MHD)效应。可以作为液态增殖材料的主要有Li、$Li_{17}Pb_{83}$和FLiBe熔融金属等。氚几乎不溶解在$Li_{17}Pb_{83}$中,导致系统中氚的分压较高,氚渗透将有比较大的损失和对环境的污染。液态Li的情况恰好相反,氚的溶解度高,渗透损失小,然而在包层外提取要困难一些。在自冷却情况下,磁流体动力学效应使冷却剂的阻力增加。氚渗透损失和冷却剂压头损失可以通过在管壁上涂绝缘薄膜来解决。

8.4.3 中子倍增剂

中子倍增剂最理想的材料是铍。铍是一种化学元素,符号为Be,原子序数为4,原子量为9.012,属于碱土金属。铍单质呈灰色,是一种坚硬、轻质、易碎的金属。天然铍几乎完全由核自旋为3/2的^{9}Be组成。铍的高能中子截面较大,对能量高于10 keV的中子截面约为6 b(1 b$=10^{-24}$ cm^2)。因此,铍是一种良好的中子反射体和中子减速剂,能使中子热能降至0.03 eV以下。铍对这些低能中子的截面比高能中子低至少一个数量级,其确切截面值取决于材料雏晶的纯度和大小。^{9}Be会与中子能量高于1.9 MeV的中子反应,产生^{8}Be和两个中子,^{8}Be又会立刻分裂成两个α粒子。所以对于高能中子来说,铍是一种良好的中子倍增剂材料,因为它释放的中子多于吸收的中子。在聚变堆设计中,为了确保实现氚自持,一般在包层中放置铍作为中子倍增剂材料,称为中子增殖区。根据设计的需要,考虑到热传导冷却、辐照稳定性以及结构相容性等因素,中子增殖剂被加工成小球,采用球床结构设计。主要中子倍增剂材料的中子增殖性能如表8.8所示。

表8.8 主要的中子倍增剂材料特性

序号	中子倍增剂	(n,2n)反应的阈值(MeV)
1	Be	2.5
2	Pb	7
3	Mo	7
4	Nb	9

其中,阈值反应低的Be和反应截面大的Pb的(n,2n)反应式如下所示:

$$^{9}_{4}Be + ^{1}_{0}n \rightarrow 2^{4}_{2}He + 2^{1}_{0}n - 2.5\,MeV \tag{8.2}$$

$$^{A}_{82}Pb + ^{1}_{0}n \rightarrow ^{A-1}_{82}Pb + 2^{1}_{0}n - 7\,MeV \quad A = 204, 206, 207, 208 \tag{8.3}$$

图8.11和图8.12分别表示Be和Pb的(n,2n)反应截面[4]。Be和Pb的(n,2n)反应是阈值反应,因此需要将这些中子倍增剂设置于靠近等离子体的区域,以抑制中子的减速。Be和Pb的(n,2n)反应生成的中子会受到中子倍增剂的减速,其能量会低于^{7}Li(n,n'T)α反应的阈值,从而可能减小^{7}Li反应对氚增殖的贡献。此时,可以通过提高在低能区域截面大的^{6}Li的富集度,来增加氚增殖比。

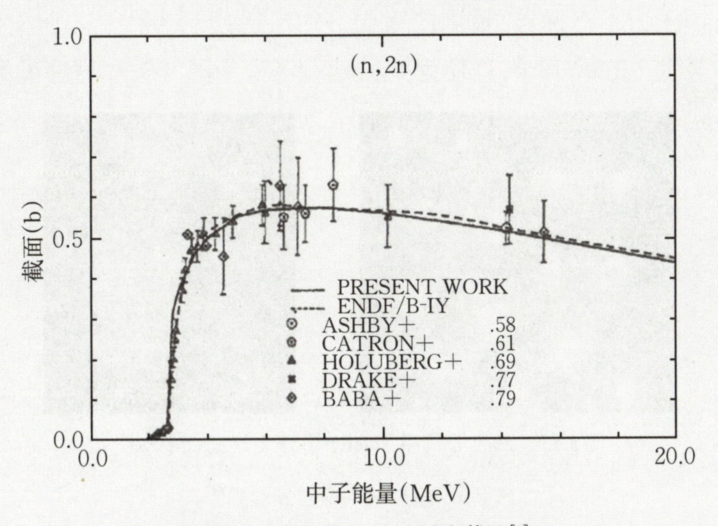

图8.11　^{9}Be的(n,2n)反应截面[2]

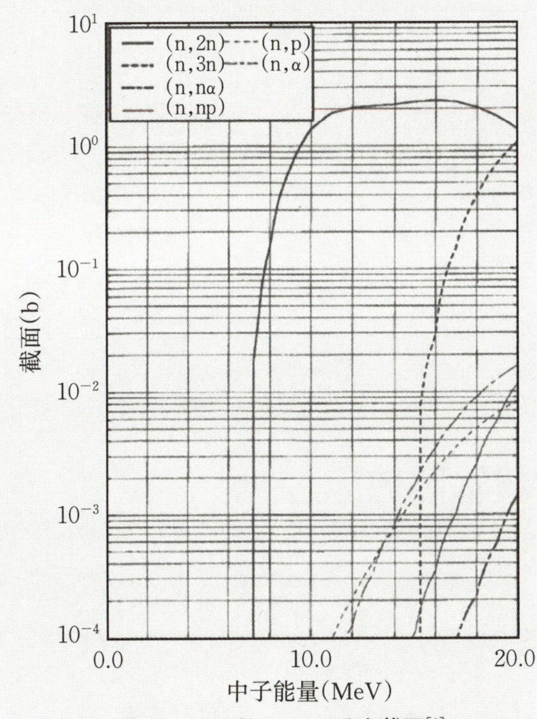

图8.12　Pb的(n,2n)反应截面[2]

此外,在中子倍增剂层生成的中子也会出现背散射(朝向等离子体侧散射),为了有效利用这些中子,也可考虑在中子倍增剂层的等离子体侧设置氚增殖剂。

迄今为止,铍小球的制备技术主要由日本的NGK和美国的Brush Wellman这两家公司掌握。主要采用的制备技术是旋转电极离心雾化法(REP)、熔融气体雾化法和镁热还原法三种。由于旋转电极离心雾化法制备出的小球具有球形度好、粒径分布窄、杂质少和铍防护压力小等优点,被广泛采用。图8.13所示为核工业西南物理研究院联合中国海宝公司生产的铍小球,直径为1 mm。表8.9为国产铍小球性能参数。

图8.13 海宝公司采用REP方法生产的铍小球[3]

表8.9 国产铍小球性能参数[3]

测 试 项	测 试 情 况
Be纯度分析	>98%
BeO	<1.0%
微观结构	致密,极少小球内部有孔洞
粒径大小	0.2~1.2 mm,球形度99.4%
表面开孔隙率	1.32%
比表面积	0.5075 m^2/g(a.v)
表观密度	98.89% T.D.
堆积因子(单粒径)	松装堆积58.57%,振实堆积61.12%

8.5 聚变堆材料辐照效应

8.5.1 材料辐照损伤

中子和辐射粒子撞击固体材料的点阵原子产生缺陷或引起反应生成嬗变元素,这些点阵缺陷和嬗变元素改变材料的性能,这种现象被统称为辐照效应。

多数金属材料在辐照下屈服应力和极限强度增加、延伸率下降。它们都是快中子注量和温度的函数,前者称为辐照硬化,后者反映辐照脆化。辐照也使持久强度增加,断裂寿命降低。对于脆性材料,辐照提高韧-脆转变温度。这些都是在应力作用下发生位错与辐照缺陷相互作用的结果。

断裂韧度是指材料在弹塑性条件下,当应力场强度因子增大到临界值,裂纹便失稳扩展而导致材料断裂,这个失稳扩展的应力场强度因子即断裂韧度。它反映了材料抵抗裂纹失稳扩展即抵抗脆断裂的能力,是材料力学性能指标。铁素体/马氏体钢和难熔金属的低温辐照硬化会导致断裂韧度值降低和材料脆性增加。辐照后的铁素体/马氏体钢和钒基合金的最低断裂韧度值为30 $MPa\cdot m^{\frac{1}{2}}$,都远小于辐照前的数值($>100\ MPa\cdot m^{\frac{1}{2}}$)。在低温($<0.3T_m$)条件下,即使辐照剂量低至1 dpa,铁素体/马氏体钢和难熔金属也会表现出辐照硬化。在$0.3T_m$以上温度辐照会引起聚变结构材料的脆性转变,但随着温度的升高,聚变结构材料的辐照硬化率会急速下降。

聚变堆材料的中子辐照模拟实验有三种:

(1) 散裂中子:中子能谱宽,嬗变气体H、He产生率高于聚变中子,难以准确模拟聚变中子对材料的影响。

(2) 裂变中子:最高中子能量约2 MeV,平均为0.025 eV,不能有效模拟p_+和α粒子同时作用对聚变材料的辐照损伤(H、He气体产生率低于聚变中子)效应。

(3) 重离子束:受效应深度、dpa和辐照区的限制,外推到聚变中子效应困难。

8.5.2 辐照肿胀

对聚变堆部件材料,位于堆内不同位置,其环境温度、中子能谱和辐照剂量是不同的。基于环境温度、辐照剂量率和中子能谱效应可推断出应用条件下材料的行为,因此在一定意义上辐照实验与辐照模拟具有同样的必要性。聚变堆材料和部件在14 MeV聚变中子辐照环境下,但迄今为止,国际上还没有建成可进行材料辐照实验的聚变体积中子源(VNS),只能通过模拟实验去分析在高强流、高能聚变中子辐照下的材料行为。对于第一壁材料,致力于发展低活化钢,要具备抗中子辐照肿胀、抗辐照蠕变、抗辐照脆性的能力。在裂变堆模拟辐照实验中,一般采用小样品实验方法,其辐照温度易于控制,可以装载足够数量的辐照样品,获得大量数据。

辐照肿胀(对于$\varphi>1$ MeV)作为中子通量和温度的函数由以下等式给出:

$$\frac{\Delta V}{V}(\%)=9.0\times10^{-35}\varphi t1.5\times(4.028^{-3}\times712\times10^{-2}(T-273)$$

$$+1.0145\times10^{-4}(T-273)^2-7.879\times10^{-8}(T-273)^3) \tag{8.4}$$

式中，$\Delta V/V(\%)$是肿胀率，φt是对于能量$E>0.1$ MeV的中子通量(n/cm^2)，T是温度(K)。

选择托卡马克工程实验混合堆(TETB-C)设计为研究对象，对材料的辐照损伤进行了计算。式(8.4)中的中子通量经由输运程序BISON1.5计算给出，第一壁结构材料选择为316SS，中子通量为4.43×10^{14} n/(s·cm^2)($E>0.1$ MeV)，在满功率运行一年后，中子注量为1.41×10^{22} n/cm^2。在此辐照剂量下，计算出从温度范围350 ℃到750 ℃的材料肿胀特性，结果在表8.10中给出。图8.14和图8.15分别显示了材料肿胀行为随温度的变化和在450 ℃和550 ℃固定温度下随中子注量的变化。图8.16所示为失效寿命与冷却剂温度和压力的变化曲线。

表8.10 不同温度下材料的肿胀率

T(℃)	350	400	450	500	550	600	650	700	750
$\Delta V/V(\%)$	0.013	0.056	0.103	0.147	0.178	0.189	0.167	0.109	0.002

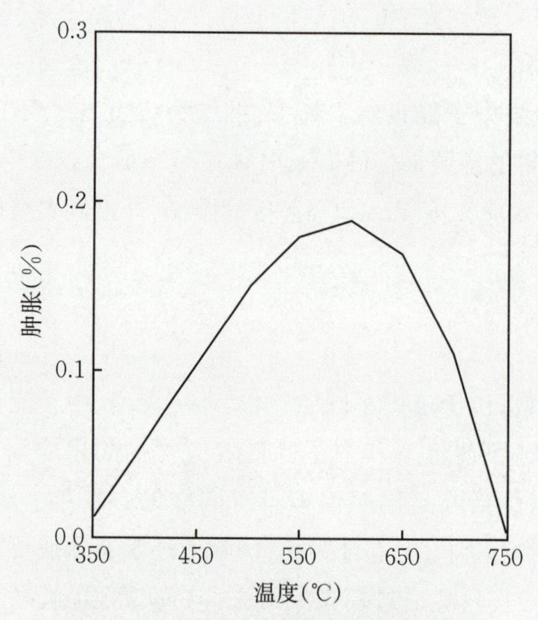

图8.14 材料肿胀随辐照温度的变化曲线

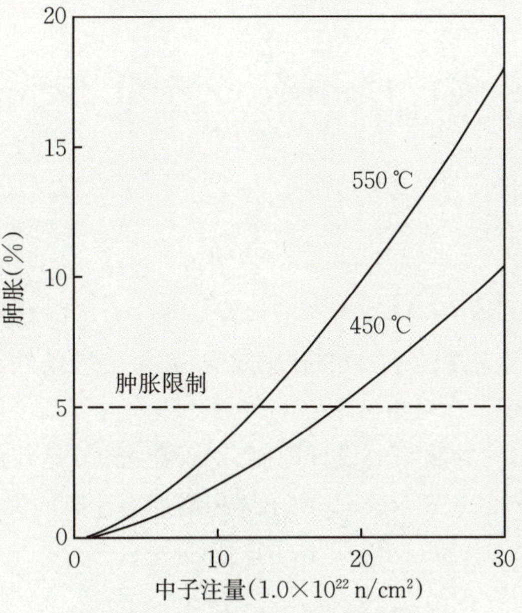

图8.15 肿胀随辐照剂量的变化曲线

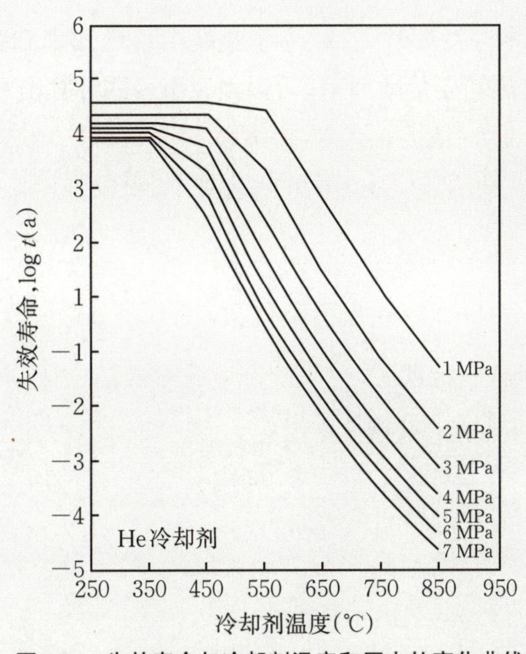

图8.16 失效寿命与冷却剂温度和压力的变化曲线

辐照肿胀也能够由下列双线性等式计算出：

$$\frac{\Delta V}{V}(\%)=\frac{\Sigma}{1-\Sigma} \tag{8.5}$$

$$\Sigma=R(t)\left(\varphi t+\frac{1}{\alpha}\ln\left(\frac{1+\exp(\alpha(\tau-\varphi t))}{1+\exp(\alpha\tau)}\right)\right)$$

$$R(T)=\exp(0.419+1.498\beta+0.122\beta^2-0.332\beta^3-0.414\beta^4) \tag{8.6}$$

$$\beta=\frac{T-500}{100}$$

在式(8.5)中，φt表示中子流，α为一个常数，R和τ为运行温度的函数，式(8.5)和式(8.6)描述了在快增殖堆辐照条件下的肿胀效应，在聚变堆条件下，这些等式可被用于提供近似值和设计参考。

根据第一壁材料5%肿胀率的设计限制，对于在450 ℃运行温度下，作为TETB-C设计中第一壁结构材料的316不锈钢，由于体积增加而造成的失效期将超过14个满功率运行年，这一寿命对应着8.8 MW·a/m^{2}的辐照剂量。

8.5.3 辐照强度与失效

材料的抗辐照强度与失效时间，取决于热蠕变量增加率和强度断裂时间的失效期。根据Norton关系，热蠕变量增加率ε可以由以下公式计算出：

$$\dot{\varepsilon}_t=K\sigma^n \tag{8.7}$$

式中，σ为施加的应力，单位为kp/mm^2，ε_t为速率，单位为h^{-1}。失效周期t_1取决于热蠕变量增加：

$$\log t_1+m\log\dot{\varepsilon}_t=l \tag{8.8}$$

$$t_1=10^{(l-m\log\dot{\varepsilon}_t)} \tag{8.9}$$

其中，k，n，m和l取决于材料特性。

辐照的增加可以通过以下公式计算出：

$$\dot{\varepsilon}_i=C_1 f_{\mathrm{dpa}} P_{\mathrm{wn}}\sigma \tag{8.10}$$

寿命t_2取决于以下两式得到的总增加率：

$$\log t_2+m\log(\dot{\varepsilon}_i+\dot{\varepsilon}_t)=l \tag{8.11}$$

$$t_2=10^{(l-m\log(\dot{\varepsilon}_i+\dot{\varepsilon}_t))} \tag{8.12}$$

第一壁的失效期取决于相对于辐照温度和冷却剂压力的热蠕变量和辐照增加。图8.17和图8.18显示了TETB-C设计中分别以He和LLi作为冷却剂的第一壁的失效寿命关系。

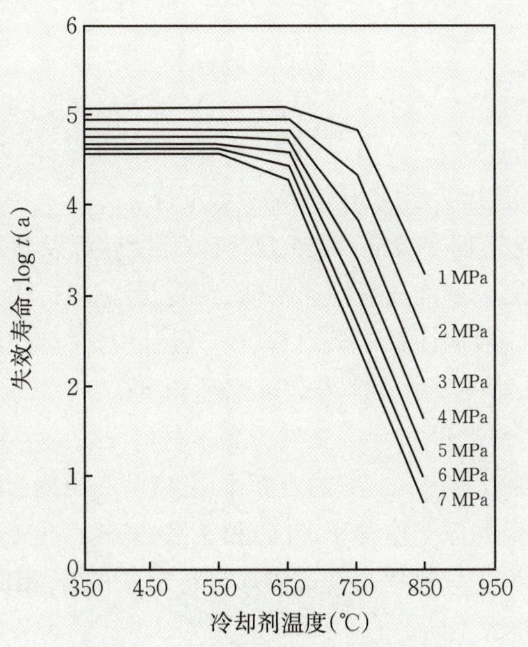

图8.17　失效寿命与LLi冷却剂温度

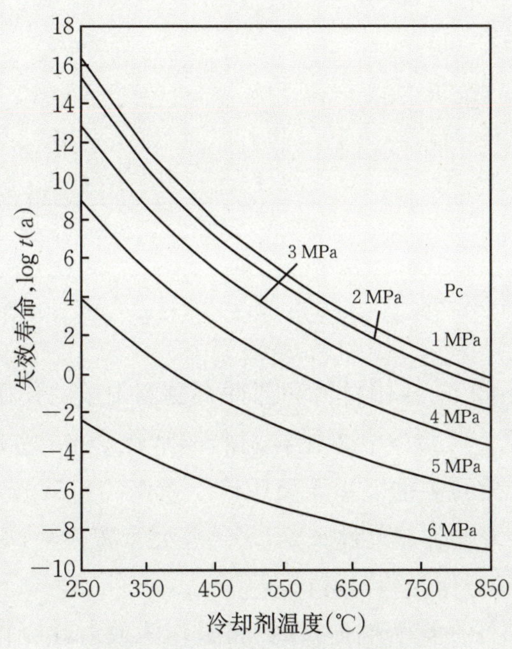

图8.18　失效寿命与氦冷却剂温度

最近的文献中，强度破裂时间δ_{tr}表达为Larson-Miller参数P的函数，这一参数被定义为

$$P=T(C+\log t_3) \tag{8.13}$$

$$t_3=10\left(\frac{P}{T}-C\right) \tag{8.14}$$

式中，C为材料常数，T是运行温度(K)，t_3是失效期(h)。

据计算，托卡马克工程实验混合堆(TETB-C)设计可以满足10CFR61中的C类SLB废料处理标准。第一壁的放射性非常低，特别是当MHT-9和V-15Cr-5Ti合金作为第一壁结构材料时。根据计算结果，TETB-C设计中运行温度远低于316不锈钢具有膨胀峰值时的温度，第一壁的膨胀寿命可超过14年，基于总蠕变率和强度断裂时间的计算，第一壁失效寿命超过10年。虽然聚变堆材料失效的主要因素是辐照损伤，但其他许多因素也应该加以考虑，如：壁的表面作用、疲劳和裂缝扩展等。

对于聚变堆第一壁的原子位移率(dpa)和氢气、氦气产生率的计算结果在表8.11中给出，316不锈钢的原子位移率与其他候选材料十分相近，相比之下，这些材料的氢气和氦气的产生率有很大不同。

表8.11　第一壁dpa、H和He产生率

材　　料	dpa/a	H (appm/a)	He (appm/a)
SS316	10.3	538	155
MHT-9	10.4	451	122
V-15Cr-5Ti	9.4	247	65

8.5.4　废物处置指标

在聚变中子辐照环境下，结构材料和部件将受到中子的作用而产生辐照损伤，中子使聚变堆材料被活化。降低聚变堆结构材料的活化水平，减少放射性物质的数量，对于缩短维护时间是非常重要的。由于奥氏体不锈钢(316SS)含有的Ni，Cr以及Mo，在中子辐照下会生成长寿命的放射性核素，将这些元素置换为Mn和W，形成低活化的铁素体/马氏体钢(RAFM)作为结构材料。

被活化的材料或部件在聚变堆退役时，将被作为放射性废物处置。因此，废物处置指标(WDR)常被应用于对聚变堆材料选择和环境安全评价中。

废物处置率(WDR)定义如下：

$$\text{WDR} = \sum_i \frac{C_i}{L_i} \tag{8.15}$$

式中,C_i是废物中第i种核素的浓度,L_i是对第i种核素的允许限度(Bq/cm^3)。如果聚变堆TETB-C设计中的中子壁负载大于0.63 MW/m^2,那么杂质元素,包括^{94}Nb、^{99}Tc、^{93}Mo、^{63}Ni和^{208}Bi在316不锈钢内都必须被严格限制。对于各类第一壁材料的WDR计算结果在表8.12中被列出,可以看到,MHT-9和V-15Cr-5Ti合金的WDR远低于1,所以它们可以在被替换后直接处理。MHT-9是我国早期的铁素体/马氏体钢。

钒合金具有高温性能,中子吸收截面小,耐辐照性能好,虽WDR值比316SS要小一个量级,但目前规模化制备仍有困难。SiC具有耐热性好,热传导性好,中子辐照性能好的优点,由于它是脆性材料,目前正开发长纤维SiC_f/SiC复合材料。

表8.12　满足10CFR61法规的结构材料WDR指标

Nuclide	^{63}Ni	^{99}Nb	^{99}Tc	^{26}Al	^{99}Mo	^{208}Bi	Total
Activity limit	7000[a]	0.2	3	0.1	220	0.1	
316SS	4.86(−2)[b]	0.7	0.114	1.42(−2)	0.129	1.35	1.02
V-15Cr-5Ti	4.95(−5)	0.107	2.38(−3)	1.07(−2)	2.69(−3)	—	0.123
MH9-9	5.65(−4)	0.104	1.12(−3)	2.81(−4)	4.23(−4)	—	0.106

注:[a] 单位为(Ci/m^3)。

[b] $a(b)$为$a\times10^b$。

8.6　面向等离子体材料

面向等离子体第一壁材料工作在极端环境下,服役期间所面临的种种问题如图8.19所示。因此,其材料成分及结构选择必须满足一系列要求,如优异的高温抗辐照性能、抑制氢及其同位素滞留/扩散能力、耐腐蚀性、良好的导热率及抗热冲击性、可靠焊接性、低溅射产额等。目前,面向等离子体第一壁材料主要分为低Z(原子序数)及高Z材料,前者以铍、碳及碳基复合材料为代表,后者则主要是钨及钨合金。其中,铍材料具有氢同位素滞留率低、无化学溅射、吸氧能力好等优势,但其熔点较低、抗辐照性能较差、物理溅射产额高、中子辐照下晶格不稳定导致导热率急剧下降、氧化毒性及吸氧后氢滞留增加等劣势极大限制了铍材料的实际服役性能。碳及碳基材料(例如高纯石墨、硼、钛、硅元素等掺杂石墨、碳纤维复合材料等)热力学性能好、导热率较高、不易升华、与等离子体相容性好，但其抗溅射能力较弱、服役寿命短、化学腐蚀严重也制约了其进一步发展。近年来，纯钨、稀土固溶强化钨合金、La_2O_3氧化物弥散强化钨基材料等以其高熔点、低物理溅射率、氢同位素滞留率低等优势，成为未来聚变堆材料的热门候选。但基于传统成分设计的钨合金，其韧脆转变温度一般在400 ℃以上，这导致了合金严重的室温脆性。同时，传统钨合金高温强度不足，抗热冲击能力不佳，而且高原子序数的钨元素与等离子相容性极低。更重要的是，长时间服役产生的辐照脆化以及氚滞留、晶内氦泡等现象会导致钨合金韧脆转变温度进一步升高，导致材料性能的恶化。

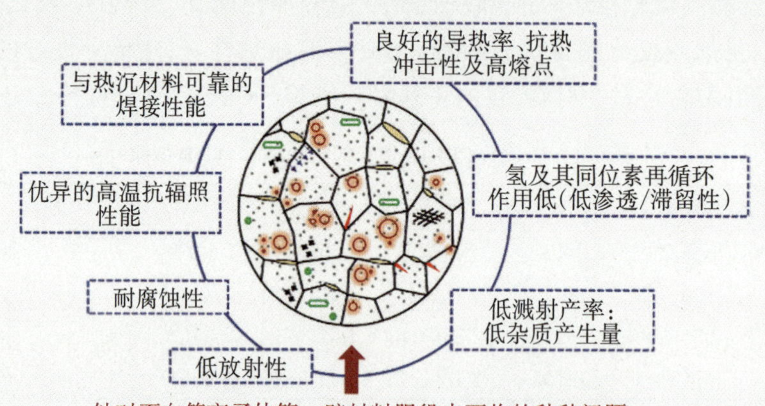

图8.19　面向等离子体第一壁材料的服役要求

目前聚变堆第一壁材料的研究主要集中在铍和钨两种材料，两种材料各有优缺点，如表8.13所示。

表8.13　铍和钨作为第一壁铠甲材料的性能比较

	Be	W
优点	与等离子体兼容性好 无化学溅射 可等离子体原位喷涂 氧强吸收 低活化 高导热性	高熔点 低腐蚀 高抗热应力 高热导性 低肿胀 低氚滞留
缺点	低熔点 耐腐蚀寿命短 抗辐照性能差 抗氧化性能差(>800 ℃) 潜在的粉尘爆炸风险 需特殊的安全防护(毒性)	高Z(大型托卡马克数据少) 中子辐照脆化 高放射性(衰变，预热) 与铜热沉材料的匹配性 潜在的粉尘爆炸风险 机械性能差

表8.14给出了几种常用的PFM材料在600 ℃环境下的基本特性[5]。

表8.14　几种常用PFM材料特性

材料	原子序数	熔点(℃)	密度(g/cm³)	热导率(W/(m·K))	热胀系数(10^{-5} K)	弹性模量(GPa)	使用温度室温(℃)	自溅射率(1000 ℃)	氚滞留率
石墨	6	—	1.8~2.1	90~300	4.5	8.2~28.0	~200	>1%	>1%(辐照后)
碳纤维复合材料	6	—	1.8	100~400	1.5	11.3	~200	>1%	>1%(辐照后)
铍	4	1284	1.85	150	18.4	200	~1000	<1%	<1%
钨	74	3400	19.25	176	4.5	370	~1000	<1%(100 eV)	<1%

8.6.1　铍(Be)

铍具有低的原子序数、高的热导率以及与等离子体适应性好、比强度大、弹性模量高、对等离子体污染小、杂质容忍度高等优点，如果堆芯燃料稀释系数为0.2，则铍杂质最大容忍度为5%，可作为氧吸收剂，且中子吸收截面小且散射截面大，从而使得其被选为ITER装置的第一壁材料，且已在欧洲联合环(JET)上使用并取得了成功。各种材料的燃料稀释系数和杂质浓度的函数如图8.20所示。

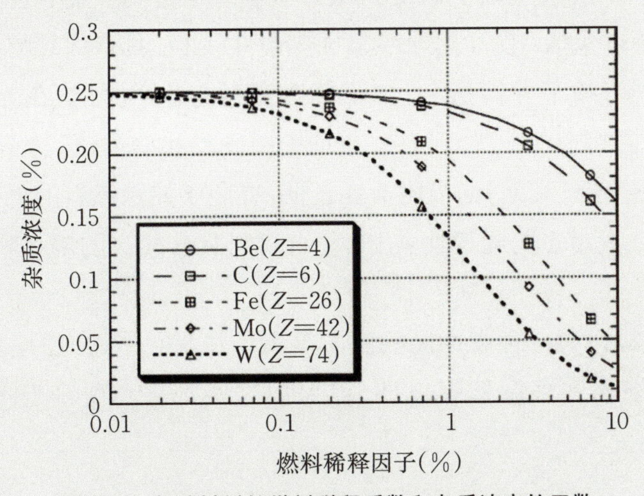

图8.20　各种材料的燃料稀释系数和杂质浓度的函数

如上所述，铍虽然具有很多优点，但缺点也很明显，如熔化温度低(如表8.14)、蒸气压高、物理溅射产额高、抗溅射能力差、寿命短、有毒等。

8.6.2 钨(W)

金属钨具有独特的高熔点(3410 ℃)、高热导率和高溅射阈值的优点,而且对氘和氚的吸附量极小,仅为石墨的1/10,被认为是未来最有希望的核聚变壁材料;另外,其还具有放射性低、抗溅射能力强、不与氢反应、具备高的抗等离子体冲刷能力等优点,已被成功应用在ASDEX-Upgrade等装置中。但是,钨的低温脆性(韧脆转变温度>250 ℃)极大影响了其常温制备加工性能,钨的高温服役环境(>1400 ℃)导致的再结晶(一般在1300 ℃左右)脆变,也大大影响着钨的服役寿命。而且,在未来聚变工程堆中,材料经中子辐照后致脆的问题不可避免。

钨作为高原子序数材料,杂质容忍度低(比碳杂质小2~3个数量级),抗热震能力、物理溅射和辐照效应较差。当离子能量大于100 eV时,钨-钨的自溅射产额将大于1(表8.14),所以钨只能用于能量低于这一水平的聚变堆系统中,并且钨为重金属,容易引起物理溅射而污染等离子体,高能中子嬗变(W-Re-Os)还会造成嬗变元素析出,恶化辐照硬化和脆化效应等。

8.6.3 碳纤维复合材料(CFC)

碳纤维增强的碳基复合材料(CFC)结合了碳纤维的高强度和碳材料的高熔点特性,其主要性能特点包括:① 高热导率与抗热震性:CFC具有优异的导热性能和抗热震性,能够在高温环境下保持稳定;② 低物理溅射与化学溅射:在等离子体环境中,CFC表现出较低的物理和化学溅射率,有助于减少材料的损耗;③ 低氢(氘、氚)吸附活性:CFC对氢(包括氘和氚)的吸附活性较低,有利于控制燃料的再循环和保持等离子体的纯净度;④ 高熔点与无毒性:CFC复合材料具有较高的熔点和无毒性,适用于极端的工作环境。

CFC复合材料作为一种高性能的面向等离子体材料,被广泛应用于核聚变反应堆的第一壁、偏滤器和限制器等部件,以保护这些部件免受高温等离子体的直接作用。

8.7 液态金属实验回路

聚变堆包层担负着聚变燃料之一氚的生产和核能导出的热转换角色。包层设计有液态包层(锂或锂铅合金——自冷或氦冷)和固态包层(锂陶瓷－氦冷或水冷)两种,液态包层更先进但更难。液态包层主要的工程可行性问题是如何降低磁流体动力学(MHD)效应,液态金属在强磁场(堆级托卡马克磁场通常在8 T以上)中流动会产生比一般水力学阻力大四个量级以上的电磁力,并使管道内流场分布发生很大变化,对热传导产生很大影响。

为了探索降低磁流体动力学(MHD)效应途径,我国核工业西南物理研究院建设了液态金属钠钾(NaK)实验回路(LMEL),在该回路上首次得出了二维MHD效应修正因子的世界前沿结果;还得出了包层管道流三维效应修正项和MHD效应稳定的液态自由表面流射流的领先实验结果。2007年将钠钾(NaK)介质更换为更安全的镓铟锡(GnInSn)介质,升级后的回路(LMEL-U)提高了强磁场控制精度和采集系统的可靠性和准确性(图8.21),于2009年获得了世界上首个采用通道插件(FCI)降低MHD压降创新方法的实验结果,该实验结果偏离经典理论预计,揭示了FCI的方法将给包层带来新的热交换问题,并且观测到一种新的二次流MHD现象。

图8.21　新液态金属回路(LMEL-U)

小结

聚变堆材料可分为结构材料和功能材料两大类,结构材料(如RAFM钢)技术的成熟度已经接近工程规模,而功能材料(特别是增殖剂材料)还处于相对滞后阶段。在聚变堆设计中,材料的选择是首先要面临的挑战性课题。由于聚变中子的能量远高于裂变中子,目前全世界还没有用于聚变堆中子辐照考验的聚变环境和工具,因此,建设聚变中子源装置以获得真实的材料辐照数据是关键步骤。

参考文献

[1] Konishi S, Nakamichi M, et al. Functional materials for breeding blankets, status and developments[J]. Nuclear Fusion, 2017, 57(9): 92-104.

[2] 爱德华. 聚变[M]. 胥兵,汤大荣,译. 北京:中国原子能出版社,1988.

[3] Feng Y J, Feng K M, Cao Q X, et al. Fabrication and characterization of Li_4SiO_4 pebbles by melt spraying method[J]. Fusion Engineering and Design, 2012(87): 753-756.

[4] Chen Y X, Wu Y C. Sheilding Design of International Fusion Materials Innadation Facility[J]. Nuclear Physics Review, 2006, 23(2): 170-173.

[5] 冈崎隆司. 核聚变堆设计[M]. 万发荣,叶民友,王炼,译. 合肥:中国科学技术大学出版社,2023.

第9章　聚变堆辐射安全与环境

9.1　概述

核聚变堆在释放所包含的各种能量时,都会对人员、环境以及设备等带来安全隐患。当某种原因造成能量释放时,有可能会由于等离子体热能损坏仪器,由于冷却材料蒸发和冷却材料泄漏造成压力上升而损坏设备,或由于电磁力损坏设备等。还要考虑由于设备损坏有可能泄漏放射性物质,从而出现受到辐射的风险。

聚变堆与其他核能装置一样,必须确保公众、运行人员以及工程和设备的安全。聚变堆的安全与通常的动力装置所涉及的安全问题有所不同,其主要的安全问题包括:氚和所涉及的氚安全问题;反应堆结构材料被活化后产生的感生放射性问题;增殖剂材料和液态金属流体所存在的安全问题;超导磁体所面临的失超或临界电流过载安全问题;低温致冷流体可能存在的安全问题;等离子体突然破裂所带来的安全问题;磁能的储存问题以及冷却剂泄漏等。表9.1为核聚变反应堆包含的主要能量载体。

国际热核聚变实验反应堆(ITER)是国际上第一座实验聚变反应堆,其聚变功率的安全输出和降低对环境的潜在影响,是ITER设计的重要目标之一。ITER作为一个核聚变反应堆,将遵守国际辐射防护委员会((International Commission on Radiological Protection,ICRP)和国际原子能机构(International Atomic Energy Agency,IAEA)推荐的国际公认安全标准和辐射限制规定,在深层防护的安全设计中采用"合理可行尽量低"的ALARA原则(As-Low-As-Reasonable-Achievable,ALARA)原则。在ITER工程设计阶段(EDA)完成了相关辐射安全与环境影响的评估工作,这些工作包括:

(1) ITER在正常运行期间,放射性废物及其后处理对环境的影响。

(2) ITER运行人员的辐射安全。

(3) 鉴定在非正常运行或假想事故情况下,ITER对环境的影响和公众安全的评估。

表9.1　核聚变反应堆包含的主要能量载体[1]

序号	系　统	内　容	风　险
1	等离子体	核聚变功率输出	
2		等离子体热能(储能)	
3		等离子体电流的电磁能量(储能)	
4	真空容器	冷却材料的内能	装置受损:损伤伴随受损的放射性物质泄漏,被辐射
5		伴随辐射的衰变能	
6	增殖包层	增殖材料、倍增材料与冷却材料的化学反应能量	
7	超导线圈	超导线圈的磁场能量(储能) 冷冻材料的内能	
8	燃料循环	放射性物质,化学反应能量	

9.2　放射性危害

9.2.1　感生放射性

相比裂变堆,聚变堆中不会产生长寿命的放射性物质。在聚变堆正常运行过程中,放射性除了氚以外,主要来自活化产物。活化产物主要来自聚变堆结构材料、产氚包层材料、冷却剂材料和屏蔽层材料等与聚变中子的相互作用。据计算,标准的D-T聚变堆中每兆瓦热功率产生的放射性活化产物的活度为10^9 Ci的量级,在此放射性水平下聚变堆的维修维护需要遥控操作,并存在废物处理问题。通过对材料中产生的活化产物进行选择性控制,可以降低聚变堆的放射性水平。图9.1所示为不同感生放射性核素随时间的变化,感生放射性用每立方厘米的居里数来表示。从图9.1中可以看出,有的放射性核素怎么也不会达到很高的放射性水平,并且在几周内便很快衰减下来,比如钒,在几个月后将衰减到较低的水平。但另外一些物质,比如不锈钢的组成物，即使在几百年后也不会衰减到较低的水平。如果希望在停堆后几天进行手工维护，将限制第一壁、包层和结构材料中使用合金元素的数量和种类。

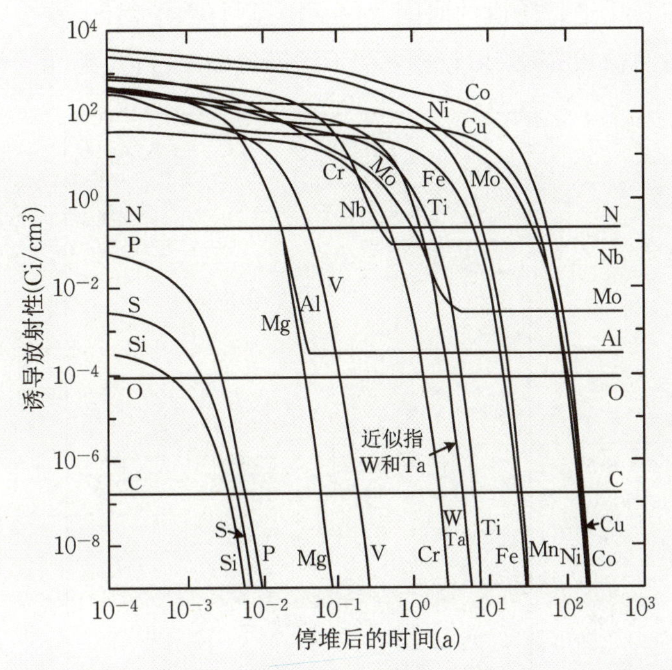

图 9.1　停堆后材料的感生放射性

包层的结构材料被活化后，其放射性核素的衰变将释放大量的热能，被称为衰变余热。如果衰变余热太高，而同时冷却不充分，包层的结构就会熔化。就一般材料的包层设计而言，停堆后需要进行主动冷却，但采用低活化材料的包层在停堆后不需要主动冷却。据计算，采用不锈钢材料的包层，停堆后的余热大约为运行功率的1%水平。但相对于裂变反应堆而言，聚变堆的活化余热仍然是偏低的，一般而言，裂变堆的停堆余热约为运行功率的6%。ITER停堆时的衰变余热约为11 MW。图9.2给出了托卡马克聚变堆STARFIRE设计中，停堆后不同时刻的衰变余热功率占运行功率的百分比[1]。

降低聚变堆放射性余热的措施之一是发展低活化的结构材料，以减少聚变装置(反应堆)产生的放射性活度，以便在部件或材料被更换或处理时，产生的放射性物质尽可能少。同时，聚变堆结构材料在高温下和中子辐照环境下，能够保持较好的力学性能和耐辐照性能。近年来，国际聚变界在发展低活化的聚变堆材料方面，做出了极大努力。目前，不同国家已经开发出可用于未来聚变堆结构材料的低活化铁素体/马氏体钢(Reduced-Activation Ferritic/Martensitic，RAFM)，比如欧洲的Eurfer 97、日本的H82H、中国核工业集团开发的CLF-1和中国科学院开发的CLAM钢等。其中，

CLF-1已经被ITER国际组织(IO)批准用于ITER实验包层模块(TBM)的结构设计中,它具有良好的低活化、抗辐照和耐高温的性能。由于ITER最大中子壁载荷只有0.78 MW/m²,在D-T运行阶段的时间很短,并且运行因子很低,整个寿期内平均运行因子只有约4%,目前ITER采用较成熟的不锈钢316SS-ITER级(IG)作为结构材料。

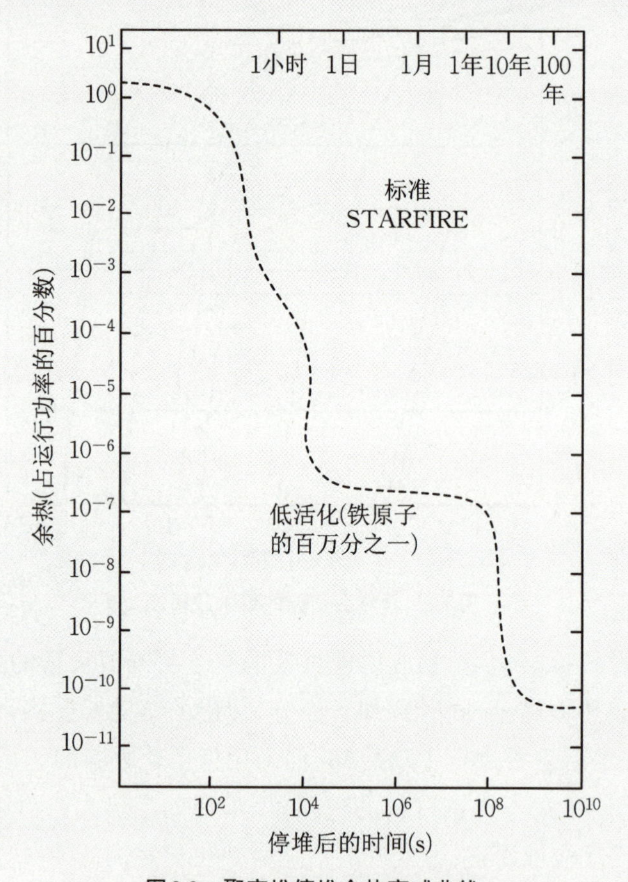

图9.2　聚变堆停堆余热衰减曲线

用于聚变堆能量转换的冷却介质有气冷、水冷、液态包层设计中的液态金属冷却等。被活化的冷却水与其他物质作用会产生新的同位素,在冷却系统中,水与结构材料不锈钢作用产生的同位素有^{15}Cr、^{54}Mn、^{55}Fe、^{56}Mn、^{57}Ni等,这些同位素也包含腐蚀产物等。

9.2.2　潜在生物危害因子

在聚变堆设计中,活化产物对周围环境的一般公众危害程度由生物危害能力给出,评估指标是潜在生物危害因子BHP (Biological Hazard Potential,BHP),而不是居里数。它是由稀释污染所必需的空气体积来度量的，通常指由1千瓦热功率的能源所产生的污染核素，由空气稀释到所允许的核浓度，这个空气的体积就称为生物危害能力。BHP的定义为放射性物质的放射能与对单种放射性同位素在空气(或水)中的最大容许浓度(MPC)的比值。BHP值越大，风险则越大。BHP是存在不同放射性物质的核电站的比较指标之一。对给定系统的BHP值，由下式定义：

$$B(t)=\int_{r}\sum_{k}\xi_{k}\lambda_{k}N_{k}(r,t) \tag{9.1}$$

式中，λ_k为核素k的衰变常数，N为核素密度，ξ为核素k的BHP权重因子，为MPC值的倒数。对于放射性计算而言，有时尽管居里数很大，但是BHP值却不一定大。这有点和中子通量与积分通量的关系一样。在百万千瓦热功率的裂变堆中居里数有可能达到10^9 Ci，而BHP值却只有10^7。图9.3给出了典型聚变堆设计中的BHP值随时间的变化[1]，图中曲线相对于1 MW/m^{2}的中子壁载荷，生物危害因子(单位为km^3/kW的热功率)随反应堆停堆时间的变化，图中方框为D-T聚变反应堆，三角为D-D聚变堆，圆圈为D-^{3}He聚变反应堆。在同样采用不锈钢为结构材料的情况下，D-T反应堆和D-D反应堆的BHP值几乎不存在什么区别，但D-^{3}He反应堆的生物危害因子BHP大约只有D-T和D-D的1/40。研究结果表明，如果采用钒合金替代不锈钢作为结构材料，钒合金的BHP值只有不锈钢的1/8。

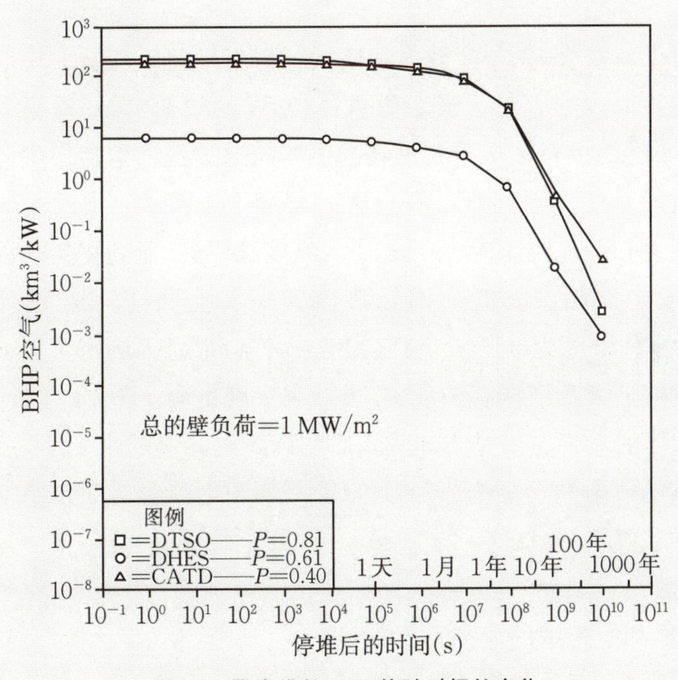

图9.3 聚变堆的BHP值随时间的变化

如前所述，当核聚变堆存放17 kg氚时的放射性为6.09×10^{18} Bq。若采用表9.2氚水的限制浓度5×10^{-3} Bq/cm^{3}时，则BHP=1.22×10^{15} m^3。核裂变堆内的主要放射性核素为^{131}I。若^{131}I的活度为5.4×10^{18} Bq，则^{131}I的限制浓度为10 Bq/cm^3，因此BHP=5.4×10^{17} m^3。

表9.2　有关氚的限制浓度[1]

核素种类	化学形式	吸入摄取情况下有效剂量系数(mSv/Bq)	口服摄取情况下有效剂量系数(mSv/Bq)	空气中浓度限制(Bq/cm^3)	在排气中空气中浓度限制(Bq/cm^3)	在排液或排水中浓度限制(Bq/cm^3)
^{3}H	气态氚	1.8×10^{-12}	—	1×10^4	7×10^1	—
^{3}H	氚水	1.8×10^{-8}	1.8×10^{-8}	8×10^{-1}	5×10^{-3}	60

9.3　氚的危害与防护

9.3.1　概述

聚变堆相对于裂变堆，无裂变放射性核素，无临界安全问题，大规模氚的安全操作是聚变堆安全的核心内容。对于聚变功率为1 GW的聚变电站，每年消耗的氚量将高达55.6 kg(全年不间断运行情况下)，消耗的氚均需通过氚增殖包层生产。如此大规模的氚操作在人类核聚变史上前所未有。从1945年至1980年，核武器试验释放到大气层的氚总量估计为1.86×10^5 PBq(500 g)[1]。禁核试以后，氚的主要来源为裂变核电站及聚变能源开发中氚相关实验。国际热核聚变实验堆(ITER，设计聚变功率500 MW)，氚的设计排放限值为1.1 g/a(氚气为1 g/a，氚水为0.1 g/a)。

来自氚的辐射是聚变堆特有的危害，虽然裂变堆也会产生氚，尤其是重水堆，但危害很轻。氚对人体的危害主要是人体吸入后的内照射。氚的半衰期为12.3年并产生β辐射。每千克氚的放射性活度为9.7×10^6 Ci，平均辐射能量为5.74 keV。聚变堆中氚的释放途径主要有：

(1) 事故释放。

(2) 维修操作和运行中的泄漏。

(3) 氚通过管壁和容器的渗透而引起氚的漏失。

(4) 聚变堆氚工厂工艺过程中的漏失。

根据ITER设计，采用三级大气氚控制，可将从聚变堆大厅释放到环境中的氚控制在小于1 Ci/d。概率安全分析结果表明，若假想事故时释放到堆大厅的氚为10×10^6 Ci，而释放到环境中的氚放射性活度也将小于10×10^6 Ci。ITER设计中的氚为3 kg左右，在停堆时刻，包层中氚的总放射性为3.3×10^7 Ci。

ITER运行的初期，只进行H-H和D-D等离子体物理实验，只有到后期才开始运行D-T实验，所需的氚由外部提供。ITER设计的聚变功率为500 MW，在D-T运行阶段，每100 s时间内要燃烧掉0.1 g的氚。根据ITER设计，氘-氚的总量<3 kg（在真空室内有1000 g，燃料循环回路中有700 g，其他为剩余部分，如低温泵中存有120 g）。

考虑到偏滤器运行、等离子体和杂质、最大抽速及没有完全燃烧的氚的排出与再循环等因素后，为了维持聚变堆系统中的氚自持，提出了聚变堆初始氚装料的概念。比如，在ITER运行启动的初始100 s内，氚的初装料将大于25 g。所以，聚变堆必须有一个储氚系统、氚回收系统、氚分离和氚净化系统。同时，还要根据"合理可行尽量低"原则，即ALARA原则，来设计聚变堆氚循环系统。

对于聚变堆堆体（托卡马克装置内），氚的主要存在形态为D-T等离子体，等离子体边缘与室壁材料相互作用过程将导致大量氚进入室壁材料并滞留，且面向等离子体组件（Plasma Facing Components，PFC，主要为第一壁和偏滤器）温度高、受到高通量、高能中子辐照等，这使得该部分中氚的滞留和渗透成为氚安全与防护的主要问题。在堆芯区域，氚以等离子体形态存在，瞬时氚量在100 g级，面向等离子体区域的第一壁和偏滤器温度可高达1000 K以上，D-T等离子体在高温条件下与面向等离子体组件材料相互作用，以及D-T等离子体-中子与室壁材料协同作用，是聚变堆氚安全的重点内容。在氚增殖区域，对于1 GW的聚变堆，按氚增殖比TBR=1.15计算，则每天氚产量需高于176 g。氚在结构材料中的滞留和长期渗透，将使氚进入非直接用氚区域，该部分是氚安全的另一重要问题。

聚变堆氚安全分析，可分为三个方面：聚变堆相关的氚循环安全、氚技术实验室的氚安全以及氚释放与环境安全。

9.3.2 氚的滞留

氚在面向等离子体材料中的滞留，一方面将导致氚安全问题，另一方面该部分氚的损失也将直接制约氚自持。由于大型托卡马克装置的数量较少，且能开展D-T放电实验的更少，国际上仅有TFTR和JET装置上进行过D-T等离子体放电实验，对氚安全的研究都是通过气体驱动渗透（Gas Driving Permeation，GDP）和等离子体驱动渗透

(Plasma Driving Permeation,PDP)两种方式模拟实验开展。20世纪90年代末TFTR和JET上D-T实验运行结果表明,进入真空室的氚总量分别有51%与35%滞留在了壁材料中[2]。其中,TFTR的PFC材料为石墨,JET为CFC。如此大比例氚的滞留将直接导致聚变堆无法实现氚自持。大量氚在PFC中的滞留以及其在材料中的扩散和渗透将带来严重的辐射安全及材料损伤。此外,中子辐照后辐照缺陷对氚滞留的影响,也是聚变堆所面临氚相关的安全的重要问题。聚变堆内氚的循环分为内循环和外循环,如图9.4所示。据估计,在聚变堆装置PFC材料、第一壁和包层结构材料内氚的滞留量在10%~20%[3],这是在进行氚增殖比计算时容易忽略的影响。

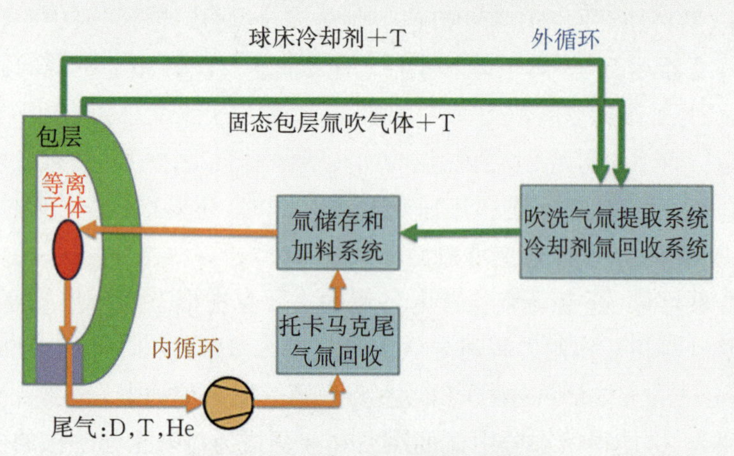

图9.4　聚变堆内、外氚循环示意图

9.3.3　氚的包容

合理有效的氚包容是控制氚的扩散与释放的重要途径,也是聚变堆氚安全的第一道屏障。为了确保包容系统的有效性,一般是采用"包容结构+特排系统+氚处理系统"等耦合设计,并开展防氚渗透材料研究以减少氚的渗透。对于聚变堆本体内的氚包容,在ITER设计中采用两级包容结构:第一级包容,是聚变堆内部的核心区域,包括聚变反应发生的场所,主要为真空室及其延伸区域,如中性束注入腔室、射频加热及诊断系统的边界等。这一级包容通过聚变堆的优化设计、堆芯结构和材料选择等方式,尽可能地减少氚的泄漏。第二级包容的边界为托卡马克大楼的各单元房间,包括窗口单元、水冷单元、中性束单元等。二级包容还包括手套箱设备,作为与外部环境的隔离层。手套箱具有良好的密封性,一般要求达到0.1%/h的体积泄漏率,以确保氚不会从手套箱中泄漏到外部环境中。此外,许多实验室都开展了防氚渗透材料研究,这种材料作为涂覆材料有望大大加强包容系统的氚包容能力。

9.4 放射性废物

9.4.1 概述

放射性废物的主要来源是核燃料循环和核设施退役中的各主要环节。核设施退役是指关闭后不再使用的核设施(如燃料制造和加工厂、核反应堆等)。核试验、核科学研究及应用也会产生一些核废物。核燃料循环包括铀矿开采、加工、燃料制造、使用、乏燃料的后处理等环节。反应堆中已用过的燃料,即乏燃料,要送到后处理厂进行化学处理,提取钚和铀再度使用。

据国际原子能机构估计,目前全球核废物总量已达4万吨重金属。世界各地核电站每年产生约1万立方米的核废物。一台1000 MW核电站的年核废物中含有10 kg的^{237}Np和20 kg的^{99}Tc,如以非专业人员允许的年接受辐射剂量率为标准,那么上述核废物即使贮存100万年,仍高出允许剂量的3000万倍。如果直接排放,需用6吨水稀释^{237}Np,用3×10^7 t水稀释^{99}Tc,才符合环境要求。

核聚变反应堆在产生大量清洁能源的同时,其核废物的问题也备受关注。与核裂变反应堆相比,核聚变反应堆在产生核废物方面有着显著的不同。首先,核聚变反应本身主要使用的是氘(D)和氚(T)这两种氢的同位素作为燃料。在核聚变过程中,它们会聚变成氦(He),并通过高能中子释放出巨大的能量。中子是核聚变反应中不可避免的产物。反应堆部件会因中子辐照而活化产生放射性物质。然而,这些废物的放射性和半衰期相对较短,且数量较少,因此与核裂变反应堆产生的核废料相比,其处置难度要低得多。聚变堆中,另一废物来源是涉氚系统中被氚污染的材料和部件。

核聚变在作为一种清洁能源技术时,具有更高的环境友好性和可持续性。尽管核聚变反应堆的核废物问题相对较轻,但为了确保环境和人类的安全,仍需要采取适当的措施处置这些废物。

9.4.2 核废物分类

各国对核废物的分类不尽相同,标准也互有出入。大致说来,有以下一些种类:

(1) 锕系元素：从元素周期表中原子序数89开始的元素，即锕、钍、镤、铀、镎、钚等。

(2) 高放废物(高水平放射性废物的简称)：反应堆的乏燃料进行后处理之后产生的，以及核武器生产的某些过程中产生的废物，一般说来要求将其永久隔离。

(3) 中放废物(中等水平放射性废物的简称)：某些国家采用的一种放射性废物的类别，但是没有一致的定义，例如，可包括也可不包括超铀废物。

(4) 低放废物(低水平放射性废物的简称)：除乏燃料、高放废物和超铀废物之外废物的总称。混合废物，指既含有化学上危险的材料又含有放射性材料的废物。

(5) 乏燃料：反应堆中的燃料元件和被辐照过的靶。美国的核管理委员会将乏燃料包括在高放废物定义中。

(6) 超铀废物：含有发射α粒子、半衰期超过20年，每克废物中浓度高于100 nCi(即每秒3.7×10^{3} Bq)的超铀元素的废物。

9.4.3 核废物的处置

高放废物的处置方案有许多种：地质处置、太空处置、深海海床下的处置、岩熔处置(置于地下深孔利用废物自热使之与周围岩石熔化成一体)、核“焚烧”(用核反应堆产生的中子对废物核素进行轰击，使长寿命核素变成短寿命核素)等。

在一些发达国家中实行或准备实行的是地质处置方法。常见的是矿山式处置库，将高放废物深藏在一个专门建造的或由现成矿山改建的洞穴中或一个由地表钻下去的深洞中。若深部钻孔，如在花岗岩石中凿一个地下处置库，则要建在几千米深处。这些洞穴要经过周密选址和水文地质调查。矿山式库通常建在300～1500 m深处，其设施通常有地面封装和控制建筑物、地下运输竖井或隧道、通风道、地下贮存室等。库的结构包括设置天然屏障和工程屏障，以防止或控制废物中的放射性核素从包装物中泄漏出来并向生物圈迁移。

存放低放射性(半衰期小于30年)的核废物不用深埋，地表下几十米即可，但也得层层设防。法国1996年建成第一座大型陆地核废料储存库，外形如一座小山丘，由1.4×10^{6} t砂岩、片岩、黄沙和泥土组成，由上往下，第一层是植被，第二层是硬石层，第三层是沙子，第四层是防水沥青膜，第五层是排水层，第六层是覆盖在装有废物的铁桶上的硬土石层。

低放废物是放射性废物中体积最大的一类，可占总体积的95%。适用于低放废物的处置方式有浅地层处置、岩洞处置、深地层处置等。浅地层通常指地表面以下几十米处(我国规定为50 m以内)的地层。浅地层处置低中水平的短寿命放射性废物时，对其中长寿命核素的数量必须严格控制,要求经过一定时期(例如几百到一千年)之后,场地可以向公众开放。

对液体核废物而言,衰变释热还会使高放废液的温度不断上升甚至自沸。首先将高放射性废液贮存在地下钢罐中作为暂时措施,然后再将废液转化为固体后包装贮存。目前比较成熟的固化方法是将高放废液与化学添加物一起烧结成玻璃固化体,然后长期贮存于合适的设施中。

据最新报道,美国能源部完成了一项针对在内华达州的尤卡山区的地下建设一个放射性乏燃料贮存库的计划的安全评估。按照该计划,来自全美核电站的乏燃料将在这个地下废物库中安全贮存约1万年。在过去的20年中,美国已投入约80亿美元来论证尤卡山是否适于贮存放射性核废物。

2000年6月15日时任德国总理施罗德宣布,政府同多家电力公司同意逐步关闭所有19座核能发电厂,最后一座核电厂将会在32年内关闭。这使德国成为第一个宣布放弃使用核能发电的主要工业国。德国还通过了一项计划,将在一个废弃的铁矿开采场建造一座核废物永久贮存场,这是德国政府批准建造的第一个核废物贮存场。

在过去的50多年中,核大国俄罗斯聚集了许多核废料,其放射性强度现在已经超过6.0×10^{10} Ci,大约是1986年切尔诺贝利核灾难辐射强度的120倍,目前正面临核废料的处理和储存危机。俄罗斯已批准在前核武器试验场新地岛建造放射性废物掩埋场。

中国辐射防护研究院近期宣布,我国已建立起一整套中低放废物近地表处置安全评价的技术和方法,大大提高了核废物近地表处置安全评价的可靠性和可信度。同时,我国已建好的西北处置场、华南处置场,是存放低、中放射性核废物的近地表处置场。

国际核能界正在探索一种分离-嬗变的技术,实现乏燃料的最终处置。采用这种分离技术,将乏燃料中余留的铀和钚核材料提炼出来再加以利用,将半衰期长的放射性物质单独分离出来,剩余的则为中低放废物。分离后形成的中低放废物和长半衰期放射性的固体废物数量不大,易于监控。将来一旦嬗变技术取得成功,再将这些废物作最终的处置。据了解,我国科学家已经成功地解决了乏燃料的分离技术,在解决核废料的处置问题上已取得了突破性进展。

据计算,ITER经过30年的运行所积累的放射性材料和废物总量为3.1×10^{4} t,即使经过100年的自然衰减后,也有约6.1×10^{3} t。长寿命的核素主要有:^{93}Mo,^{94}Nb,^{59}Ni等,在低活结构材料的研制中,对这些元素进行了严格的限制。

9.5 废物处置指标(WDR)

核废物处置指标WDR(Waste Disposal Rate,WDR)是用于衡量核废料的放射性水平的指标[4]。WDR是核废物处理过程中的一个重要参数,通常以单位时间内处理的废料量来衡量。放射性废物的处理伴随着安全性和环境保护的考虑,要确保核废料得到妥善处理,最大程度地减少潜在的风险。

根据美国联邦法规10CFR61(*Disposal High-Level Radioactive Waste in Geologic Repositories*)的规定,核材料和部件可以陆地浅埋的核废物SLB(Shallow Land Burial)必需满足WDR<1。因此在聚变堆设计中,WDR是一个重要的指标。WDR的定义如下:

$$\mathrm{WDR} = \sum_i \frac{C_i}{L_i} \leqslant 1 \tag{9.2}$$

式中,C_i是第i种核素在废物中的活度浓度;L_i是第i种核素在废物中的允许活度浓度,单位为$\mathrm{Bq/cm^3}$。目前,放射性核废物的评价通常根据美国核管会(NRC)法规10CFR61给出的废物浓度限制值完成。聚变堆放射性核废物按比活度C、接触剂量率D和衰变热H的限制值可分为低放废物(LLW)、中放废物(MLW)和高放废物(HLW)三类,相关指标见表9.3。

表9.3 放射性废物的分类

分　类	接触剂量率D(mSv/h)	比活度C(Ci/kg)	衰变热H($\mathrm{W/m^3}$)
高放废物(HLW)	$D>20$	$C>10$	$H>10$
中放废物(MLW)	$2<D<20$	$10^{-4}<C<10$	$1<H<10$
低放废物(LLW)	$D<2$	$10^{-8}<C<10^{-5}$	$H<1$

9.6 遥控维修指标(RMR)

在聚变堆的设计中，与WDR密切相关的是遥控维修指标(Remote Maintenance Rating，RMR)。在评价聚变装置结构和部件的活化水平时，一般采用RMR指标来制定聚变堆的维修操作措施(近地、远程或遥操)。RMR指的是与堆部件相同的成分和密度的均匀活化、均匀厚度的无限平板的表面剂量率。RMR提供了一种比较，在给定中子通量下，不同材料的活化和相关的辐射剂量率特性的数值方法。采用RMR指标，可使装置设计者在确定采用何种材料作为特定部件时，考虑其部件在中子活化后的维修可行性。

9.7 运行安全与维护

9.7.1 概述

为了增殖聚变燃料氚，聚变堆内放置了大量的氚增殖材料锂，这些锂与聚变堆第一壁和其他材料接近时是很危险的，特别是锂处于液态金属状态时。液态金属可与空气、水和混凝土发生放热反应，在空气中的火焰温度高达1200 ℃。这种剧烈的化学反应会引起放射性物质和高压密封氚的泄漏。固态的锂化合物也会引起类似的安全问题。在设计时采取适当的方式，可将此类安全问题降低到可以处理的程度。

聚变堆另一个潜在的危害是氘和氚与空气中氧的反应。当有相当数量的氘或氚进入空气中，便可形成易爆混合物。一旦点燃，会造成严重的危害。这种危害对于氘和氚比较集中的燃料更换和氚回收系统来说比较显著。

等离子体的破裂和冷却剂故障将会对聚变堆的安全产生潜在的危害因素。聚变堆事故分析通常采用概率风险评价(Probabilistic Risk Analysis，PRA)，它应用概率风险理论对核反应堆的安全进行评价，应用PRA理论有多种方法，最常用的是故障树和事件树。故障树分析方法把系统最不希望发生的状态作为故障目标，然后寻找直接导致这一故障发生的全部因素，直至无须再深究其发生的因素为止。事件树(Event Tree，ET)分析方法是在给定一个初因事件的情况下，分析该初因事件可能导致的各种事件序列的结果，从而定性与定量地评价系统的特性，并帮助分析人员获得正确决策。

9.7.2 运行安全与维护

聚变堆的维护是指在不影响其他部件功能的情况下，保持系统中某些部件功能的过程。维护需要确保聚变堆所有子系统的可靠性。维护的目的是使系统在尽可能长的运行时间内具有设计的功能。聚变堆工作在非常特殊和复杂的环境下，需要就维护过程进行综合设计。

聚变堆系统的有效工作时间定义为

$$A=1-\frac{\text{运行时间}}{\text{总时间}}=1-\frac{\text{停堆时间}}{\text{总时间}} \tag{9.3}$$

式中，工作时间指装置的运行时间，停工时间可分为计划停堆时间和临时停堆时间，因此：

$$A=1-\frac{\text{计划内停堆时间}+\text{计划外停堆时间}}{\text{总时间}} \tag{9.4}$$

停堆时间(无论计划外还是计划内)可以写成如下形式：

$$\text{停堆时间}=(\text{出现频率})\times(\text{每次事件的停堆时间}) \tag{9.5}$$

通过使用高可靠性的部件，合理安排较低的计划停堆频率及选择能够使系统的维护快速而又简便的设计，可以达到高水平的工作效率。各部件的可靠性是对其失效可能性的度量，失效可能性的影响如图9.5所示。在部件的开始和试运行阶段，其失效率随时间的减少量受工厂的质量保证方案的影响，紧接着试运转阶段的部件有效期，此时失效可能性只是一个较低的数值，最后在部件快用坏时，其失效可能性又随时间增加。

在试运转阶段的失效原因包括未被检查出来的缺陷、运行环境的不确定因素、运行前未加充分调整和指定应用所对应的过高失效可能性。在部件有效期的末尾，其损坏原因包括材料的损失(如壁的侵蚀)、材料的增加(如再沉积效应)、疲劳、核辐照损伤(包括肿胀、剥落和可延性的降低)、部件中的过大应力和蠕变。通过对部件更彻底地检查，给初始部件留出更大的设计余量，在研制阶段更充分地进行实验并安排一定备用元件(使得别的部件在其中一个失效时能够接替它进行工作),以及在部件运行之前对其进行更仔细的调整,可以减少失效次数,从而增加可靠性和工作效率。

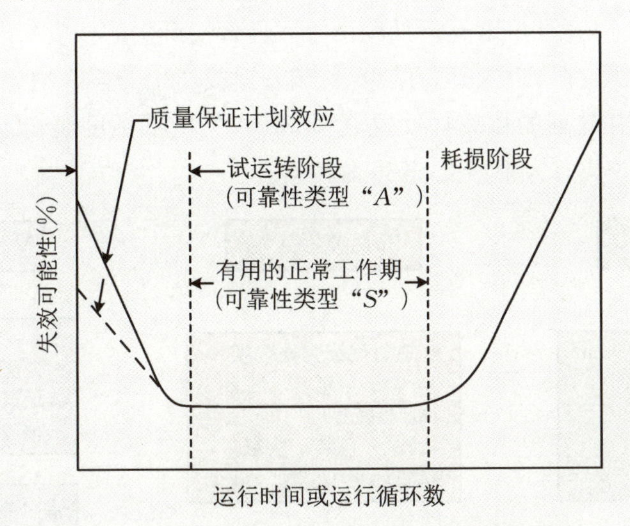

图9.5 失效可能性随运行时间和运行循环数的变化

通过一些维护过程(包括检测辐照量、常规维护、周期性物理测试以及设置磨损指示器,以便在磨损和腐蚀过程达到显著水平时能显示出来),就能够处理部件寿命磨损阶段遇到的问题。最后通过定期替换最可能损坏的部件,增加可靠性和工作效率。

在聚变堆的维护中,必须考虑的因素包括:对远距离操作和维护的简单性、相容性的设计和各个模块的大小及装卸的方法,这些模块拆卸的目的是为了便于远距离修理和维护的顺利进行。同时还要考虑手工维护和远距离维护之间的平衡。聚变堆的维护还需要把诊断仪器的数量限制在最低的水平,并使反应堆由易于装卸的模块组成。

9.8 ITER安全设计

9.8.1 废物与分类

ITER是世界上第一座实验聚变反应堆,聚变功率为500 MW,采用连续运行500 s

后停堆的长脉冲运行模式，计划将于2029年建成并投入实验运行，它的核废物包括两部分：

(1) 运行核废物：在ITER运行期间由于元件替换产生的核废物。

(2) 退役核废物：在ITER运行结束后，装置退役产生的核废物。

图9.6为ITER计划的核废物处置流程，TFA为极低活度废物，Type A为中低活度、短寿命废物，Type B为中活度、长寿命核素。

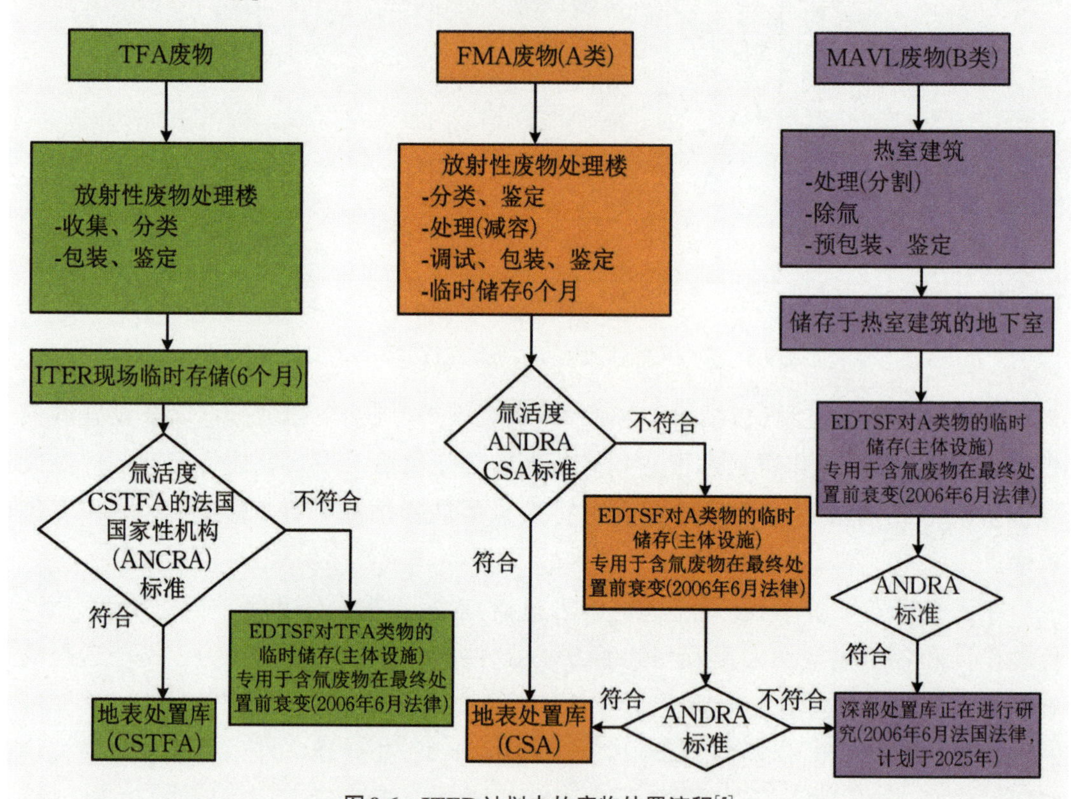

图9.6　ITER计划中的废物处置流程[5]

根据图9.6中的处理流程和处置规范，要求：TFA和Type A废物在放射性废物处理楼中收集、处理、包装，并暂存约6个月；Type B废物在热室中进行处理、包装，并在热室地下室中暂存。暂存之后，如果废物中氚含量满足要求，即可根据级别转交法国国家放射性废物管理局(ANDRA)所属的各处置场所。如果废物中含氚量太高，则被输送至中低废物处置的EDTSF(Engineered Disposal Facility for Low and Intermediate Level Solid Radioactive Waste)[5]场地进行氚衰变。表9.4为ITER退役后的废物量的分布和估计值，表中CVCS维修指ITER装置中心真空冷却系统，TCWS为托卡马克冷却系统。

表9.4　ITER废物量的估计[5]

	质量(t)	放射性(Bq/kg)	氚(Bq/kg)
B类放射性废物(20年)	1200	2.7×10^{13}	7.4×10^{12}
纯氚化废物(20年)	62		3.0×10^{9}
可能的大型A类金属型固体废物(20年)	168	TBD*	TBD
	体积(m^3/a)	放射性(Bq/kg)	氚(Bq/kg)
A类干固废物	185(0.6 t/m^3)	3.0×10^{8}	3.0×10^{9}
故障			
维修:金属	5		
易燃物	150		
非易燃物	30		
废弃树脂和过滤介质	14	1.0×10^{14}	1.0×10^{12}
	体积(m^3/a)	ACP*放射性(Bq/m^3)	氚放射性(Bq/m^3)
液态放射性(预期平均)	150	6.0×10^{9}	2.0×10^{12}
故障			
托卡马克实验室(预期范围)	30～50		
CVCS维修和来自TCWS地下室冷凝物(预期范围)	30～190		
油类废物	7	1.0×10^{8}	1.0×10^{11}

注:* TBD: To be determind(待确定)。ACP:活化腐蚀性产物。

ITER计划装置涉及的氚系统的废物处置是需要采取特别处置措施的,其技术规范的具体要求如下:

(1) 涉氚系统组件内物料的去氚化处理,包括氢同位素分离柱内分离材料Pd/Al_2O_3的去氚化、热技术床内金属吸气剂的去氚化、低温吸附柱内分子筛的去氚化等。可采用热释放、氢同位素交换等方法实现这些物料的去氚化。

(2) 涉氚系统管道去氚化处理。可采用热释放、氢同位素交换等方法实现这些物料的去氚化。

(3) 涉氚系统组件内物料的清空、包装、固定与暂存。将氢同位素分离柱内分离材料Pd/Al_2O_3、热技术床内金属吸气剂、低温吸附柱内分子筛等物料取出,包装于标准废物包装桶内,用水泥固定。

(4) 涉氚系统拆除,拆除方法包括分解、热切割和冷切割。分段拆除涉氚系统管道、阀门、气体流量计、压力传感器、气体循环泵、真空泵等。分解切割拆除体,包装于标准废物包装桶内,用水泥固定。

(5) 手套箱拆除,拆除方法包括分解、热切割和冷切割。分段拆除手套箱,分解拆除体,包装。

根据氚污染水平,技术要求是将废物包装体分为中、低放氚污染废物和清洁解控废物。中、低放固体氚污染废物采用标准废物桶包装,水泥固定;可燃中、低放固体氚污染废物先用废物袋打包,标准废物包装箱包装;清洁解控废物采用标准废物包装箱包装。

9.8.2 放射性与危害

将ITER的固有安全与那些小功率实验裂变堆相比较是有意义的,因为安全和常规的要求对两种装置的固有危害分类来说通常是一致的。表9.6给出了兆瓦级的裂变堆与ITER的放射性总量的比较,由表9.5可以看出,ITER与一个兆瓦级的裂变堆的放射性危害总量有大体相同的水平。

表9.5 ITER的BHP与1 MW_t裂变堆的比较[5]

参　数	ITER(2 kg氚) 氚化水(HTO)	1 MW裂变堆 碘(I)
放射性总量(Bq)	7.4×10^{7}	1.8×10^{15}
$MPC_{air}(Bq/m^3)$	5×10^{3}	1×10^{1}
$BHP_{air}(m^3)$	1.5×10^{14}	2.0×10^{14}
BHP比值	1	1.3

9.8.3 安全与防护

1. 分类与概率

在ITER的“设计基准”中,需考虑将事件几率降到每年10^{-4}。在设计中,考虑的事件分类和概率在表9.6中给出,这仅是从放射性危害方面考虑的。

表9.6 ITER全装置概率

事件分类	运行瞬发事件	预期事件	不可测事件	特别不可测事件
事件概率	10^{-1}	10^{-1}～10^{-2}	10^{-2}～10^{-3}	10^{-3}～10^{-4}

从基本意义上讲,安全保证将由下述措施实现:

(1) 提供合适的硬件,具有放射性防护功能的保护系统。

(2) 提供适当的支持数据基础和设计评价。

(3) 管理人员的活动,比如质量保证、制定运行和维修指南、人员培训等。

(4) 为实验装置选择合适的场地等。

一级设防实测应考虑:

(1) 设计强化安全系统。

(2) 确立好的实验。

(3) “失效安全”设计。

(4) 抗干扰稳定性设计。

(5) 放射性总量和能量储存的最小化。

(6) 材料选择的安全意识。

(7) 质量保证。

(8) 监视与检查。

装置设计对常规事件的考虑列在二级安全防御中:

(1) 失效检测。

(2) 氚含量的跟踪。

(3) 非正常事件的控制。

(4) 次级约束。

(5) 等离子体终止。

(6) 现场供电等。

对公众的保护采取适当的延缓特性,对即使是极其稀少的和不可预测的事也应增加安全强度,这在第三级安全中考虑:

(1) 事故管理。

(2) 设计基准事件的安全特性。

(3) 超设计基准事故的后果延续。

(4) 非现场方面,比如环境的监测。

2. 系统部件安全分类

系统的功能分类与部件安全分类都是非常重要的。对部件的安全分类来说，功能分析可提供一个框架。在ITER中，部件可有多重安全功能和非安全功能(如真空室提供真空、热的移出和约束)。部件的安全重要性分类由其安全功能决定，建议分类如下：

(1) A级：部件的失效将导致主要安全功能丧失。

(2) B级：部件的失效是事故情况的诱因，由此威胁到主要安全功能。

(3) C级：部件的失效导致次级安全功能丧失。它是偶然事件的诱因，不直接威胁到主要安全功能。

(4) D级：部件与安全无关。

安全设计要求：

(1) 防止非安全处理系统失效而引起与安全有关系统中放射性物质的释放，比如因核危害导致的磁体去耦。

(2) 在适当的运行状态后和事故状态下，提供反常等离子体控制。

(3) 在适当的运行状态后和事故状态下，尽可能被动地移出来自诱导活化产生的衰变热。

(4) 减少潜在的放射性物质释放，确保在任何情况下其释放都应在规定范围内，在事故情况下，其释放应在可接受范围之内。

上述第一条要求是针对聚变特定的非安全处理系统，比如超导磁体。另三条则是针对聚变装置的三个主要功能——等离子体的终止、衰变热的排除和放射性的约束。

9.8.4 剂量率与风险

1. 剂量率

剂量率一般用mSv/h或μSv/h表示，用λ-S_v表示公众累积剂量，国家标准GB18871—2002对职业人员的年有效剂量限值范围为20 mSv/a，5年总有效剂量不超过100 mSv，不作追溯性平均，任何一年最大不能超过50 mSv/a。

为保护工作人员的健康，在辐射区的放射性需加以限制：

(1) A区：<0.5 μSv/h区内工作人员无剂量。

(2) B区：0.5～10 μSv/h区内工作人员有剂量，但在工作时数内进入不受限制。

(3) C区：10～100 μSv/h工作人员有剂量，进入时间受限制。

(4) D区：>100 μSv/h工作人员通常不许进入。

上述限制是根据国际放射防护委员会ICRP-60出版物制定的。ICRP-60建议个人剂量值按5年平均，不得超过100 mSv，同时任何一年不得超过50 mSv。不同的国家稍有不同，中国放射防护标准GB 18871—2002以ICRP-60为主要依据。

ITER是世界上第一座试验聚变反应堆，有关剂量限度方面的设计和要求为：从业人员5 mSv/a以下，换班作业0.5 mSv/a以下，公众1 mSv/a以下。另外，还制定了如下有关向环境泄漏放射性的指导方针：

(1) 正常运行：HT(氚气)为1 g T(氚)，HTO(氚化水)为0.1 g T，面向等离子体壁的活化生成物(AP)为1 g金属，活化腐蚀生成物(ACP)为1 g金属，在一年内任一项都在这些值以下。

(2) 异常状态：HT为1 g T，HTO为0.1 g T，AP为1 g金属，ACP为1 g金属，这些项的组合，在一个事件里有一项小于这些值。

(3) 事故：HT为50 g T，HTO为5 g T，AP为50 g金属，ACP为50 g金属，这些项的组合，在一个事件里有一项小于这些值。

这里，将事件分类为正常运行、偏离正常运行状态而在电站寿命中可能发生一起或一起以上的异常事件、在电站不应该发生而在安全评估上假设的事故等。

2. 活化产物

聚变堆内的活化产物的活度比氚大，但比氚容易约束，因为它存在于固定的结构材料中。与钨相比，铍是非常低活化材料，其迁移和释放的化学特性是作为活化产物来研究的。活化产物的含量乘以释放份额乘以迁移份额被定义为源项，这三部分的每一部分都还有其本身的不确定性。活化产物的总量可通过材料的选择和脉冲运行而降低。V5Cr+5Ti合金可比铜合金和不锈钢的危害总量低1～2个数量级。非连续的运行可使在脉冲之间同位素的量得以衰减，但这不会改变废物的管理和减少短寿命同位素的含量，因短寿命同位素在每一脉冲时间内达到饱和。通常活化产物的扩散份额乘以释放份额应在10^{-6}～10^{-7}的范围内。

3. 衰变热的排除

衰变热的排除是大多数核装置的关键问题。ITER停堆后的衰变热如图9.7所示，停堆时刻的衰变热为11 MW，停堆1天后降到0.6 MW。在ITER设计中，采取多项措施来保证在主冷却功能丧失以后，不会出现大的危害和部件的熔化。对屏蔽包层设计来说，在停堆时刻，总的衰变功率约为正常运行功率的2%。停堆1天后降低到原来的1/3到1/10，这取决于材料和辐照情况(脉冲或连续运行)。

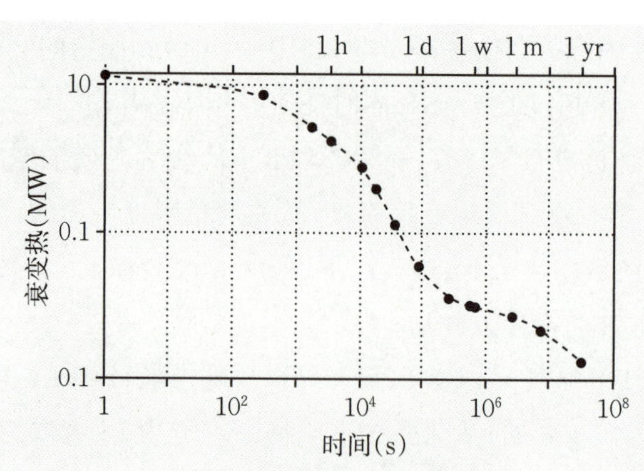

图9.7　ITER堆停止后的衰变热[1]

9.8.5　核废物的管理

聚变堆的主要核废物管理是回收来自真空室的活化部件：

(1) 活化废物的安全贮存。

(2) 废物的输运。

(3) 废物处理。

上述问题与结构材料的感生放射性密切相关。然而，对于聚变装置中感生放射性的拆卸中可操作的安全标准和照射情况尚未确立。在核废物管理标准上缺乏国际一致性使得这一问题变得更加复杂化。

真空室内部件的回收：要求提供足够长的体积平均绝热熔化时间，以便回收室内部件进入强制冷却桶。冷却管在部件撤入冷却桶之前分隔。在某些情况下，需冲洗冷却剂以减少污染。由于衰变热强烈，仅靠辐射或自然循环冷却是不够的。

在停堆一个月后，衰变热将降低一个量级，且在第一壁、包层和屏蔽区的体积平均衰变热也相应降低一个量级。因此，冷却一个月以后，在不锈钢第一壁/包层/屏蔽中，体积平均熔化时间可长达几百小时。部分国家废物封装标准如表9.7所示。

表9.7　部分国家的核废物封装标准

地区	封装废物的典型指标	评　价
IAEA	LLW：<2 mSv/h HLW：>20 mSv/h	
法国	LLW：<3.7 GB_q/t，主要由 $T_{1/2}$<30 Yr同位素支配 ILW/LLW：∝<3.7 GB_q/t，长寿命核素 HLW：适合于玻璃固化后的地质处置	

续表

地区	封装废物的典型指标	评价
德国	Konrad：ILW，3 ℃上升，2 mSv/h Gorleben：HLW，产生热量核素	
日本	VLLW：<7.2 GB_q/t对^{63}Ni<8.1 GB_q/t对^{60}Co（VLLW：没有工程容器的近地埋藏，50年设置控制） LLW：<7.2 GB_q/t对^{63}Ni<8.1 GB_q/t	无ILW或HLW操作
俄罗斯	β：7.2 GB_q/t γ：10 mSv/h	无ILW或HLW操作
瑞典	SFR对ILW，0.5 Sv/h，限制同位素 SFL：对HLW	SFR操作
美国	10CFR61限制，<1 Sv/h，<50 W/m^3	近地埋藏操作

注：VLLW：极低放废物；LLW：低放废物；ILW：中放废物；HLW：高放废物。

9.8.6 部件辐射防护目标

1. 超导磁体系统辐射限值

ITER的TF线圈的超导体材料为Nb_3Sn，为保持其始终处于超导状态，需要确保超导体材料快中子（能量高于0.1 MeV中子）注量小于10^{23} n/m^2。为了保留安全裕量，ITER要求TF线圈超导体的快中子注量小于10^{22} n/m^2。同时，综合考虑磁体冷却系统的热负载设计，ITER要求TF线圈总核热一般不超过14 kW。

对于绝缘体，高强度中子辐照会影响其机械强度、介电强度和电阻率等性能。ITER超导磁体系统的绝缘体选用环氧树脂材料，其所能承受的剂量限制值是10^7 Gy，因此ITER要求绝缘体材料的辐照剂量不能超过10^7 Gy，中子注量不能超过5×10^{21} n/m^2。

为了防止局部温升导致部件失效，ITER还对真空室和超导磁体系统的核热密度做出规定：真空室核热密度应不超过0.61 MW/m^3，超导线圈导体核热密度不超过1 kW/m^3，超导线圈包围盒与结构材料核热密度不超过2 kW/m^3。

2. 电子设备辐射限值

在ITER主机和大厅中，布置有大量的电子设备。这些设备在高强度中子、光子辐照下可能会因辐照损伤而失效。在ITER的设计中，根据各种电子设备的抗辐照性能，按照电子设备所属系统的类型，要求各类设备满足表9.8所列要求。

表9.8 ITER电子设备辐射限值

参　数	累计剂量 (Gy)	中子注量 (n/cm^2)	中子通量密度 ($n/(cm^2·s)$)
有电子元件的关键系统	1	10^8	10
有电子元件的非关键系统	10	10^{10}	10^2
没有电子元件的关键系统	10^3	—	10^4
没有电子元件的非关键系统	10^4	—	10^5

此外，在电子设备的设计过程中，应该尽可能选择电阻器、电容器、电感器等没有增益或方向性的被动电子元件，避免使用晶体管、可控硅整流器、二极管、真空管等半导体电子元件。

3. 重复焊接部件屏蔽要求

ITER托卡马克装置中真空室及真空室部件存在大量焊接接头，在部件的更换和维修过程中需要进行切割和重复焊接，中子辐照造成的气体损伤会影响这些切割面的重复焊接性能。因此，在ITER的设计要求中规定，对于后板结构，焊接位置氦气产生量应小于1 appm，对于薄板或者管状结构，焊接位置氦气产生量应小于3 appm。

对于不锈钢材料，氦气主要是由硼与中子反应产生。为控制氦气产生量，ITER设计要求第一壁的不锈钢材料中硼含量小于0.002%(质量分数)，真空室冷却管道的不锈钢中硼的含量小于0.001%(质量分数)。

9.8.7 人员辐射防护目标

ITER要求辐射防护设计必须遵循“合理可行尽量低”(ALARA)原则，并满足以下基本要求：

(1) 使运行操作区的剂量水平不超过设计限值。

(2) 方便维修操作，并使维修人员的剂量“合理可行尽量低”。

(3) 对可能产生漏束的部位，采取局部屏蔽，并使其辐射水平满足限值要求。

(4) 在可预计事故工况下，工作人员和公众的剂量满足限值要求。

参考国际辐射防护委员会ICRP的要求，ITER的辐射防护目标如表9.9所示。

为了实现以上辐射防护目标，在辐射安全设计中需要满足如下目标：

(1) 应该评估工作人员在运行和维修工作时的剂量,确保工作人员所受剂量“合理可行尽量低”并且满足辐射防护目标和相关规定限值。

(2) 为了能够在低温恒温器中进行紧急维修,设计需确保停堆 10^5 s(约 12 d)后低温恒温器周围剂量率低于 100 μSv/h,如果局部区域难以满足要求,则需对该区域的操作进行工作人员积累剂量率的评估。

(3) 考虑到工作人员可能需要定期进入窗口室区域进行包层、偏滤器等设备的维修或更换,设计需确保停堆 10^6 s 后窗口间隙区域剂量率低于 100 μSv/h。

(4) 设计需确保停堆 24 小时后生物屏蔽外(中性束窗口除外)的窗口室中剂量率低于 10 μSv/h。

表 9.9 ITER 辐射防护目标

<table>
<tr><th colspan="2">工况</th><th>工作人员</th><th>公众环境</th></tr>
<tr><td rowspan="3">设计基准</td><td>正常情况</td><td>合理可行尽量低,在任何情况下,个人剂量≤10 mSv/a,个人平均剂量≤2.5 mSv/a</td><td>排除量少于建造授权的限值,辐射影响尽量低,在任何情况下≤0.1 mSv/a</td></tr>
<tr><td>偶然事件</td><td>合理可行尽量低,在任何情况下,≤10 mSv/a 事件</td><td>每个事件的排放量少于年限值,且≤0.1 mSv/a</td></tr>
<tr><td>事故情况</td><td>考虑事故发生时和发生后采取的强制性管理措施</td><td>没有立即采取措施或疏散等递延对策时,<10 mSv;不影响肉类、蔬菜等农产品的食用</td></tr>
<tr><td>超设计基准</td><td>假想事故</td><td colspan="2">需要计算证明假想事故带来的后果量级是有限的,并且随着安全功能进一步降级,也不会有大的后果增加;在时间和空间上采取递延对策,如疏散、限定区域等</td></tr>
</table>

小结

与传统裂变能源一样,聚变堆必须确保公众、运维人员以及工厂和设备的安全。在同等功率的情况下,聚变堆的停堆余热、放射性总量与衰减时间,长寿命高放核废物(HLW)要比裂变堆低得多,但其特有的氚的渗透、衰变和泄漏问题需要给予特别的重视。此外,高能中子对材料的辐照损伤、液态金属冷却剂中的锂,聚变燃料氚与燃料循环系统,超导磁体、存储的磁能、低温致冷流体以及燃烧等离子体的破裂产生的电磁力等对聚变堆的危害等,需要开展深入研究。

参考文献

[1] 冈崎隆司. 核聚变堆设计[M]. 万发荣,叶民友,王炼,译. 合肥:中国科学技术大学出版社,2023.

[2] Skinner C H, Hogan J T, Brooks J N, et al. Modeling of tritium retention in TFTR[J]. Journal of Nuclear Materials, 1999(266): 940-946.
[3] Andrew P, Brennan P D, Coad J P, et al. Tritium retention and clean-up in JET[J]. Fusion Engineering and Design, 1999(47): 233-245.
[4] 冯开明,胡刚. 试验混合堆嬗变MA研究[J]. 核科学与工程,1998,18(4):160.
[5] Holdren. Competitive of magnetic fusion energy[J]. Fusion Technology, 1988(13): 20.

第10章　聚变堆氚增殖与燃料循环

10.1　引言

第一代聚变反应堆采用氘-氚(D-T)聚变反应燃料循环模式，每次聚变反应释放的能量为17.6 MeV，在可能的聚变反应中D-T反应的截面是最大的，在100 keV时约为5 b(1 b=10^{-24} cm^2)。聚变反应释放的能量大部分由中子所携带(80%，14.1 MeV)，α粒子携带剩余的3.5 MeV能量，它也是加热等离子体的重要热源。虽然每次聚变反应所释放的能量与裂变反应(约200 MeV)相比要小得多，但是按单位质量释放的能量来计算，聚变反应释放的能量却比裂变反应高得多。

核聚变反应堆中的D-T反应为

$$^{2}D+^{3}T \rightarrow ^{4}He+^{1}n+17.6\ MeV \tag{10.1}$$

一方面，聚变燃料——氚在自然界中几乎不存在，要维持聚变堆运行需要大量的氚，最理想的办法是通过设计高增益的氚增殖包层来解决，即通过聚变中子与氚增殖剂材料锂的核反应来产生一个氚原子，然后经过提取和回收，再被送回到聚变堆芯部等离子体区作为氚燃料。由于氚的性质非常特殊，很容易渗透到其他物质中而导致泄漏损失。另一方面，由于聚变堆内氚消耗量大(一座1 GW聚变功率的反应堆，满功率运行时每天消耗氚约为150 g，每年消耗氚约为55 kg)，在通过氚工厂的内、外循环过程中，也容易损失，因此聚变堆要实现氚自持是非常困难的。

聚变堆氚增殖与氚自持一直是国际聚变堆设计研究与运行中的关键技术问题之一。聚变堆氚自持问题基本取决于聚变堆增殖包层设计和聚变堆氚燃料循环设计。

我们知道,利用氘和氚聚变反应的聚变堆必须要有增殖氚的方法。天然锂由^{6}Li(7.4%)和^{7}Li(92.6%)两种同位素组成,两者与中子作用都可以生成氚。氚增殖材料锂在自然界中很丰富,是能够通过与中子作用生产氚的唯一丰产元素。这些反应是

$$^{6}\mathrm{Li}+{}^{1}\mathrm{n}\rightarrow{}^{4}\mathrm{He}+{}^{3}\mathrm{T}+4.78\ \mathrm{MeV} \tag{10.2}$$

和

$$^{7}\mathrm{Li}+{}^{1}\mathrm{n}\rightarrow{}^{4}\mathrm{He}+{}^{3}\mathrm{T}+{}^{1}\mathrm{n}+2.47\ \mathrm{MeV} \tag{10.3}$$

式(10.2)为发热反应,式(10.3)为吸热反应,反应产物除α粒子和氚外还有一个慢中子。第一种反应$^{6}Li(n,\alpha)T$的热中子截面大约是950 b,中子能量在0.01 MeV和11 MeV之间的截面如图10.1所示[1]。

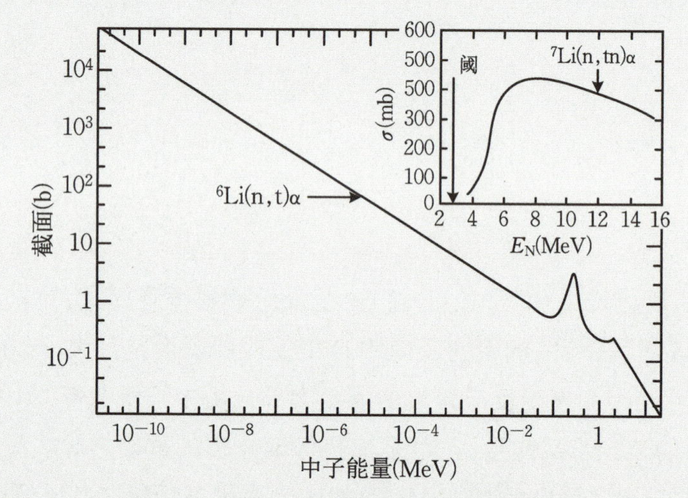

图10.1　氚增殖反应截面随中子能量的变化

氚增殖比(Tritium Breeding Ratio,TBR)的定义是单位时间内生成的氚量与单位时间内因核聚变反应消耗的氚量的比值,可以通过氚生成比例P_T与氚消费比例C_T来表示:

$$\mathrm{TBR}=\frac{P_T}{C_T} \tag{10.4}$$

在式(10.1)中,消费一个氚原子,生成一个中子。这个中子通过式(10.3)的反应,生成1个氚和1个中子,然后这个中子又通过式(10.2)再生成1个氚。这样,通过这些反应,最多可以生成2个氚原子。但是,实际上中子还会被反应堆结构材料吸收,另外包层也不能覆盖等离子体的周围全部区域,因此为了提高氚增殖比,需要利用中子倍增剂的(n,2n)反应来增加中子数量。

^{7}Li中子反应仅当中子能量在4 MeV以上时才有相当大的反应截面(见图10.1)。因此,为了使聚变中子与^{6}Li作用,必须使中子极大地慢化下来,而与^{7}Li作用则中子的

慢化问题则不重要。因此，在进行设计和计算包层的增殖比时，我们必须考察聚变中子在经过第一壁、真空室和包层时与材料的相互作用，计算氚增殖比需要详尽分析中子通量和中子能谱的空间能量分布。

10.2 氚增殖的限制

聚变堆氚自持靠包层的氚增殖来实现，其氚增殖比TBR要大于1，主要受到以下几个方面的限制：

10.2.1 增殖空间限制

聚变堆内结构复杂的工程结构限制了放置氚增殖材料的空间，如偏滤器、弹丸加料注入窗口、加热窗口、电流驱动及等离子体诊断窗口等占去的大量空间。在聚变堆设计中，通常用增殖包层真空室沿极向的覆盖率来表述，在实际的反应堆设计中，覆盖率只有60%～70%，使得通过氚增殖包层来实现氚自持的异常困难。

根据式(10.1)，消耗1个氚会生成1个中子，单位时间内的氚消耗个数也是单位时间内生成的中子个数。利用中子源的中子束φ，对中子源归一化处理为1，氚增殖比TBR可从下式求得：

$$\mathrm{TBR}=\frac{\int\left(N^6\sigma^6+N^7\sigma^7\right)\varphi\mathrm{d}V\mathrm{d}E}{\int\varphi\mathrm{d}V\mathrm{d}E}\tag{10.5}$$

式中，N^6、N^7为^{6}Li、^{7}Li的原子数密度，σ^6、σ^7为^{6}Li和^{7}Li的中子反应截面。通过对包层区域的体积内、全能量范围进行积分，得到系统的氚增殖比。由于这与锂的原子数密度、截面积、中子通量φ的乘积有关，为了提高氚增殖比，因此需要分别增大这些数值。

在覆盖等离子体的全部面积中，能够设置包层的面积称为包层覆盖率fn。如式(10.5)所示，体积积分的区域只限定于包层领域。另外，伴随着氚的生成，^{6}Li和^{7}Li的原子数密度也会减少。利用式(10.5)，将包层领域作为积分区域，再考虑锂的原子数密度减少的因素，通过中子学计算可以求得氚增殖比TBR。但这样过于烦琐。可以利用包层覆盖整个等离子体的一维模型等，求出中子通量φ，然后利用式(10.5)对全空间进行积分，求出局部氚增殖比，再乘以包层覆盖率fn后，得到全堆氚增殖比。

10.2.2 材料及工艺限制

聚变堆真空室内部件第一壁、包层结构材料、冷却管道、防氚渗透涂层材料等，对增殖区内的包层覆盖率造成影响，使可获得的氚增殖比降低。特别是第一壁材料、结构材料对聚变中子的俘获吸收，对氚的增殖比影响很大。聚变堆设计中，若减少结构材料的使用又会对系统的安全产生不利影响，因此聚变堆的增殖包层和第一壁需要反复迭代优化设计，使TBR值尽可能提高。另一方面，氚增殖剂材料特性也会直接影响到氚的增殖和自持问题，包括在材料中氚的滞留等。文献[2]和[3]对氢元素在不锈钢中的行为做了深入研究。

10.2.3 程序与核数据

在聚变堆设计中，所给出的氚增殖比是基于理论计算的，由于模型、程序和数据的原因，计算得出的氚增殖比通常被高估。日本和欧洲的中子积分实验表明，TBR的计算值比实验值可高估达10%。

10.2.4 氚滞留与回收

聚变堆运行时需要不断向芯部的等离子体注入氚，运行初期结构材料及部件会“溶解”氚，氚初始投料量以及在线氚循环所需氚储量等问题，都会影响到氚自持。另一方面，在等离子体区氚的燃烧率与氚的初始投料量有密切的关系。

聚变堆氚增殖区一般采用增殖包层设计，包层的作用是将在等离子体区产生的聚变中子通过第一壁进入包层后减速转变成热能，通过冷却剂系统将沉积在包层中的热能传输到聚变堆外部。同时，在包层中通过慢化的中子与氚增殖剂材料（锂或锂化合物）的核反应产生作为燃料的氚，通过收集、纯化再利用。

10.2.5 氚衰变、渗透与泄漏

氚作为氢的不稳定同位素，半衰期为12.33年，它在自然界中是不存在的，必须在D-T聚变堆的包层中通过增殖来产生。氚的放射性衰变损失，以及渗入其他材料中和氚循环过程中氚的漏失等问题，都会对聚变堆系统的氚自持产生直接影响。

由此可见，D-T聚变堆中氚作为燃料被消耗，又需要增殖氚作燃料。一般来说，在

等离子体中聚变反应烧掉的氚只占注入氚燃料总量的约5%,而95%残存的氚需要排出经回收处理后作为燃料再利用。因此,氚的回收包括在等离子体区未发生聚变反应氚的回收和包层中增殖氚的回收两部分,也称为内循环和外循环。与裂变堆启动初始阶段中出现的“碘坑”和“氙坑”类似,聚变堆在启动的初始阶段,由于增殖的氚低于因各种原因消耗的氚而形成“氚坑”,会严重影响到聚变堆系统的氚自持。

10.3 氚增殖剂与包层

氚增殖剂按形态分为两大类:固态氚增殖剂和液态氚增殖剂。主要的固态氚增殖剂有:钛酸锂(Li_2TiO_3)、正硅酸锂(Li_4SiO_4)、锆酸锂(Li_2ZrO_3)、偏铝酸锂($LiAlO_2$)和氧化锂(Li_2O)等材料。液态氚增殖剂有:液态金属锂(Li)、锂铅合金($Li_{17}Pb_{83}$)、氟锂铍熔盐(FLiBe)等。

对于氚增殖剂的性能要求有:

(1) 锂的原子数密度大。

(2) 保持锂的时间短。

(3) 热传导率大。

(4) 热膨胀率小。

(5) 肿胀或放射性生成物小。

(6) 化学性能稳定,容易与其他材料相处。

(7) 氚增殖剂本身容易操作等。

在与氚增殖剂反应生成的放射性生成物中,半衰期长的主要有$^{94}Zr(n,2n)$:10^6年;$^{96}Zr(n,2n)$:64天;$^{48}Ti(n,p)$:1.8天;$^{27}Al(n,\alpha)$:15小时;$^{30}Si(n,\alpha)$:9分钟等。虽然它们的生成量和半衰期有所不同,但从缩短反应堆的维护和操作时间的角度,在作氚增殖剂的选择时需要考虑。

10.3.1 固态氚增殖剂

采用固态氚增殖剂/氦冷/铁素体钢的聚变堆包层(HCSB)概念,被认为是最有可能在未来的聚变示范堆(DEMO)包层设计中实现应用,其优点是:① 采用氦气冷却避免了液态冷却剂的磁流体动力学压力降(MHD)问题;② 氦气与结构材料有良好的相容性，避免了液态金属冷却剂与材料的腐蚀问题；③ 没有磁流体动力学压力降(MHD)问题；④ 固态包层采用气体(He)作为载氚介质，技术更成熟，成本更低；⑤ 固态氚增殖剂具有广泛的世界性的研发基础。

采用固态氚增殖剂包层也有缺点：① 需增加铍作为中子倍增剂才能满足聚变堆系统氚自持的需要；② 由于锂陶瓷的导热率较低，系统排热管路的设计相对复杂；③ 氚增殖区热工设计需满足一定的温度窗口(450～900 ℃)，以利于氚的释放和提取；④ 固态氚增殖剂包层设计中，增殖区一般采用球床类结构设计，中子倍增剂和氚增殖剂为0.5～1.0 mm直径的小球。增殖的氚由载氚气体带出，球床内增殖剂的填充率受到制约，从而影响氚增殖比的提高。

在聚变堆固态氚增殖剂包层的设计中，氚增殖剂采用锂陶瓷小球，在制备过程中所涉及的最关键技术之一是锂同位素分离技术，特别是高^{6}Li丰度的Li_2CO_3原料及成本问题。设计中一般选用富集^{6}Li的含锂三元氧化物。在天然锂中由两种锂的同位素组成，分别是^{7}Li约占天然锂的92.5%和^{6}Li约占天然锂的7.5%。从中子产氚反应来看，

$$n + {}_{3}^{6}Li \rightarrow {}_{z}^{4}He + {}_{1}^{3}T \tag{10.6}$$

$$n + {}_{3}^{7}Li \rightarrow {}_{z}^{4}He + {}_{1}^{3}T + n' \tag{10.7}$$

^{7}Li吸收一个中子之后发生反应，除了得到一个氚之外，还可以得到一个额外的中子，该中子可以被^{6}Li吸收再产生一个氚。^{7}Li的产氚反应其实起到了中子倍增的效果。但是问题在于^{7}Li的产氚反应对于中子有能量阈值要求。能量在6 MeV左右的中子和^{7}Li的中子反应截面不到0.3 b，尽管聚变中子的能量高达14 MeV以上，但经过了第一壁和多个结构层的能量衰减，进入产氚子包层的中子能量很难达到^{7}Li产氚反应的中子能量阈值，因此实际上^{7}Li的产氚效率很低。

在氦冷固态氚增殖包层的TBM设计中发现，如果选用正硅酸锂(Li_4SiO_4)作为氚增殖剂，并尽可能增加中子倍增材料铍的使用，即使锂中^{6}Li的丰度不是太高，也可以满足聚变堆氚增殖比(TBR)的设计要求。铍除了作为中子倍增材料之外，也是一种很好的慢化剂，也就是说在设计中中子慢化剂的比重很大，中子能谱更多分布在慢中子和热中子区，而^{6}Li的产氚反应在慢中子和热中子区的反应截面积相比结构材料对中子的吸收截面积要大很多，这样能够充分发挥^{6}Li的产氚效率。而选用锂密度小的钛酸锂(Li_2TiO_3)作为氚增殖剂材料，只有将^{6}Li的丰度提高到20%～30%，才可满足对于TBR的要求。锂、铍和铅的反应截面如图10.2所示。

目前，国际聚变界普遍看好的氚固体增殖材料为Li_4SiO_4和Li_2TiO_3，其中以Li_4SiO_4为首选。Li_4SiO_4的突出优势在于：① 它具有目前几种含锂三元氧化物中最高的锂密度(达到0.51 g/cm^3)，其单位体积内的锂核密度和纯液态金属锂相当；② 硅相比其他

元素在聚变中子辐照下的放射活性最低，满足对聚变的低放射活性目标追求；③ 硅原料要比Ti和Zr丰富，容易获取得多。但Li_4SiO_4也有一些劣势，首先它的熔点很低，只有1255 ℃(其他材料均在1500 ℃以上)，考虑到一般陶瓷材料在其熔点的40%~50%左右会发生蠕变，其工作温度受限。但是，包层设计在受结构材料的工作温度限制整体工作温度不高的前提下，Li_4SiO_4这一劣势并不明显。另一个突出的问题是它的提氚性能并不好，相比Li_2TiO_3需要更高的氚释解温度。还有就是它对潮湿气氛比较敏感，对水汽的吸附能力很强。

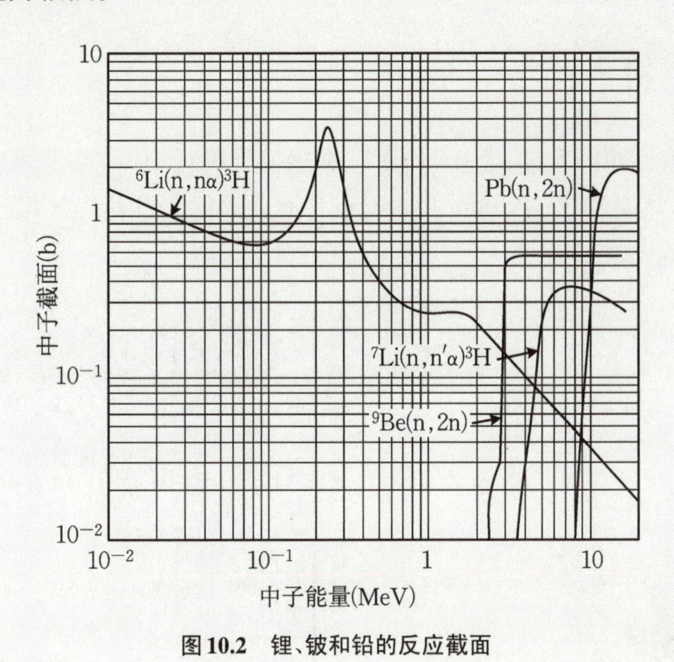

图10.2　锂、铍和铅的反应截面

Li_2TiO_3的提氚性能、稳定性要好于Li_4SiO_4，与Li_4SiO_4相比的主要劣势就是相对低的锂密度(0.43 g/cm^3)。目前欧洲的HCPB包层设计首选的氚增殖剂材料为Li_4SiO_4，Li_2TiO_3为备选，而日本水冷的固体氚增殖包层WCPB设计则首选Li_2TiO_3为氚增殖材料，关键取舍点在于Li_4SiO_4对水汽的敏感、遇热水分解的问题。

10.3.2　液态氚增殖剂

前面提到，液态氚增殖剂有：液态金属锂(Li)、锂铅合金($Li_{17}Pb_{83}$)、氟锂铍熔盐(FLiBe)等，有自冷和双冷两种包层设计概念。在自冷包层概念设计中，含锂的液态金属既是冷却剂又是流动的氚增殖剂，在双冷包层概念设计中，液态金属在包层中几乎是不流动或缓慢流动的，包层的冷却和能量的排出采用水或气体作为冷却剂。

采用液态氚增殖剂的包层设计，主要的优点是：① 氚增殖剂液态金属介质既可作氚的增殖剂也可作为冷却剂，大大简化了包层的结构设计；② 液态金属铅或铍同时可作为中子倍增材料，包层结构更简单，氚增殖比相对于固态包层更高；③ 液态金属具有优良的传热特性。但是，液态氚增殖剂的缺点也是明显的：① 液态金属具有导电性，在磁场中流动形成磁流体压力降（MHD），增加了冷却剂的唧送功率，降低了系统经济性；② 液态金属一般都具有很强的腐蚀性，对结构安全产生影响；③ 液态金属与水或水蒸气相遇会发生爆炸，安全性差。

10.3.3 氚增殖比

影响氚增殖比的因素如图10.3所示。在聚变堆设计中，对氚增殖比有不同的定义和要求，有计算氚增殖比（Tritium Breeding Ratio，TBR）、可获得氚增殖比（Achievable TBR，TBRa）和所要求的氚增殖比（Required TBR，TBRr）。

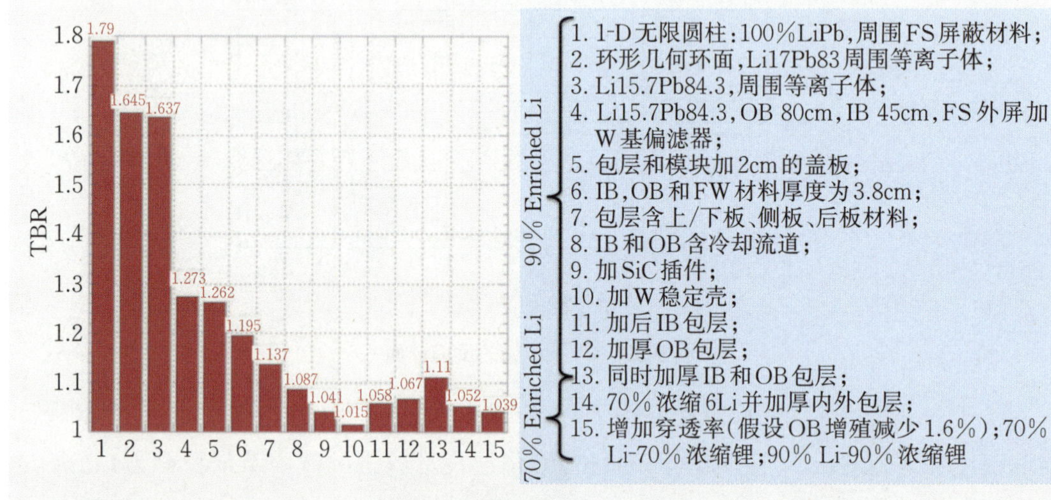

图10.3 影响氚增殖比的因素

TBRa为当考虑堆内聚变堆自身的物理和工程的各种限制后，所要求的一个聚变中子能够在包层中生产的氚增殖比。

TBRr为在考虑了氚衰变、渗透、滞留和回收效率等消耗和损失后，为实现聚变堆系统内氚的自持运行，所需要的氚增殖比。

显然，实现D-T聚变堆自持反应的条件是氚生产≥氚消耗，即TBRa≥TBRr。国际上对一系列的包层设计进行了广泛评估后，认为：对于TBRa，聚变堆工程上可获得的氚增殖比最大为1.15，即TBRa≤1.15，表明氚自持反应堆工程内氚生产的余量很低，最大仅15%，氚自持允许的空间非常有限；对于TBRr，由于受TBRa的限制，为满足5%等离子体氚燃烧份额，氚燃料倍增时间设计为必须大于5年。

总之，由于氚自持的设计空间有限，不确定性很多，只有通过不断优化堆内设计，对堆外氚燃料循环严格管理，来提高循环周期，改善循环中的泄漏、渗透损失等措施，才有可能最终获得具有商用价值的、氚自持的聚变能源。

在聚变堆系统中，提高氚增殖比的方法有多种，除通过优化设计提高^{7}Li和^{6}Li的氚增殖反应截面外，还可以采用(n，2n)反应增加系统的中子通量，通常称为中子倍增剂。

表10.1给出了几种中子倍增剂材料的反应阈能，因此在聚变堆设计中需要将这些中子倍增剂材料设置在靠近等离子体的区域，以抑制中子的减速，提高氚增殖比。由于(n，2n)反应生成的中子会受到中子倍增剂的慢化，其能量会低于^{7}Li(n，n′T))氚增殖反应的阈能，从而减小^{7}Li反应对氚增殖的贡献。在聚变堆氚增殖包层的设计中，可以通过提高在低能区增殖反应截面大的^{6}Li的富集度来增加氚增殖比。此外，还可以考虑在两层中子倍增区间设置氚增殖层，提高中子的有效利用率。

表10.1　主要的中子倍增剂材料

序号	中子倍增剂	(n，2n)反应阈能(MeV)
1	Be	2.5
2	Pb	7
3	Mo	7
4	Nb	9

10.4　燃料循环系统

氚燃料循环系统是一个涉及子系统多、学科领域广的复杂系统。聚变堆氚燃料循环系统具有三大特点：① 循环是在线的；② 受堆芯部等离子体燃烧份额的影响；③ 循环的氚处理量大。

一个以D-T为燃料的聚变堆燃料循环主要包括以下系统：等离子体排气泵取、等离子体排气净化、氢同位素分离、燃料储存、燃料注入系统、增殖区氚回收、气体和固体废物处理。这些系统都汇集在一个完善的氚处理工厂内，互相衔接形成循环。

以ITER氚系统设计的有关参数为例，可以大致了解聚变堆有关氚循环与处理的

大致规模和技术水平。ITER氚工厂系统的主要参数如下:

(1) 等离子体燃料注入与排放速率(mol/h):35~75。

(2) 燃烧期间在等离子体区有效排放速率(m^3/s):700。

(3) 真空室内的极限压力(hPa):4×10^7。

(4) 调制泵取速率(m^3/s):120。

(5) 运行泵取速率(m^3/s):1000~1500。

(6) 氚的总储存容量(kg):3~5。

(7) 氚的最大单式盘存量(kg):0.2。

(8) 增殖区氚产率(kg/满功率天):0.15。

(9) 增殖区最大氚化水产额(mol/d):25。

(10) 由保护气体脱氚最大流出速率(kg/h):150。

(11) 最大氚浓度(37 GBq/kg):0.1。

(12) 最大排放浓度(37 GBq/kg):1×10^{-5}。

(13) 需脱氚处理的最大厂房空气、氦气体积(m^3):2×10^5、5×10^4。

从上述参数大致可以看出,聚变堆燃料循环系统有两大特征:聚变堆燃料循环系统的技术开发与聚变堆系统的技术开发必须同步进行,因为燃料气体的纯化、循环和增殖区氚的回收系统与聚变堆本体系统是连在一起的。其次,燃料氚在聚变堆系统中分布广泛,同时又是移动的。

氚是半衰期为12.3年的软β放射性核素,比活度很高为3.7×10^{14} Bq/g,防护安全管理的标准非常严格。由于氚容易同氢化物中的氢发生置换,在高温条件下又具有易于通过金属渗透的性质,因此对于氚的安全操作必须给予足够的重视。

国际上,美、欧、日等发达地区对聚变堆氚自持与氚燃料循环系统问题进行了较多研究,尽管如此,世界上至今没有建成一座氚自持的在线氚循环实验系统,对聚变堆在线氚循环研究处于系统评估和概念设计研究的初始阶段,其关注焦点是以聚变堆氚自持为目标的燃料循环的动态系统问题、聚变堆物理及工艺的优化问题等。国外有代表性的工作是:美国加利福尼亚大学核工程系M.A. Abdou教授领导一个小组自1985年起完成对氚燃料循环问题的研究[1]。2006年,M.A. Abdou教授与美国威斯康新大学M. E.Sawan教授合作,完成了聚变堆氚自持条件下的物理和工艺条件研究[3]。但是,国外氚循环系统研究仅选取氚增殖包层一种因素进行分析。日本九州大学氚技术专家Tetsuo Tanabe教授对聚变堆氚燃料技术做了专题论述。

10.5 "氚坑"与氚投料量

聚变堆系统中总的氚投料量要求,对聚变能的实现构成重大挑战。氚投料在很大程度上取决于氚在聚变堆装置面对等离子体部件材料和包层结构材料内的滞留量,特别是滞留在第一壁上的氚将占加料注入氚的10%～20%,这将给D-T聚变堆的发展带来了技术挑战:

(1) 如何实现减少在第一壁的氚滞留,或高效率地从第一壁上除去它们? 包层内增殖的氚能否高效率地被载氚气体带出、提取和回收?

(2) 有多少气相的氚会溶解并滞留在包层结构材料内? 有多少份额的氚滞留在载氚气体里?

(3) 从堆芯等离子体内排出的燃料气体和氦灰混合气体中有多高效率用低温同位素分馏方法分离出氚?

上述问题必然导致稳态运行的D-T聚变堆启动阶段会碰到"氚坑深度和氚坑时间"的问题[4]。核工业西南物理研究院邓柏权研究员等通过对聚变堆氚自持下氚循环系统的初步研究,获得一些有价值的成果,在聚变领域首次提出聚变堆运行中的"氚坑"概念,为此研制和发展了SWITRIM程序。

氚坑概念涵盖了时间和深度,它表明启动一个聚变堆要求的最少氚储备量和运行多久后才实现氚"得失相当"。"氚坑深度"和"氚坑时间"的大小与以下因素有关:具体使用的包层氚增殖材料、氚回收方案,氚增殖包层的工作温度,设计的载氚气体组成和工作参数,氚提取的工艺过程设计,聚变堆包层部件和结构材料中的氚滞留特性包括氚的溶解,渗透系数和扩散系数及它们随温度的变化规律等,氚增殖材料本身在核辐射条件下的物理化学特性和工艺过程所决定的不可回收的氚份额,泄漏到聚变堆大厅的包容惰性气体中的份额,氚本身的自然衰变等。

以聚变实验增殖堆FEB-E[5]为例,用动态子系统模型及相应的微分方程组描述并求解堆内各个子系统中氚投料量分布的时间演化过程,运用SWITRIM程序进行了计算模拟。计算结果表明,FEB-E的"氚坑深度"为0.319 kg,"氚坑时间"为235满功率运行天,"氚底谷"出现在起动后第10天。模拟计算结果表明PFC材料中的氚滞留量相当于"氚坑深度"的11.9%,它与以Loarer[6]为首的一组欧洲科学家对已经关闭退役下来的十多个旧托卡马克装置进行积分粒子平衡理论计算和对装置内拆卸下来的材料进行实验分析共同推导出来的PFC材料中的氚滞留量结果10%～20%非常一致。

FEB-E是聚变功率为143 MW的实验聚变堆，以液态锂作为氚增殖剂，以10 MPa高压氦气作为冷却剂，以微小铍颗粒均匀混合在液态锂中作中子增殖剂，堆芯等离子体燃烧率为$\beta=2.08\%$，总氚增殖率为TBR=1.10。每10天提取外侧包层态锂中的氚，每24小时提取内侧包层态锂中的氚。根据FEB-E堆工程设计概要，氚燃料循环系统分为10个相互联系的动态子系统。FEB-E主要设计参数见表10.2。

表10.2 FEB-E设计参数

项　目	数　值
等离子体大半径，R(m)	3.7
等离子体小半径，r(m)	0.9
聚变功率，P_f(MW)	143
中子壁载荷，N_L(MW/m^2)	0.60
等离子体电流，I_p(MA)	6.0
平均温度，T_i(keV)	10
轴向磁场(T)	5.9
氚增殖剂，TBR	1.10

为了模拟如图10.4所示的10个子系统中氚投料量的时间变化，这里采用下列微分方程组：

氚贮存和加料子系统：

$$\frac{\mathrm{d}Y_0}{\mathrm{d}t}=6Y_6-N-0Y_0-(\lambda+\varepsilon_0)TN,\ Y_0(0.000)=0.5 \tag{10.8}$$

外侧包层LLi：

$$\frac{\mathrm{d}Y_1}{\mathrm{d}t}=N_1(1-b-)-Y_1-1Y_1-Y_1,\ Y_1(0)=0 \tag{10.9}$$

内侧包层LLi：

$$\frac{\mathrm{d}Y_2}{\mathrm{d}t}=N_2(1-b-)-Y_2-2Y_2-Y_2,\ Y_2(0)=0 \tag{10.10}$$

第一壁、孔栏、偏滤器，如PFC材料系统：

$$\frac{\mathrm{d}Y_3}{\mathrm{d}t}=\sigma(1-\beta)N-\lambda_3Y_3-\varepsilon_3Y_3-Y_3,\ Y_3(0)=0 \tag{10.11}$$

等离子体排出气体子系统：

$$\frac{\mathrm{d}Y_4}{\mathrm{d}t}=(1-\beta)(1-\sigma)N-\lambda_4Y_4-\varepsilon_4Y_4-\lambda Y_4,\ Y_4(0)=0 \tag{10.12}$$

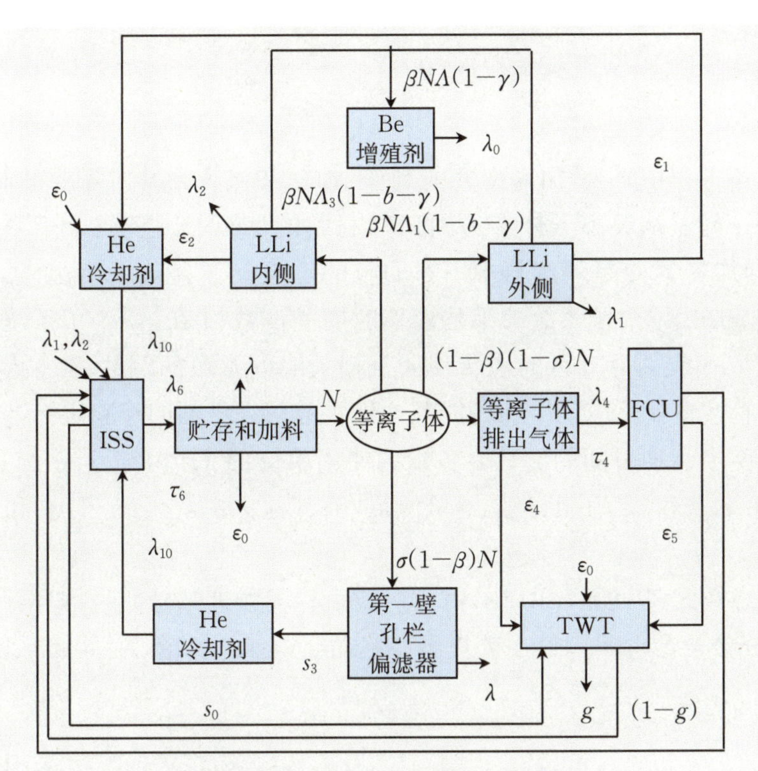

图10.4 对氚子系统的数值模拟流程图

燃料净化单元(FCU),即钯膜反应器(PMR):

$$\frac{\mathrm{d}Y_5}{\mathrm{d}t}=4Y_4-5Y_5-5Y_5-\lambda Y_5,\ Y_5(0)=0 \tag{10.13}$$

同位素分离系统(ISS):

$$\frac{\mathrm{d}Y_6}{\mathrm{d}t}={}_1Y_1+{}_2Y_2+{}_3Y_3+{}_5Y_5-{}_6Y_6+\tau_{10}Y_{10}+{}_7(1-g)Y_7-{}_6Y_6-\lambda Y_6,\ Y_6(0)=0 \tag{10.14}$$

氚废物处理系统(TWT):

$$\frac{\mathrm{d}Y_7}{\mathrm{d}t}=\sum_{i=4}^{6}\varepsilon_i Y_i-\lambda_7 Y_7+\varepsilon_0 Y_0+\varepsilon_0 TN-\lambda Y_7,\ Y_7(0)=0 \tag{10.15}$$

中子增殖剂Be:

$$\frac{\mathrm{d}Y_9}{\mathrm{d}t}=Nb\beta\Lambda+N\beta\gamma-\lambda_9 Y_9,\ Y_9(0)=0 \tag{10.16}$$

氦冷却剂:

$$\frac{\mathrm{d}Y_{10}}{\mathrm{d}t}=\varepsilon_1 Y_1+\varepsilon_2 Y_2+\varepsilon_3 Y_3+\varepsilon_9 Y_9-\lambda_{10} Y_{10},\ Y_{10}(0)=0 \tag{10.17}$$

氚总投料量方程:

$$\frac{dY_{11}}{dt}=N\Lambda\beta+(1-\beta)N-(\lambda+\varepsilon_0)TN-g\tau_7Y_7-N-\lambda(\sum_{i=1}^{7}Y_i+Y_9+Y_{10}),\ Y_{11}(0)=Y_0(0) \tag{10.18}$$

在以上各方程中，T是加料弹丸的制作、加速和注入一共所需要的时间，这里假定为20 min；ε是氚从等离子体渗透到PFC材料的份额；Y_i是第i个子系统的氚投料量；N是氚的加料率；g是氚废料中不可回收的份额；τ_i是氚流入第i个子系统的时间的倒数；ε_i是氚在第i个子系统的平均停留时间的倒数；λ_i在第i个子系统通过非放射性自然衰变方式或人为有目的地转移的氚损失时间常数的倒数；b,γ是用来描述在铍球内中子直接造氚反应产生和高能反冲氚核的植入份额的经验定标参数；λ是氚放射性自然衰变半衰期时间的倒数。各量的使用单位：$Y_i(i=0,1,2,\cdots,11)$用kg；T和t都用d；$\tau_i,\lambda_i,\varepsilon_i,\lambda$和$\varepsilon_0$以1/d；$N$是用单位kg/d；其他$g,b,\varepsilon,\beta,\Lambda,\gamma,\Lambda_1$，和$\Lambda_2$都为无量纲参数。

所有出现在式(10.8)～(10.18)中的参数由相关物理基础假设推导并结合实验数据得到，部分参数参考美国氚实验设备(Tritium System Test Assembly，TSTA)等发表文章[5-7]。

10.6 燃烧率与氚自持

燃烧率定义为经由加料系统注入等离子体芯部的燃料氚，平均发生D-T聚变反应的概率。聚变堆芯部等离子体的燃烧率对氚的自持和氚初始投料有直接影响，即使包层设计实现TBR达1.2和燃烧率1.0%的情况下(ITER的燃烧率不到1%)，氚增殖为0.2%。在不考虑氚衰变、滞留等损失的情况下，要求氚的回收率在99.8%以上，聚变堆才可能实现氚自持。考虑到相关氚损失的情况，对氚的回收率要求进一步提高。

实现氚自持燃烧的基本条件如下：

$$氚自持=[f\cdot \mathrm{TBR}\cdot\eta_{\mathrm{rec}}+(1-f)\cdot\eta_{\mathrm{TEP}}]\cdot\eta_{\mathrm{tran}}>1 \tag{10.19}$$

式中，η_{rec}为回收率，f为等离子体的燃烧率，TBR为氚增殖比。根据式(10.19)，计算得到聚变堆等离子体燃烧率与氚增殖比(TBR)的关系曲线，如图10.5所示。

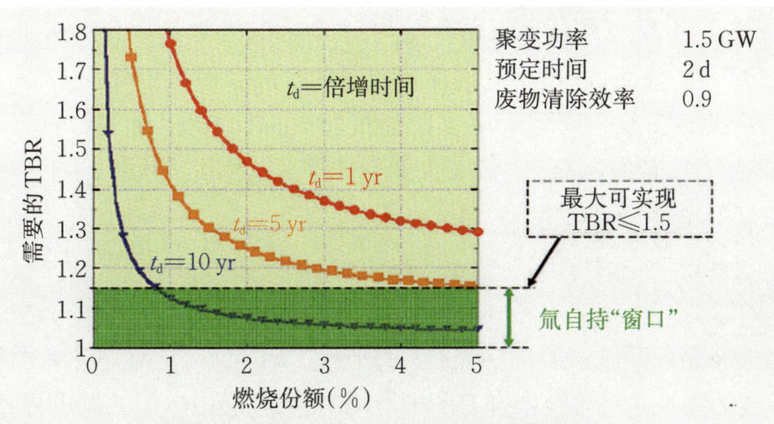

图 10.5 等离子体燃烧率与所需氚增殖比

10.7 氚密封与包容

氚是易衰变的放射性气体,必须被包容起来。当氚衰变时,它的原子核发射一个电子(即β粒子),电子的最大能量为18.6 keV。氚的放射性强度为9600 Ci/g。在托卡马克聚变堆中,氚的需要量在几千克到几十千克的量级,并且很难将其密封起来,因为氚能够渗透不锈钢和绝大多数金属结构材料。氚的氧化物(如 T_2O,THO),都是水的氚化形式,都能进入生物细胞组织中。表10.3给出了两个主要的D-T托卡马克反应堆设计的氚投料量特征。这些数据表明,放射性氚投料量的大部分都被密封在包层中,总的氚投料量大小取决于设计,可在5~30 kg。根据其氚投料量的特征,UWMAK和Starfire设计的主要差别大部分都体现在其真空系统的设计上。

表 10.3 托卡马克聚变堆设计中氚的状况

	UWMAK Ⅲ设计	Starfire设计
真空泵(kg)	7.8	0.15
燃料回收和加注(kg)	7.7	0.35
包层(kg)	1.7	5.0
总计(kg)	17.2	5.5
储存量(kg)	18.6	1.0
生产率(kg/d)	74.4	1.5
氚燃烧率(kg/d)	0.62	0.53

采用先进的聚变反应方式,可以使氚的投料量大大减少。以一座2 GW聚变功率

的反应堆为例，D-T反应堆每天氚循环量为5100 g/d；但对于D-D反应，作为其中未燃烧反应产物的一个分支，D-D反应的氚流量是350 g/d，而在催化D-D反应中，由于燃料重新注入后的D-T反应导致了更多的能量释放，氚的产生量大约只有50 g/d，对于D-^{3}He反应，由于D-D的副反应，每天大约只产生5 g的氚。另外，p-^{6}Li的一些副反应可能产生的氚不超过5 g/d。

小结

聚变堆燃料循环系统主要的功能是持续产生D-T反应，向堆芯注入燃料粒子，排出D-T反应生成的氦气并对排气中含有的未燃烧的氚，包层中生产的氚进行回收、处理、存储和再利用。聚变堆能否实现氚自持与燃料循环系统的设计密切相关，从理论分析，到实验验证，再到最终实现工程规模的应用，尚有很大的差距。ITER没有设置氚增殖包层，只有两个实验窗口可用于测试包层(TBM)实验，为聚变堆的氚自持提供设计依据。

参考资料

[1] 卡马什. 聚变反应堆物理：原理与技术[M]. 黄锦华、霍裕昆、邓柏全，译. 北京：中国原子能出版社，1982.

[2] Chen Z, Deng B Q, Peng L L, et al. An ingenious approach of determining hydrogen isotope solubilities, diffusivities and permeabilities in GWHER-1 stainless steel[J]. Chin. Phys., 2006, 15(7): 1492-1496.

[3] Deng B Q, Peng L L, Yan J C, et al., Isotope effects of solid hydrogenic pellet ablation[J]. Chin. Phys. Lett., 2004, 21(2): 276.

[4] Sawan M E, Abdou M A. Physics and Technology Conditions for Attaining Tritium Self-sufficiency for the DT Fuel Cycles[J]. Fusion Engineering and Design, 2006(81): 1131-1144.

[5] 邓柏权，黄锦华，谢中友. FEB-E氚循环系统的计算模拟[J]. 核聚变与等离子体物理，1998, 18(4): 8-14.

[6] Loarer T, Brosset C, Bucalossi J, et al. Gas balance and fuel retention in fusion devices[J]. Nucl. Fusion, 2007, 47(9): 1112-1120.

[7] Deng B Q, Li Z X, Feng K M. Tritium well depth, tritium well time and sponge mechanism for reducing tritium retention[J]. Nucl. Fusion, 2011, 51(7): 30-41.

第11章 聚变-裂变混合堆概论

11.1 引言

迄今人类得以生存和发展的能源主要是来自太阳中的轻核聚变能。太阳以每秒6亿多吨氢，聚变成氦，亏损的质量转化成巨大的太阳能，而地球上的化石燃料是不可再生的，是人类的宝贵财富，目前核裂变电站所用的铀资源，也是有限的。核聚变能储量是核裂变的千万倍，人类永久的能源只能是核聚变能。为此，我国在20世纪就提出"热堆—快堆—聚变堆"核能三步走的发展策略。

核聚变能源是人类理想的能源，但在未来几十年内难以达到商用，而利用聚变-裂变混合堆生产核燃料，处理裂变电站的放射性核废料，支持大规模核电站的发展，对我国可持续能源发展战略具有非常重要的意义。

当前各国科学家经过近半个世纪的努力，累计投资近300亿美元的聚变研究已经取得了突破性进展。但是实现聚变能的实际应用，仍有一个漫长且不平坦的过程。除了要解决材料问题、涉氚技术等工程技术问题外，还要在能源市场上具有竞争力，这需要一段相当长的发展时间。不难看到，在这期间需要某种有近期市场需求的特殊聚变堆，作为聚变能的中间应用，才能推动聚变能源的商业化开发。这就是聚变-裂变混合堆，它能为我国大规模发展核能提供核燃料、嬗变核废物，从而使聚变中子的应用早日进入市场。

在21世纪中叶以前，为满足我国社会发展相应的能源需求，我国至少要建造数百GW的核电站，相当于目前世界核电的总和，因而核安全、核燃料供应及高放废料处理都将是严峻的问题。利用聚变中子生产核燃料及处理核废料的混合堆将是在聚变能大规模使用前，支持巨大规模裂变能发展的重要手段。混合堆的发展将为本世纪我国发展大规模聚变能，实现聚变能的提前应用打下基础。因此，混合堆在我国未来能源战略中的重要性是不容置疑的，是符合我国国情的。

由于混合堆所具有的潜在优点，一旦混合堆实现，就可以作为一种有竞争力的商品投入市场，与快堆并驾齐驱。混合堆的发展不但不会消灭快堆，还将给快堆发展以一种新的推动力，相互促进。在聚变技术取得显著的进展，但在聚变能商业化仍面临巨大的技术挑战背景下，聚变-裂变混合堆重新受到关注。

11.2 聚变-裂变混合堆

11.2.1 混合堆概念

所谓聚变-裂变混合堆（Fusion-fission Hybrid Reactor，FFHR）的概念，是指利用在等离子体芯部产生的聚变中子与布置在包层中的重核（可裂变核 ^{235}U，^{239}Pu 及其增殖材料 ^{238}U，^{232}Th 等）或裂变堆中的放射性废物核素相互作用，通过裂变、吸收等反应来倍增能量和生产裂变材料，或“烧掉”放射性废物的装置。图 11.1 为混合堆芯部与裂变包

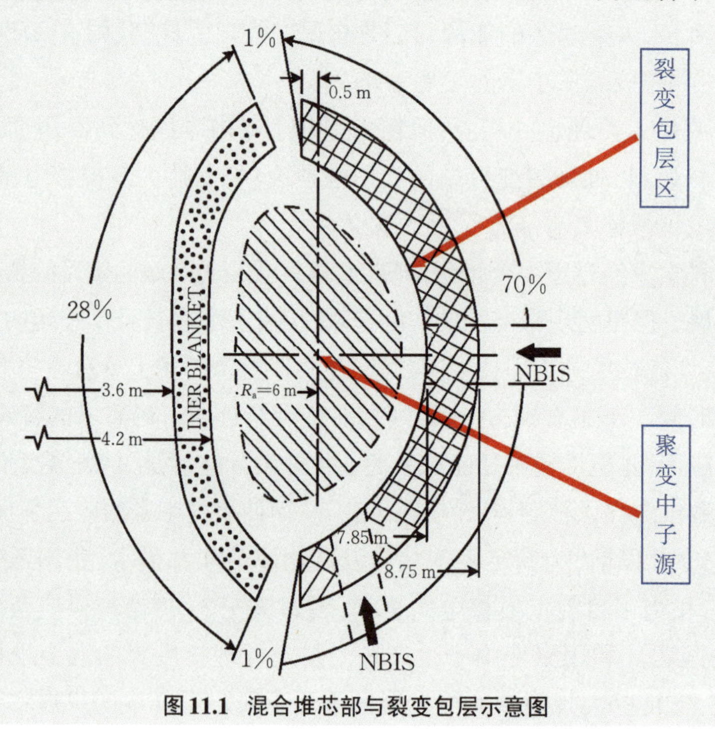

图 11.1 混合堆芯部与裂变包层示意图

层示意图。

由于混合堆系统内存在裂变过程，对聚变堆芯部参数（聚变功率、中子壁负载、能量增益）要求较低，同时降低了对第一壁材料的抗辐照损伤的要求，聚变燃料氚的初始装载量下降，可显著改善系统能量平衡和氚自持的困难，实现聚变能的早日应用。

聚变-裂变混合堆由于潜在军事用途，早在20世纪50年代初期就在美国、苏联进行秘密研究。近年来，由于以托卡马克为代表的磁约束核聚变在工程技术的验证上进展缓慢，人们又对混合堆产生了极大的兴趣。

在聚变反应中，对D-D循环来说每次反应可产生0.5个中子，这些中子在聚变的燃料循环中不再需要，因此可全部用于其他目的；对D-T循环来说，每次反应产生一个中子，但由于自然界基本上不存在氚，尚需利用聚变反应本身产生的中子来增殖氚，据现有的增殖包层设计，除增殖氚以外尚可剩余0.1～0.5个中子。而裂变增殖堆的过剩中子仅有0.05～0.07个，这使得裂变增殖堆的倍增时间很长。另一方面，从能量产生来看，D-T反应每次只产生约20 MeV的能量（包括再生区中^{6}Li反应所释放出的能量）；而裂变反应每次产生约200 MeV的能量，不存在为使反应堆运行而消耗大量能量的问题。因此，可以说纯聚变堆是“富中子、贫能量”的装置，而纯裂变堆则是“贫中子、富能量”的装置。人们自然想到将两者结合起来，互相取长补短，即利用聚变堆富有的中子来增殖裂变材料，可充分利用人类的裂变资源；利用裂变释放的大量能量，供给聚变系统以缓和劳逊条件，为聚变能的提前应用提供有利条件。

长期以来，国际聚变界致力于开发纯聚变，一般对混合堆持消极态度，主要是担心核扩散。印度前聚变研究负责人P. K. Kaw认为只要有相应的协定，核扩散是可以防止的。自20世纪70年代以来，美国、俄罗斯和中国科学家开展了长时间的混合堆研究。21世纪初，俄罗斯计划以托卡马克装置T-15为基础，研制一个名为T-15MD的聚变-裂变混合堆，该项目负责人诺贝尔奖获得者巴索夫说：“时间迫使我们发展这种反应堆，前期实验鼓舞人心！”

ITER前技术总负责人Rebut在1994年关于混合堆的评论中说，纯聚变商用还有很长一段路程，应考虑聚变-裂变混合堆以提高聚变堆的功率密度。美国普林斯顿大学的Steven Jardin曾提出，在制定美国的STARLITE聚变计划时，应考虑混合堆的可能性。

以阿贡实验室为主的美国科学家在20世纪70～80年代开展了广泛的混合堆技术的探索研究，曾发表了大量混合堆技术的研究论文。20世纪90年代，美国聚变研究专家D. K. See认为研究混合堆是绝对需要的，另一聚变界知名人士Clement也强调要尊重各国根据自己的国情制定混合堆的发展计划。

11.2.2 混合堆原理

结构上,混合堆与纯聚变堆没有太大的区别,由中心螺线管磁体、内包层模块、外包层模块、偏滤器系统、真空室、环场磁体组成。氘-氚聚变反应在聚变驱动器中进行,产生的中子,通过第一壁进入外包层与外包层内的^{238}U或^{232}Th发生核反应,生产出核燃料,中子同时也可以与包层内冷却剂锂发生反应,生成氚,以补充聚变反应消耗的氚。图11.2为聚变-裂变混合堆的基本原理图。

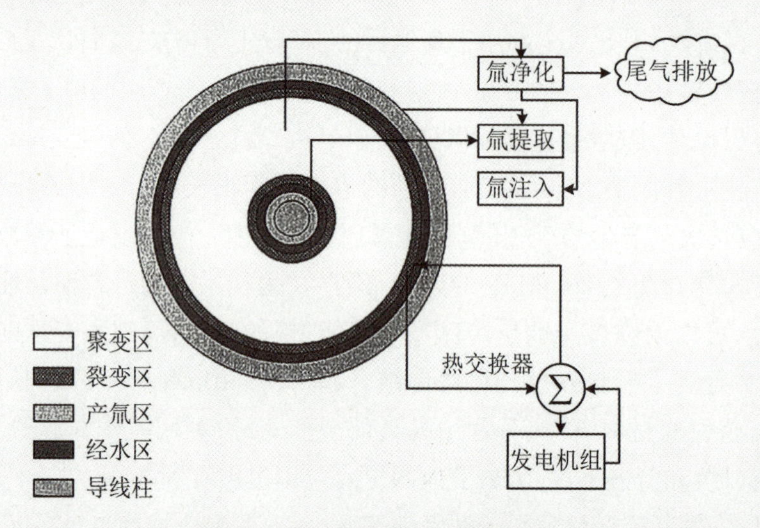

图11.2 聚变-裂变混合堆原理图

裂变堆是很有开发价值的能源,但是大量建造裂变电站存在裂变燃料的供应困难。混合堆的一个重要用途是生产核燃料供应裂变堆。一个聚变增殖堆可以供应7~15个同等功率规模的裂变堆的燃料,从而使裂变堆这种较成熟的工程技术得以继续发挥其重要作用。同时,作为聚变能的近期应用,它也将有助于推进纯聚变的实现。

按其用途,混合堆可以分为不同的类型。以生产核燃料为主的混合堆称为聚变-裂变增殖堆,以嬗变处置放射性核废物的混合堆称为聚变-裂变嬗变堆,以通过裂变核燃料(^{238}U,^{232}Th)获得能量增益的混合堆称为聚变-裂变能源堆。

混合堆可以充分利用高能量的中子直接燃烧丰产核^{238}U或^{232}Th,达到很高的裂变能量增益;也可以抑制住裂变反应,通过可裂变燃料(^{238}U,^{232}Th)的中子俘获反应(n,γ),从而达到较高的燃料增殖。前一种称为快(中子)裂变型混合堆,后一种称为压抑裂变型混合堆。

1. 快裂变型

快裂变型充分利用聚变高能中子(14 MeV)与丰产核反应有大的裂变截面σ_f和大的次级中子数ν的特点,以此来生产裂变燃料和能量。

对几种无限厚介质纯^{232}Th,^{238}U,U(天然)包层的中子学特性如表11.1所示,表明14 MeV的快中子能在包层中倍增能量和增殖核燃料,这些计算结果与实验值一致。

表11.1　^{232}Th,^{238}U,U(天然)包层的中子学特性

增殖层材料	能量产生/14 MeV中子	能量增益,M	增殖比
天然铀	309	22	5.0 [$^{238}U(n,\gamma)$]
^{238}U	233	16.5	4.4 [$^{238}U(n,\gamma)$]
^{232}Th	64	4.55	2.7 [$^{232}Th(n,\gamma)$]

这种堆型的优点是:由于高的裂变能增益,降低了对等离子体约束的要求;由于聚变中子通量低,减轻了面对等离子体的第一壁的负荷;由于增大了包层中的功率密度,聚变堆的经济性能得到改善。研究表明,一个运行在3.1 GW热功率下的混合堆每年可生产5.7 t可裂变物资,足够支持17个轻水反应堆,而每个这样的轻水堆都能生产1 GW的电功率。

2. 抑制裂变型

在此类混合堆中几乎不产生裂变,其优点是增殖的燃料可以支持高达15个裂变堆,从而也使这样一个聚变增殖堆和多个裂变堆组成的共生系统具有良好的经济性能;在环境问题上具有更接近于纯聚变堆的优点。国外认为,这种堆型更具有吸引力。

设想所供应的是再生系数为0.6的裂变堆,则每次裂变净消耗0.4个裂变核,在同样热功率下聚变增殖堆的聚变数为:

$$N_{fu}=\frac{\text{每次裂变释放的能量}}{14\,\text{MeV}\times\text{包层能量增益}M}$$

这时增殖的燃料数

$N_{燃料}=N_{fu}\times$每个聚变中子产生的燃料核数F能支持的裂变堆的个数

$$N_{堆}=\frac{N_{燃料}}{0.4}$$

两种堆型的参数比较见表11.2。表11.3给出了混合堆与快中子增殖堆和纯聚变堆的一些参数比较。

表11.2 两种堆型的参数比较

堆型	M	N_{fu}	$F,\sigma(n,f)$	$N_{堆}$
快裂变型	7	2	1.5	7.5
抑制裂变型	1.6	9	0.6	14

表11.3 几种堆型的参数比较

堆型	快中子增殖堆	聚变-裂变混合堆		纯聚变堆
		快裂变型	抑制裂变型	
包层增量增益,M	—	10	1.6	1.2
第一壁中子载荷(MW/m^2)	—	1	2	3~4
包层(芯部)功率密度(W/cm^3)	600	350	10	10
裂变燃料生产(t/a*)	0.2	1.3~2.1	3.4~4.6	—

注:* 热功率为3000 MW,快堆增殖比为1.32。

从表11.3可以看出,混合堆有如下特点:

(1) 它能为技术成熟的裂变堆提供充足的裂变燃料,从而使之具有广阔的发展前景。

(2) 由于混合堆能为裂变堆提供应大量的裂变燃料,作为混合堆和这些裂变堆组成的共生系统,其经济性能优于单独的裂变电站。

(3) 混合堆由于对芯部等离子体性能要求低,中子壁负载低,从而降低对材料抗辐照性能的要求,作为聚变能商业化的早期应用,将促进纯聚变能的加速实现。

尽管混合堆在一些方面放宽了对纯聚变堆在科学和技术上的要求,但在另一方面如对堆的远距离维修、包层排热等方面增加了难度。因此,混合堆的最终实现仍然要求聚变科学、工程技术达到相当高的水平。ITER计划的实施,为混合堆的设计和建造奠定了坚实的技术基础,其等离子体参数(中子壁负载≥0.5 MW/m^2)已经达到混合堆的设计要求。

11.2.3 混合堆研究概况

1. 第一阶段:1950—1960年

第一阶段为保密阶段,也是出于聚变研究的初期,美英和苏联等国就怀着利用聚变中子来生产裂变材料的军事目的开展了聚变-裂变混合增殖区的研究,这个研究一直是在保密状态下进行的,其中以Imhoff的研究最具代表性。他考虑的是磁镜约束位形,在等离子体芯部外面包以贫化铀和锂增殖区。当时他就指出,聚变堆氚投料量低,增殖区中子增益高，使得氚的倍增时间短，“以小时或天计”。他还指出，增殖区中加进铍可以改进中子学特性，但未给出结果。

1953年，美国劳伦斯·利弗莫尔国家实验室的鲍威尔提出了建立聚变-裂变混合堆的建议。对混合堆的首批研究于1954年在美国的利弗莫尔进行。早期的混合堆研究建立在$Q=1$的聚变条件的基础之上，差不多都具有以下特点：

(1) 对等离子体约束的考虑很不现实。比如，在Imhoff等人的研究中，以中心场强20 kG、径比为3∶1的磁镜可约束住$n=6\times10^{13}/\mathrm{cm}^3$的50 keV等离子体，难以约束住50 keV的离子。

(2) 都是根据比较粗略的增殖区模型，估算出混合堆的中子学特性，没有进行精确的中子平衡计算，也未考虑由于同位素成分的变化所引起的中子学特性的变化，以及与增殖区有关的工程问题。

(3) 所依据的基本核反应截面数据不足。当时^{6}Li的非弹性散射截面、^{238}U中子倍增特性等都还未解密。尽管存在这些缺陷，但早期的研究预言了混合堆系统的几乎所有特性，特别是能量倍增和核燃料的增殖特性。

2. 第二阶段：1960—1970年

在1958年召开的世界和平利用原子能大会上聚变研究被解密后，聚变研究工作者勉强接受了混合系统所固有的那些优点，但由于担心混合系统同时兼有单个系统所具有的问题——纯聚变系统的许多未知因素，以及混合系统的裂变产物处置和裂变燃料的处理问题，人们对混合系统不甚热心，只在少数几个研究单位进行。

3. 第三阶段：1970—1980年

随着聚变研究不断地取得进展，人们对聚变-裂变系统的兴趣又增长起来。典型的例子是Draper在1972年的受控核聚变和聚变堆工程的德克隆斯会议上论述了聚变-裂变增殖堆问题，指出了它的若干优点和增殖核燃料的可能性。在1974年的几次有关会议(1974年1月英国卡拉姆聚变堆讨论会、4月的美国加州圣地亚哥第一次受控核聚变专题会议、6月在荷兰召开的第八次聚变工艺讨论会以及11月在东京受控核聚变第五次国际会议)都涉及聚变-裂变混合堆的问题。1976年以后，美国曾对托卡马克、串级磁镜、激光惯性约束、离子束作为驱动器的混合堆都进行了研究，以串级磁镜和托卡马克两条途径为主。

4. 第四个阶段：1980年—2000年

混合堆研究被列入国家高技术发展计划(“863计划”)后，在我国开展了较为系统的混合堆设计研究，包括磁镜混合堆(CHD)设计、商用混合堆(STR)设计、实验混合堆工程概念设计(FEB、FEB-E),并在国际上产生了广泛的影响。随着中国加入ITER计划,混合堆的国家研究计划随之停止,但仍有分散的研究在持续进行。

由于混合堆由聚变中子驱动,有可能比军用生产堆生产出更多的核武器用的^{239}Pu,具有很重要的潜在军事用途。出于防止核扩散等政治原因,20世纪80年代以来,美国能源部放弃了混合堆的研究。由于核能发展的社会背景,国际上聚变研究的主流是洁净的纯聚变能源。俄罗斯曾进行过小规模的混合堆研究。20世纪90年代前后,中俄曾共同举行过3次混合堆技术讨论会,后由于俄罗斯在政治和经济上的原因而中止。2002年,根据中俄核能科学合作协议,俄罗斯提出年内举行第四次中俄混合堆技术讨论会,并建议邀请美国、印度代表参加。

11.3 聚变能的发展预测

11.3.1 科学可行性

20世纪在托卡马克装置上的等离子体实验所取得的成就,已经表明产生净的聚变电功率(Q值大于1)是可以实现的。在1996年10月,在日本的JT-60U装置上实现了聚变$Q=1.05$。1997年12月,在欧洲的JET装置上获得了聚变能16.2 MW的输出。在20世纪90年代,国际上已经进行过D-T聚变实验的装置如美国的TFTR,欧洲的JET和日本的JT-60U装置,达到的参数接近建造聚变-裂变混合堆的堆芯参数的要求。即将建成的国际热核聚变实验堆(ITER)的堆芯参数设计,已经完全可以满足建造聚变-裂变混合堆的芯部参数要求。表11.4列出了聚变堆装置对关键性的等离子体物理参数的要求,包括已经达到和将要达到的指标。

表11.4 聚变堆关键性物理参数要求

堆参数	约束,$n\tau_E$(s/cm^3)	比压强,β(%)	脉冲长度(s)	离子温度,T_i(keV)
聚变堆要求	2×10^{14}	5~10	10^{14}-稳态	15
已达到	$\sim1\times10^{14}$	4.6	100 s	7.1
聚变装置	ITER	D-Ⅲ	EAST	PLT
将达到	$(1\sim2)\times10^{14}$	—	1000 s	5~10

11.3.2 工程可行性

在聚变能的科学可行性得到验证之后，下一步是验证其工程可行性。自20世纪90年代以来，国际上开展了一系列聚变工程实验堆的设计研究，如美国的FED，日本的FER和欧洲的NET设计，中国的CFETR设计等，这些装置的等离子体要达到点火条件，其主要部件要求可靠运行并通过排热系统在堆包层中取出相当规模的能量（如100～1000 MW热功率），为此必须解决等离子体工艺问题，包括磁体、加热、直接能量转换、粒子控制技术等。

1. 大型超导磁体技术

20世纪80年代，美国、日本和欧洲共同合作研制了大型超导环向场线圈，场强8×10^4 GS（即8 T），并在美国橡树岭实验室（ORNL）完成了实验。1988年，美国劳伦斯·利弗莫尔国家实验室完成了场强16×10^4 GS（即16 T）的超导磁体线圈的实验。正在建造之中的ITER装置，已经采用了低温超导体磁场线圈，磁场强度达到5.3 T。近年来，高温超导技术的发展，将加速推进聚变能的开发进程。

2. 氚处理技术

1982年，美国LLNL建成了聚变堆规模的氚系统实验装置（TSTA），可处理150 g氚，并先后完成综合燃料处理实验。日本建造了一个氚处理实验室，能处理1 g氚，并建成了一个适应FER（聚变工程堆）规模的氚处理设备。建设中的ITER没有设置氚增殖包层，所用的氚由加拿大提供。为了验证氚增殖技术，在ITER装置上设置了三个产氚包层试验模块（TBM）试验窗口，可进行不同概念的产氚包层模块试验。

3. 聚变堆材料技术

美国已经建立了旋转靶14 MeV的D-T中子源，中子产生率为2×10^{13} n/s，日本借用这个装置进行了大量的样品辐照实验。国际聚变材料辐照实验装置（IFMIF）是与ITER计划同步提出的另一个国际合作计划，由于技术和经费的原因，该计划进展较缓慢。

随着ITER计划的实施，聚变堆的工程问题已经取得重大进展，但仍有许多挑战性问题存在，例如材料问题，特别是面对等离子体的第一壁、偏滤器靶板、抽气限制器、第一壁保护层等结构材料问题需要解决。进一步的研发目标是积分中子壁载荷要达到20～40 MW·a/m^2（聚变堆寿期内，这些结构材料的每原子位移可达到数百次）。等离子体破裂时大量的能量将在极短时间内沉积在第一壁上，引起材料的熔化和蒸发是必须关注的问题，又如远距离维修，要求能迅速地进行复杂遥控操作（RH）也是必须解决的关键的工程可行性问题。

11.3.3 国际发展动态

在美国、苏联等国进行的裂变-聚变混合堆研究，主要研究目标是利用这种堆直接产生可裂变物质钚，具有很大的军事战略意义，出于防止核扩散等原因，美国放弃甚至反对其他国家进行混合堆和快堆的开发研究。由于各种原因，国际上混合堆的研究并未形成系统和规模化的研究。

和纯聚变堆相比，混合堆有以下主要特点：

(1) 在工程技术方面，对等离子体性能的要求可以降低，相应降低了关键工程技术问题的难度，如结构材料、偏滤器、等离子体控制等。

(2) 在经济可行性方面，一个混合堆电站可为多个水堆电站提供燃料，按这个组合系统计算，其发电成本只略高于水堆电站。随着铀资源的消耗，铀价上涨，其发电成本可望低于水堆电站。这是混合堆具有吸引力的重要原因。此外，混合堆在处理核废物和生产军用氚、钚方面都有重要的应用价值。

(3) 在安全与环境方面，混合堆的裂变包层是一个被动系统，关闭堆芯等离子体就可以安全停堆，具有固有安全性，不会发生超临界事故。包层功率密度和停堆余热份额都低于压水堆，潜在生物危害能力也较压水堆低。

归纳起来，发展混合堆有如下优点：

(1) 混合堆对聚变堆堆芯的技术要求，远低于纯聚变堆，在考虑了可能的先进运行方式后，经济上的优点具有极大的吸引力。

(2) 混合堆可以有不同的用途，包括生产能量、生产核燃料、处理核废料，作为体积中子源的其他用途。

(3) 混合堆堆芯及包层可以设计成被动安全式的，包层可以是次临界的，因而安全性好。

(4) 研究表明，混合堆本身的潜在放射性源强远低于目前的裂变堆，它所产生的放射性废料可以再返回混合堆被处理掉。

(5) 国内外已有的聚变研究成果为混合堆堆芯提供了物理和工程技术基础，包层技术也可参考ITER经验及裂变电站的技术经验。

在安全问题上，混合堆是以生产裂变燃料为主，可压抑包层中的裂变过程，因此不会发生像切尔诺贝利核电站那样的“烧毁”事故。混合堆具有运行功率、余热功率密度比快堆低得多的优点。混合堆的包层中的生物危害能力只有裂变堆的10%~30%，具有良好的安全性。

11.4 混合堆的发展预测

11.4.1 等离子体参数

国际聚变界经过几十年的努力，建设了数代托卡马克聚变装置，大功率加热技术的成熟（几十兆瓦），使聚变三乘积参数（$nT\tau$）由10^{17} keV·s/m^{3}提高到将近10^{21} keV·s/m^{3}的水平。在JET、TFTR、JT-60U上已基本达到D-T聚变所需的条件，并获得了10 MW以上聚变功率。

1993年美国TFTR达到10.5 MW的功率输出，1998年在日本JT-60U上进行的D-D反应实验参数，换算等离子体Q值达到1.05，等效D-T聚变反应的能量增益Q值达到1.25，从而使托卡马克磁约束聚变的科学可行性在实验上获得证实。

11.4.2 核聚变技术

JET和TFTR上的D-T实验，标志着核聚变能开发的科学可行性已得到验证并转向工程可行性验证阶段，国际上利用所得到的实验结果和定标律进行国际热核聚变实验堆（ITER）的工程设计。ITER聚变功率为500 MW，脉冲运行时间为500 s，中子壁负荷为0.78 MW/m^2，将于2029年实现第一次等离子体放电，2035年实现D-T聚变实验。ITER的堆芯参数条件，远超过建设混合堆的芯部参数的要求。ITER计划的实施，为混合堆的发展，奠定了坚实的物理和工程技术基础。

随着ITER计划的顺利推进，我国已经完成了中国聚变工程实验堆（CFETR）的工程设计。聚变堆由于经济上尚缺乏商业竞争力而难以迅速发展，纯聚变堆为了获得有益的能量输出，要求聚变产生的能量要远大于创造实现聚变条件而消耗的能量（Q值），而混合堆只要求聚变产生的能量与消耗的能量相等即可（Q值接近或大于1）。目前世界上的几个大型托卡马克聚变装置已达到或接近这个要求。

近期，ITER理事会宣布D-D试验计划推迟到2035年，比原计划的2025年推迟了10年，相应的D-T实验计划也将同样推迟到2045年。聚变界认为，只有在ITER计划实现其科学目标和工程目标后，聚变示范堆的设计建造才会被提上日程，最终实现聚变能商业应用。

11.5 混合堆的类型

11.5.1 概述

就目前研究的聚变-裂变混合堆系统而论，大致可以分为三类：

(1) 聚变-裂变增殖堆，由一个理想的聚变堆芯，四周包围以裂变增殖区组成。在此系统内聚变和裂变发生在同一装置内。裂变增殖区中产生大量的能量，增殖区中过剩的中子又可将 ^{238}U、^{232}Th转变成易裂变材料 ^{239}Pu、^{233}U。目前这些工作占绝大部分。

(2) 聚变-裂变共生堆，这个系统的聚变和裂变各自保持独立，它们是通过燃料循环或功率循环来耦合的。在增殖区中生产核燃料以补偿裂变堆的消耗，而尽量抑制其不产生裂变反应，能量的产生则要依靠裂变堆。这样就不要求增殖区同时兼有产生能量、再生氚的功能，因而在设计上所受的限制就比混合系统要小，灵活性更大。典型的研究可参考Lidsky 1969年在聚变堆会议上的一篇报告。聚变-裂变共生系统如图11.3所示。

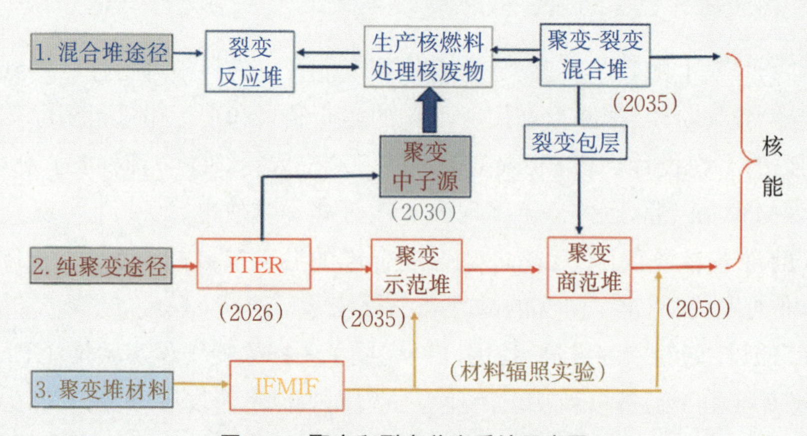

图11.3　聚变和裂变共生系统示意图

(3) 聚变-嬗变混合堆，裂变堆产生的高放核废物(裂变产物和锕系元素)可在聚变增殖区中被嬗变(或裂变)成毒性较低的物质。1973年美国在BNL(巴特尔西北研究所)建立了一个研究组，对这个过程做了仔细的研究。

11.5.2 混合嬗变堆

嬗变是利用高能聚变中子轰击高放核废物核，经过不同的核反应后，转化为比较安全的核素。用以增殖核燃料、产氚和嬗变核废物的混合堆，将是聚变能大规模商用之前支持巨大规模裂变能发展的重要手段，为聚变技术的中间应用开辟了新途径。

1. 基本原理

在聚变嬗变堆中，待处置的核废物放置于包层。由芯部等离子体产生的聚变中子作为外中子源驱动，系统始终处于次临界状态，具有固有安全性。

核电站中的长寿命放射性核废物主要来自锕系元素，如^{237}Np、^{241}Am、^{243}Am、^{243}Cm和^{244}Cm等，这些核素在聚变中子的轰击下，有较大的裂变截面和俘获截面。裂变反应"烧毁"锕系元素；俘获反应使长寿命的放射性核素转化为无毒或低毒核素，例如，半衰期为214万年的^{237}Np，俘获反应后转换成^{238}Np，其半衰期为2.12天。^{238}Np再经俘获反应转变成^{239}Pu，使核废物变废为宝。由于聚变反应具有"富中子、贫能量"的特点，用来处置核废物的嬗变堆实际上就是一个高效率的核废物"焚烧炉"，利用它可以从根本上解决核电发展中日益积累的棘手的核废物处置问题。

目前的托卡马克聚变实验装置已接近建造嬗变堆的要求，进入建造阶段的ITER的设计参数完全满足嬗变处置核电站放射性核废物的要求（聚变功率500 MW，14 MeV中子的年产额为3×10^{26}）。

根据研究结果，一座聚变功率为100 MW的小型嬗变堆，可以处置十几座相同功率的核电站的核废物，同时获得几十倍于聚变功率的能量，也可以在嬗变包层中产氚、烧钚。从我国核能发展和能源需求的趋势来看，这种多功能的嬗变堆与现行的裂变堆组合，进而建立起一种更安全、经济、可行的全新的核能系统，即放射性洁净核能系统。

2. 研究概况

采用聚变堆嬗变长寿命核废物的设想在20世纪60年代就已提出。20世纪70年代研究工作要求聚变堆中子壁负载达到每平方米10 MW，对工程技术提出了过高的要求，使嬗变堆研究逐渐趋于停顿。由于技术的发展，新概念的提出，对聚变嬗变堆的研究又重新引起关注。近年的研究成果表明中子壁负载在每平方米0.6~1.0 MW时就可以有效地嬗变锕系核素，年焚毁量可达吨级，同时输出廉价电能。由于聚变堆在嬗变核废物上具有硬的中子能谱、富裕的中子产额、不会发生超临界事故等优点，因而具有良好的竞争力。

1993年，美国能源部拨出专款支持托卡马克嬗变核废物的研究工作。1994年，俄罗斯提出建造一个小型的用于嬗变核废物的聚变堆的建议，该建议由著名的诺贝尔奖获得者巴索夫院士提出。1999年5月，美国能源部布置了内容广泛的高强度聚变中子源的研究，探索用于嬗变核废物、生产核燃料、产氚、核材料辐照考验和处置退役军用钚等方面。这是美国在聚变研究上的一个显著转变。其中，美国加利福尼亚大学圣地亚哥分校的“ARIES计划”中，聚变中子源的研制与应用是其中的一个重要课题。国际原子能机构(IAEA)自2000年7月在莫斯科召开第一次聚变/嬗变堆的专家会议后，每年举行一次聚变/嬗变相关会议。

自1987年以来，核工业西南物理研究院承担了国家“863计划”——“聚变-裂变混合堆研究”项目。在“863计划”长达15年的支持下，协调国内有关研究单位，在聚变堆技术方面进行了大量实验研究工作；在聚变堆设计方面积累了大量研究软件、核数据库和实际工作经验，为深入开展此类研究奠定了较坚实的基础。

自1992年以来，核工业西南物理研究院一直开展利用聚变中子嬗变核废物的研究，先后在国际专业学术会议、国内外学术刊物上发表了重要的研究成果，引起了国内外聚变界的关注。1994年美国能源部将核工业西南物理研究院开展的聚变堆嬗变核废物的研究列入中美磁约束核聚变技术合作项目。1999年，核工业西南物理研究院还提出了基于球形环托卡马克的“聚变驱动的放射性洁净核能系统”国家“973计划”。

3. 嬗变和分离

嬗变和分离是利用聚变中子处置核电站长寿命核废物的两大关键技术。压水堆乏元件的后处理技术，以及次锕系元素(Minor Actinides，MA)和裂变产物(Fission Products，FP)的分离回收技术对嬗变处置长寿命核废物有着重要作用。现在国内的压水堆乏元件的后处理工艺已比较成熟。20世纪80年代初中国原子能院放化所，采用纯度较高的由核工业5所合成的双官能团含磷萃取剂DHDECMP，对模拟HLLW(高放废液)进行了系统研究，对U、Np、Pu、Am和Gd等的提取率分别为99.95%、99.4%、99.95%、99.99%和99.7%。然后采用HDEHP萃取流程，可从HLLW中将Am和Gd分离。1985年，清华大学提出TRPO流程，用单官能团含磷萃取剂TRPO(烷基(C_6-C_8)氧化磷混合物)，从脱硝、过滤、还原调价后的硝酸介质中萃取MA和FP。20世纪90年代初，又进一步改进，进行了串级实验，U、Pu、Np、Am和Cm的分离回收率可达99.8%以上，Tc的回收率为98%。

利用聚变产生的高能中子(14 MeV)，可轰击长寿命的锕系核废物(Np、Am、Cm等)和裂变产物(^{137}Cs、^{90}Sr等)，使之转化为稳定的或者半衰期较短的核素。据计算，一座3000 MW混合堆每年可处置10～15座PWR产生的核废物，混合堆将是未来有效处置长寿命放射性核废物的装置。

11.5.3 混合增殖堆

1. 概况

据计算，一座标准的混合堆可年产氚50～100 kg。毫无疑问，混合堆是一种高质量、低成本生产氚的最有效的装置和最佳途径。

核燃料除天然的^{235}U外，还有两种人造的核燃料：^{239}Pu和^{233}U，^{239}Pu和^{233}U是^{238}U和^{232}Th吸收一个中子后得到的。氘-氚聚变不仅是巨大的能源，而且是巨大的中子源。我们可以利用聚变反应室产生的中子，将聚变反应室外的^{238}U或^{232}Pu，转变为^{239}Pu或^{233}U等核燃料，是一种裂变燃料增殖堆。

现在已建成的快中子反应堆(简称快堆)，也具有核燃料增殖能力。它是利用^{235}U在裂变过程中释放的中子来生产核燃料。单位功率氘-氚聚变释放出的中子数为^{235}U裂变反应产生的中子的43倍以上，因此用混合堆生产的核燃料可以同时供给几座甚至十几座相同功率的核电站。

2. 增殖高纯钚

通常的原子弹所使用的可裂变材料^{235}U的自然储量非常有限，在天然铀中的含量仅为0.75%，利用现有的生产核燃料方式，不但产量低，而且成本高，资源利用非常有限。发展战术核武器，生产高纯度的核燃料^{239}Pu是关键。现有的产钚方式很难生产出高纯度的核燃料——钚。

在混合堆包层中放置增殖材料^{238}U后，由于聚变中子能量高，可生产出高质量的军用钚。生产出来的钚中，其^{240}Pu的含量要比军用核燃料生产堆中含量低得多。这对核武器的小型化和精确设计非常有利。

与现有的军用核燃料的生产方式相比，利用混合堆生产战略用核燃料在生产成本和生产能力上具有无法比拟的优越性。

裂变堆的乏燃料中含有大量的锕系核废物Am、Cm等，可将它们放在混合堆的包层中照射，通过其俘获反应生成贵重的核燃料，比如：^{243}Am、^{241}Am、^{245}Cm，这些元素是制造微型原子弹和微型核弹引爆装置的最佳材料。

11.5.4 混合能源堆

混合能源堆采用快裂变包层，利用高能聚变中子去轰击^{232}Th、^{238}U产生裂变，并释放出裂变能量，能量增益M可高达22倍(如表11.1所示)。目前的裂变堆对铀资源的利用率仅有0.7%,其余部分作为乏燃料并需要特殊技术进行后处理,不仅技术复杂且费用十分昂贵。发展混合能源堆的目的是利用在热堆中不能裂变的天然铀(或钍)作燃料,提高核能资源的利用率。

混合堆与裂变堆组成共生核能系统,其经济性能将得到极大提升。利用高能量增益的快裂变型聚变增殖堆设计,对第一壁材料的要求以及对等离子体约束的要求可以大大降低(但对某些方面的技术要求也有所提高),从而较纯聚变堆大幅度提前实现是有可能的,但也需要付出一定的人力、物力和时间。

11.6 我国混合堆研究回顾

20世纪80年代初期,国内在核工业西南物理研究院成立了黄锦华教授领导的聚变堆研究室,着手第一个聚变堆——磁镜聚变增殖堆(CHD)概念设计[1](1984—1986年),磁镜位形具有稳态运行、适于建堆的直线几何等优点。设计研究涉及堆的各个方面,形成了一个较完整的概念设计。CHD设计的研究内容和主要特征于1985年在乐山举行的混合堆全国学术会议上发表,1986年在马德里ICENES会议上发表。这个阶段开始引进国外的计算机软件,对于缩短与国外水平的差距起了积极作用。

在"863计划"的支持下,国内先后完成了各种堆型的混合堆设计与工艺研究[2]。1987年转向托卡马克位形,进行了TETB系列的设计研究(1987—1995年)。"七五"期间完成了工程实验混合堆TETB、TETB-Ⅱ,托卡马克商用混合堆(TCB)等一系列概念设计和改进设计。"八五"期间集中力量进行了实验性混合堆联合设计(FEB)。在"九五"期间顺利开展混合堆工程概要设计研究(FEB-E)以及嬗变堆的研究。混合堆研究设计采用了技术可靠的方案,使用了先进的设计方法。计算机软件和核数据库居国际领先水平。经过3个"五年计划"的工作,逐步形成了一支有丰富的研究经验、得到国际聚变界承认的研究队伍。

我国的混合堆技术实验研究在"863计划"的支持下起步,尽量利用国内一些大型的核设施,建造一批中小型的设备。完成一批高水平的研究工作,制备了多种聚变堆用材料,进行了辐照等各种试验,积累起聚变堆材料的数据库。在实验装置建设方面,研制了一批等离子体工程硬件,特别是HL-2A和EAST超导托卡马克装置的建成和运行,改善了堆芯等离子体实验的手段,大幅度地提高了等离子体的参数。2020年,我国新一代人造太阳中国环流三号建成投入运行,实现兆安级等离子体放电和H模运行,为建造混合堆奠定了坚实的技术基础。

从20世纪90年代开始，国家“863计划”混合堆专题研究转向利用聚变中子处理核废料和聚变驱动的放射性洁净核能系统（FDS）的研究，成果受到国际社会的广泛关注。中国科学院等离子体物理研究所开展的利用聚变中子处置放射性核废物的研究被列为中国科学院知识创新工程试点项目成果，为聚变技术在我国的早期应用开辟了新途径。核工业西南物理研究院也同期开展了聚变中子处理长寿命次锕系核废料的研究。

在国家“863计划”执行期间，先后邀请了美国、日本、俄罗斯、德国等知名专家、学者参加我国的混合堆设计研究工作，并建立了长期的合作关系。一大批研究成果先后在国内外发表，引起了国际聚变界的广泛关注。发展混合堆的第一步是建造一座实验性混合堆，它的目标任务是：

(1) 演示混合堆的物理与工程技术可行性。

(2) 演示年产百公斤级钚的能力。

(3) 能作为试验堆进行商用原型聚变堆的工程部件和材料试验。

实验性混合堆的概念设计应能满足实验堆实现这些目标任务。在等离子体实验中，托卡马克位形是最成熟的；在燃料循环中U-Pu循环最为成熟，虽然在堆设计上比磁镜位形和Th-U循环困难。为了使包层设计尽量简单可靠，裂变燃料增殖只限在外侧包层进行，采用了液态锂LLi自冷却包层设计。为了解决特有的MHD压降问题，我国建造了第一套液态金属锂试验回路系统进行实验研究。

小结

毫无疑问，人类的永久能源是聚变能。人类历经半个多世纪的艰苦探索，以ITER的设计和建造为标志，托卡马克磁约束可控核聚变研究取得了重要的进展，但离商业应用尚有很长的路要走，预计要到2050年以后。聚变-裂变混合堆巧妙地利用了聚变和裂变的特点，可以大大降低对芯部等离子体和结构材料的要求，可早于纯聚变实现核聚变能的非电应用。因此，利用高能聚变中子生产核燃料、处置核废物的混合堆，是推进聚变能商业化的现实途径。

参考文献

[1] 黄锦华，盛光昭. 西南物理研究院聚变堆设计研究工作回顾[J]. 核聚变与等离子体物理，1997，17(1)：4-7.

[2] 丁厚昌，黄锦华，盛光昭. 聚变能：21世纪新能源[M]. 北京：中国原子能出版社，1998.

第12章　聚变-裂变混合堆物理基础

12.1　概述

聚变-裂变混合堆是聚变过程与裂变过程的一种组合,使聚变和裂变的特点得以互相补充。这一概念是用某些重元素(铀或钍)包在聚变反应堆的周围,以使聚变产生的中子把转换材料(^{232}Th或^{238}U)转换成易裂变材料(^{233}U或^{239}Pu),然后将这种易裂变材料用于裂变反应堆,释放出比聚变本身大得多的能量。混合堆和裂变堆组成的共生发电系统中,显示出很好的经济性。由混合堆生产的可裂变燃料可提供给若干座轻水堆作燃料。

12.2　聚变堆物理过程

反应堆内的物理过程及其工程方面的特性,都和中子在系统内的产生、运动、消亡以及系统内中子的空间-能量分布有关。反应堆理论的主要课题之一就是确定堆内中子密度的分布以及为求得中子密度分布函数所采用的各种模型和分析方法。对纯聚变堆而言,主要的核反应过程包括:D-T聚变反应;氚增殖反应(n,t);中子倍增反应(n,2n)(n,3n)以及中子与材料的相互作用。

12.2.1 聚变反应

聚变中子学是指研究D-T聚变反应产生的14 MeV单能中子在聚变堆系统内的产生、运动、消亡的过程。由于聚变中子能量很高，介质内各向异性散射不能忽略，只能采用中子输运方程才能够准确描述。这与裂变堆不同，裂变堆由于大量热中子存在，一般使用扩散方程描述。除描述方程不一样外，聚变堆系统的中子能谱比裂变堆硬，两者的数据库制作方法也是不一样的。

D-T聚变反应产生一个高能中子和一个α粒子，反应式如下：

$$D+T\rightarrow n(14.06\ \text{MeV})+{}^{4}He(3.52\ \text{MeV}) \tag{12.1}$$

混合堆中，14 MeV的中子可用来产生裂变材料。在D-T反应中消耗的氚，由中子轰击锂实现氚增殖反应和维持氚的自持。

另一种是D-D聚变反应，它有两种几率近似相等的分支反应：

$$D+D\rightarrow T(1.01\ \text{MeV})+p(3.03\ \text{MeV}) \tag{12.2}$$

$$D+D\rightarrow {}^{3}He(0.82\ \text{MeV})+n(2.45\ \text{MeV}) \tag{12.3}$$

与D-T反应相比，D-D反应的优点是不需要增殖氚，缺点是D-D的反应率约为D-T反应的1/100，因此对等离子体约束的要求要苛刻得多。

另一种聚变反应是D-³He反应：

$$D\text{-}{}^{3}He\rightarrow P(14.67\ \text{MeV})+{}^{4}He(3.67\ \text{MeV}) \tag{12.4}$$

在地球上最容易实现的聚变反应是D-T运行，而非D-D和D-³He，它们的反应截面相差很大，在可能实现的温度范围内高达3~4个量级，如图12.1所示。

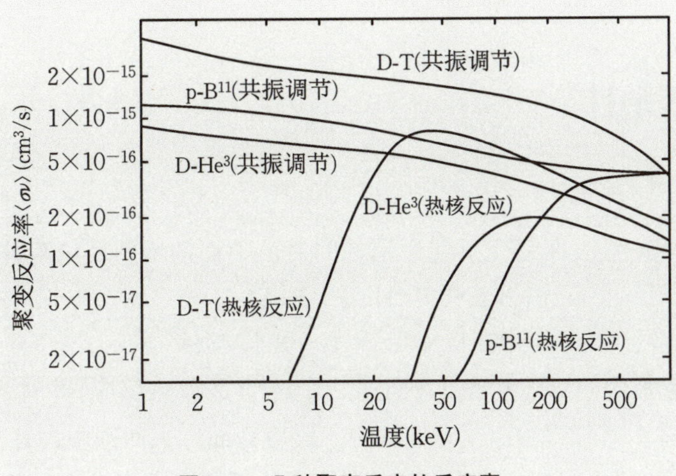

图12.1 几种聚变反应的反应率

聚变-裂变混合堆内的物理过程,除上述与纯聚变堆所涉及的聚变过程中氚增殖、氚自持和能量转换与排除,以及辐射安全等外,增加了裂变堆内所有核反应过程,这些过程包括裂变反应(n,f)与能量放大,裂变燃料增殖反应(n,γ)以及与核废物处置相关的嬗变反应,包括裂变俘获比、有效半衰期、燃耗过程等。

12.2.2 中子倍增反应

同样,利用中子与锂反应产氚时需要对中子进行增殖。中子增殖主要通过中子与Be或Pb的(n,2n)反应来实现。反应后的中子被慢化,增加了与^{6}Li的反应截面。中子与Be和Pb的增殖反应为

$$^{9}Be+n\rightarrow 2^{4}He+2n \tag{12.5}$$

$$^{204}Pb+n\rightarrow ^{203}Pb+2n \tag{12.6}$$

在纯聚变堆的包层设计中,如果采用固态氚增殖剂,中子倍增材料Be将被制备成直径1 mm的小球,以球床结构的形式构成中子倍增区,位于第一壁和氚增殖包层之间。在液态增殖剂包层设计中,采用液态金属锂铅作中子倍增剂和氚增殖剂。在混合堆系统中,14 MeV高能聚变中子能与^{238}U,^{232}Th,Be,Pb,Nb等作用时引起(n,2n),(n,3n)反应。如对^{238}U,$\sigma(n,2n)=0.88$ b,$\sigma(n,3n)=0.45$ b。这些反应对中子起了倍增作用。根据混合堆包层设计,每个聚变中子可以在包层内生成2~4个以上的中子(倍增中子加裂变中子)。假定一个中子用于氚增殖(^{7}Li增殖氚不损失中子),则一个以上中子可用于增殖核燃料。而快堆中每烧掉一个钚(^{239}Pu)原子核,只有不到0.2个中子可用于增殖核燃料。所以,混合堆的增殖能力至少要比快堆大5倍。中子的倍增能力(截面)与中子能量有关。图12.2为若干种非核燃料中子倍增剂的中子反应截面。

12.3 氚增殖比

如同在第9章所述,在D-T反应中消耗的氚由下面的增殖反应来补充:

$$n+^{6}Li\rightarrow T+^{4}He+4.79\ MeV \tag{12.7}$$

$$n+^{7}Li\rightarrow n+T+^{4}He-2.47\ MeV \tag{12.8}$$

第一个反应是由热中子引发的,而第二个反应是吸热反应,并对入射中子有一个2.47 MeV的阈能。图12.3给出了它们的中子反应截面。天然锂中含有92.44%的^{7}Li和7.56%的^{6}Li,含量丰富,可以容许聚变广泛地使用上千年。混合堆增殖氚的方法同样是在

聚变反应室外面的Li包层中,聚变中子与Li发生作用,增殖在聚变等离子体中消耗的氚。

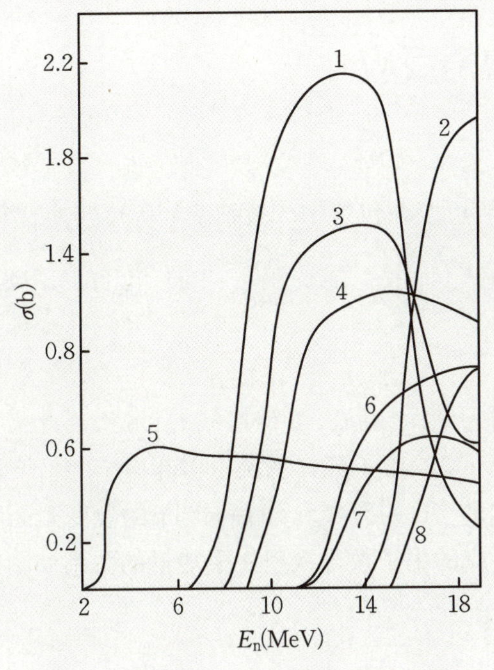

图12.2 非核燃料中子倍增剂的中子截面

注:1. Pb(n,2n);2. Pb(n,3n);3. Mo(n,2n);4. Nn(n,2n);
5. ^{9}Be(n,2n);6. V(n,2n);7. Fe(n,2n);8. Mo(n,3n)

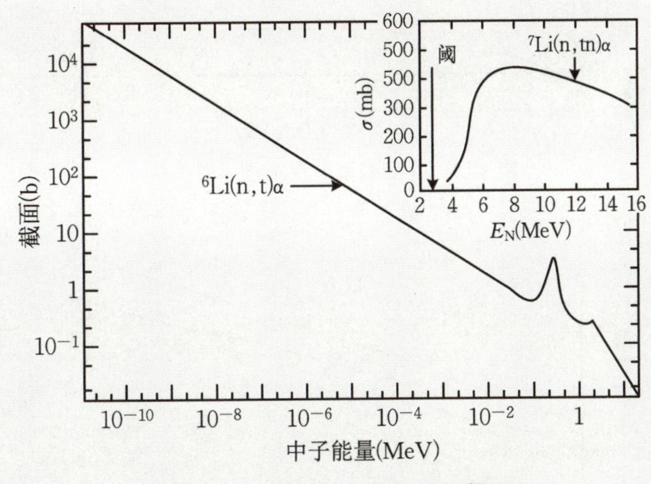

图12.3 中子和^{6}Li、^{7}Li的反应截面

由于D-T聚变反应产生一个中子和一个α粒子,因此可以在聚变堆内放置适量的氚增殖材料锂,通过中子与它的反应来生产氚。如果等离子体内聚变反应能够持续进行下去,聚变堆内每次D-T聚变反应生产并提取出来的氚原子数至少应大于1。

12.4 核燃料增殖反应

为了生产裂变燃料,可以在包层中放置铀或钍等可转换材料,其增殖反应如下:

$$\mathrm{n}+{}^{238}\mathrm{U}\rightarrow {}^{239}\mathrm{U}\frac{\beta^-}{24m}{}^{239}\mathrm{Np}\frac{\beta^-}{2.4d}{}^{239}\mathrm{Pu}\left[{}^{238}\mathrm{U}(\mathrm{n},\gamma+2\beta){}^{239}\mathrm{Pu}\right] \tag{12.9}$$

$$\mathrm{n}+{}^{232}\mathrm{Th}\rightarrow {}^{233}\mathrm{Th}\frac{\beta^-}{22m}{}^{233}\mathrm{Pa}\frac{\beta^-}{24.7d}{}^{233}\mathrm{U}\left[{}^{232}\mathrm{Th}(\mathrm{n},\gamma+2\beta){}^{233}\mathrm{U}\right] \tag{12.10}$$

由于需要用一个中子来增殖氚,以维持氚的自持,因此需要在系统中增殖中子。而D-T聚变产生的14 MeV的中子能在系统中引起中子的倍增反应。一个很好的中子倍增反应是快中子引起的^{238}U的裂变。^{238}U和^{232}Th的裂变截面和中子能谱的关系如图12.4所示。每次裂变反应的中子数与入射中子能量的关系如图12.5所示。

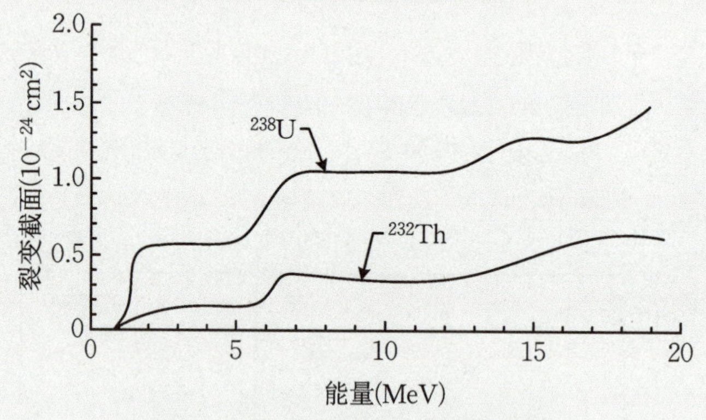

图12.4 裂变截面与中子能谱的关系

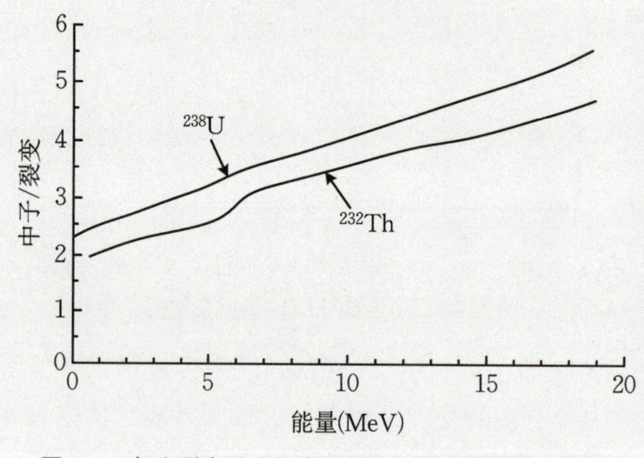

图12.5 每次裂变反应的中子数与入射中子能量的关系

如图12.6所示，聚变中子能与^{238}U发生的反应如下：

$$n+{}^{238}U \rightarrow {}^{238}U+\gamma+n(\text{非弹性碰撞})[U(n,n')] \tag{12.11}$$

$$n+{}^{238}U \rightarrow 2n+{}^{237}U[U(n,2n)] \tag{12.12}$$

$$n+{}^{238}U \rightarrow {}^{238}U+3n[U(n,3n)] \tag{12.13}$$

轰击中子的能量是最重要的。例如，中子能量低于1.3 MeV时，^{238}U的裂变(n,f)截面很小，而U(n,γ)Pu反应在任何能量下都能发生。^{238}U的(n,2n)和(n,3n)反应如图所示的那样也有阈能。中子能量在10 MeV以上的能量范围内截面最大的是所谓的非弹性反应，在次反应中将核激发，激发的核发射γ射线。聚变中子在^{232}Th中发生的反应与入射中子能量的关系如图12.7所示。

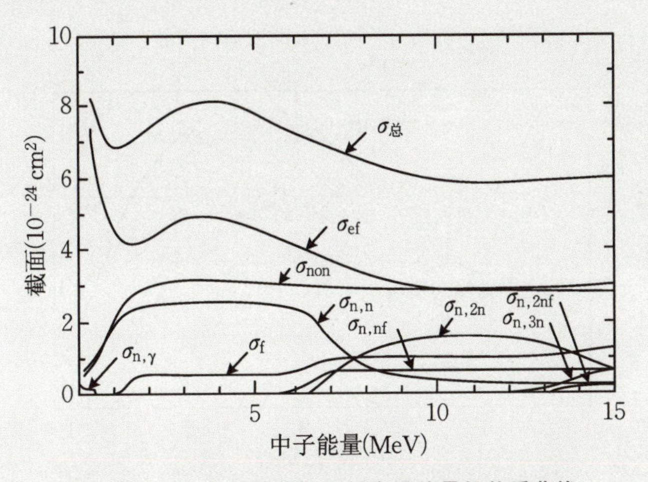

图12.6 ^{238}U各种截面与入射中子能量的关系曲线

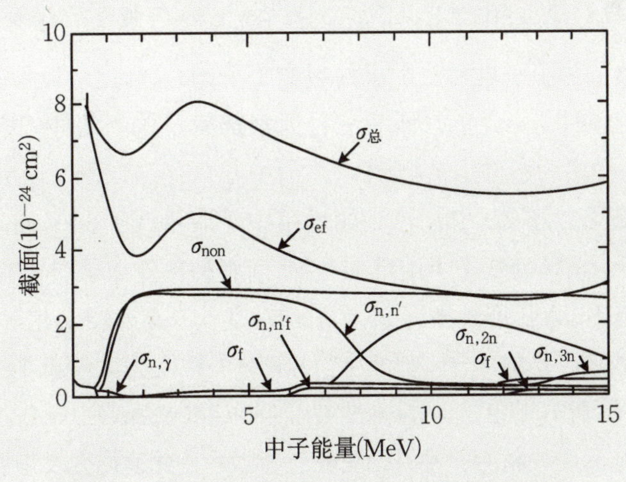

图12.7 ^{232}Th各种截面与入射中子能量的关系曲线

混合堆系统中，一个重要的增殖参数是一次反应中所发射的中子数与所吸收的中子数之比η。图12.8中给出了裂变同位素^{238}U、^{235}U、^{239}Pu的η值与中子能量的函数关系。

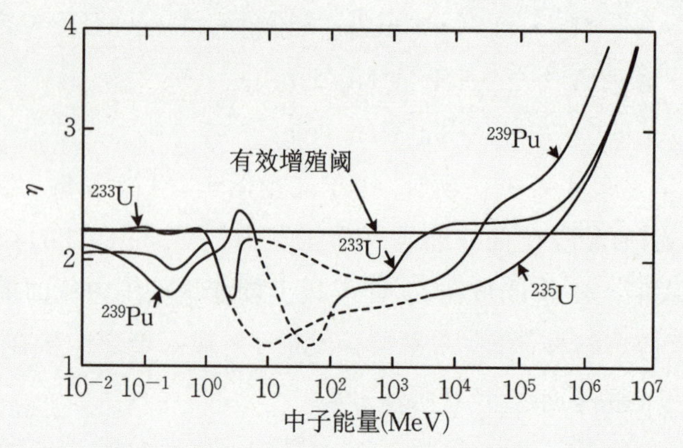

(a) ^{233}U、^{235}U和^{239}Pu的η值(裂变堆中每吸收一个中子所放出的中子数目)随中子能量的变化

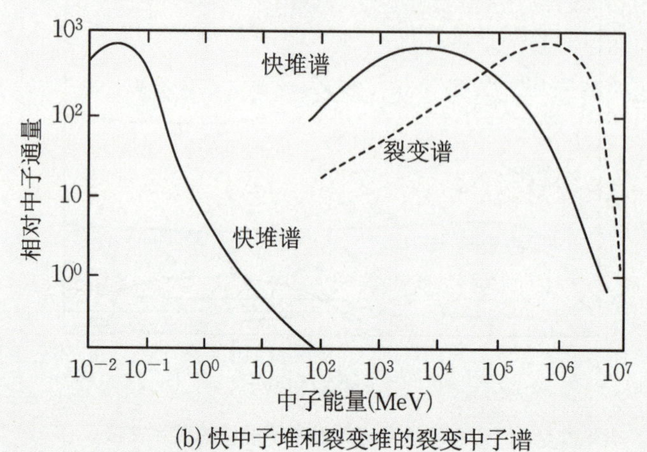

(b) 快中子堆和裂变堆的裂变中子谱

图12.8 裂变同位素^{233}U、^{235}U和^{239}Pu的η值与中子能量的函数关系

图12.8也给出了热中子堆和热中子的裂变中子谱,这样就可以检验η有意义的能量范围。链式反应的条件是η大于1,所有三种元素都满足这个条件。增殖的裂变原子和消耗的裂变原子一样多的条件是η大于2。入射中子只有在1 MeV以上才可能增殖^{235}U,而在20 keV以上就可以增殖^{239}Pu。^{233}U的增殖中子能量低于2 eV或高于2 keV时都是可能的。对于慢中子增殖与快中子增殖的差异,前者的额外中子损失的余度小于后者。

在混合堆系统中,为了把转换元素(^{232}Th或^{232}U)转变为裂变元素(^{233}U或^{239}Pu),需要供给超过增殖氚所需要的中子。为了把D-T中子转变为大量低能中子,对所选材料的要求是,当它们受到中子轰击时能通过裂变反应或(n,2n)和(n,3n)反应提供更多的中子。图12.9给出了几种材料产生中子的反应截面。对于裂变反应需乘以$\upsilon-1$,对于(n,2n)反应则乘以1。可以看出,^{238}U产生的中子比包括^{232}Th在内的其他倍增材料多得多。Pb只有在与能量高于7 MeV的中子作用时才可能发生(n,2n)反应。

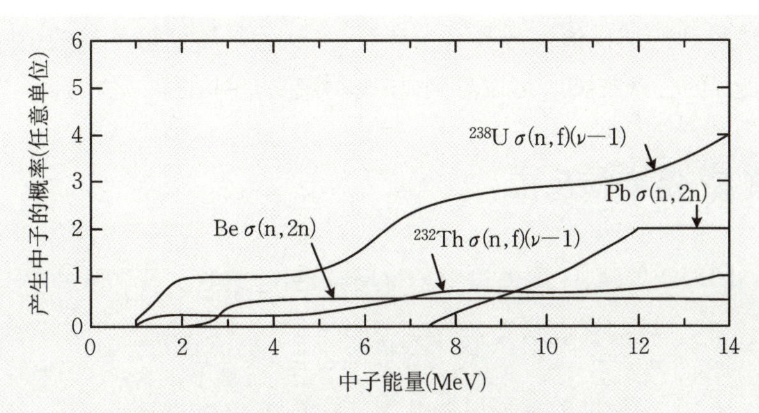

图 12.9　产生中子的概率与入射中子能量的关系曲线

12.5　嬗变处置核废物

由于放射性裂变产物吸收中子后的衰变链，一般会产生稳定的或相对来说危害较小的子同位素，锕系元素也可通过中子引起裂变，所形成的裂变产物可同样作为反应堆裂变产物来处理，故国际上早在1964年就已提出，在混合堆中可以通过中子嬗变来处理这类放射性废物。

另一方面，根据目前国内外聚变研究的进展，要想建成商用聚变电站，还需很长的一段路程，预计要到2050年以后。因此，聚变中子的非电应用被重新提出来。近年来，国外对聚变产物主要应用前景应用作了预测，图12.10是对聚变产物(聚变中子)通过

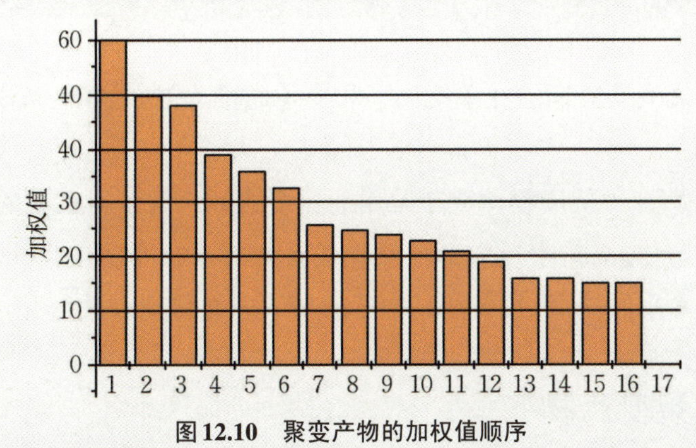

图 12.10　聚变产物的加权值顺序

注：1. 氢燃料；2. 核废物的嬗变；3. 化合物的分解；4. 电力，电站；5. 电力，地方电站；6. 推进器；7. 过程热量；8. 探测，遥感；9. 放射性同位素；10. 脱盐，海水淡化；11. 放射治疗；12. 活化分析；13. 矿石还原法及提炼；14. 刻印；15. 射线照机；16. 氚产生；17. 聚变、裂变增殖堆

决策分析方法得到的加权值。分数高的产品，被认为是短期可开发的，并具有较为成熟的技术和良好的公众支持。可以看到，核废物嬗变是排在第二位的。

12.5.1 聚变-嬗变核反应

对核废物的嬗变处置，主要通过中子核反应，引起嬗变。首先通过中子输运方程

$$\frac{1}{v}\cdot\frac{\partial\Phi}{\partial t}+\Omega\cdot\nabla\Phi+\Sigma_t\Phi=\iint\Sigma_s{}'f\Phi\mathrm{d}E'\mathrm{d}\Omega'+S \tag{12.14}$$

求得$\Phi(\boldsymbol{r},E,\Omega,t)$和堆的各种性能参数。稳态时，$\Phi=\Phi(\boldsymbol{r},E,\Omega)$。然后通过燃耗方程

$$\mathrm{d}N/\mathrm{d}t=\text{生成率}-\text{烧毁率}-\text{衰变率} \tag{12.15}$$

求得被嬗变核素的核密度变化，并计算放射性和热沉积等。

表征系统的嬗变能力通常用嬗变率(TR)、有效半衰期来表示。

当只有一种核素时，燃耗方程简化为

$$\frac{\mathrm{d}N}{\mathrm{d}t}=\lambda N+\bar{\sigma}_{\mathrm{nf}}N\Phi+\bar{\sigma}_{\mathrm{n\gamma}}N\Phi=\lambda N+\bar{\sigma}_{\alpha}N\Phi \tag{12.16}$$

式中，$\bar{\sigma}_a$为谱平均截面，$N(\boldsymbol{r},t)$为$\boldsymbol{r}$点的核密度。在快中子谱中$\bar{\sigma}_{\alpha}$还包含(n,2n)、(n,3n)、(n,p)等有阈反应。由式(12.16)得

$$N=N_0\mathrm{e}^{-(\lambda+\bar{\sigma}_{\alpha}\Phi)t} \tag{12.17}$$

定义嬗变到$N=1/2N_0$时t为有"效半衰期"$T_{1/2}^{\mathrm{eff}}$，则

$$T_{1/2}^{\mathrm{eff}}=\frac{\ln 2}{\lambda+\bar{\sigma}_{\alpha}\Phi}=\frac{T_{1/2}}{1+\dfrac{\bar{\sigma}_{\alpha}\Phi}{\ln 2}T_{1/2}} \tag{12.18}$$

式中，$T_{1/2}$为自然衰变半衰期。在单能中子和中子通量为常数($\Phi=\Phi_0$)的情况下，

$$T_{1/2}^{\mathrm{eff}}=\ln 2/(\lambda+\sigma_{\alpha,0}\Phi_0) \tag{12.19}$$

式中，$T_{1/2}^{\mathrm{eff}}$是估价嬗变堆核废物嬗变率常用的一个指标。为了得到高的嬗变率，需缩短有效半衰期，也就是提高核素反应率。反应截面大的核素可以在低中子通量下有效嬗变。对于反应截面小的核素，只有在高中子通量下才能得到有效嬗变。

12.5.2 嬗变裂变产物

裂变产物的嬗变主要是通过(n,γ)反应转换为短寿命或稳定的核素。乏元件中几种主要长寿命核素的热中子吸收截面列于表12.1。

表 12.1　乏元件中几种主要长寿命核素的热中子吸收截面(En=0.0253 eV)

F.P. 核素	$\sigma_{n\gamma}$(b)	Pu 核素	$\sigma_{n\gamma}$(b)	σ_{nf}(b)	σ_{α}(b)	MA 核素	$\sigma_{n\gamma}$(b)	σ_{nf}(b)	σ_{α}(b)
^{90}Sr	0.9	^{238}Pu	454	14.4	468.4	^{237}Np	181	0.018	181
^{137}Cs	1.1	^{239}Pu	380	810	1190	^{241}Am	600	3.1	603
^{129}I	27	^{240}Pu	287.6	0.064	288	^{243}Am	77.9	0.2	78.1
^{99}Tc	22	^{241}Pu	361.3	1012.7	1374	^{242}Cm	16	<5	<21
^{135}Cs	8.7	^{242}Pu	19	0.00104	19	^{244}Cm	15	1	16
^{93}Zr	2.5								

在裂变产物中,需要嬗变的核素有^{99}Tc、^{129}I、^{90}Sr、^{137}Cs、^{135}Cs。下面是这几种核素的嬗变链:

$$\begin{matrix} ^{90}Sr & \xrightarrow{(n,\gamma)} & ^{91}Sr & \xrightarrow{\beta^-} & ^{91}Y & \xrightarrow{\beta^-} & ^{91}Zr \\ 28.9\,a & & 9.92\,h & & 58.1\,d & & 稳定 \end{matrix} \tag{12.20}$$

$$\begin{matrix} ^{137}Cs & \xrightarrow{(n,\gamma)} & ^{138}Cs & \xrightarrow{\beta^-} & ^{138}Ba \\ 30.17\,a & & 32.2\,min & & 稳定 \end{matrix} \tag{12.21}$$

$$\begin{matrix} ^{99}Tc & \xrightarrow{(n,\gamma)} & ^{100}Tc & \xrightarrow{\beta^-} & ^{100}Ru & \xrightarrow{(n,\gamma)} & ^{101}Ru & \xrightarrow{(n,\gamma)} & ^{102}Ru \\ 2.13\times10^5\,a & & 15.8\,s & & 稳定 & & 稳定 & & 稳定 \end{matrix} \tag{12.22}$$

$$\begin{matrix} ^{129}I & \xrightarrow{(n,\gamma)} & ^{130}I & \xrightarrow{\beta^-} & ^{130}Xe & \xrightarrow{(n,\gamma)} & ^{131}Xe & \xrightarrow{(n,\gamma)} & ^{132}Xe \\ 1.6\times10^7\,a & & 12.36\,h & & 稳定 & & 稳定 & & 稳定 \end{matrix} \tag{12.23}$$

$$\begin{matrix} ^{135}Cs & \xrightarrow{(n,\gamma)} & ^{136}Cs & \xrightarrow{\beta_-} & ^{136}Ba & \xrightarrow{(n,\gamma)} & ^{137}Ba & \xrightarrow{(n,\gamma)} & ^{138}Ba \\ 3\times10^6\,a & & 19\,s & & 稳定 & & 稳定 & & 稳定 \end{matrix} \tag{12.24}$$

裂变产物的热中子(n,γ)截面一般比较大,如^{99}Tc、^{129}I、^{135}Cs。这些裂变产物应放在热中子区嬗变。^{90}Sr 和^{137}Cs 的(n,γ)截面小,很难进行有效的嬗变处置。但是,由于它们的半衰期比较短,所以可以不放入中子场中进行嬗变,而等其衰变到低放水平后进行地质深埋处置。

12.5.3　嬗变锕系核素

裂变堆的乏燃料主要由长寿命的锕系元素和放射性的裂变产物组成。锕系元素的半衰期一般都长达数万年以上。如何处置这些锕系元素是所有核工业国家面临的迫切问题。图 12.11 是超铀元素同位素嬗变和衰变链。原则上低通量热中子环境(如常规热中子反应堆)不适合用来嬗变锕系核素,因为在热能区锕系元素的裂变/俘获比很小,锕系元素需要多级俘获中子后才能形成易裂变核。这使得锕系元素的嬗变效率很低甚至在很短的时间达不到焚毁的目的。美国劳伦斯·利弗莫尔国家实验室提出的加速器驱动的嬗变核废物(Accelerator Transmutation Waste,ATW)计划是利用极高通量的热中子焚毁锕系核废物。

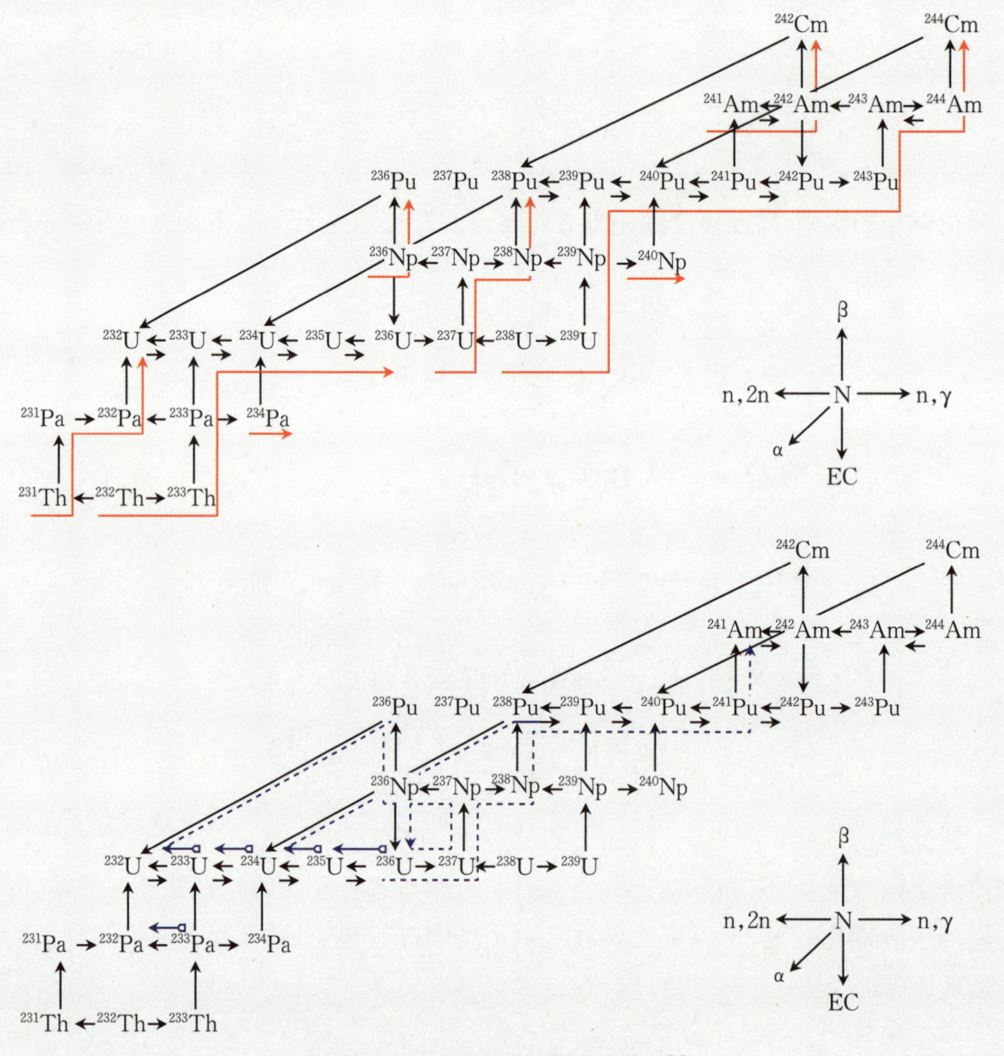

图12.11 超铀同位素嬗变和衰变链[1]

下面以^{237}Np为例,说明该原理:

$^{237}Np(n,\gamma)$反应生成的^{238}Np的热中子裂变截面σ_{nf}(0.0253 eV)高达2100 b,而它的半衰期只有2.15 d,裂变与衰变之间存在着竞争。中子通量低时,衰变占优势。但当中子通量高时,裂变占优。为了能获得明显的嬗变效率,要求热中子通量Φ至少为$10^{16}/(cm^2\cdot s)$的水平。

乏元件中的次锕系元素(Minor Actinides,MA)主要是指 ^{237}Np、^{241}Am、^{243}Am、^{242}Cm 和 ^{244}Cm 等少数锕系核素。

对于锕系核素而言,通过(n,γ)反应一般只能使其转化为更高质量数的长寿命锕系核素,其长寿命放射性问题仍然存在。只有通过(n,f)反应,将锕系核素转变为裂变产物,才能最终消灭锕系核素。表12.2是几个锕系核素热中子的(裂变/俘获)$\sigma_{nf}/\sigma_{n\gamma}$的比值,比值越大,则MA核素的嬗变效果越好。锕系核废物在热中子区俘获截面一般较大,但裂变截面则很小,相应的($\sigma_{nf}/\sigma_{n\gamma}$)值也很小。所以,在热堆中焚毁锕系核废物效果并不好。由于锕系核素裂变截面多属于阈能反应截面,一般在1 MeV的能区以上才有明显的截面数值。能谱越硬,则($\sigma_{nf}/\sigma_{n\gamma}$)值越大。所以,选择在快谱中焚毁锕系核废物比较有利。

表12.2　主要锕系核素的 $\sigma_{(n,f)}/\sigma_{(n,\gamma)}$ 值(E_n=0.0253 eV)

核　素	$\sigma_{(n,f)}$	$\sigma_{(n,\gamma)}$	$\sigma_{(n,f)}/\sigma_{(n,\gamma)}$
^{237}Np	2×10^{-2}	180	1.1×10^{-4}
^{241}Am	3.1 ± 0.2	600 ± 20	5.2×10^{-4}
^{243}Am	0.20 ± 0.11	77.96 ± 6.0	2.56×10^{-3}
^{242}Cm	<5	16 ± 5	<0.31
^{244}Cm	1.0 ± 0.2	15.2 ± 1.2	6.7×10^{-2}

利用快中子对次锕系核废物进行嬗变处置的装置类型有以下几种:

(1) 快堆中子能量高于热堆,也可使Cm、Bk、Cf有效嬗变。在快堆中,如果锕系核素在堆内放置或积累过多,则反应堆的各种动态参数会变差,控制棒效率变低。这些因素都会影响到反应堆的安全性。

(2) 用强流质子束轰击重靶(如W、Pb、U),通过散裂反应,级联和蒸发产生大量中子,驱动次临界装置,可嬗变锕系核废物。目前加速器所达到的束流水平和实际要求的束流水平(约100 mA)还相差甚远,需进一步提高束流水平。

(3) 聚变中子源驱动的次临界系统,是根据聚变反应是富中子、贫能量(14 MeV每聚变),而裂变反应是贫中子、富能量(200 MeV每裂变)的特点,利用外源中子进入包层的次临界系统。利用聚变中子嬗变核废物比较有利,因为14 MeV中子的裂变/俘获比高。近年来的研究表明,中子壁负载在0.6~1.0 MW/m^{2}的范围内就可以有效地嬗变核废物,同时输出电能。由于聚变堆在嬗变核废物上的优点,如有硬的中子能谱,有富裕的中子,不会发生超临界事故等,因而具有良好的竞争力。

由于在ITER装置上将实现大规模的氘-氚聚变反应,能产生极大量的高能中子,使得利用聚变中子嬗变处置核废物的构想成为可能。按设计参数,ITER装置要实现500 MW的聚变功率，就要求每秒要产生1.75×10^{20}个高能(14.1 MeV)聚变中子，其表面平均中子通量为$2.58\times10^{17}/(s\cdot m^2)$，则中子产额为$3.83\times10^{26}/a$。如此强大的聚变中子源用于嬗变核废物，其嬗变能力的预期是很可观的。

12.6 中子输运方程的求解

在聚变-嬗变堆的物理设计过程中，通过中子输运计算得到包层的中子学特性参数，这些参数包括中子通量、各核素裂变(衰变)率、能量沉积以及燃耗数据等。在嬗变包层的设计方案筛选阶段通常是采用一维中子输运与燃耗程序，在最终设计阶段采用二维和三维程序计算。

12.6.1 一维BISON程序

一维中子、光子输运程序中，具有代表性的程序是ANISN，但不能单独进行燃耗问题的计算。BISON1.5程序应用了ANISN程序的主要计算模块。BISON1.5程序是一维离散纵标输运及燃耗程序，由日本东京大学核科学实验室及核工程系研制，在美国辐射屏蔽情报中心入库，我国在上世纪80年代引进并开发移植。BISON1.5程序将中子输运方程与线性化后的燃烧链核子数方程耦合在一起，可计算设定的N个时间步，假设在一个时间步里中子通量不变，解析地求解核子数方程，然后用新解析出的核子数解输运方程，算出下一时间步的中子通量数值，再解核子输运方程，直到N个时间步算完。当$N=0$时，做定态问题计算。BISON程序可以计算出各时刻的反应性、中子通量、光子通量、功率密度、锕系元素的核密度、裂变燃料和氚的生成量及随时间的变化等。

BISON1.5程序的中子截面库为BISON58，库中包含42群中子、21群γ截面数据，格式按核素排列。燃耗参数库为ACIX库及用于钍-铀循环的THU库，铀钚循环的UPU库。BISON1.5程序利用一维输运计算所得的通量进行燃耗计算，它可以计算平板几何、圆柱体几何及球体几何的下列问题：

(1) 中子及γ光子通量。

(2) 能量沉积。

(3) 反应率。

(4) 不同时刻的锕系元素核密度。

(5) 中子及γ光子能谱。

应用BISON1.5程序和配套的数据库,可进行下列功能选择:

(1) 求解输运方程和共轭问题($N>0$)。

(2) 求解定态问题(燃烧步$N=0$),燃耗问题($N>0$)。

(3) 计算固定源问题,Keff本征值问题,或同时计算固定源和Keff本征值问题。

(4) 边界可选真空、反射、周期、白边界或反照率边界条件。

(5) 分布源或壳源。

(6) 形成或输出图形文件。

BISON1.5程序由于程序输入简便,功能较多,被广泛应用于混合堆的概念设计方案筛选设计中,特别是对包层材料和结构尺寸的选取,可提供具有价值的积分量结果。

12.6.2 二维TRIDENT/DOT程序[2]

二维中子输运程序DOT3.5用离散纵标-差分法矩形网格求解定态中子、光子耦合输运方程。可计算$x-y$,$r-z$,或$r-\theta$二维几何问题。

TRIDENT-CTR程序是用离散纵标-间断有限元法三角网格求解定态中子-光子耦合输运方程,可以计算$x-y$,$r-z$几何问题。TRIDENT-CTR还可选择特殊边界条件,用虚源选择削弱射线效应。

设输运方程为

$$A_1\psi=S \tag{12.25}$$

式中,A_1是输运算子。有虚源的方程为

$$A_1\psi=S+\beta(A_1-A_2)\psi \quad (0\leqslant\beta\geqslant 1) \tag{12.26}$$

式中,A_2是球谐方程的算子($x-y$几何时)或类球谐算子($r-z$)。

当$\beta=0$时为原方程,当$\beta=1$时为球谐方程。

上述两程序都可以计算固定源分布,内外边界问题,边界可以选择真空边界条件、周期边界条件、白边界条件,反照率边界条件。

12.6.3 三维MCNP程序

以MCNP程序为代表的蒙特卡洛方法,在聚变堆中子学设计中应用极为广泛,该程序应用Monte-Carlo方程解连续能量形式的截面数据,又可用离散能量形式的截面数据计算外源、本征值及反应率,能方便地处理任意三维材料结构问题,几何块的界面

可以是平面、二维曲面及某些特殊的四次曲面(如椭圆环面),MCNP程序是聚变堆包层中子学设计计算的重要工具。

12.6.4 球谐函数有限元法

采用球谐函数展开中子输运方程的角度变量,可以避免离散纵标方法中出现的射线效应问题。如不考虑裂变材料,中子输运方程右端只有外源项和散射源项,多群输运方程不同能群通过散射源项进行耦合,此时方程可写为单能形式:

$$\Omega\cdot\nabla\phi(r,\Omega)+\Sigma_t\phi(r,\Omega)=\int_{S^2}\Sigma_s(r,\Omega'\cdot\Omega)\phi(r,\Omega')\mathrm{d}\Omega'+s_e(r,\Omega) \tag{12.27}$$

式中,$s_e(r,\Omega)$是外源,将散射源项移到方程左端,定义输运算子$L\phi(r,\Omega)=\Omega\cdot\nabla\phi(r,\Omega)+\Sigma\phi(r,\Omega)$。将相空间边界$\Gamma$分为入流边界和出流边界,定义为$\Gamma^-=\{(r,\Omega)\in\Gamma|\Omega\cdot\boldsymbol{n}<0\}$,$\Gamma^+=\{(r,\Omega)\in\Gamma|\Omega\cdot\boldsymbol{n}\geqslant 0\}$,$\boldsymbol{n}$为边界上$r$处的单位外法向向量。根据双曲方程的性质,边界条件只在入流方向上定义,中子角通量密度可表示为$\phi(r,\Omega)=g(r,\Omega)$,$(r,\Omega)\in\Gamma^-$。为了后续描述方便,我们定义以下内积算子:

$$\begin{aligned}
(f,g)_V&:=\int_V\int_{S^2}f(r,\Omega)g(r,\Omega)\mathrm{d}\Omega\mathrm{d}r\\
(f,g)_{\partial V}&:=\int_{\partial V}\int_{S^2}\boldsymbol{n}\cdot\Omega f(r,\Omega)g(r,\Omega)\mathrm{d}\Omega\mathrm{d}r\\
(f,g)_{\partial V^-}&:=\int_{\partial V}\int_{\boldsymbol{n}\cdot\Omega<0}\boldsymbol{n}\cdot\Omega f(r,\Omega)g(r,\Omega)\mathrm{d}\Omega\mathrm{d}r\\
(f,g)_{\partial V^+}&:=\int_{\partial V}\int_{\boldsymbol{n}\cdot\Omega\geqslant 0}\boldsymbol{n}\cdot\Omega f(r,\Omega)g(r,\Omega)\mathrm{d}\Omega\mathrm{d}r
\end{aligned} \tag{12.28}$$

根据加权残差法获得一阶输运方程的弱形式:

$$\langle w,\phi\rangle_{\partial V}+(L^*w,\phi)_V=(w,s) \tag{12.29}$$

式中,w为加权函数,同时定义伴随算子为$L^*=-\Omega\cdot\nabla+\Sigma$。因为未知量不包含空间导数,式(12.29)这种弱形式相比于式(12.27)的偏微分形式更为基本,也更容易统一不同的有限元方法。

采用的多尺度有限元方法是子网格有限元方法中的一种。子网格有限元方法最早由Hughes提出,Buchan在2008年第一次将其应用到求解中子输运方程中。此方法最重要的思想就是将未知量分解为两部分:

$$\phi=\phi_c+\phi_r \tag{12.30}$$

式中,第一部分ϕ_c为连续可解部分,定义在全局尺度上;第二部分ϕ_r为残差部分,这部分在最终离散的方程中并不进行求解。根据上述对未知量的分解,同时由于残差部分

定义在每个单元上，边界条件只应用于连续部分，所以式的弱形式可写为

$$\langle w, \phi_c \rangle_{\partial V} + (L^* w, \phi_c + \phi_r) = (w, s) \tag{12.31}$$

同时残差方程可表示为

$$L\phi_r = s - L\phi_c \tag{12.32}$$

此残差方程可以近似求解，使用不同的近似方法产生了不同的子网格有限元方法。这里的代数子网格方法采用代数方程对通量的残差部分进行近似：

$$\phi_r = \lambda(s - L\phi_c) \tag{12.33}$$

式中，λ 相当于对 L^{-1} 的近似。将式(12.33)代入式(12.31)中，可获得代数子网格方法的弱形式为：

$$\langle \varphi, \phi_c \rangle + (L^* \varphi, \phi_c) - (L^* \varphi, \lambda L\phi_c) = (\varphi, s) - (L^* \varphi, \lambda s) \tag{12.34}$$

式中，未知量 ϕ_c 可由基函数展开 $\phi(r, \Omega) = \varphi^{\mathrm{T}}(r, \Omega)\phi$，此基函数可用分段多项式函数 $N(r)$ 与球谐函数 $Y(\Omega)$ 的克罗内克积的形式来表示：

$$\varphi(r, \Omega) = N(r) \otimes Y(\Omega) \tag{12.35}$$

最终方程的离散形式可写为

$$\begin{aligned}
&\left[\langle \varphi, \varphi \rangle^{+} - (\Omega \cdot \nabla\varphi, \varphi) + (\varphi, \Sigma\varphi)\right]\phi + \\
&\left[(\lambda\Omega \cdot \nabla\varphi, \Omega \cdot \nabla\varphi) + (\lambda\Omega \cdot \nabla\varphi, \Sigma\varphi) - (\lambda\Sigma\varphi, \Omega \cdot \nabla\varphi) - (\lambda\Sigma\varphi, \Sigma\varphi)\right]\phi \\
&\quad = \left[(\varphi, \varphi) + (\lambda\Omega \cdot \nabla\varphi, \varphi) - (\lambda\Sigma\varphi, \varphi)\right]s - \langle \varphi, \varphi \rangle^{-g}
\end{aligned} \tag{12.36}$$

在每一个内部单元和边界单元上，式(12.34)中左端的每一项均可计算得到并组装到整体刚度矩阵中，最终通过求解线性方程组来获得每个网格点的通量值。

12.6.5　核数据处理程序NJOY

在进行中子学计算时，该程序可为输运计算程序配置所需的中子、光子截面数据，还可以制作共振自屏截面，辐照损伤截面，能量沉积因子Kerma数据等。实际应用中，混合堆中子学设计的程序系统由控制模块及若干个独立的功能模块组成，每个模块可独立地完成特定的任务，是一个既独立又相互联结、综合模块式核数据处理程序系统。NJOY 可以处理ENDF/格式评价核数据。NJOY 程序只能对特定的核素在给定的稀释因子下计算共振自屏截面，具有普适性。然而，对待特定装置下的一个物质区，各核素、各群的稀释因子，以及与之对应的自屏截面是待求得。即使同一核素在不同的物质区，稀释因子是不同的。我们采用邦达连柯(Bondarenko)方法，用迭代法求出实际

的稀释因子，并用特定的插值求出自屏截面。图12.12为混合堆设计中，核数据处理、截面制作和中子学计算程序的流程图。

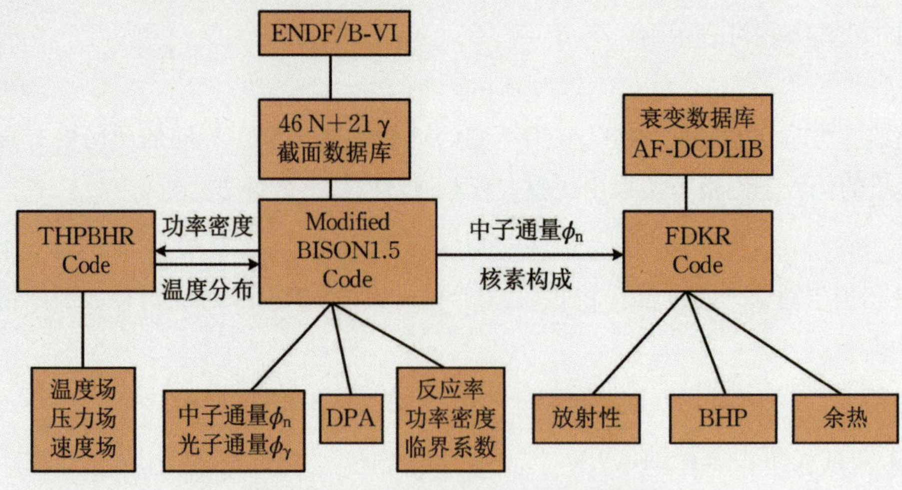

图12.12　混合堆中子学计算程序流程图

12.7　聚变驱动的放射性洁净核能系统

20世纪90年代国际上提出了由聚变驱动的放射性洁净核能系统(Fusion-neutron-driven Radiologically Clean Nuclear Power，FRCNP)。这种电站在经济发电的同时，利用反应堆中剩余的中子将放射性废物中的长寿命放射性核(包括次锕系元素MA和裂变产物FP)嬗变为短寿命核素或稳定核。其初始装载一部分易裂变核^{239}Pu或^{233}U，在运行时，只输入天然铀燃料，输出电能和短寿命放射性废料。对核废物的处置采用分离-嬗变(P-T)技术，不给后人留下隐患。这种核能系统概念被称为放射性洁净核能系统。

将MA作为燃料通过裂变反应加以烧毁并获得能量，可谓一举两得。对能量高的中子，反应截面比$\sigma_f/(\sigma_f+\sigma_c)\approx1$，消耗的剩余中子数较少，因而一般采用外中子源驱动的快中子裂变次临界装置。对于采用散裂中子源的放射性洁净核能系统称为ARCNP(Accelerator-based RCNP)，也称为ATW系统。

12.7.1 FRCNP的特点

聚变中子源系统中，能量增益$Q>1$，Q值的定义为聚变产生的能量大于注入的能量。产生一个聚变中子需要注入的能量为17.6/Q MeV。FRCNP系统的能量循环如图12.13所示。

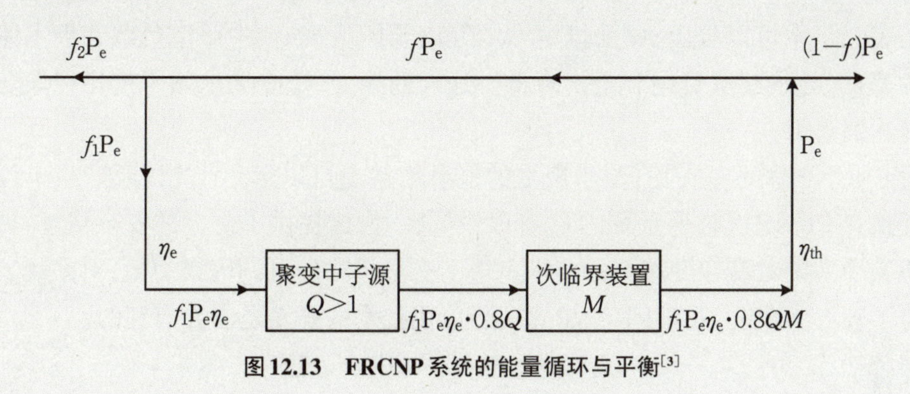

图12.13 FRCNP系统的能量循环与平衡[3]

12.7.2 对FRNCP的展望

ITER设计的芯部等离子体参数已经完全能满足建设基于FRCNP概念的嬗变堆电站的要求。由于裂变包层的能量增益M高，对聚变中子源的Q值可以低很多，可大幅度降低对芯部等离子体和结构材料的工程技术要求。表12.3给出了电功率为1000 MW的先进托卡马克纯聚变堆电站与嬗变堆电站(FTW)的比较。

表12.3 纯聚变堆和嬗变堆电站参数比较

	纯聚变堆电站	嬗变堆电站
等离子体半径，$R+r$(m)	5.4	2.6
磁场强度(T)	2.3	1.5
等离子体电流(MA)	43	19
三乘积(10^{20} keV·s/m^3)	56	9
等离子体驱动功率(MW)	55	42
聚变功率(MW)	2810	67
包层热功率(MW)	3290	3380
偏滤器靶板热负载(MW/m^2)	10.5	3.8
中子壁负载(MW/m^2)	6.0	0.6

续表

	纯聚变堆电站	嬗变堆电站
建造费用(10亿美元,1993)	3.64	2.60
总电价(c/(kW·h))	8.47	5.73
建造费	6.18	4.40
运行、维修、燃料费	2.29	1.33

从表12.3中可以看出,嬗变堆电站的等离子体从$nT\tau_E$、中子壁负载和堆本体尺寸都大为降低,导致建造费用和电价降低。这样的聚变-嬗变堆电站可望比纯聚变堆电站提前达到商用。

对FRCNP总的看法是,由于聚变的能量增益Q可以远小于1以及产生单位中子的能耗低,FRCNP次临界系统的k_{eff}可以较低,一方面提供了更大的安全裕度,另一方面有望减少系统对易裂变燃料的要求。由于有了重要的可调因素Q值,对系统方案的优化有了较大的余地,这对FRCNP这一新应用技术的开发是十分有利的。

小结

早期的混合堆研究主要集中在中子学研究阶段,以研究和评价混合堆的优越性和技术可行性。随着聚变技术的不断发展和对混合堆中子学研究的不断深入,其巨大潜力不断被挖掘出来。由于混合堆包层的能量倍增M比纯聚变堆大得多,混合堆动力厂所需的劳逊参数与纯聚变堆动力厂维持稳态对应的情形相比,前者要小得多,因此容易达到。

自20世纪80年代混合堆被列入我国"863计划"以来,取得了一大批研究成果,基本结论是混合堆物理基础扎实、应用前景广阔,是促进聚变能提前应用的现实途径。

参考文献

[1] 冯开明,阳彦鑫,黄锦华.聚变-裂变混合堆放射性计算分析[J].核科学与工程,1989,9(1):76-84.

[2] 冯开明,阳彦鑫,谢中友.AF-DCDLIB:活化产物,裂变产物和锕系元素衰变链数据库的研制[J].核科学与工程,1991,11(3):288-290.

[3] 吴宜灿.聚变中子学[M].北京:中国原子能出版社,2016.

第13章　聚变-裂变混合堆设计示例

13.1　聚变-裂变混合堆概念设计

13.1.1　磁镜混合堆(CHD)

20世纪80年代初期,国内在核工业西南物理研究院成立了聚变堆研究室,着手第一个磁镜混合堆(CHD)概念设计(1984—1986年)。在此以前,我国聚变堆设计只进行过一些专题研究,如中子学研究等。相较于托卡马克而言,磁镜等离子体位形具有稳态运行和适于建堆的直线几何等优点。作为混合堆概念设计研究的第一步,选择了磁镜位形作为混合堆的驱动器。设计研究涉及堆的各个方面,形成了一个比较完整的概念设计,对以后的概念设计工作提供了良好的开端。早期的混合堆研究工作内容先于1985年在四川乐山举行的"混合堆全国学术会议"上发表,又于1986年在马德里举行的ICENES会议上发表。

磁镜混合堆设计的目标是在满足氚增殖自给和可裂变燃料直接加浓下,尽可能优化核燃料增殖性能。设计首先要满足磁镜堆物理上的要求,还应满足工程技术上的各种要求,包括:结构合理,便于丰产核的添加和裂变核的卸出;其次要便于结构维修和更换部件,并且系统中结构材料的应力要低于许用值;第一壁结构材料的最高温度要低于550 ℃限制值,以保证在中子强辐照条件下反应堆部件的寿命;结构材料与冷却剂接触表面的最高温度要低于500 ℃,以避免过高的腐蚀率。冷却剂的泵循环功率要低于总发电功率的4%,屏蔽设计要求是应在停堆一天后能够在屏蔽层外进行人工操作,环境安全方面的限制是，氚的漏失量应小于10 Ci/d。在此基础上优化燃料生产的性能，最后进行反应堆系统经济性能的分析。磁镜混合堆的主要设计参数如表13.1所示。

表13.1　磁镜混合堆的主要设计参数[1]

参　　数	值	参　　数	值
聚变功率，P_f(MW)	2000	等离子体约束，$n\tau$(s/cm^3)	5.1×10^{14}
等离子体能量增益，Q	29	中心室磁场强度，B_c(T)	4.5
第一壁半径，r_{fw}(cm)	60	中心室比压强，β_c	0.28
等离子体半径，r(cm)	48	中子壁负载(MW/m^2)	3.3
中心室长度，L(m)	128	氚增殖剂与冷却剂(共熔合金)	$Li_{17}Pb_{83}$
中心室模件数(个)	40	结构材料(铁)素体钢	HT-9
等离子体温度，T_i(keV)	30	中子倍增剂，P_w(固态)	Be，Pb
等离子体密度，n(/cm^3)	2.9×10^{14}	燃料增殖材料	Th钍
输出净电功率(MW)	1000	年产量，^{233}U(kg)	2670
支持比，SR	11		

对磁镜混合堆开展了如下各方面的设计、分析：等离子体参数选择、中子学设计、中心室结构设计、包层热工、水力和应力分析、磁体设计、屏蔽设计、氚系统设计、放射性潜在生物危害因子、剂量和停堆余热的计算分析以及经济性分析等。计算分析的主要结果如表13.2所示。

表13.2　磁镜混合堆(CHD)的设计分析结果[1]

参　　数		值
聚变功率(MW)		2000
包层功率(MW)		1860/2964/4101*
β		28%
T_{ic}(keV)		30
T_{ec}(keV)		26.6
等离子体半径(cm)		48
第一壁半径(cm)		60
等离子体密度	n_c(/cm^3)	2.9×10^{14}
	$n\tau$(s/cm^3)	5.1×10^{14}
中心室磁场强度	B_c(T)	4.5
	B_{mc}(T)	21
辅助加热功率	P_{ECRH}(MW)	61.6
	P_{NB}(MW)	7.2

续表

参　　数	值
氚增殖率,氚核每聚变	0.998/1.05/1.093*
包层能量增益	1.14/1.85/2.56
裂变燃料净生产率,^{233}U核每聚变	0.472/0.434/0.395
LiPb入口温度(℃)	300
LiPb出口温度(℃)	450
结构材料最高温度(℃)	549
结构材料与冷却剂接触表面最高温度(℃)	495
LiPb循环功率(MW)	40
中心室磁体最高磁场(T)	8
超导材料	NbTi
超导稳定材料	Cu/Al
磁体屏蔽层材料及厚度(cm)	$25Fe/18B_4C/6Pb$
磁体上峰值能量沉积功率密度(mW/cm^3)	0.07
活性材料的总放射性强度(Ci)	4.4×10^9
平均放射性强度(Ci/W_{th})	1.2
总BHP值(km^3空气$/kW_{th}$)	3.96×10^3
停堆余热(总运行功率的百分比)	0.69%
停堆时屏蔽层外最大剂量率(mrm/h)	1.91×10^3
由于锕系元素引起的总放射性(Ci)	2.85×10^{10}(估计值)
平均放射性强度(Ci/W_{th})	7.8(估计值)
总BHP值(km^3空气$/kW_{th}$)	8.56×10^2(估计值)
停堆余热(总运行功率的百分比)	4.5%(估计值)
电站直接费用,82年(亿美元)	23.05
间接费用	8.07
与时间相关费用	20.54
总费用	51.66
建造期,年	8
贴现率	12%
混合堆年可变费用(亿美元)	0.86
第一年系统电成本(美分/(kW·h))	57.6
与传统核电系统发电成本比值(按U_3O_8价格$55/kg计)	1.05
钍年消耗量(t)	2.2

注:* 相应于^{233}U在钍中的平均浓度为0,1%和2%时的数值。

这是我国最早期的一个磁镜混合堆(CHD)的初步概念设计研究。设计研究工作的结论是:通过抑制住靠近等离子体区的增殖包层内燃料裂变,CHD有较好的核燃料增殖性能,年产4200公斤直接加浓可用于水堆的核燃料^{233}U。成本计算表明由CHD和受它支持的压水堆组成的共生核能系统,其电成本与传统核电站的电成本的比值为1.05,能够满足我国核能迅速增长对核燃料的需求。

13.1.2 托卡马克工程实验混合堆(TETB)

在磁镜增殖堆(CHD)设计研究的基础上,20世纪90年代进行了托卡马克聚变-裂变混合堆概念设计研究,其典型的概念设计是托卡马克工程实验混合堆(TETB)系列的概念设计。TETB的主要设计参数见表13.3。

表13.3 TETB主要设计参数[2]

参　　数	值
燃料循环	铀-钍
氚增殖剂/冷却剂	液态锂
裂变燃料年产量(kg)	200
环向场磁体数	12
外侧包层模块数	36
等离子体大半径(m)	4.0
小半径(m)	0.8
拉长比	1.8
轴上环向磁场(T)	5.0
等离子体电流(MA)	3.8
离子温度(keV)	10
离子密度(/m³)	0.7×10^{-20}
能量约束时间(s)	1.6
聚变功率(MW)	100
聚变能量增益	5
中子壁负载(MW/m²)	0.4
液态锂流经包层的MHD压降(MPa)	2.4
内侧包层厚度(m)	0.4
外侧包层厚度(m)	0.9

在TETB概念设计的基础上,对TETB进行了优化改进设计,形成了TETB-Ⅱ设计参数。TETB-Ⅱ采用了比较可靠的等离子体定标律代替比较乐观的定标律。为了改善等离子体和α粒子的约束,将等离子体电流I_p提高到6.0 MA。为此将等离子体小

半径r扩大至100 cm，相应地聚变功率增至200 MW。此外，年产100 kg Pu就足以演示其裂变燃料的增殖性能。这些改变降低了对包层中子学参数的要求，可将内侧包层厚度减至7 cm，实际上只作为第一壁的冷却通道。

TETB-Ⅱ设计考虑了利用离子回旋射频加热（ICRF）形成的高能等离子体尾部的可能性。对TETB-Ⅱ，在等离子体参数选择、热稳定性、运行模式、包层中子学、热工水力、事故分析等方面都进行了新的设计研究。液态锂流经包层的MHD压降，从2.4 MPa减少到1.6 MPa。

在TETB-Ⅱ设计的基础上，研究了采用氦气冷却包层的设计方案，形成了TETB-Ⅲ设计。由于在磁场下流动，液态金属冷却剂存在MHD压降的问题，仍需要进行大量的研发工作。经过反复比较研究，认为气体冷却的方案比较现实，值得继续深入开展设计研究。设计期间，邀请了俄罗斯的马科夫斯基等国际同行来华作工作访问，对TETB-Ⅲ的设计和分析进行了深入的讨论，校核了各自的计算软件、核数据库，得到了一致的结果。在此阶段，研制了聚变堆系统程序，用于混合堆的经济性分析研究。TETB系列主要设计参数比较见表13.4。

表13.4　TETB系列主要设计参数比较

	TETB	TETB-Ⅱ	TETB-Ⅲ
等离子体大半径，R(m)	4.0	4.0	4.0
等离子体小半径，r(m)	0.8	1.0	1.0
等离子体电流，I_p(MA)	3.8	6.0	6.0
轴上磁场强度，B_0(T)	5.0	5.0	5.0
聚变功率，P_f(MW)	100	200	200
中子壁负载，P_w(MW/m^2)	0.4	0.63	0.63
冷却剂	LLi	LLi	LLi或He
年产钚(kg/a)	200	100	100
设计时间	86～88	88～89	91～92
发表时间	1988	1990	1993

13.1.3　托卡马克商用混合堆（TCB）

1. 设计概述

为了展望混合堆的发展前景，1991年完成了托卡马克商用混合堆（Tokamak Commercial Breeder，TCB）的概念设计[3]，TCB设计总体考虑和TETB基本相同。由于聚变功率增加到2000 MW，设计必须满足由此产生的各方面技术要求。托卡马克商用混合堆（TCB）的主要设计参数见表13.5。

表13.5　托卡马克商用混合堆(TCB)的主要设计参数

参　　数	值
聚变功率(MW)	2000
等离子体大半径(m)	6.4
小半径(m)	2.0
轴上环向磁场(T)	5.0
等离子体电流(MA)	15.0
离子温度(keV)	15
离子密度($/m^3$)	0.84×10^{20}
能量约束时间(s)	1.5
等离子体电流驱动功率(MW)	54
辅助加热功率(MW)	20
中子壁负载(MW/m^2)	1.86
包层热功率(MW)	4500
包层平均能量增益,M	3.31
燃料循环	铀-钍
氚增殖剂/冷却剂	液态锂
增殖包层覆盖率	67%
外侧包层	
冷却剂进出口温度(℃)	250/400
结构材料峰值温度(℃)	477
锂-结构材料表面峰值温度(℃)	391
MHD压降(MPa)	2.7
内侧包层	
冷却剂进出口温度(℃)	250/650
结构材料峰值温度(℃)	681
锂一结构材料钒合金表面峰值温度(℃)	620
MHD压降(MPa)	2.5
金属铀初始装载量(t)	561
卸料时钚的平均浓度	0.52%
燃料循环周期(d)	285
负载因子	75%
钚年产量(kg)	4300
电站直接费用,96年(亿美元)	25.85
间接费用	10.34
与时间相关费用	26.31
总费用	62.50
建造期(年)	8

托卡马克商用混合堆(TCB)概念设计成果于1991年在美国华盛顿举行的第十三届等离子体物理与受控核聚变研究国际会议上做了交流。

2. 燃耗计算

燃耗计算是混合堆设计中的一项重要工作。它与验证系统的中子学性能(燃料增殖率F、氚增殖率T和能量增益M)、确定包层中燃料的最佳布置、燃料循环方案的设计以及最终的系统经济性分析有密切的关系。在混合堆设计中,燃料增殖率F是一项重要指标,但通常的混合堆中子学设计都是在假定系统为稳态的前提下进行的,而堆内的材料成分和中子通量是随系统的运行时间变化的。混合堆燃耗计算的主要目的就是确定堆运行过程中燃料成分的空间分布和随时间的变化,为堆的性能设计研究提供数据。

裂变堆芯部的能谱的描述与空间位置相对独立,可以用几个能谱来描述(热中子谱、快中子谱、1/v谱),燃耗计算可采用少群P_1或扩散近似来确定堆芯大致的通量分布。对于混合堆设计,由于几何复杂,当14 MeV的高能聚变中子穿过第一壁和包层时,中子通量和能量变化较大,这种变化的大小因不同的堆型设计而异。此外,混合堆燃耗计算常需要追踪这样一些参数:在特定燃料区域中可裂变核素的浓度、重同位素的生成、比功率密度随时间和空间的变化等。因此,在裂变堆设计中常用的燃耗计算方法和程序不能用于混合堆的设计,需要研制空间多维、中子能量多群的混合堆燃耗计算程序和配套的核数据库。图13.1为混合堆设计中主要关注的燃料增殖区重同位素的产生和消失链。

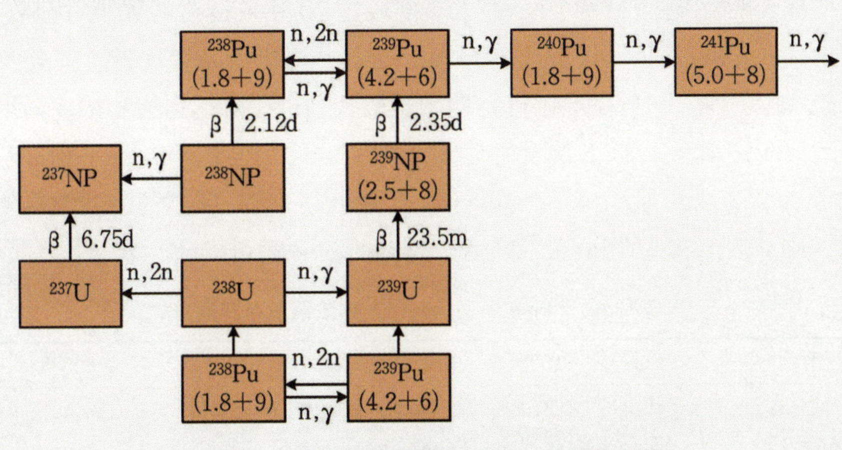

图13.1 燃料增殖区重同位素的产生和消失链

为配合TCB的设计研究,发展了混合堆燃耗计算程序ISOGEN-Ⅲ,它是在美国TRW公司研制的用于裂变堆内同位的产生和贫化程序ISOGEN(Isotope Generation)的基础上研制的,采用矩阵指数来求解核密度平衡方程。BULIB库是为该程序配套研制的燃耗数据库，它包含了混合堆燃耗计算所必需的全部数据信息。中子截面数据来自VITAMIN-C，经AMPX-Ⅱ程序处理得到计及共振自屏效应的46群中子截面。

混合堆燃耗计算中，裂变产物的影响是必须考虑的。由于裂变堆芯的中子能谱较软，仅需单独考虑热中子吸收截面大的裂变产物核素，如^{135}Xe、^{149}Sm等。而混合堆内中子能谱较复杂，需对系统中子能量范围内吸收截面大的裂变产物进行考虑。为了减少计算量，BULIB库只对截面大、半衰期长的裂变产物以集总方式进行处理。

所研制的ISOGEN-Ⅲ的主要特点和功能如下：

(1) 可以详细计算空间一维、46群的混合堆增殖包层设计的燃耗问题。

(2)适用于各种燃料循环的混合堆包层设计的燃耗问题。

(3) 研制了较完善的燃耗数据库BULIB，中子截面数据考虑了共振自屏效应。

(4) 可以连接ANISN中子输运程序，也可直接输入中子通量数据。

应用ISOGEN-Ⅲ程序完成了TCB的燃耗计算。原则上，混合堆燃耗计算需采用三维多群输运燃耗程序，但计算量太大。采用一维多群燃耗程序，可以很好地兼顾计算精度和计算机时两个方面。这在混合堆概念设计阶段是很实用的。

TCB混合堆设计的主要目的是以生产裂变燃料为主的抑制裂变型混合堆，燃料的增殖反应为

$$\begin{aligned}&^{238}\mathrm{U}+\mathrm{n}\xrightarrow{(\mathrm{n},\gamma)}{}^{239}\mathrm{U}\xrightarrow[23.5\ \mathrm{min}]{(\beta^-)}{}^{239}\mathrm{Np}\xrightarrow[2.33\ \mathrm{day}]{(\beta^-)}{}^{239}\mathrm{Pu}\\&^{232}\mathrm{Th}+\mathrm{n}\xrightarrow{(\mathrm{n},\gamma)}{}^{232}\mathrm{Th}\xrightarrow[23.5\ \mathrm{min}]{(\beta^-)}{}^{232}\mathrm{U}\xrightarrow[27.4\ \mathrm{day}]{(\beta^-)}{}^{233}\mathrm{U}\end{aligned}\tag{13.1}$$

计算结果表明，由于^{239}U和^{239}Np的半衰期较短，其在堆运行的数小时和数天后，分别达到1.21×10^{24}和1.73×10^{26}的平衡浓度，在U中相应的含量分别为5.69×10^{-7}和8.15×10^{-5}。增殖燃料^{239}Pu在堆运行初期增长较快，在^{239}Np达到饱和浓度后增长趋于缓慢并呈近似线性增长。TCB混合堆连续运行150天后停堆，^{239}Pu的平均卸料浓度为0.52%，含量为2625 kg。假定系统的运行因子设计为70%，TCB的裂变燃料年生产能力为4471.3 kg。表13.6为^{239}Pu在不同运行时刻的浓缩度和产量。

表13.6　^{239}Pu在不同运行时刻的浓缩度和产量

运行时间	50天	100天	150天	200天	250天	300天	365天
^{239}Pu浓缩度	0.165%	0.342%	0.52%	0.699%	0.875%	1.060%	1.29%
^{239}Pu产量(kg)	835.7	1731.0	2625.0	3517.0	4408.5	5297.1	6451.4

包层中^{239}Pu的浓缩度的空间分布是很不均匀的，TCB连续运行150天后卸料时，在径向$R=0$的附近，^{239}Pu的最高浓缩度为4.26%，而在靠近$R=40$ cm处的位置，^{239}Pu的浓缩度仅为0.049%，相差两个数量级。在^{239}Pu浓缩度高的地方，功率密度也大，计

算表明，在上述两个不同的位置，功率密度分别为37.7 W/cm^{3}和6.8 W/cm^3。功率密度的严重不均匀性将给混合堆的热工设计增加难度，同时也对结构材料的选择和安全性能设计提出了更严格的要求。

在每一燃料循环周期的初始，金属铀的总装载量为561 t。金属铀在燃料区的消耗主要通过两种反应途径，即(n,f)和(n,γ)反应，前者对系统的主要贡献是裂变能，后者的贡献是增殖易裂变燃料^{239}Pu。卸料时金属铀的总消耗为0.79%，其中14.7%通过(n,f)反应，产生裂变。卸料时，燃料区裂变燃料的平均燃耗深度为120 MW·d/t(U+Pu)，这个深度仅相当于目前裂变堆燃耗深度的4%。由于TCB设计的燃耗比较浅，因而乏燃料中裂变产物的积累少(仅980 mg/L)，这可以降低乏燃料的后处理工艺要求，也有利于混合堆的环境和安全问题。

13.2 聚变实验增殖堆(FEB)设计

13.2.1 结构设计分析

聚变实验增殖堆(Fusion Experimental Breeder，FEB)设计的主要目标是演示工程特性、裂变燃料和氚殖性能以及用于处置放射性核废物的可行性；试验聚变堆关键部件和结构材料。表13.7为FEB的主要设计参数，由于FEB是试验混合堆，因此运行因子的设计为40%。

表13.7 FEB的主要设计参数

参　　数	值
聚变功率，P(MW)	143
等离子体大半径，R(m)	4.0
等离子体小半径，r(m)	1.0
外包层覆盖率	60%
等离子体电流，I_p(MA)	5.7
环向磁场，B_t(T)	5.2
平均密度，n_e(10^{20}/m^3)	1.1
平均温度，T(keV)	10
等离子体体积(m^3)	134
辅助加热功率，Paux(MW)	50

续表

参数	值
聚变能量增益，Q	≈3
D-T 中子产额(n/s)	1×10^{19}
MA 初始装载(t)	34.71
Pu 初始装载(t)	2.32
中子壁负载，P_w(MW/m²)	0.43
氚增殖率，T	>1.2
运行因子，F	40%

FEB 的第一壁和包层结构材料均选用 316 型不锈钢。核废物的处置在嬗变区中进行，其厚度为 20 cm。为简化装置的结构设计，内侧包层不含嬗变材料。为了改善中子能谱并提高嬗变效率，在嬗变区和氚增殖区均采用 He 作冷却剂。外侧包层的平均覆盖率为 58%，嬗变区的有效装载体积为 20.1 m³。图 13.2 为 FEB 实验堆本体的结构示意图，图 13.3 为 FEB 包层结构示意图。

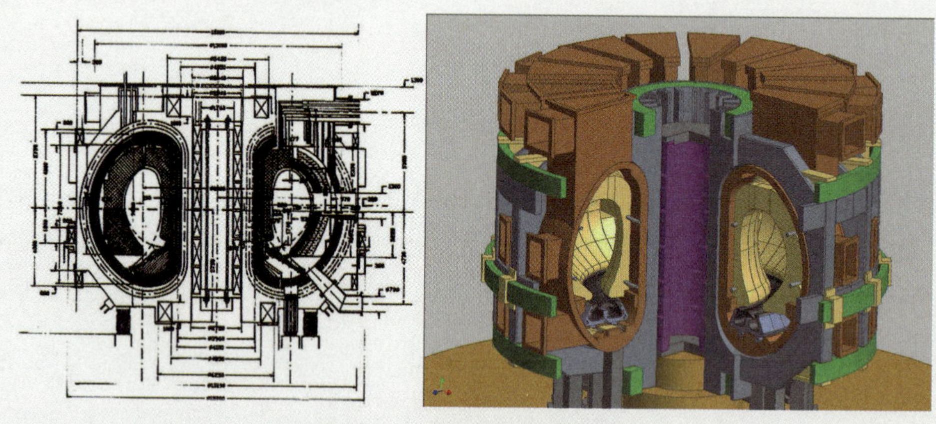

图 13.2　FEB 结构设计示意图

中子学和热工水力计算表明，在环向场线圈 TFC 上受到的总核加热为 4.4 KW，主要来自伽马热沉积。TFC 在包层外侧受到的核热沉积、辐照剂量和中子注量，分别是 0.2 mW/cm³，1.43×10^6 Gy/4.5 FPY(满功率年)，和 13×10^{18} n/4.5 FPY。包层模块温度分布如图 13.4 所示。

TFC 位于真空室及屏蔽层外侧，是 FEB 关键部件之一，其造价约占整个堆的 40%。TFC 由超导(Nb_3Sn)体、绝缘体(聚酰亚胺)、稳定剂(Cu)和结构(316SS)材料组成。由于 TFC 采用超导磁体、绝热和绝缘等材料，这些材料易受来自堆芯聚变中子的辐照损伤，从而会严重影响混合堆的经济、稳定及安全运行，因此需要通过在等离子体堆芯与 TFC 之间增加一个屏蔽层，把 TFC 所受的辐照损伤和核热沉积严格控制在限制范围以内。研究FEB设计中的TFC磁体的中子屏蔽保护问题，是为了保护其超导材料，防止超导材料本身被中子直接辐射损伤；防止因稳定材料铜被辐射损伤而导致的失超事故；防止因绝缘材料被击穿而导致的失超事故；防止因核热沉积过多导致的排热耗电量大，进而可能引起的失超事故。总之，为了防止TFC超导磁体发生失超事故，在FEB设计时需要对TFC线圈绕组上产生的中子辐射损伤、铜的原子位移和核热沉积等进行严格限制。

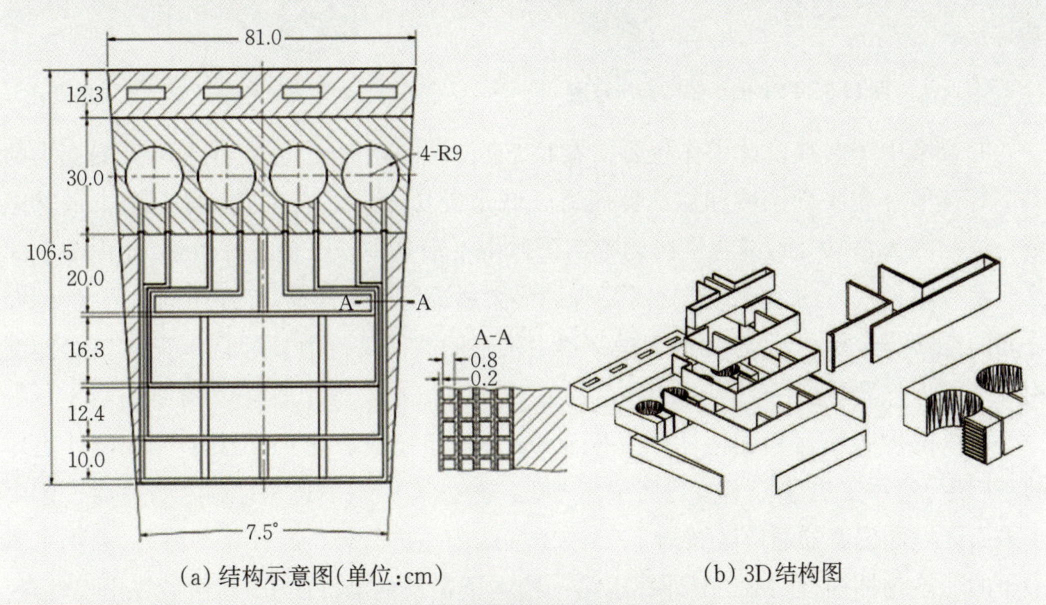

(a) 结构示意图(单位:cm)　　(b) 3D结构图

图13.3　FEB外包层结构示意图

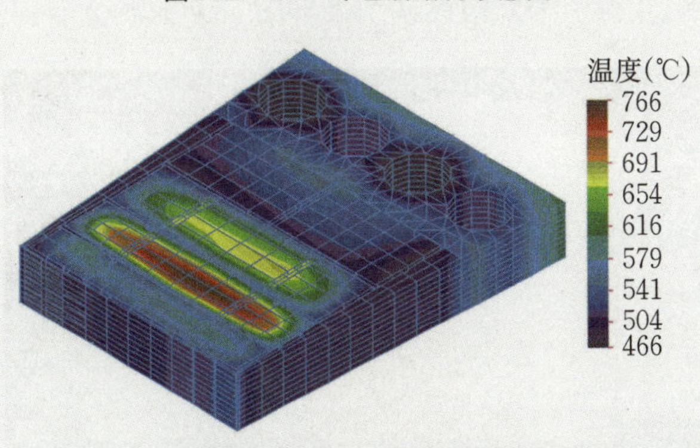

图13.4　包层模块温度分布图

FEB的偏滤器设计采用封闭式设计代替开放式偏滤器设计(图13.5)，偏滤器和包层的安装与支撑设计如图13.6所示。偏滤器靶板采用压力为4 MPa的氦气冷却，靶板的峰值热负载为4.5 MW/m^2。偏滤器靶板表面采用铍作为铠甲，运行时铠甲表面最高温度为452 ℃，满足设计要求。

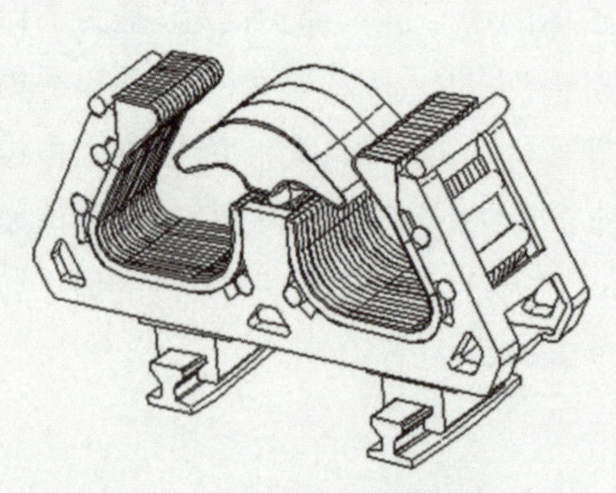

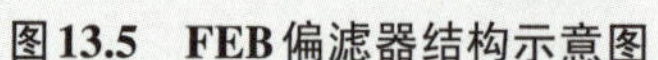
图13.5 FEB偏滤器结构示意图

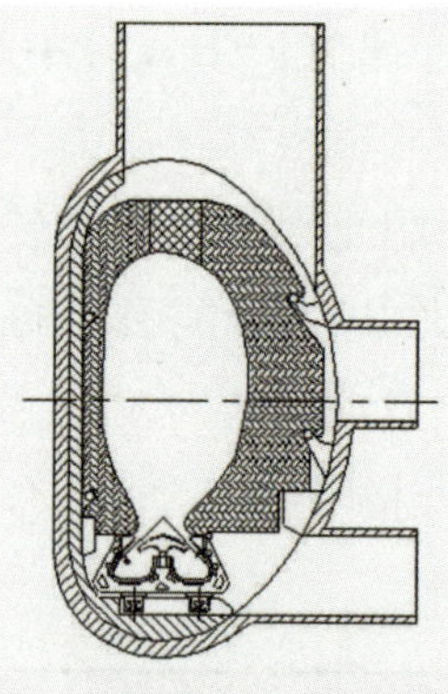

图13.6 偏滤器和包层的安装与支撑设计

混合堆中子屏蔽设计工作主要借鉴ITER设计的相关经验,在托卡马克聚变堆的内侧等离子体中平面区域和偏滤器通道区域是最易出现中子屏蔽问题的两个危险区域。这是因为,一方面,混合堆内侧等离子体中平面是中子壁负载峰值处,而内侧空间又非常有限;另一方面,偏滤器处需要有一些大通道与外界连通,而通道与TFC的侧壁之间的空间非常狭小,通道内的大量穿透力很强的高能飞行中子对混合堆的TFC侧壁构成了极大危险。

一维的中子输运和燃耗计算由BISON1.5程序完成。在FEB中子屏蔽设计工作的基础上,应用三维蒙特卡洛程序中子-光子输运程序MCNP/3B,对内侧等离子体中水平面区域和偏滤器通道区域的TFC中子屏蔽问题进行分析与计算。另外,采用了源中子的非均匀抽样,用MCNP计算出第一壁中子负载的沿极向分布,然后算出TFC的辐照损伤和核热沉积,获得中子屏蔽设计结果。图13.7为混合堆FEB的设计报告。

图13.7 混合堆FEB设计报告

FEB-E是在FEB设计基础上的改进设计。从中子学屏蔽分析的角度出发,FEB-E与FEB设计的最主要改进就是偏滤器及其抽气通道区域的几何结构和材料的不同,FEB-E采用的是盒式喷气靶偏滤器,而原来的FEB设计采用的是开式斜置平板偏滤器，总的看来前者比后者屏蔽效果更好。FEB-E与FEB设计在内侧区域的几何结构和材料等基本没有变化。

13.2.2 非均匀源中子抽样

在三维蒙特卡洛程序中子-光子输运程序MCNP计算中，需要用户首先提供用于源中子抽样计算的子程序。以下简述该抽样计算过程。

根据FEB-E设计，中子密度沿环向均匀分布，对于三维环形等离子体空间区域任意点$P(x,y,z)$的中子密度沿极向分布假定由下述分布公式确定，即

$$
\begin{aligned}
x&=[R+r\times\cos(t+\delta\times\sin t)]\times\cos\theta \\
y&=[R+r\times\cos(t+\delta\times\sin t)]\times\sin\theta \\
z&=k\times r\times\sin t
\end{aligned}
\tag{13.2}
$$

式中，R(cm)为托卡马克大半径；k为等离子体拉长度；δ为三角变形因子；t为极向角度参数；θ为环向角度；r(cm)是等离子体中水平面上从等离子体磁轴中心到沿径向任意点的距离。从式(13.2)可以看出，当θ一定（即中子密度沿环向均匀分布），r取一系列值时，可得到一组等值曲线，而每一条曲线上对应有相等的中子密度。

13.2.3 中子壁负载分布

根据计算模型，通过MCNP程序计算得到FEB面对等离子体中子壁（即第一壁）负载极向分布结果。计算采用的简化垂直几何截面如图13.8所示，图中显示为等离子体中平面以下部分，从A点出发，第一壁沿极向逆时针方向分为三段，即内侧段、偏滤器段和外侧段，最后在B点终止。在计算中采用的主要输入参数为：聚变功率$P_{\text{FUS}}=143$ MW，等离子体大半径$R=400$ cm，径比$A=4.0$，等离子体拉长比$k=1.7$，$\delta=0.4$及$\alpha=4.0$。等离子体磁轴的垂直和水平漂移输入值分别为5 cm和-10 cm。计算中假定源粒子自产生后穿过等离子体空间直达第一壁，透过第一壁的粒子被记录一次后立即被杀死。为了获得比较准确的沿等离子体的中子壁负载极向分布，将沿极向分割成40小段，每段都设置一个粒子流记录器。在跟踪运行中，所用源粒子数50万，在第一壁的所有40个小断面上的统计记录结果的方差均小于0.5%。

图13.9所示为沿等离子体的中子壁负载沿极向长度的分布，其结果与图13.8的几何模型相对应，即中子壁负载沿极向逆时针方向的变化情况。计算结果表明，FEB内侧段的中子壁负载峰值为0.864 MW/m^2，外侧段的中子壁负载峰值为0.861 MW/m^2，偏滤器段的中子壁负载峰值为0.529 MW/m^2。沿极向的平均子壁负载为0.481 MW/m^2，其中内侧段平均中子壁负载为0.69 MW/m^2，外侧段平均子第一壁负载为0.57 MW/m^2。

可以看出,中子壁负载峰值出现在离等离子体磁轴最靠近的地方。

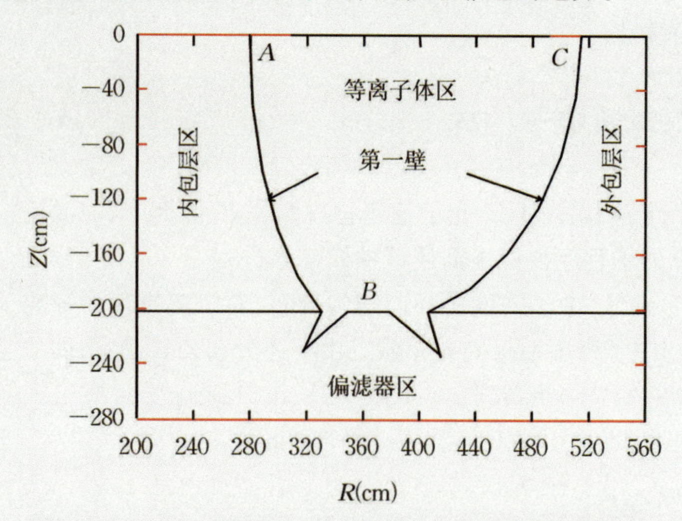

图 13.8　MCNP 计算采用的面临等离子体简化垂直几何截面

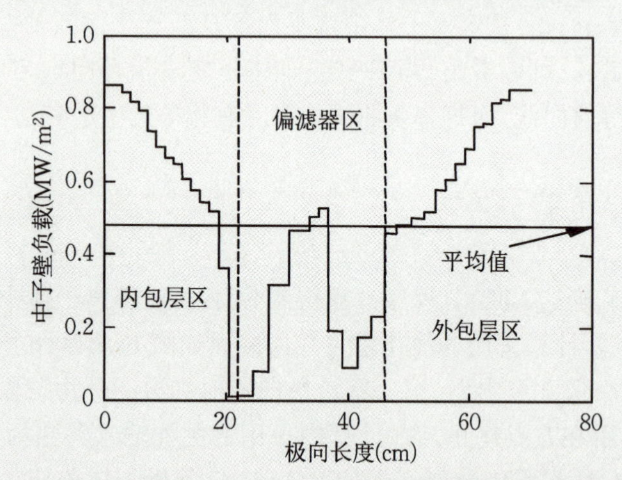

图 13.9　面对等离子体的中子壁负载沿极向长度的变化情况

13.3　混合堆屏蔽计算

根据混合堆屏蔽中子学研究基础并参考国外文献可知,在托卡马克聚变堆的内侧等离子体中平面区域和偏滤器抽气通道区域被认为是最易出现中子屏蔽问题的两个危险区域。考虑到FEB屏蔽中子学计算中偏滤器通道区域飞行中子的屏蔽问题,且该区域的几何及结构又十分复杂,计算中采用三维蒙特卡洛中子-光子输运程序MCNP

程序作为计算工具。MCNP中子学屏蔽计算流程如图13.10所示。

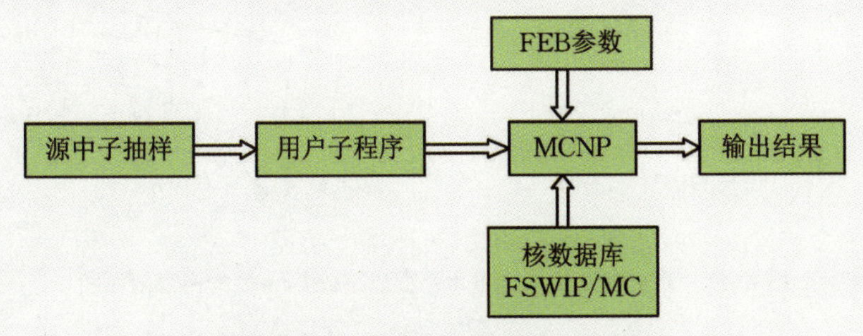

图13.10　MCNP中子学屏蔽计算流程

基于FEB的TFC超导磁体的设计特点以及参考ITER设计的经验，并通过计算分析后，提出了适于FEB超导磁体的屏蔽设计要求的5个限制条件，即运行4.5个满功率年后，必须满足：① 16个TFC磁体核热功率<55 kW；② 绕组最大快中子(E_n>0.1 MeV)积分通量<1.0×10^{19} n/cm^2(4.5 FPY)；③ 绕组最大核热密度<5.0 W/cm^3；④ 绕组最大有机绝缘材料的吸收计量<0.5×10^{10} rad(4.5 FPY)；⑤ Cu的最大原子位移损伤<5×10^{-4} dpa(4.5 FPY)。FEB沿TFC磁体中心垂直平面剖面的MCNP计算模型如图13.11所示。图13.12为TFC在等离子体中水平面以下261 cm处的俯视剖面图。表13.8和表13.9给出了FEB内侧和外侧第一壁/包层/真空/屏蔽几何及材料组分。

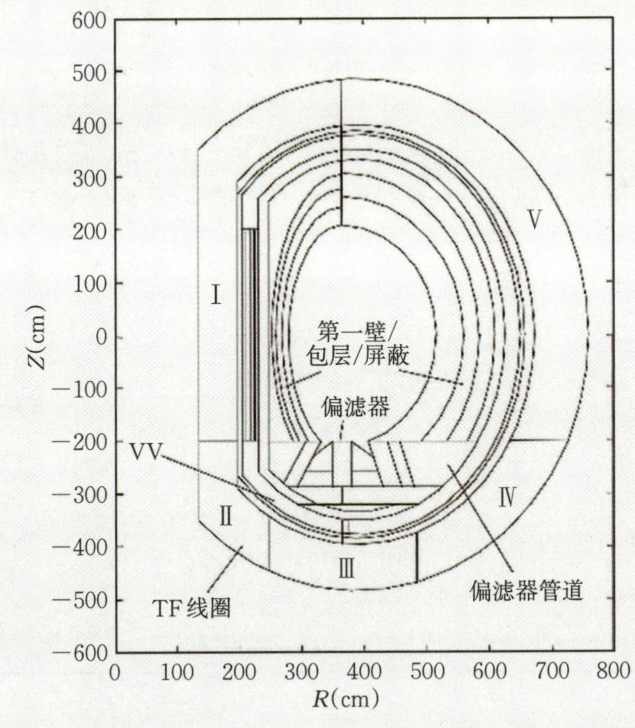

图13.11　FEB沿TFC磁体中心垂直平面剖面的MCNP计算模型图

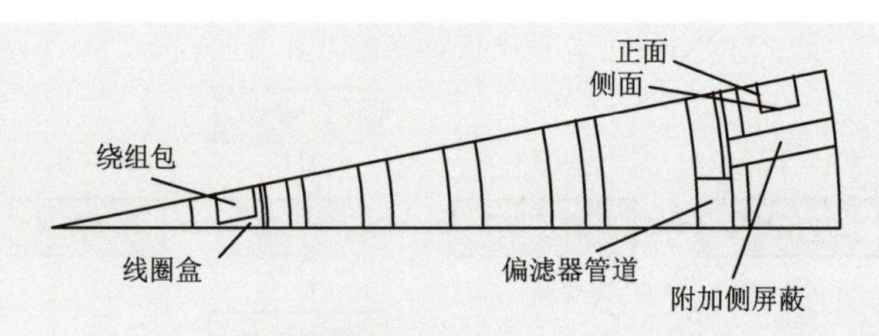

图 13.12 TFC 在等离子体中水平面以下 261 cm 处的俯视剖面图

表 13.8 FEB 内侧第一壁/包层/真空/屏蔽几何及材料组分

厚度,ΔR(cm)	材料组分及体积百分比	区域名
120.0	Void	等离子体
2.0	100%C	第一壁
1.2	53%316SS,47%He	
7.0	50%Be,50%LLi	包层
1.2	53%316SS,47%He	
5.0	100%LLi	
5.0	100%316SS	
6.6	10%316SS,90%He	
5.0	100%316SS	真空室
15.0	80%W,20%He	屏蔽层
2.0	100%316SS	
6.0	100%316SS	
3.0	80%W,20%He	
16.0	75%B_4C,5%316SS,20%He	
5.0	100%316SS	真空室
0.85	Void	绝热层
1.65	100%316SS	
1.5	5%Kapton,30%LN_2,10%316SS	
1.65	100%316SS	
0.9	Void	
63.0	31.6%316SS,11.8%Cu 23.7%Nb_3Sn,21.1%LHe 11.8%Polyimide	TF 线圈

表 13.9　FEB 外侧第一壁/包层/真空/屏蔽几何及材料组分

厚度,ΔR(cm)	材料组分及体积百分比	区域名
115.0	Void	等离子体
1.0	100%C	第一壁
1.2	53%316SS,47%He	
10.0	2%U,60%Be,37%LLi,4%316SS	包层
1.2	53%316SS,47%He	
12.4	20%U,35%Be,37%LLi,5%316SS	
1.2	53%316SS,47%He	
16.3	30%U,25%Be,37%LLi,5%316SS	
1.2	53%316SS,47%He	
20.0	100%LLi	
5.0	100%316SS	
20.0	10%316SS,90%He	
5.0	100%316SS	
9.3	10%316SS,90%He	真空室
3.0	100%316SS	
15.0	Void	
4.0	100%316SS	屏蔽层
17.0	75%B_4C,5%316SS,20%He	
4.0	100%316SS	
1.75	Void	绝热层
0.5	100%316SS	
1.5	5%Kapton,30%LN_2,10%316SS	
0.5	100%316SS	
1.75	Void	
84.0	31.6%316SS,11.8%Cu 23.7%Nb_3Sn,21.1%LHe 11.8%Polyimide	TF 线圈

表 13.10 给出了通过 MCNP 计算得到的 FEB 偏滤器抽气通道区域的 TFC 磁体正面和侧面的辐射效应结果及比较,该结果是在 FEB-E 偏滤器抽气通道区域 TFC 磁体的侧壁额外增加一层厚度为 25 cm、材料组分为 W、B_4C 和 316SS 的屏蔽层的情况下得到的。从表中可见,FEB 偏滤器抽气通道区域的 TFC 磁体受到了很好的保护,而且余量也很大。与原来的 FEB 设计比较,FEB-E 的最主要改进就是偏滤器及其抽气通道区

域的几何结构和材料等不同，FEB采用的是盒式喷气靶偏滤器，而FEB采用的是开式斜置平板偏滤器，从表中看出，前者比后者的中子学屏蔽效果要好得多。

表13.10　偏滤器侧区域TFC磁体最大辐射效应及比较

辐射效应 \ 方案	正面		侧面		限制值
	FEB (MCNP)	FEB-E (MCNP)	FEB (MCNP)	FEB-E (MCNP)	
绕组最大有机绝缘吸收计量 (rad/4.5 FPY)	4.40×10^{9}	1.12×10^{8}	3.50×10^{9}	1.37×10^{8}	5.0×10^{9}
绕组最大快中子积分通量 ($n/cm^2\cdot4.5$ FPY)	6.30×10^{18}	8.60×10^{17}	4.50×10^{18}	1.16×10^{18}	1.0×10^{19}
绕组最大核热密度 (mW/cm^3)	0.64	0.166	0.48	0.176	5.0

13.4　混合堆嬗变包层设计

13.4.1　嬗变包层概述

我国正进入核电高速发展的新阶段，与之相关的是长寿命放射性核废物的安全处置问题，一座功率为1 GW的PWR核电站，每年卸出长寿命核废料约33 t，其中^{237}Np，^{241}Am和^{243}Am都是毒性极大的、在远期危害中起主要作用的α放射体。放射性洁净核能系统是20世纪90年代初以来形成的新核能系统概念，其物理基础是利用裂变堆中子，加速器散裂中子或聚变堆D-T中子去嬗变长寿命的核废物，使之变成短寿命或稳定核素[4]。

利用聚变产生的高能中子(14 MeV)，轰击长寿命的锕系核废物(Np，Am，Cm等)和裂变产物(^{137}Cs，^{90}Sr等)，使之转化为稳定的或者半衰期较短的核素。据计算，一座3000 MW混合堆每年可处置10~15座压水堆(PWR)产生的核废物，混合堆将是未来有效处置长寿命放射性核废物的主要核装置[5]。

托卡马克实验混合堆(Fusion Experimental Breeder，FEB)具有多种设计用途，嬗变长寿命核废物是其中主要用途之一。FEB设计的芯部等离子体参数已能满足嬗变放射性核废物的要求，可组成不产生长寿命放射性废物的洁净核能系统。基于此目的，FEB设计试图探索利用小尺寸($R+r=4.9$ m)、低中子壁负载(<1.0 MW/m^2)条件下的混合堆，实现嬗变处置长寿命的次锕系核废物的可行性。嬗变包层一维计算模型见表13.11。

表13.11　嬗变包层一维计算模型

序号	区域	厚度(cm)	材料成分和含量(Vol.)
1	等离子体区	90.0	空
2	刮削层区	20.0	空
3	第一壁	0.4	316SS(1.0)
4	嬗变区	20.0	MA+Pu(0.1),He(0.8),316SS(0.1)
5	氚增殖区	5.0	Li_2O(0.4),He(0.5),316SS(0.1)
6	反射层	30.0	316SS(1.0)
7	屏蔽层	30.0	B_4C(0.4),H_2O(0.3),316SS(0.3)

13.4.2　程序和数据库

裂变堆的核素贫化计算，一般可采用单能点堆燃耗程序ORIGEN2。一维输运燃耗耦合程序BISON1.5是为混合堆计算而研制的，它是在一维S_N输运程序ANISN的基础上得出通量，再用Bateman方法求解核素的产生与贫化。为满足混合堆包层的嬗变中子学计算，对原程序做了适当改进，并更换了原输运截面和反应截面数据库、补充了部分核素的燃烧链及燃耗数据。经改进后的程序为BISON3.0。

在BISON3.0程序中，中子输运截面库和反应截面库能群已由42群改为46群，新的输运截面库数据主要来自美国ANL-67库。新的46群燃耗及反应函数库的数据来自评价核数据库ENDF/B-5的锕系元素专用数据库，经由美国LLNL的D. E. Cullen研制的TCP群截面处理系统完成。

由BISON3.0程序计算输出的嬗变区(靠近第一壁处)中子能谱分布如图13.13所示。从图中可以看到，在加入Pu后，明显提高了高能区(10^3～10^7 eV)的中子通量，这主要来自Pu俘获中子后的裂变贡献。根据计算结果，在加入Pu后，系统的总中子通量由4.64×10^{15} n/(cm^2·s)增加到9.03×10^{15} n/(cm^2·s)，提高近一倍。

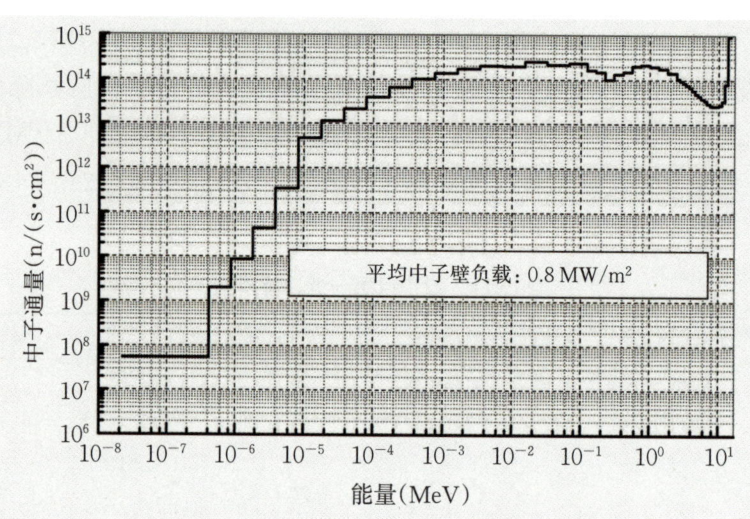

图13.13　嬗变区(第一壁侧)中子能谱分布

13.4.3　MA浓度变化

表13.12给出了在不同的MA装载下系统的中子学性能。计算表明，随着嬗变率的提高，嬗变区的功率密度也随之提高。因此，系统中MA的含量选择需要折中考虑。从表中可以看出，如嬗变区厚度定为20 cm，则MA的含量小于12%较为适宜。此时系统的平均有效半期为6.1年，嬗变率为9.6%/a，嬗变区的最大功率密度为242 MW/m³，工程上是可以接受的。

表13.12　MA浓度对系统嬗变率的影响*

中子学性能	MA浓度			
	8%	10%	12%	14%
中子通量(n/(s·cm²))	1.19×10^{15}	1.59×10^{15}	2.33×10^{15}	3.82×10^{15}
T	0.81	1.09	1.55	2.47
M	17.6	28.2	46.9	83.3
P_{max}(W/cm³)	87.6	143.8	242.1	433.0
K_{eff}	0.67	0.76	0.84	0.91
$T_{1/2}^{eff}$	11.4	9.0	6.1	4.1
年嬗变率	5.7%	7.1%	9.6%	14.3%

注：* 假定嬗变区厚度为20 cm，系统不含Pu，运行2年，中子壁负载1 MW/m²。

13.4.4 锕系核密度变化

表13.13给出了MA+Pu时,系统的核密度随辐照时间的变化。可以看到,系统中具有最大嬗变率的核素是^{241}Am,其次是^{237}Np。根据表13.15的结果还可看到,辐照10年之后,MA中的^{241}Am只剩15%,而^{237}Np还剩39%,^{243}Am还剩66%,^{244}Cm还剩69%。

表13.13 核密度随辐照时间的变化[6]*

T(a)	0	2	4	6	8	10
^{237}Np	3.56×10^{-3}	2.82×10^{-3}	2.26×10^{-3}	1.88×10^{-3}	1.60×10^{-3}	1.40×10^{-3}
^{241}Am	2.15×10^{-4}	1.35×10^{-4}	8.67×10^{-5}	5.95×10^{-5}	4.34×10^{-5}	3.31×10^{-5}
^{243}Am	4.44×10^{-4}	4.00×10^{-4}	3.63×10^{-4}	3.34×10^{-4}	3.11×10^{-4}	2.93×10^{-4}
^{244}Cm	1.51×10^{-4}	1.42×10^{-4}	1.32×10^{-4}	1.22×10^{-4}	1.13×10^{-4}	1.04×10^{-4}
^{239}Pu	1.79×10^{-4}	1.39×10^{-4}	1.15×10^{-4}	1.01×10^{-4}	9.21×10^{-5}	8.57×10^{-5}
^{238}Pu	5.90×10^{-6}	3.05×10^{-4}	4.73×10^{-4}	5.41×10^{-4}	5.58×10^{-4}	5.52×10^{-4}
^{240}Pu	7.19×10^{-5}	7.95×10^{-5}	8.48×10^{-5}	8.90×10^{-5}	9.26×10^{-5}	9.57×10^{-5}
^{241}Pu	1.90×10^{-5}	1.39×10^{-5}	1.10×10^{-5}	9.43×10^{-6}	8.45×10^{-6}	7.80×10^{-6}
^{242}Pu	9.96×10^{-6}	9.20×10^{-6}	8.43×10^{-6}	7.79×10^{-6}	7.26×10^{-6}	6.82×10^{-6}
F.P.	0	6.07×10^{-4}	1.14×10^{-3}	1.56×10^{-3}	1.88×10^{-3}	2.14×10^{-3}

注:* 嬗变区厚度为20 cm,中子壁负载为1 MW/m^2。

表13.14是在不同的运行时间内,MA+Pu时的浓度变化曲线。可看出,核素^{238}Pu通过^{237}Np的中子俘获生成^{238}NP,再经β衰变而成。在运行初期^{238}Pu有较高的积累速率,但在辐照2年后,由于系统中先驱核^{237}Np的逐渐贫化和自身的中子俘获嬗变,使产生率和消失率之间趋于平衡。^{238}Pu是衰变能量极高(5.6 MeV/衰变)的α辐射体,已用于航天飞行器和通信卫星上作为电源。嬗变计算中将所有裂变产物集总为单一FP来考虑。由于大多数裂变产物的半衰期较短,所以图中的FP浓度在开始时快速积累,2年后由于产生与衰变相当而逐步趋于饱和。表13.14中,$T_R(a^{-1})$为核素年嬗变率。

表13.14 MA同位素浓度随辐照时间的变化

T(a)	0	1	3	5	$T_R(a^{-1})$
^{237}Np	3.330×10^{-5}	2.776×10^{-5}	2.238×10^{-5}	1.900×10^{-5}	5.62%
^{238}Pu	—	7.018×10^{-6}	8.629×10^{-5}	1.253×10^{-4}	−8.37%
^{239}Pu	3.860×10^{-4}	3.227×10^{-4}	2.635×10^{-4}	2.261×10^{-4}	5.27%
^{240}Pu	1.776×10^{-4}	1.880×10^{-4}	1.934×10^{-4}	1.940×10^{-4}	−0.96%

续表

T(a)	0	1	3	5	$T_R(a^{-1})$
^{242}Pu	3.573×10^{-5}	3.635×10^{-5}	3.681×10^{-5}	3.700×10^{-5}	−0.38%
^{241}Am	3.8110×10^{-5}	3.289×10^{-5}	3.005×10^{-5}	2.914×10^{-5}	2.81%
^{242}Am	4.879×10^{-6}	3.352×10^{-6}	2.106×10^{-6}	1.550×10^{-6}	11.20%
^{244}Cm	1.3359×10^{-5}	1.256×10^{-5}	1.115×10^{-5}	1.069×10^{-5}	2.31%
F.P.*	—	5.512×10^{-5}	1.307×10^{-4}	1.758×10^{-4}	−12.59%

注：* F.P.：裂变产物。

13.4.5 T，M和P_{max}的变化

研究了嬗变系统的氚增殖率(TBR)，能量增益M和最大功率密度P_{max}随运行时间的变化情况，结果列于表13.15。系统内TBR，M和中子增殖因子K_{eff}与嬗变区厚度变化(只含MA)如图13.14所示(图中TBR和K_{eff}采用同一的标尺刻度)。可以看到，当包层厚度由20 cm增加到30 cm时，T和M上升非常快，分别为3.5和120，这时K_{eff}仍然小于1。

表13.15　系统的T、M和P_{max}随辐照时间的变化[7]*

辐照时间(a)	0	2	4	6	8	10
T	1.60(1.09)	1.50(1.09)	1.25(1.06)	1.04(1.00)	0.89(0.88)	0.78(0.80)
M	47.3(28.8)	42.2(28.2)	33.4(26.8)	26.1(23.9)	21.0(20.7)	17.4(17.9)
P_{max}(W/cm³)	238.5(146.7)	213.6(143.8)	169.6(136.6)	133.5(122.0)	103.7(105.7)	89.7(91.5)
K_{eff}	0.84(0.76)	0.83(0.76)	0.80(0.75)	0.76(0.74)	0.72(0.71)	0.68(0.68)

注：* MA浓度为10%，括号内为不含Pu的情况，中子壁负载为1 MW/m²。

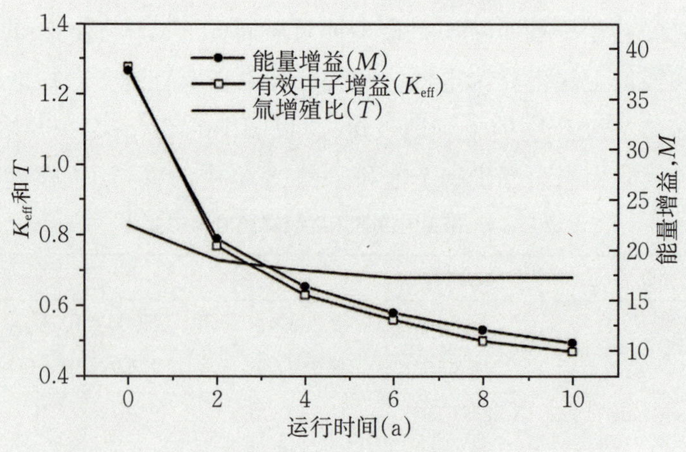

图13.14　TBR，M和K_{eff}与嬗变区厚度的变化(只含MA)

13.4.6 嬗变率与支持比

衡量系统嬗变能力的另一个指标是支持比SR(Support Ratio),其定义为给定功率的嬗变堆每年可处置的核废物与相同功率的裂变堆每年所产生的核废物的比值。表13.16给出了系统嬗变率与支持比的计算结果,表中结果为辐照2年后的平均值。在两种情况下,系统的平均嬗变率分别为7.49%/年和5.4%/年,支持比分别为55和70(按裂变堆MA产生率25 kg/GWe/a计)。虽然在只含MA情况下系统嬗变量减少了,但由于包层的能量增益大为下降,SR反而增加了。还可看出,在系统含有^{239}Pu(6.3%)时,^{241}Am的嬗变率由10.22%上升到13.92%/年(相应的有效半衰期由4.3年缩短到3年),嬗变率增加近40%。^{237}Np和^{243}Am的结果也大致相同,可见系统加入Pu后对提高嬗变率的作用是明显的。在MA+Pu情况下,系统中Pu的贫化率为3.96%。

表13.16 系统嬗变率与支持比*

参 数	初始装载	卸料	燃耗(MA+Pu)		燃耗(MA)	
	(kg)	(kg)	(kg/a)	(%/a)	(kg/a)	(%/a)
^{237}Np	28210	23810	2200	7.80	1574	5.58
^{241}Am	1731	1249	241	13.92	177	10.2
^{243}Am	3572	3309	132	3.69	94	2.63
^{244}Cm	1195	1141	27	2.26	29	2.43
小计	34708	29509	2600	7.49	1874	5.40
^{238}Pu	49	76	−13.5	−27.5		
^{239}Pu	1435	1199	118	8.22		
^{240}Pu	598	661	−31.7	−5.30		
^{241}Pu	158	126	16	10.13		
^{242}Pu	83	78	2.4	2.89		
小计	2323	2140	92	3.96		
支持比,1/GWe			55		70	
$T_{1/2}^{\mathrm{eff}}$(平均)(a)			8.8		12.1	

注:* 运行因子为75%,运行2年。

根据表13.16的计算结果,在两种情况下系统MA的年嬗变量分别为2600 kg和1874 kg,对MA的年平均贫化率可达到7.49%和5.40%。系统中MA的平均有效半衰期分别为12.1年和8.8年。

13.4.7 功率密度分布

图13.15所示为嬗变包层的功率密度分布，最大功率密度靠近第一壁。在只含MA时系统的峰值功率为147.5 W/cm^3，加入Pu后增加到238 W/cm^3。这个功率密度低于快中子增殖堆芯部的功率密度（约500 W/cm^3），且随运行的时间逐渐降低。在这两种情况下，K_{eff}均小于0.9，具有较深的次临界安全裕度，满足氚增殖率自给的要求。一般来说，MA的嬗变率的高低与嬗变区的功率密度成正比关系。

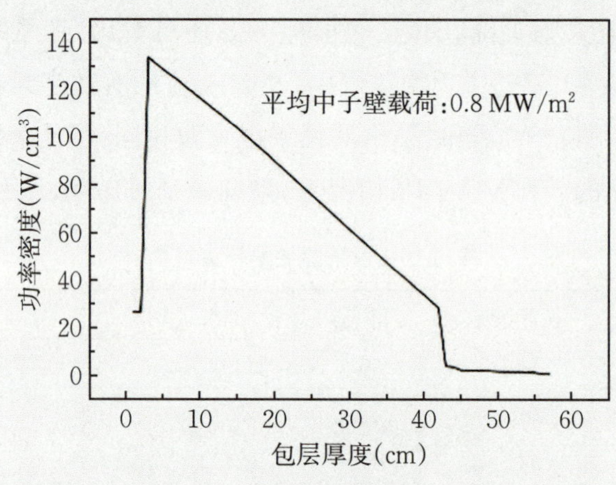

图13.15 嬗变包层功率密度分布

13.4.8 小结

从嬗变中子学角度研究了FEB实验混合堆嬗变核废物的可行性，得出以下结论：

(1) 在两种模型下，系统的年平均嬗变率分别可达到5.4%和7.49%，在MA+Pu的系统中，次锕系核素MA的平均有效半衰期为8.8年，年嬗变次锕系核废物MA为2600 kg，在包层中添加的Pu为92 kg。

(2) 在嬗变区加入Pu后，可提高嬗变区的中子通量和核废物的嬗变效率。嬗变系统对MA的含量和包层厚度选择非常敏感，需仔细优化权衡考虑。

(3) 利用FEB聚变堆嬗变核废物（MA+Pu），可实现年处置约55座相同功率的压水堆PWR裂变核电站卸出的MA核废物（75%运行因子），同时输出热功率5.4 GW(th)。

(4) 由于混合堆包层的能量增益高，可采用较低的中子壁负载（<1 MW/m^2），降低了对等离子体芯部驱动条件的要求，工程问题容易解决。

利用聚变堆嬗变长寿命放射性核废物，组成放射性洁净核能系统，可促进我国的核电发展，使聚变能提前实现商用。

13.5 国际混合堆研究

13.5.1 苏联/俄罗斯

苏联对混合堆的研究一直都很重视，也是开展混合堆研究较早的国家之一，1982年就提出了串级磁镜混合堆概念设计（TPOJI，1982），主要参数如下：聚变功率：6500 MW，电功率：2400 MW，氚增值比：1.05，钚增值比：1.50，燃料元件：金属铀，产钚量：3800 kg/a。

20世纪90年代，苏联解体后，规模化的混合堆的研究处于停滞状态。2017年11月，俄罗斯科学家M. L. Subbotin在中国加入ITER计划十周年大会上作报告，提出以混合堆技术为基础的俄罗斯聚变能发展战略，发展路线如图13.16所示。2024年6月，库尔恰托夫研究所（National Research Center Kurchatov Institute，NRCKI）所长Mikhail Kovalchuk在出席俄罗斯联邦国家奖颁奖典礼时表示，俄罗斯拥有世界上独一无二的核技术。在核聚变领域，NRCKI开发了世界上第一个托卡马克装置。以NRCKI为载体，俄罗斯计划在2030年前建成原型聚变-裂变混合堆，于2040年前建成商用聚变-裂变混合堆。

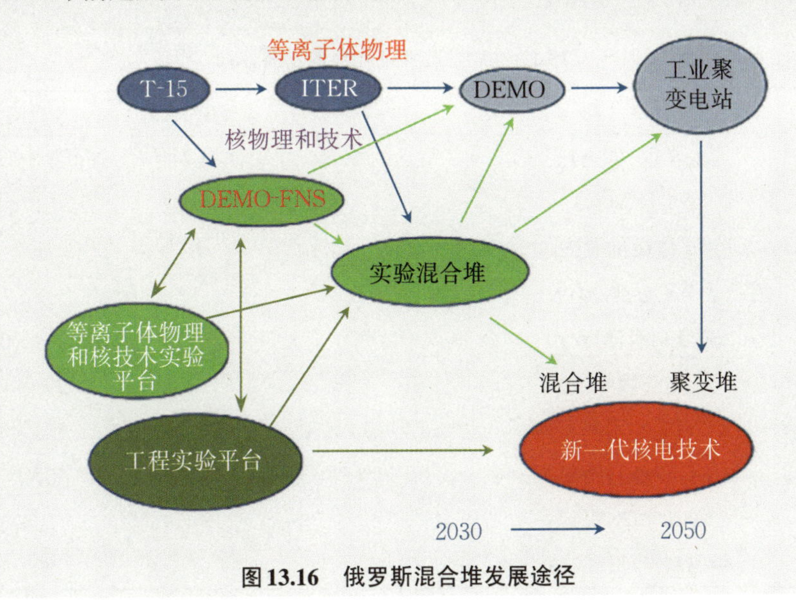

图13.16 俄罗斯混合堆发展途径

13.5.2 美国

美国是国际上较早开展混合堆系列设计研究的国家，以托卡马克和串级磁镜驱动器为主线，自20世纪70年代开始，持续开展了混合堆的设计研究：

(1) 普林斯顿大学小组——以TFTR为基础开展混合堆设计研究(1978)。

(2) 西物电气公司——以发展快裂变包层为主的混合堆设计研究(DTHR, CTHR, 1978)。

(3) 阿贡实验室小组——以典型设计SARFIRE为基础，曾计划在TFTR上试验抑制裂变混合堆包层设计研究。

(4) LLNL国家实验室——与通用原子能公司联合完成TMHR混合堆设计(1974)。

其后，美国的混合堆发展计划进入实质性推进阶段：1980年，美国曾计划在大型托卡马克聚变试验装置(LTX)上，开展快裂变包层验证试验；20世纪80年代，美国制定“三步走”的混合堆发展计划(表13.17)，开展磁约束托卡马克聚变-裂变混合堆系列设计，以增殖裂变燃料为主要设计目标。第一步开展LTX设计(1980)；第二步开展混合工程实验混合堆HETR设计(1990)，是一座计划开展混合堆包层全部性能试验的工程堆，目标是直接为开发商用混合堆奠定技术基础；第三步是开展PCHR设计(2000)，开始建造原型商用混合堆(PCHR)，该计划被持续推进到20世纪末才结束。长期以来，美国混合堆的发展目标仍以增殖可裂变核燃料为主。

表13.17 美国三步走混合堆发展计划

混合堆计划	LTX	HETR	PCHR
大半径，R(m)	2.9	4.5	5.2
小半径，r(m)	12	1	1.2
等离子体能量增益，Q	2	3	5
第一壁中子负载(MW/m^2)	0.3	1	1～1.5
聚变功率(MW)	50	300	600～900
占空因子	1.5%	70%	90%
有效利用率	0.2%	25%	70%
工厂设备利用率	0.03%	20%	60%
电功率(MW)		275	1000
核燃料产量(kg/a)		20	2000

美国德克萨斯大学提出的基于混合堆的聚变-嬗变处置核废物FFTS系统(Fusion-Fission Transmutation System),其高能聚变中子来自一个紧凑的、高密度的聚变中子源(Compact Fusion Neutron Source,CFNS)如图13.17所示。为了有效嬗变长寿命放射性废物,需要提供足够高的中子产额和密度。偏滤器采用创新的超X位形(SXD)设计。相比较快裂变中子反应堆(FFTR)和加速器外源驱动的次临界系统(ADS)而言,采用紧凑型聚变-嬗变系统处置核废物更经济高效。

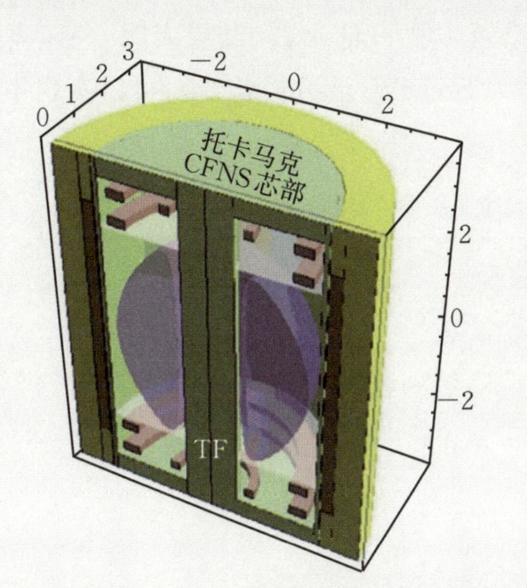

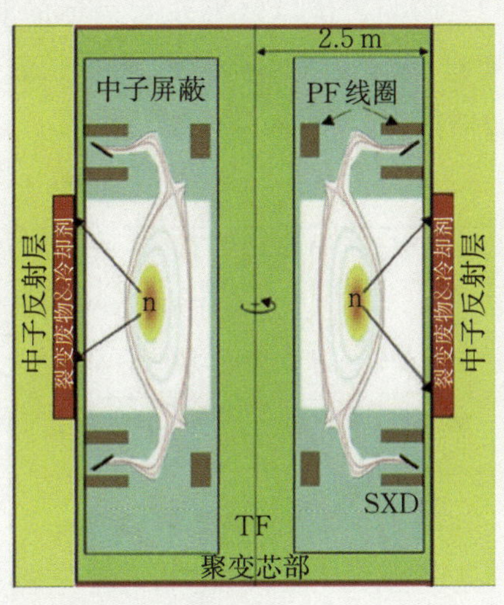

图13.17　用于MCNP中子学计算的CFNS模型

紧凑型聚变中子源(CFNS)的芯部设计参数见表13.18所示,等离子体比压$\beta=P/B^2$,P为等离子体压力,B为磁场压力。由于聚变功率密度正比于P^2,因此提高β值是提高聚变功率密度的关键。就混合堆而言,对β_N,H和Q值的要求,要明显低于纯聚变堆。在表13.18中,CFNS设计能量增益Q值为2,远低于ITER(Q=5~10)的要求。

表13.18　紧凑型聚变中子源(CFNS)主要设计参数

设计参数	数值
大半径(m)	1.35
小半径(m)	0.75
等离子体拉长比	3
电流驱动功率(MW)	50
平均等离子体密度(/m³)	(1.3~2.0)×10^{20}
格林沃尔德比率	0.14~0.3
等离子体最小安全因子	2~2.5
等离子体β值	15%~18%

续表

设 计 参 数	数 值
等离子体电流(MA)	10～14
芯部磁场强度(T)	2.9
中心螺旋管线圈磁场(T)	7
平均中子壁负载(MW/m^2)	0.9

表13.19为美国以氚增殖为目标的混合堆主要设计参数,结果表明,一座类似于ITER规模(聚变功率400 MW,中子壁载荷为1.5 MW/m^2)的混合堆,可以实现年净产氚10 kg的能力,具有极高的经济价值。

表13.19　产氚混合堆主要设计参数

设 计 参 数	数 值
总聚变功率(MW)	400
总热功率(MW)	500
输入功率(等离子体加热)(MW)	100
能量增益,Q	4
中子壁载荷(MW/m^2)	1.5
氚增殖比,TBR	1.6
氚消耗(kg/a)	26
净氚产量(kg/a)	10

除托卡马克驱动器为主的设计外,美国劳伦斯·利弗莫尔国家实验室在1979年完成了磁镜混合堆(TMHR)概念设计,得出如下重要结论:

(1) 采用串级磁镜作为混合堆驱动器的最大优点是:合适的Q值,稳态运行和很好的几何条件。

(2) 钍做增殖燃料的快裂变包层采用气冷技术可行,生产^{233}U对轻水堆(LWR)的支持比为10。

(3) 铍/熔盐/钍抑制裂变包层生产的^{233}U对LWR的支持比大于20。

1982年,美国劳伦斯·利弗莫尔国家实验室设计小组完成了总功率为4464 MW的抑制裂变混合堆的参考设计,用Be/Th煤球型燃料,液态金属锂作冷却剂的流动床包层,得到包层的能量倍增因子为1.61,年净产核燃料^{233}U 5600 kg,对LWR的支持比为14.4。串级磁镜混合堆TMHR的参考设计性能参数如表13.20所示。串级磁镜混合堆包层结构如图13.18所示。

表 13.20 TMHR的参考设计性能参数

参数	数据	参数	数据
聚变功率(MW)	3000	^{233}U产量(kg/a)	5600
平均净电功率(MW)	1320	^{233}U净增殖比	0.62
聚变中子功率(MW)	2400	净氚增殖比	1.06
包层平均热功率(MW)	3864	包层能量倍增因子	1.61
第一壁载荷(MW/m^2)	1.3	包层平均功率密度(W/cm^3)	7.7
结构材料	HT-9	冷却剂进/出口温度(℃)	340/490
冷却剂材料	LLi	热转换效率	37%

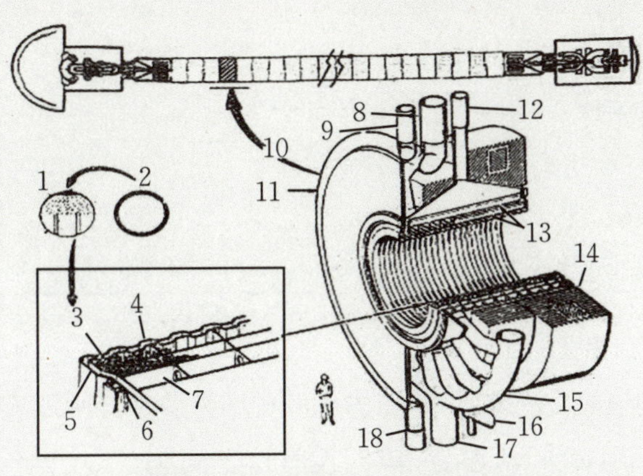

图 13.18 串级磁镜混合堆包层

注:1. 铍,2. 钍卡环,3. Be/Th复合球形燃料,4. 波纹状第一壁,5. 锂入口,6. 入口组件密封,7. 锂出口联箱,8. 锂出口,9. 锂入口,10. 包层组件,11. 锂入口歧管,12. Be/Th燃料入口,13. 燃料去入口隔板,14. 磁体和屏蔽,15. 锂出口歧管,16. Be/Th燃料出口,17. 锂出口,18. 锂入口。

13.6 混合堆与快堆的比较

混合堆和快堆都具有燃料增殖功能。快堆目前已经进入示范和商用阶段,而混合堆仍处于研究阶段,目前要对两者进行全面比较是存在困难的。但有些根本的性能差别,通过深入的分析研究还是可以搞清楚的。表13.21列举了法国超凤凰-I与两个混合堆概念设计的若干性能参数,可以作为参考。

表13.21 混合堆与快堆参数比较

参数	快堆	混合堆	
	超凤凰-Ⅰ	托卡马克混合堆 CTHR	串级磁镜混合堆 TMHR
热功率(MW)		4580	3864
电功率(MW)	1500	1980	1320
首次Pu装料(kg)	6000	0	0
增殖比	1.1	2.15	1.68
平均功率密度(W/cm^3)	450	130(包层)	<7.7(包层)
进口温度(℃)	380	440	340
出口温度(℃)	530	504	490
热－电转换系数	43%	35.5%	37%
核燃料年产量(kg/a)(70%运行因子)	1900	3090	5600
增殖核燃料(kg/a)	200	3090	5600
单位造价(美元/(kW·h))	约1100	1827	1826

从表13.21可以看出：

(1) 快堆需要初装料，超凤凰-Ⅰ堆内为6 t，堆外为2 t，所以它的发展速度受钚储量的制约。混合堆只用贫铀，天然铀和钍，没有这个问题。

(2) 混合堆的增殖能力比快堆大得多，超凤凰-Ⅰ每年增殖钚200 kg，倍增时间为40年，即使改进后，估计倍增时间也缩短不了多少。

(3) 混合堆包层功率密度不会比快堆高，快堆功率密度一般在500～600 W/cm^3。混合堆对热工与材料的要求不会比快堆高。

(4) 安全性能方面，混合堆比快堆有利。第一，混合堆是次临界装置；第二，混合堆裂变产物放射性比快堆低，特别是抑制裂变包层设计；第三，衰变余热比快堆甚至LWR小，特别是抑制裂变包层，总的衰变余热在停堆时只相当于运行功率的5%；第四，卫星堆LWR的非元件处理可以集中到混合堆厂区处理，避免了对周围居民产生影响。但混合堆有氚放射性处理问题，这点与快堆比不利。

(5) 由于快中子辐射损伤，混合堆材料要求比快堆高。但是由于混合堆降低了对驱动器的要求，目前我国发展的多种(CLF-1、CLAM)低活化铁素体/马氏体钢，已基本可以用于混合堆的第一壁材料。

(6) 快堆造价比混合堆低，热效率比混合堆高。

混合堆是聚变堆和裂变堆系统的集成，其技术比较复杂，难度较大。但由于混合堆对驱动器的要求比纯聚变堆要低得多,对包层的要求(功率密度低、衰变余热低、次临界)比快堆低得多,而燃料倍增能力则高得多。等离子体芯部参数可以参考ITER的参数设计,裂变包层技术可以在裂变堆技术基础上开发。

小结

混合堆对聚变堆堆芯的技术要求远低于纯聚变堆,ITER规模的堆芯参数已经足以满足混合堆的设计要求。国际上已有的聚变研究成果和ITER计划的实施,为混合堆技术开发奠定了坚实的技术基础。

根据需要,混合堆可以有不同的用途,包括生产能量(动力堆)、生产核燃料(增殖堆)、生产氚(造氚堆)、处理核废料(嬗变堆)和作为体积中子源(VNS)等。由于混合堆的中子壁载荷远低于纯聚变堆,大大降低了结构材料的抗中子辐照损伤问题,降低了工程难度。混合堆实际上是一个能量放大器,克服了纯聚变堆商业化高Q值的困难。

混合堆与轻水堆组成的共生系统,具有较高的经济性,预期的电价可低于目前的轻水堆价格。混合堆堆芯及包层具有固有安全特性,包层可以是次临界的,因而安全性好。混合堆本身的潜在放射性远低于裂变堆,所产生的放射性废料可以再返回混合堆被处理掉。据计算,在同等热功率下,混合堆产生的衰变余热仅约为裂变堆的1/6。

参考文献

[1] 黄锦华,冯开明. 磁镜聚变增殖堆概念设计[J]. 核科学与工程,1987,7(2):164-173.

[2] 黄锦华,冯开明. 托卡马克工程试验混合堆概念设计[J]. 核聚变与等离子体,1990,10(2):193-208.

[3] 冯开明,谢中友. 托卡马克商用混合堆TCB设计燃耗计算分析[J]. 核科学与工程,1991,11(2):104-110.

[4] 冯开明,黄锦华. 在聚变堆内嬗变长寿命锕系元素^{237}Np研究”[J]. 核科学与工程,1995,15(1):50-58.

[5] 冯开明,胡刚. 实验混合堆嬗变MA研究[J]. 核科学与工程,1998,18(4):160-166.

[6] Feng K M, Hu G. Transmutation of nuclear wastes in a fusion breeder[J]. Fusion Engineering and Design,1998(41):449-454.

[7] 冯开明,张国书,郭增基. ST托卡马克嬗变堆中子学初步设计[J]. 核聚变与等离子体物理,2001,21(1):58-63.

第14章　聚变-裂变混合堆环境与安全

14.1　引言

聚变-裂变混合堆是聚变堆和裂变堆的混合体，在放射性环境与安全方面，同时集合了两者所各有的特性。与纯聚变堆一样，混合堆的安全同样包括化学危害、生物危害、电磁危害、等离子体破裂、失冷条件下的部件熔化或失效、设备故障维护和放射性核废物的处置等问题。另一方面，由于存在裂变和嬗变过程，在混合堆的核燃料增殖过程中，除产生相同于裂变反应堆中的各种裂变产物外，核燃料与中子的俘获反应时会产生（嬗变成）原子序数在89以上的核素即锕系元素，其中一些放射性核素具有很长的半衰期，有的长达若干万年，停堆后很长时间仍然维持较高的放射性水平。伴随放射性核素的衰变，能量随之释放，停堆后同样会产生衰变余热。

混合堆的设计研究强调以增殖裂变燃料为主要目的，特点是采用抑制包层中的裂变过程，以提高可裂变燃料的生产率。这类设计使得混合堆的安全与裂变堆相比，无论在质和量上都具有明显的优越性，裂变产物的危害减少到只有裂变反应堆的1%左右，并极大地降低了衰变余热水平。据计算，抑制裂变包层中衰变余热减少到只有裂变反应堆的六分之一，足以防止事故情况下混合堆结构材料的熔化等安全问题。由于抑制裂变型混合堆设计的衰变余热非常低，可以采用被动冷却装置来作为应急安全系统。

利用铀或钍的快裂变特性实现系统能量放大为基础的混合堆包层，所具有的放射性储量和裂变产物的同位素成分与裂变堆差不多，其总放射性储量和生物危害能力与相同热功率的轻水堆差别不大。由于堆芯结构的差异，混合堆包层在运行时，功率密度远低于裂变堆堆芯功率密度。抑制裂变型混合堆的特征功率密度为每立方米只有十几个兆瓦，而裂变堆芯部峰值功率密度可以超过500 MW/m^3。在混合堆停堆时刻，余热功率密度小于3 MW/m^3，而在裂变堆的堆芯中则大于20 MW/m^3。混合堆这一低余热特性使我们有可能在设计中依赖周围大气或其他被动系统对包层进行被动对流冷却。与功率输出相同的裂变堆比较，混合堆包层中的裂变次数有所减少，所以混合堆的生物危害能力(Biological Hazard Potential，BHP)只有裂变堆的10%左右，尽管它仍高于纯D-T聚变堆的生物危害能力。

任何核能装置都会产生放射性核废物，并伴随着核废物处置问题。混合堆内的放射性废物来源有：活化的结构材料、裂变产物、锕系元素和氚。放射性核废物按放射性浓度可分为三类：高放废物(>10 Ci/kg)，中放废物($10^{-4}\sim10$ Ci/kg)，低放废物($10^{-8}\sim10^{-5}$ Ci/kg)。各国有关部门都根据不同的核废物类型，制定出不同的处置标准和方法。国际辐射防护委员会(International Commission on Radiological Protection，ICRP)颁发的标准和方法，也常被采用。1990年出版的第60号出版物(ICRP 60号)给出的低剂量照射后工作人员的致死性癌症危险估算值为4×10^{-2}/Sv，一般公众危害的估算值为5×10^{-1}/Sv。

放射性核废物管理问题与混合堆设计中的材料选择、屏蔽设计和环境安全分析密切相关，在其研究发展阶段仔细考虑它的核废物特性和处置问题是非常重要的。

14.2 计算程序

对于纯聚变堆的放射性计算问题，美国威斯康星大学研制了放射性计算程序DKR，但该程序不能用于含有裂变问题的混合堆计算，所配套的数据库也不含裂变材料和锕系元素的数据。裂变堆放射性计算程序一般是采用单群或少群模型，不适用于处理混合堆复杂结构问题，需研制适用于混合堆几何和特点的放射性计算的程序和相应的核数据库。

20世纪90年代，在DKR程序的基础上，我国核工业西南物理研究院研制了混合堆放射性计算程序FDKR和配套的数据库AF-DCDLIB。FDKR程序由主程序和54个子程序组成，程序长度近万条。应用FDKR程序可以完成混合堆中活化材料、裂变产物、锕系元素在运行期间和停堆以后不同时刻的放射性、衰变余热、潜在生物危害因子

BHP的计算。在AF-DCDLIB库中,含有581个核素的衰变及活化截面数据(其中结构材料核素157个,裂变产物核素319个,锕系核素85个),库长度为8000余条。数据库AF-DCDLIB采用了较先进的基本数据,大部分反应截面和衰变数据来自评价核数据库ENDF/B-5和ENDF/B-6。

活化计算的中子通量由一维输运燃耗程序BISON3.0计算完成。由46群中子和21群γ耦合的输运截面库,由基本核数据库FENDL、ENDF/B-6经INJOY程序处理而成,库中部分数据取自ANL-67库。活化计算采用混合堆放射性计算程序FDKR完成,配套的衰变链数据库为AF-DCDLIB库[1]。计算机程序系统和计算流程如图14.1所示。

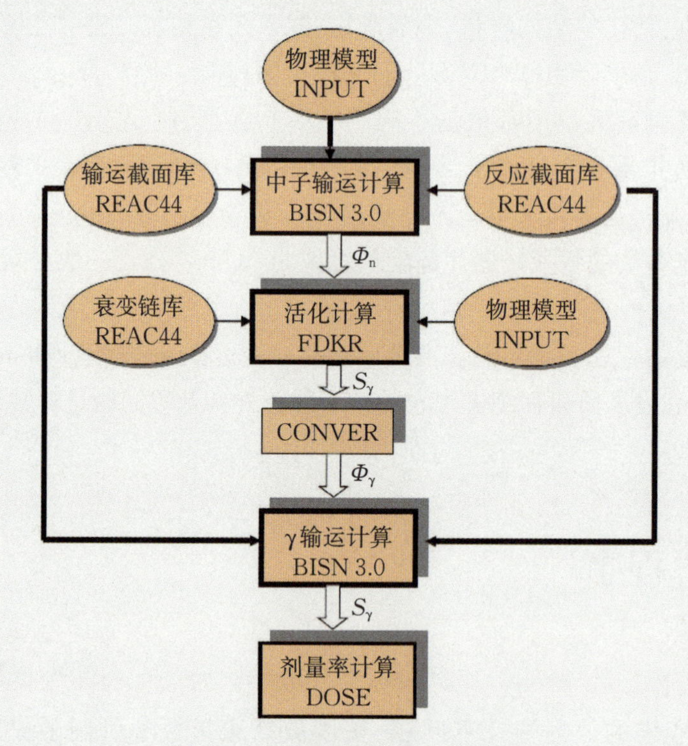

图14.1 活化程序系统和计算流程

利用FDKR程序和数据库,完成了托卡马克工程实验混合堆、托卡马克商用混合堆等系列设计的放射性、余热、潜在生物危害因子BHP、核废物处置指标WDR、遥控维修指标RMR的计算分析。混合堆的放射性计算和环境分析的结果表明:混合堆内的放射性源项类似于裂变堆,但其放射性水平及危害低于同等规模的裂变堆。在混合堆乏燃料中,含有一些锕系核素,比如^{232}U、^{237}Np,它们的含量对乏燃料的后处理及环境安全有重要影响。国际上核化学界人士对混合堆乏燃料可能含有高浓度的锕系核素^{232}U、^{237}Np等较为担心。经详细的计算和分析后得出的重要结论是:混合堆卸料时,包层中含有的^{232}U、^{237}Np等含量远低于乏燃料后处理的限制浓度，特别是对于采用铀-钚燃料循环系统的混合堆设计。

我国研制的FDKR程序及AF-DCDLIB衰变链数据库于1991年经美国橡树岭国家辐射屏蔽情报中心(RSIC)验收入库，1992年被确定为国际原子能机构(IAEA)聚变放射性基准程序，应用于IAEA"国际聚变活化计算比较研究"合作项目。

聚变实验混合堆(FEB)设计，以增殖易裂变燃料^{239}Pu为主要目的，由SWIP在20世纪90年代提出。本章主要围绕FEB设计开展环境安全问题的讨论，并给出相关的计算分析结果。

表14.1为FEB活化计算材料布置与成分表，图14.2为FEB设计的包层一维中子学计算模型。

表14.1 FEB活化计算材料布置与成分表

区号	内包层(IB)		外包层(OB)	
	厚度(cm)	材料	厚度(cm)	材料
1	110.0	等离子体	115.0	等离子体
2	1.0	C 100%	1.0	C 100%
3	2.0	SS 40%	1.2	SS 70%，He 30%
4	7.0	Be 50%，Li 50%	10.0	U 2%，Be 60% Li 37%，SS 5%
5	5.0	Li 100%	1.2	SS 70%，He 30%
6	5.0	SS 100%	12.4	U 20%，Be 35% Li 37%，SS 4%
7	6.6	He 100%	1.2	SS 70%，He 30%
8	5.0	SS 100%	16.3	U 30%，Be 25% Li 37%，SS 5%
9	14.0	W 80%，He 20%	1.2	SS 70%，He 30%
10	7.0	SS 100%	20.0	Li 100%
11	3.0	W 80%，He 20%	5.0	SS 100%
12	16.0	B_4C 75%，SS 5%，He 20%	52.7	B_4C 75%，SS 5%，He 20%

裂变堆的核素贫化计算，一般可采用单能点堆燃耗程序ORIGEN2。一维输运燃耗耦合程序BISON1.5是为混合堆的燃烧计算而研制的，它是在一维S_N输运程序ANISN的基础上得出通量，再用Bateman方法求解核素的产生与贫化。为满足混合堆包层的嬗变中子学计算，对原程序做了适当改进，并更换了原输运截面和反应截面数据库。建立了MA中的锕系核素燃烧链，补充了相应的燃耗数据，研制成功新的燃耗库。

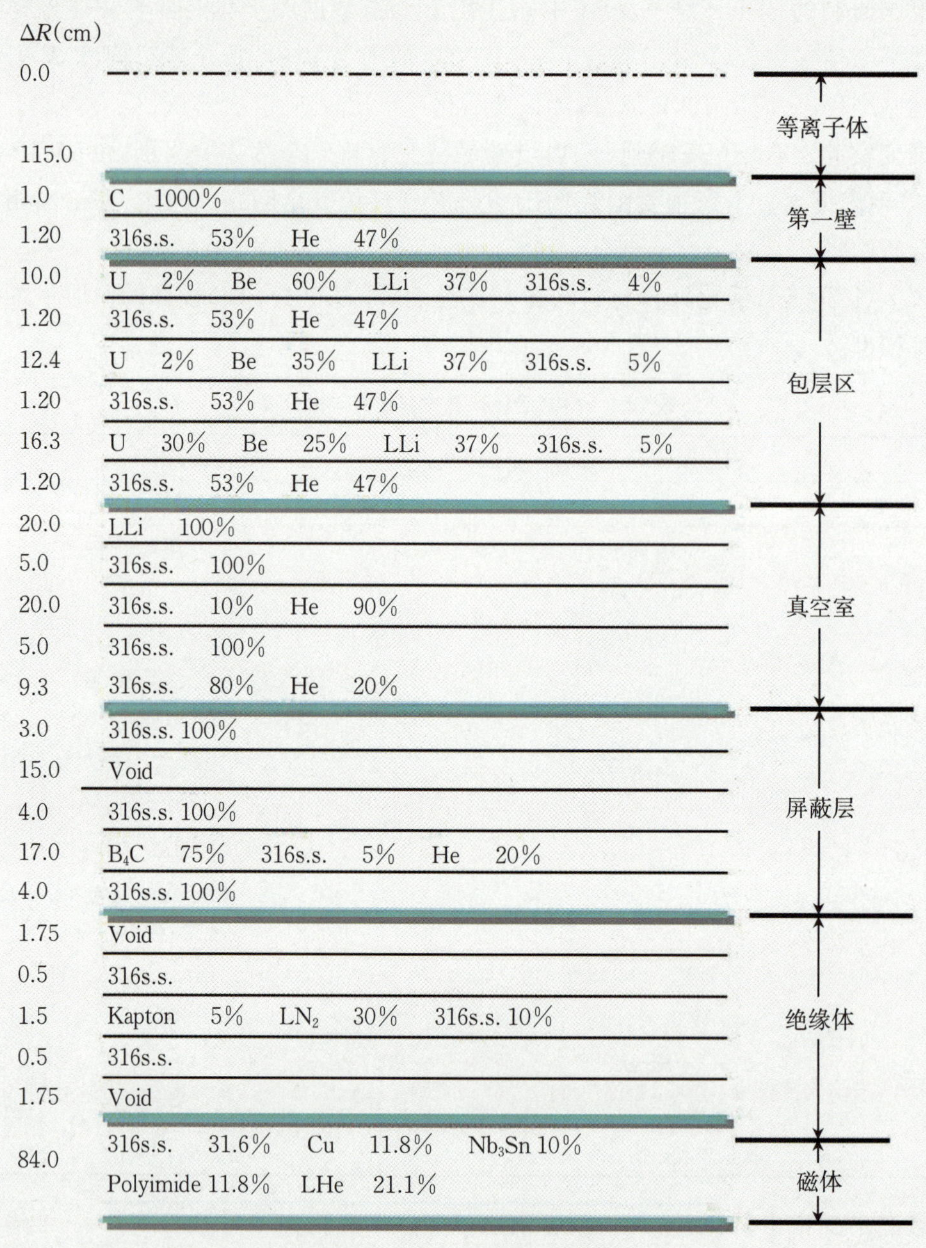

图 14.2 FEB 活化计算一维模型

在BISON3.0程序中，中子输运截面库和反应截面库能群已由42群改为46群，新的输运截面库数据主要来自美国ANL-67库。新的46群燃耗及反应函数库的数据来自评价核数据库ENDF/B-5的锕系元素专用数据库，经由美国LLNL的D. E. Cullen研制的TCP群截面处理系统完成。

14.3 放射性源项

如前所述，FEB设计的主要目标是验证混合堆的核燃料增殖能力以及作为聚变堆材料的考验装置。FEB的聚变功率为143 MW，平均中子壁负载为0.5 MW/m^2，第一壁及结构材料为316不锈钢，用氦气冷却。设计假定，第一壁和包层结构材料的辐照时间为5年，偏滤器为2年，其他的部件为20年，采用连续运行方式。

从表14.2的结果可以看出，5种混合堆候选结构材料的活化产物放射性与D-T纯聚变堆大致相当，即每千瓦热功率产生的放射性活化量为千居里的量级（每居里放射射性等于3.7×10^{13} Bq）。混合堆停堆以后，活化产物的放射性水平取决于第一壁，包层和结构材料中使用的合金元素的量、种类以及中子通量和辐照时间。

表14.2　5种候选结构材料在停堆时刻的比活度（MBq/cm^3）

材　料	316SS	PCA	HT-9	SiC	V_4Cr_4Ti
第一壁	2.81×10^5	9.48×10^5	7.96×10^5	3.08×10^5	4.84×10^5
第二壁	1.92×10^5	2.08×10^5	1.74×10^5	5.99×10^4	1.25×10^5
第三壁	5.18×10^4	3.70×10^4	4.29×10^4	1.26×10^4	3.89×10^4

近年来，在低活化的聚变堆材料研究方面取得了较大的进展。通过控制和代换合金元素的方法，可以有效地降低材料的感生放射性水平和缩短停堆后的衰变时间。基于国家核聚变研究的进展和参与ITER计划任务的需要，核工业西南物理研究院和中国科学院核安全技术研究所分别研制成功了低活化铁素体/马氏体钢（RAFM）CLF-1和CLAM，其性能与国际上的Eurfore 97和F82H相当。混合堆中，活化产物的放射性一般不会迁移和扩散到周围环境中去，只会引起职业照射、远距离维修和放射性核废物处置问题。

表14.3给出了FEB设计中放射性源项的主要贡献者。可以看出，锕系元素的贡献约占50%。余热的主要贡献是裂变产物，对BHP的贡献是锕系元素和裂变产物，约占

总BHP的90%。活化产物的衰变热主要来自^{56}Mn的β衰变，每次衰变释放出2.53 MeV的能量。另一重要的衰变热贡献者是^{58}Co和^{187}W的衰变，每次衰变分别释放出1.05 MeV和0.68 MeV的能量。在活化产物中，这三个衰变核素对总活化衰变余热的贡献分别是68.3%、13.9%和9.1%。

表14.3　FEB设计放射性源项贡献

放射性源项	放射性(MBq)	余热(MW)	BHP(km^3)
锕系元素	2.717×10^{13}	1.447	1.78×10^{8}
裂变产物	2.133×10^{13}	5.960	1.996×10^{8}
活化产物	7.504×10^{12}	0.902	3.360×10^{7}
氚	1.410×10^{12}	1.478×10^{-3}	2.080×10^{5}
合计	5.735×10^{13}	8.339	4.084×10^{8}

计算表明，FEB运行时最大的裂变功率为198 MW，在包层增殖区中，^{235}U、^{238}U、和^{239}Pu的裂变率分别为0.015、0.05和0.0078。主要的裂变功率来自^{238}U的快裂变，对总裂变功率的贡献率为58%。在连续运行一年后停堆，其增殖燃料^{239}Pu的浓缩度为6.71%。一般而言，裂变产物的含量正比于在增殖包层中可裂变燃料的裂变率，大多数裂变产物其半衰期都比较短。图14.3为FEB中裂变产物、锕系核素和结构材料在停堆后的比活性变化曲线，以及堆内放射性源项的总比活度随停堆时间的变化。

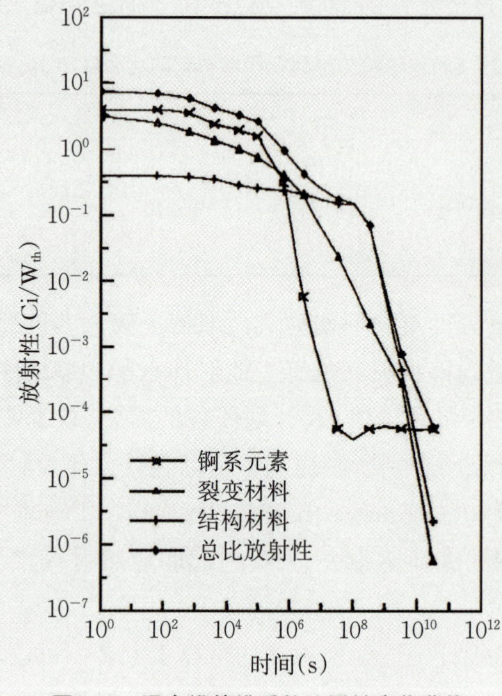

图14.3　混合堆停堆后的比活性变化曲线

14.4 潜在生物危害因子(BHP)

潜在生物危害因子(Biological Hazard Potential,BHP)的定义和计算方法在第9章中已经给出。表14.4给出了不同堆型的混合堆设计的BHP值的计算结果。计算中,对不同的核素在水(或空气)中的最大允许浓度的限制值采用美国核管会(NRC)制定的10CFR20分别给出的限制值作为评价标准。

表14.4 不同类型混合堆包层设计的BHP值*

源项	铀(快裂变)		钍(快裂变)		钍(抑制裂变)		纯聚变	
	放射性 (Ci)	BHP (km^3)	放射性 (Ci)	BHP (km^3)	放射性 (Ci)	BHP (km^3)	放射性 (Ci)	BHP (km^3)
增殖包层	3.73×10^4	1.87×10^2	7.75×10^4	3.88×10^2	2.54×10^5	1.27×10^3	3.04×10^5	1.52×10^3
氚处理等	1.81×10^6	9.06×10^3	3.77×10^6	1.23×10^7	1.88×10^4	6.16×10^4	1.48×10^7	7.38×10^4
氚存储等	1.01×10^7	5.04×10^4	2.10×10^7	1.05×10^5	6.85×10^7	3.43×10^5	8.20×10^7	4.10×10^5
总计	1.19×10^7	6.02×10^4	2.48×10^7	1.24×10^7	6.88×10^7	4.06×10^5	9.68×10^7	4.85×10^5

注:*BHP=[放射性核素的装量(μCi)/MPC_{air}(μCi)]10^{-15}

14.5 废物处置指标(WDR)

混合堆包层中放置了大量裂变材料和增殖核燃料,裂变材料将产生大量的裂变产物(超过300种),且大多数的裂变产物都是不稳定的,同时它们的半衰期一般较短,停堆后很快衰减,经冷却后可以直接保存处置。混合堆中同时产生大量的锕系元素,产生较长的α辐射,具有高毒性。锕系元素的放射性主要来自裂变燃料的增殖(嬗变)反应链。混合堆的放射性废物处置指标(WDR)的要求,同样需要满足10CFR61近地浅埋指标(SLB)C级核废物的处置要求,计算方法与纯聚变堆相同。

混合堆结构材料的WDR指标与纯聚变堆的计算结果和结论类似,即在停堆时刻316SS和PCA的WDR值接近1,停堆后几周内衰减较快,几乎都可满足10CFR61近地浅埋指标(SLB)C级核废物的处置要求。其他材料如SiC，V_4Cr_4Ti，满足近地浅埋指标(SLB)处置指标，可以在停堆以后直接处置。

14.6 遥控维修指标(RMR)

与WDR密切相关的是遥控维修指标(Remote Maintenance Rating，RMR)[2]。在评价聚变装置结构和部件的活化特性时，一般采用RMR指标。RMR指的是与堆部件相同的成分和密度的均匀活化、均匀厚度的无限平板的表面剂量率。采用RMR指标，可使装置设计者在确定采用何种材料作为特定部件时，考虑其部件在中子活化后的安全性和可维修可行性。RMR的计算公式如下：

$$\mathrm{RMR}=\sum S_i D_i \tag{14.1}$$

式中，S_i为第i种元素源强，单位为$\mathrm{Bq/cm^3}$；D_i为单位体积比剂量率，单位为$\mathrm{mSv/m^3}$；RMR的单位为mSv/h。吸收剂量率则是根据吸收组织单位体积中沉积的射线辐射能量来定义的，比剂量率$D_i(t)$计算公式为

$$D_i(t)=C\left[\frac{\int_r K(E)\Phi_\gamma(r,E,t)\mathrm{d}r}{\int_r \mathrm{d}r}\right] \tag{14.2}$$

式中，$K(E)$为人体组织的动能沉积因子；Φ_γ为γ通量，由γ输运计算给出；C为能量-剂量转换系数。计算中采用的人体组织γ射线动能沉积因子数据如表14.5所示，该数据来自混合堆放射性计算程序FDKR的内置数据库。RMR的计算过程详见参考文献[3]。

表14.5　21群γ射线的组织动能沉积因子

E_γ(MeV)	14.0~12.0	12.0~10.0	10.0—8.0	8.0~7.5	7.5~7.0	7.0~6.5	6.6~6.0
$K(E)_\gamma/10^{22}$	19.760	17.260	14.330	12.830	12.260	11.650	11.010
E_γ(MeV)	6.0~5.5	5.5~5.0	5.0~4.5	4.5~4.0	4.0~3.5	3.5~3.0	3.0~2.5
$K(E)_\gamma/10^{22}$	10.390	9.7710	9.1520	8.5150	7.8530	7.1470	6.4120
E_γ(MeV)	2.5~2.0	2.0~1.5	1.5~1.0	1.0~0.4	0.4~0.2	0.2~0.1	0.1~0.001
$K(E)_\gamma/10^{22}$	5.6070	4.6980	3.6610	2.2500	0.94870	0.41020	0.19270

在实际的屏蔽设计中，辐射或吸收剂量率的计算只考虑γ射线，因为其他粒子(α，β)的辐射距离较短(仅几厘米)，易于屏蔽。对于堆外面的人体组织吸收剂量率可以采

用 $\Phi\gamma$ 外推的方法，然后计算出工作人员受到的照射剂量。一般来说，γ射线穿过物质时沉积的能量取决于射线的能量和吸收物质的性质。根据γ通量和辐射剂量的关系，在得到不同时刻的γ射线强度后，组织或其他物质的吸收剂量率 D_γ 可由下式计算：

$$D_\gamma = 5.75 \times 10^{-7} \frac{I_\gamma E_\gamma \mu_a}{\rho} \tag{14.3}$$

式中，I_γ、E_γ 分别为γ射线强度（Bq/m^2）和能量（MeV）；μ_a 为线能量吸收系数（/m）；ρ 为吸收物质的密度（kg/m^3）；D_γ 的单位为Gy/h。

活化计算应用FDKR程序完成。活化计算所需中子通量由一维中子输运燃耗程序BISON3.0完成。由FDKR程序计算出停堆后不同时刻的衰变γ源，经由Convert程序转换为BISON程序γ输运计算所需的γ源项，再由BISON程序计算出不同停堆时刻的γ通量，最后由剂量计算程序DOSE计算出不同时刻的剂量率分布。表14.6给出了不同铅层厚度情况下，FEB屏蔽层外侧表面的RMR变化。可以看出，如要在停堆后的短时间（一周）内对设备进行可接近维修，需增加厚度为25 cm的铅屏蔽层，才能满足10CFR20法规的安全要求（≤0.025 mSv/h）。可以看出，屏蔽材料铅对γ射线的屏蔽作用在FEB设计中的效果非常明显。

表14.6　停堆后一周屏蔽层外侧的RMR值随铅层厚度的变化

铅层厚度（cm）	0	14	20	25
RMR值（mSv/h）	10.5	0.1288	0.0305	0.0241

14.7　锕系核素

在混合堆的燃料增殖过程中，重核元素俘获中子后嬗变，产生一系列的锕系核废物。大多数的锕系元素放射性来自如下反应链：

$$\begin{aligned} &{}^{238}U + n \xrightarrow{(n,\gamma)} {}^{239}U \xrightarrow[23.5\,min]{(\beta^-)} {}^{239}Np \xrightarrow[2.33\,day]{(\beta^-)} {}^{239}Pu \\ &{}^{232}Th + n \xrightarrow{(n,\gamma)} {}^{232}Th \xrightarrow[23.5\,min]{(\beta^-)} {}^{232}U \xrightarrow[27.4\,day]{(\beta^-)} {}^{233}U \end{aligned} \tag{14.4}$$

锕系元素大多具有长寿命，高能量的α辐射和极高的毒性，由此形成长寿命的生物危害。由于大多数的锕系元素可在高能中子的轰击下被裂解，在聚变堆中嬗变锕系核废物具有极大的吸引力[4]。表14.7给出了FEB设计中锕系元素对放射性、衰变余热和

BHP的主要贡献核素。

表 14.7　FEB设计中锕系元素的主要贡献核素

核素	放射性(MBq)	余热(W)	BHP(km^3)	半衰期
^{235}U	4.67×10^4	3.51×10^{-2}	6.38×10^1	7.0×10^8 a
^{237}U	8.47×10^{11}	1.52×10^5	7.63×10^5	6.75 d
^{238}U	2.97×10^5	2.04	2.68×10^4	4.5×10^9 a
^{239}U	2.26×10^{13}	8.40×10^5	7.11×10^5	23.5 min
^{237}Np	2.64×10^{12}	2.10×10^{-1}	7.08×10^4	2.14×10^6 a
^{239}Np	2.26×10^{13}	8.40×10^5	1.19×10^7	2.35 d
^{239}Pu	3.66×10^8	3.07×10^3	1.64×10^8	87.7 d
Total	4.63×10^{13}	1.47×10^6	1.78×10^8	

由于聚变中子能量高，通过阈能反应在混合堆的燃料增殖反应(或衰变)链中会产生一些特殊的锕系元素，比如^{237}Np，^{232}U。^{237}Np主要由$^{238}U(n,2n)$反应生成，具有2.16×10^6年的半衰期。在高燃耗的轻水堆乏燃料中，^{237}Np含量在0.05 wt%左右。^{237}Np可通过一系列(n,γ)，$(n,2n)$反应和α，β衰变形成一系列的嬗变/衰变核素，比如^{233}Pa，^{229}Th，^{225}Ra等，这些核素大都具有很强且能量很高的α，β和γ辐射。由于Np是一种极毒性长寿命的超铀元素，在考虑核废物的处置时应严格地限制(<1 appm)。

^{232}U的衰变子体大多是有高毒性的α辐射体，其特征为：① 高的衰变热(~4 W/g)；② 高的γ辐射能量(1~2 MeV/衰变)；③ 与轻元素通过(α,n)反应具有高的中子产生率(5.0×10^4 n/(s·g))；④ 产生气态的高毒性的蜕变产物，如^{220}Rn等。^{232}U的主要危害来自其衰变子体，如^{212}Bi，^{208}Tl，伴随极强的γ辐射。

需要指出，虽然^{232}U的浓度与危害问题在钍-铀燃料循环的混合堆中应予特别关注，但在铀-钚燃料循环混合堆中并不严重，因为铀-钚循环中，^{232}U主要来自^{236}Pu的α衰变(半衰期为2.85年)，不是由裂变燃料直接产生的。表14.8给出FEB设计中，^{237}Np和^{232}U在铀中的含量计算结果。结果表明，在卸出的乏燃料中^{232}U的浓度在运行4年后只有0.46 appm。图14.4为^{232}U在U-Pu燃料循环中的衰变链示意图。

表 14.8　FEB设计包层中^{232}U、^{237}Np在铀中的浓度变化[5]

辐照时间(a)	1	2	3	4
^{232}U(%)	9.42×10^{-9}	4.35×10^{-8}	1.70×10^{-7}	4.61×10^{-7}
^{237}Np(%)	4.11×10^{-3}	8.20×10^{-3}	1.21×10^{-2}	1.67×10^{-2}
^{239}Pu(%)	6.71×10^{-2}	1.33×10^{-1}	1.98×10^{-1}	2.61×10^{-1}

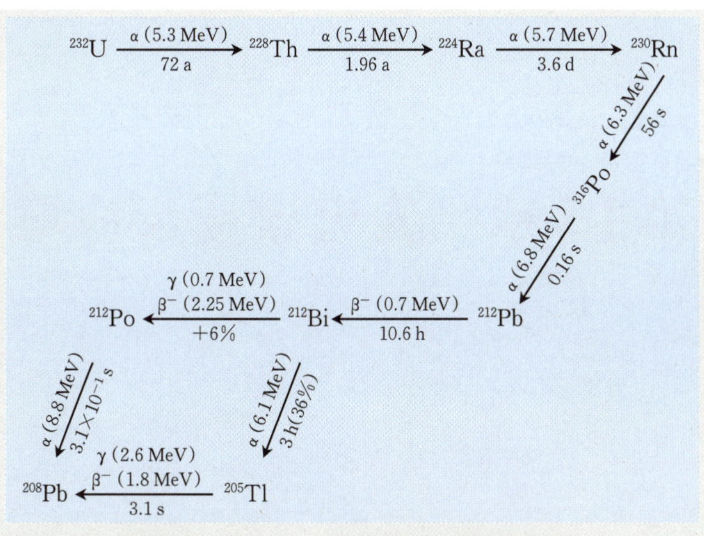

图 14.4　^{232}U 在 U-Pu 燃料循环中的衰变链

小结

聚变-裂变混合堆具有与裂变堆相似的放射性和废物特性，主要贡献来自锕系元素和裂变产物，但其含量与危害比相同功率的裂变堆要低得多。选择SiC和V-基合金作为混合堆的结构材料，可满足美国核管会(NRC)的10CFR61近地浅埋指标(SLB)C级核废物的处置要求。若用316SS、PCA和HT-9等材料时，需对材料中产生的长寿命、高活性的元素与杂质的含量进行严格控制。国际上针对未来的聚变示范堆设计需要，发展了低活化的铁素体/马氏体钢作为聚变堆的结构材料，可以减少长寿命放射性核废物的处置量，降低WDR、RMR和BHP等指标。

在混合堆的燃料增殖过程中，将产生一些与乏燃料后处理工艺有关的锕系元素，如^{232}U、^{237}Np等。由于在乏燃料中含量较低(<1 appm)，不会造成后处理工艺上的困难和环境安全问题。

参考文献

[1] 冯开明，阳彦鑫，谢中友．AF-DCDLIB：活化产物，裂变产物和锕系元素衰变链数据库的研制[J]. 核科学与工程，1991，11(3)：288-290.

[2] 冯开明，胡刚．实验混合堆FEB设计的远距离维修指标计算[J]. 核聚变与等离子体物理，1999，19(1)：27-32.

[3] 冯开明，胡刚．托卡马克试验混合堆RMR计算分析[J]. 核聚变与等离子体物理，1988，18(4)：160.

[4] 冯开明，胡刚．实验混合堆FEB设计的废物处置指标计算[J]. 核聚变与等离子体物理，2000，20(1)：13-21.

[5] Holdren. Competitive of magnetic fusion energy[J]. Fusion Technology，1988，13(1)：20.

第15章　先进聚变反应堆

15.1　先进聚变堆概念

采用先进(理想)聚变燃料的反应堆被称为先进聚变反应堆。近年来,以氘-氚为燃料的可控聚变研究取得了重大进展,其科学可行性已经被证实,进入工程可行性验证阶段。尽管如此,在聚变能源最终成为全球能源问题的重要解决方案之前,仍然有数十年的窗口期。

相对于其他可聚变燃料,D-T聚变反应最容易实现,因为在千电子伏特温度下D-T反应具有极高的反应系数,所以也被称为常规的聚变反应。目前世界上主要的核聚变研究装置,都以D-T聚变为研究目标,预计第一代聚变反应堆将采用D-T作聚变燃料,第二代、第三代依次是D-D(D-^{3}He)和^{3}He-^{3}He,第四代是以p-^{11}B为聚变燃料的先进反应堆。

15.2　D-T聚变反应

D-T聚变反应如下:

$$D+T \rightarrow n(14.06\ \text{MeV})+{}^4He(3.517\ \text{MeV}) \tag{15.1}$$

$$D+T \rightarrow n(14.06\ \text{MeV})+{}^4He(3.517\ \text{MeV})+\gamma \tag{15.2}$$

D-T反应所需的氚并非天然存在,而是一个半衰期为12.3年的放射性元素。氚必须通过中子诱发的核反应来增殖,主要的增殖反应如下:

$$n(热中子)+{}^{6}Li \rightarrow T+{}^{4}He(4.78\ MeV) \tag{15.3}$$

$$n(快中子)+{}^{6}Li \rightarrow n'+D+{}^{4}He(-1.47\ MeV) \tag{15.4}$$

$$n(快中子)+{}^{7}Li \rightarrow n'+T+{}^{4}He(-2.47\ MeV) \tag{15.5}$$

$$n(快中子)+{}^{7}Li \rightarrow n'+{}^{7}Li+\gamma(-0.47\ MeV) \tag{15.6}$$

D-T聚变产生的14 MeV的中子，在没有进一步相互作用情况下离开等离子体，并在等离子体周围的包层中被慢化，能在与包层中的锂反应中得到氚。快中子与^{6}Li和^{7}Li的反应都是吸热反应。中子在与锂的反应中释放能量，同时产生足够的氚来维持聚变反应。通过包层的设计确定氚投料量的倍增时间和氚的增殖比(TBR)。

D-T聚变反应产生14 MeV的高能中子，将使包层材料和结构被活化，由此带来材料的中子辐照损伤和聚变电站退役去活化问题。高能聚变中子对材料的影响，在聚变堆的设计时要加以考虑。一座聚变反应堆中氚的投料量大约在5~15 kg，产生50×10^{6}~100×10^{6} Ci的放射性强度，需要设置氚的辐射防护设施和生物屏蔽。

D-T聚变的主要问题是氚的自持和材料抗辐照问题。在发展D-T聚变的同时，人们一直在探索其他先进的聚变燃料，如无中子聚变或少中子聚变燃料。

先进聚变燃料(反应)包含的主要特征是：每次聚变反应具有相对较高的能量输出，燃料易于获得，具有相对较高的反应截面，相对少的高能中子产生以及氚投料量少(或不需要)等。采用先进的聚变燃料，不需要氚投料量，大大降低了包层的厚度和屏蔽层的厚度，减少了材料的活化问题。研究表明，高性能聚变反应的反应性低于D-T反应，由此高性能聚变堆在对磁场、动力学温度、约束时间和等离子体密度方面的要求远高于D-T反应。

15.3 D-D聚变反应

氘在自然界中天然存在，其丰富程度按目前的能量消耗率计算，可以满足人类未来几十亿年的能量需求。D-D聚变堆既不需要增殖燃料，也不需要节约中子，可以极大地减少氚的储量，因而减少总的放射性危害和许多与D-T反应堆有关的环境安全和建堆选址方面的问题。D-D聚变共有三种反应方式。

非催化的D-D聚变反应。当反应发生在两个氘核之间时，复合核将以两种方式分裂，由下式给出

$$D+D \rightarrow n(2.45MeV)+{}^{3}He(0.82MeV) \tag{15.7}$$

$$D+D \rightarrow p(3.03MeV)+T(1.01\ MeV) \quad (15.8)$$

这两种反应的可能性和分支比大致相等。在D-D反应的分支中,式(15.7)中的能量有3/4,即2.45 MeV,是以中子形式释放的。式(15.8)对应的质子分支的全部能量都是以带电反应产物的形式释放,其中又有3.02 MeV是以高能质子的形式出现。由于分支比与50%很接近,所以净D-D聚变反应为

$$4D \rightarrow n(2.45\ MeV)+p(3.03\ MeV)+T(1.01MeV)+{}^3He(0.82\ MeV) \quad (15.9)$$

因此每对氘核平均每次反应释放3.65 MeV能量。在7.299 MeV的总能量释放中,66.4%是以带电反应产物的形式出现的,可以用来加热入射燃料和维持等离子体的运行条件,其中41.4%是在反应的质子分支中以质子的能量形式出现的,还有33.6%是以2.45 MeV的中子的形式出现的。

在这种非催化D-D反应中,^3He和氚在它们能与氘燃料发生反应以前,就被排出了。这样排出的^3He可任意用来给D-^3He反应堆或其他需要^3He作为燃料的聚变反应供应燃料。

半催化的D-D反应。包括式(15.7)和式(15.8)中的初级D-D反应以及^3He产物和原始氘燃料之间发生的D-^3He反应:

$$D+{}^3He \rightarrow p(14.67\ MeV)+{}^4He(3.67\ MeV) \quad (15.10)$$

通过把式(15.7)、式(15.8)和式(15.10)相加,可以得到总的半催化D-D反应式:

$$5D \rightarrow n(2.45\ MeV)+2p(17.0\ MeV)+T(1.01\ MeV)+{}^4He(4.49\ MeV) \quad (15.11)$$

在这一反应中,平均D-D产生10.3 MeV能量,其中90.4%是以带电粒子的形式释放在等离子体中,剩余的2.45 MeV的中子能量来自初始的D-D反应的分支。

完全的催化反应。完全催化反应包括式(15.7)和式(15.8)中的初级D-D反应,并且由式(15.10)所给出的^3He的反应,以及氚与原始氘燃料之间的反应,可得

$$D+T \rightarrow n(14.1\ MeV)+{}^4He(3.67\ MeV) \quad (15.12)$$

将式(15.7)、式(15.8)、式(15.10)和式(15.12)相加,可得到完全催化的D-D净反应,

$$6D \rightarrow 2n(16.55MeV)+2p(17.97MeV)+2\,{}^4He(7.34\ MeV) \quad (15.13)$$

通过燃烧氚和^3He,每对D-D反应释放平均能量提高到14 MeV,其中大约61.8%是能保留在等离子体中的带电粒子能量,然而,剩下的38%能量将以2.45 MeV和14.1 MeV中子的形式出现,所引起的放射性、屏蔽问题与D-T反应类似。

在完全催化的D-D反应中,氚的浓度较低,燃耗较高和总的氚流量较小,重要的环境因素使它比D-T反应更利于使用,避免了D-T反应所需的氚增殖包层,使其总的氚增量减少了两个量级以上,并减少了结构材料的活化。

15.4 D-^{3}He聚变反应

15.4.1 D-^{3}He聚变概述

在考虑可能的先进聚变燃料时，D-^{3}He反应是最有希望的反应。在低能情况下，在所有先进聚变燃料中这种反应的反应率是最高的，并且这种反应比较容易点燃。D-^{3}He为燃料循环的聚变电站具有许多吸引人的独特优点并在国际上重新引起聚变界的重视[1]。

表15.1给出了实现D-T聚变和D-^{3}He聚变所需要的聚变堆参数条件，可以看到D-^{3}He聚变反应所需的温度要高10倍还多。由于D-^{3}He聚变反应堆要求更高的工作温度，相对于D-T反应堆它的反应性较小，要求较好的能量约束和较高的比压值β。D-^{3}He聚变反应的好处是克服了聚变堆系统中氚自持的困难和减轻了结构材料的辐照损伤，但实现聚变反应的条件却要苛刻得多。然而，一旦D-^{3}He聚变点火成功，就可直接建造聚变反应堆电站，大大缩短聚变商用变化的进程。

表15.1　稳态和脉冲聚变堆的参数[2]

参　数	稳　态		脉　冲
燃料循环	D-T	D-^{3}He	D-T
燃料密度(/cm^3)	3×10^{14}	2×10^{14}	2.5×10^{16}
等离子体温度(keV)	25	300	10
所需约束时间(s)	0.5	1.0	0.025
功率密度(W/cm^3)	25	8	18
等离子体压强(MPa)	1.2	9.6	40.0
最小约束磁场(T)	2.5	6.0	14.0

15.4.2 D-^{3}He聚变资源问题

D-^{3}He反应需要解决的突出问题是如何得到所需的^{3}He，因为^{3}He必须人工方法制造，可以借助于半催化的聚变堆，也可以借助于D-T聚变反应堆，因为这种堆除可以生产氚以供自身作为燃料外，还可以增殖出多余的氚，并通过β衰变为^{3}He。在半催化的D-D反应及高增殖比的D-T反应堆中，^{3}He是通过下述反应方式衰变得到的：

$$T \xrightarrow[\beta]{12.3\text{年}} {}^3\text{He} + \beta(<18.6\ \text{keV}) \tag{15.14}$$

这一放射性衰变的半衰期为12.3年，产生的电子能量可以高达18.6 keV。这一设想的前提条件是必须首先建成D-T聚变堆。

科学家早就发现，月球上具有丰富的^{3}He资源。宇宙中的太阳风为高速带电粒子流，其中He的通量为6×10^{10}原子/(m^2·s)，太阳风的平均速度为400～500 km/s，总的带电粒子密度为(5～10)$\times10^{-6}/m^3$，因此带电粒子通量为(2～5)$\times10^{12}$粒子/(m^2·s)。月球表面作为太阳风收集器已有4×10^9年的历史，在月球的表面^{3}He的储量估计约为10^9 kg，可以支持人类数千年的能源需求。1960—1972年期间，在美国阿波罗登月过程中，共带回383 kg月壤样品。这些样品经苏联的Luna控测器分析后，证实在月壤中的^{3}He/^{4}He同位素之比，与太阳风中之比一致。月球半径约为1740 km，表面积约为3.8×10^7 km^2，估计有2.6～4×10^8 t ^{3}He存在于月球的表面，其深度为5～10 m，易于开采的^{3}He储量在10^6 t的水平。2020年12月17日，中国嫦娥5号宇宙飞船成功从月球取回公斤级的月壤样品。月球上含有的^{3}He资源能够供人类利用数百亿年，可满足人类大规模发展D-^{3}He聚变能的需要，几乎没有资源的限制。中国政府已经宣布将在2030年前实现载人登月，使得从月球获取^{3}He资源成为可能。

15.4.3 D-^{3}He聚变物理问题

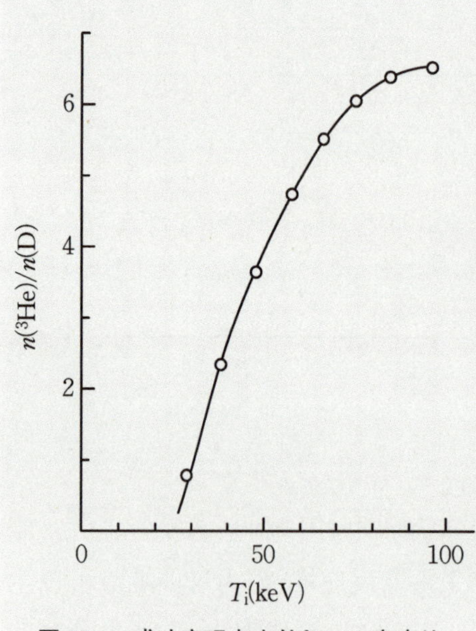

图15.1 成功实现点火的^{3}He∶D密度比与温度T_i的关系

如果只考虑库伦碰撞，那么与p-^{11}B的反应不同，D-^{3}He反应甚至在电子温度为100 keV时也不将其大部分能量沉积在离子中。14 MeV的质子把其大部分能量传给电子。在电子温度为100 keV的情况下，大约有5.3 MeV能量直接传给了离子，有13 MeV传给电子。对这种情况作一级近似，我们可以假定，电子温度和离子温度相同。假定主要的能量损失是韧致辐射，并且选择^{3}He与D的比例，使热核功率与能量损失达到平衡，便可得出氘含量最少的混合物的自持结果，如图15.1所示。在大约100 keV的情况下，^{3}He密度可能约为氘密度的6倍。产生氚的D-D反应的反应率为D-^{3}He的反应率的1/46。换言之，如果所有氚全与氘发生反应，产生的14 MeV中子减少到1/46。然而,这是一种明显的过高估计,因为有些氚将不起反应,而且大部分氚将参与T-³He反应。此外,通过直接加热离子,能建立一种离子变得比电子更热的条件,因而能燃烧氚更贫乏的D-³He混合物。

15.4.4 D-³He聚变中子功率

D-³He聚变能够用D含量较少的混合物运行,但这样产生的中子较少。计算分析表明,³He:D的比值大于10应该是有可能的,在同样功率的情况下有可能把14 MeV中子产生率减少到D-T反应的几百分之一。尽管需要详细研究这些系统的优缺点来判断这些系统是否符合需要,但是所产生的中子功率的减少可以降低许多工程上和维修上的特殊要求。以D-³He反应为基础的聚变反应堆研究表明,如果采用贫氚的混合物燃料的聚变反应堆系统,则相应的氚存储量将会低于1 g。如果选择适当的结构(包层)材料,由于次级反应的D-D中子通量导致的感生放射性活化水平将会非常低,而且很快衰减,在停堆后一天后即可能进行手工维护操作。图15.2为D:³He的配比对中子功率的影响,可以看出当D:³He的配比为1:3时,中子功率仅占聚变功率的1%。

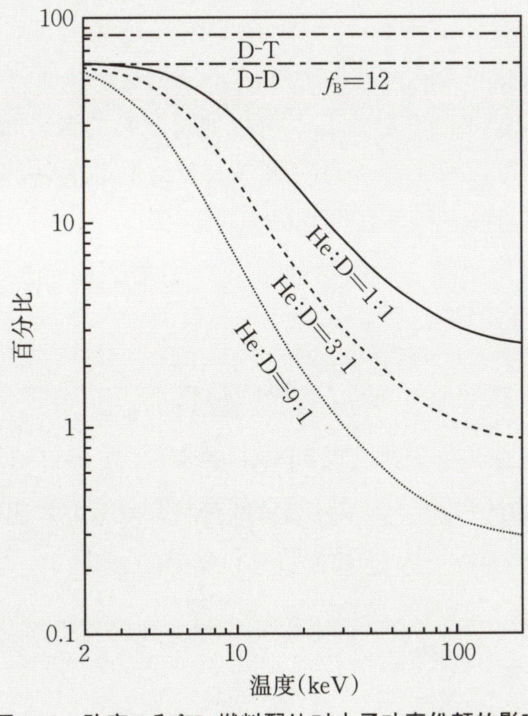

图15.2　改变D和³He燃料配比对中子功率份额的影响

图15.3是裂变能与聚变能以及不同聚变反应之间的核热与电能的转换效率，聚变能高于裂变能，在聚变反应中D-^{3}He明显高于其他聚变反应，达到60%～70%。

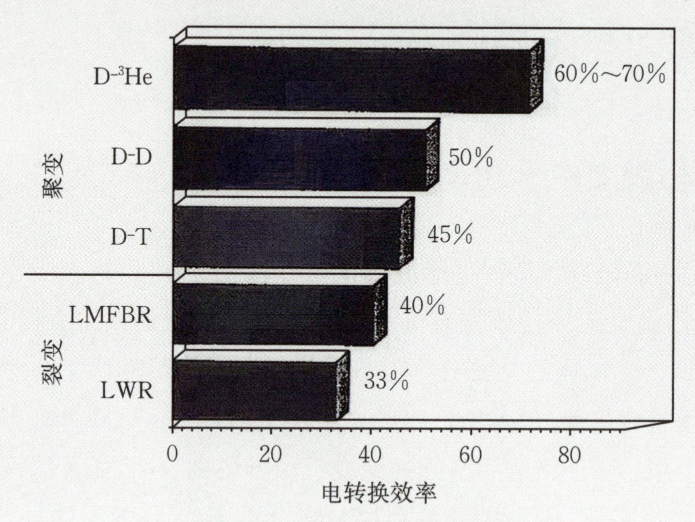

图15.3　热电转换效率的比较

研究表明[3]，当燃料混合比为1(D)∶1(^{3}He)时，聚变功率密度要比D-T低1/80；点火要求的$n\tau$值要比D-T堆高4倍；点火要求的离子温度要高4倍；聚变产物中带电粒子份额占94%～99%；这些参数都与燃料的配比有关。

由于有D-D反应，会直接产生2.45 MeV的中子，还会通过次级反应产生中子。在某些动力学温度下，当D和^{3}He的混合比为50∶50时，这一中子产生所带来的能量可以占D-^{3}He反应释放的总能量的百分之几。可以通过贫D的混合燃料的反应来减少D-D的次级反应产生中子，可以大大减少与次级D-D反应有关的氚的产生。通过贫化D的运行可以将中子数减少到最低，不过要求的温度更高。

D-^{3}He聚变反应堆中仍然会产生少量的中子，计算表明，中子功率占D-^{3}He聚变功率之比大约5%，可由下式计算得出[3]：

$$\frac{P_{\mathrm{n}}}{P_{\mathrm{D\text{-}^3He}}}=C\frac{n_{\mathrm{D}}}{n_{\mathrm{^3He}}}\frac{(\sigma V)_{\mathrm{D\text{-}D}}}{(\sigma v)_{\mathrm{D\text{-}^3He}}}\tag{15.15}$$

式中，C是与D-D反应的氚粒子约束时间有关的常数，在0.03～0.18之间取值，取决于D-D反应产生的氚是全部烧不掉(0.03)或全部都烧掉(0.18)。可见它是燃料混合比和离子温度的函数，在典型的D-^{3}He工作温度55～60 keV条件下，中子功率约占D-^{3}He聚变功率之比5%。

15.5 ^3He-^3He聚变反应

^3He-^3He聚变反应可写为

$$^3He + {}^3He \to 2p + {}^4He(12.86\ MeV) \tag{15.16}$$

^3He-^3He每次反应释放的能量多于其他无中子反应。^3He-^3He反应的特点是不存在冷凝性燃料和反应产物以及在聚变惯性的动力学温度下，不存在直接产生中子、氚和氚的可能。与D-^3He聚变一样，^3He的一个严重缺点是难以找到大量的^3He。这种反应所需的^3He必须来自半催化的D-D反应堆和D-T反应堆中多余的氚的衰变，或者来自月球表面的月壤中，据了解在月球的表面存在大量丰富的^3He资源。如前所述，随着航天技术的快速发展，从月球上开采^3He用于核聚变已经不再是遥不可及的事情了。

15.6 p-^{11}B聚变反应

15.6.1 p-^{11}B聚变概述

p-^{11}B聚变反应只使用天然存在的同位素，所产生的主要反应产物只有^4He一种，无论是作为燃料，还是作为反应产物，都不需要处理氚。在基于质子的无中子反应中，p-^{11}B反应截面最高，也最容易发生。p-^{11}B的初级反应只产生带电粒子，在动力学温度低于300 keV时，它接近于满足点火要求。根据目前得到的截面数据，这种反应的次级反应产生的中子是无中子聚变中最少的，并且由次级反应产生的中子能量较低（≤1.5 MeV）。

p-^{11}B的反应式为

$$p + {}^{11}B \to 3{}^4He + 8.664\ MeV \tag{15.17}$$

在反应产物^4He和^{11}B之间会出现次级反应，将产生中子和^{14}C，后者是一个半衰期为5730年的长寿命放射性核素。由于^{14}C具有放射性危害和可能干扰世界范围内放射性碳的年代测定技术标度，所以需要小心地加以控制。天然硼由20%的^{10}B和80%的^{11}B组成，如果^{11}B中含有杂质^{10}B，将产生放射性物质^{7}Be。

氢的同位素和氦都是气态物质，它们不会在反应堆容器内部冷凝，而锂、铍、硼是冷凝性的，它们可能在真空容器壁和真空泵系统内部积累。在直接转化装置和电子回旋共振的射频天线或其他高压元件中，这种冷凝可能会引起电弧。P-^{11}B反应的另一个潜在缺点在于^{11}B燃料是冷凝的，可能会积累在反应堆的真空系统中。对于千瓦量级的反应堆，燃料的积累能力可以多达每年几吨[4]，除非能够发现一些可靠的方法来避免燃料和/或冷凝性反应产物的冷凝。因此，需要发展先进的硼刻蚀技术，清除真空室内壁上残留的硼，并考虑在未来氢-硼聚变反应堆上的应用。

氢硼原料在自然界储量丰富、容易获取，适用于对聚变条件要求很高的氢-硼聚变能。氢-硼聚变与D-T聚变最根本的区别是没有氚增殖和自持问题。由于氢-硼聚变的初级反应没有中子，因此无须解决棘手材料抗中子辐照问题。氢-硼聚变反应初级产物是带电的α粒子，可通过磁流体直接发电，热-电转化效率可高达80%或更高，大大提高了聚变能的经济性。

由于氢-硼聚变反应需满足的物理条件比氘-氚聚变的要苛刻得多，特别是等离子体温度高于D-T反应几十倍。一方面，与氘-氚反应相比，氢-硼反应想要达到其最大的核反应截面需要更高的质心动能；另一方面，由于氢-硼反应的轫致辐射造成的辐射损失比氘-氚反应高得多(轫致辐射能量损失与核电荷数的平方成正比)，在平衡态下，氢-硼核聚变的轫致辐射损失一般会高于核反应释放的能量，最终导致几乎没有净能量输出。即使利用最新的氢-硼聚变反应截面数据(Sikora在2016年发表了新的截面数据)，相比Nevins的反应截面有较大幅度提升，氢-硼热核反应也只在很狭窄的能量区间才会有净能量输出。最新的研究(图15.4)结果表明，随着氢-硼核反应截面的提升，产生的聚变能大于辐射损失。氢-硼核反应属于三体过程，反应截面的不确定性大，杜克大学重新测量氢-硼核反应截面的结果，在高能区比之前测量结果高50%～200%。为了进一步明确反应截面数据，新奥集团能源研究院正在与北京大学合作进行全角度氢-硼反应截面测量。

新奥集团谢华生博士等[5]提出提高氢-硼等离子体的约束性能和降低劳逊判据的新思路，实现氢-硼聚变反应和商业应用(图15.5)。通过对氢-硼反应截面的深入研究，发现提高反应截面和反应率的方法，采用非热平衡可能使劳逊判据条件或更低。同时，提高等离子体的温度、密度和能量约束时间。基于热平衡条件下的劳逊判据(忽略磁场导致的回旋辐射)，预期在等离子体的离子温度T_i约为200 keV，$n_i\tau_E > 10^{22}$ s/m^{3}条件下可以实现氢-硼聚变反应。即使如此，其工程上的挑战难度难以预测。

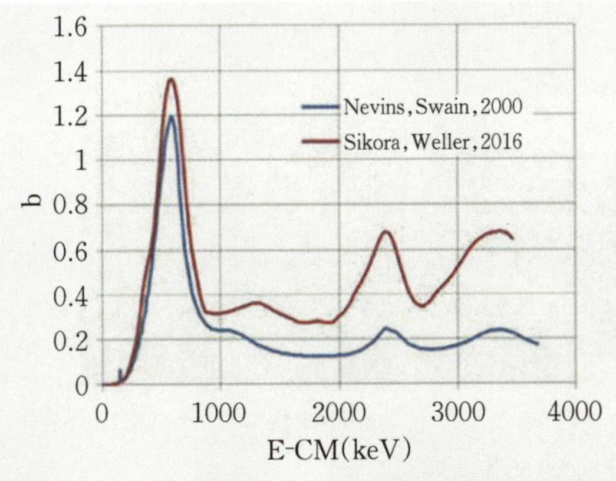

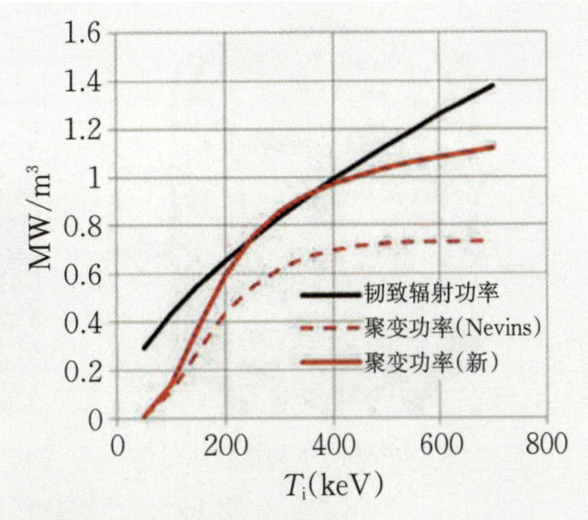

图 15.4　氢-硼核反应截面(左)及氢-硼聚变功率与韧致辐射功率在不同截面数据下与离子温度的关系(右)

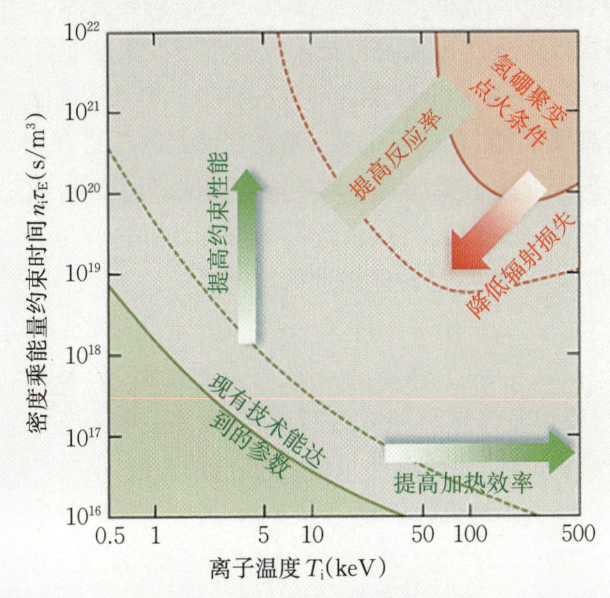

图 15.5　提高约束和降低劳逊判据

15.6.2　新奥氢-硼聚变

新奥集团是国内第一家致力于聚变技术开发和聚变能商业应用的民营企业公司，2017年首次进入核聚变研究领域。于2019年自主设计建造了国内首座中等规模的球形环氢硼聚变实验装置玄龙-50，历经3年多的实验运行，取得了一系列的重要成果，受到国内外聚变界的关注。新奥聚变的最终目标是实现无中子氢-硼聚变能的商业化应用。图15.6为新奥球形环装置玄龙-50示意图和装置大厅概貌。

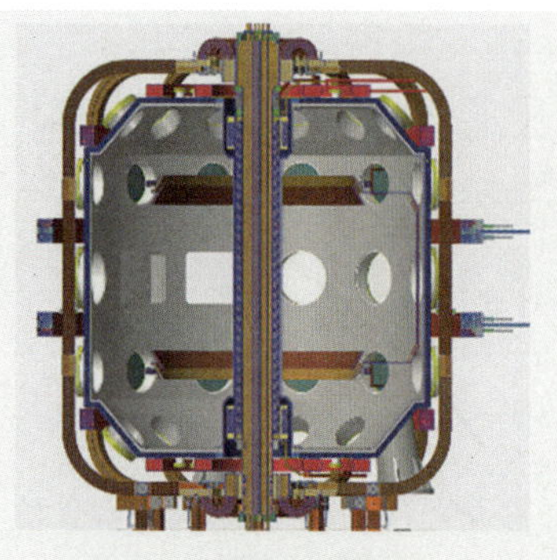

(a) 结构示意图

(b) 装置大厅概貌

图 15.6 新奥球形环玄龙-50 聚变实验装置

2024 年 6 月 10 日,全面系统阐述新奥氢-硼聚变技术路线的学术论文在国际期刊《等离子体物理学》(*Physics of Plasmas*)上发表。这是新奥自 2017 年启动聚变探索及 2022 年确定技术路线以来首次正式发布技术发展蓝图。聚变能源因其清洁、高效和原料丰富的特点,长期以来一直是全球能源研究的热点。新奥长期致力于开发环境友好且具有成本效益的聚变能源,其选定的氢-硼聚变因原料丰富易得及低中子产额而备受业界关注。文章重点论述了实现商业聚变能的挑战和可能性,指出聚变能反应堆的开发涉及三个关键步骤:选择聚变燃料、选择约束方法和选择能量转换方法。燃料丰富、无中子、无污染的氢-硼聚变是较理想选择。

新奥聚变的技术特点是采用球形环氢-硼聚变商业化途径,相较于传统托卡马克,球形环具有高比压 β 值(等离子体压力与磁压力的比值)的特点,而高比压(20%~40%)和良好的约束特性使得球形环成为实现氢-硼聚变的理想平台。下列公式分别给出了传统托卡马克(15.18)和球形环(15.19)能量约束时间的定标律公式,可以看出球形环具有更好的等离子体约束性能。

$$\tau_E^{\mathrm{IPB98Y2}} = 0.0562 I^{0.93} B^{0.15} P^{-0.69} n^{0.41} M^{0.19} R^{1.97} \varepsilon^{0.58} K_a^{0.78} \quad \text{托卡马克} \tag{15.18}$$

$$\tau_E^{\mathrm{ST}} = 0.066 Ip^{0.53} BT^{1.05} P^{-0.58} n^{0.65} R^{2.66} K^{0.78} \quad \text{球形环} \tag{15.19}$$

尽管氢-硼聚变面临的技术挑战较大,但新奥聚变研究团队通过新建立的系统代码和新的实验数据,定量展示了实现该聚变反应能量增益的可行性;同时提出了“实验—点火—发电”三步走的详细发展计划,目标是尽早解决氢-硼聚变低成本和商业化的问题。

为了支持这一路线蓝图,新奥已完成对现有球形环物理实验装置“玄龙-50”的升级,成功进行了新装置“玄龙-50U”(图 15.7)首次等离子体实验;正在筹建下一代装置“和龙-2”(图 15.8),预计 2027 年建成,届时将验证球形环氢-硼热核聚变反应率,并为未来的球形环(ST)氢-硼聚变反应堆设计提供可靠的技术基础。图 15.9 为未来氢-硼聚变电厂设想场景图。

图 15.7　新奥试验聚变装置玄龙-50U

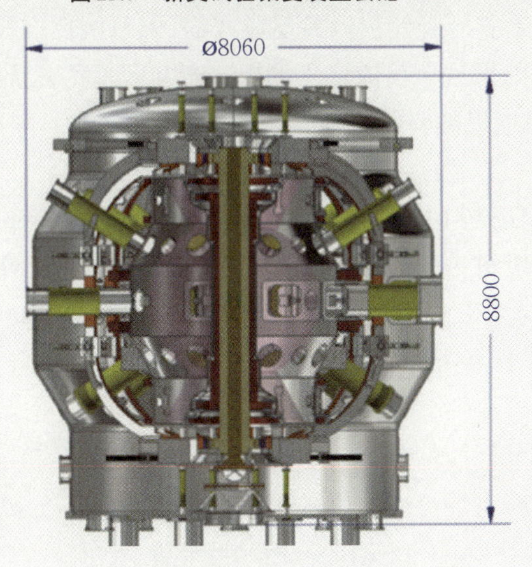

图 15.8　新奥球形环和龙-2 结构示意图

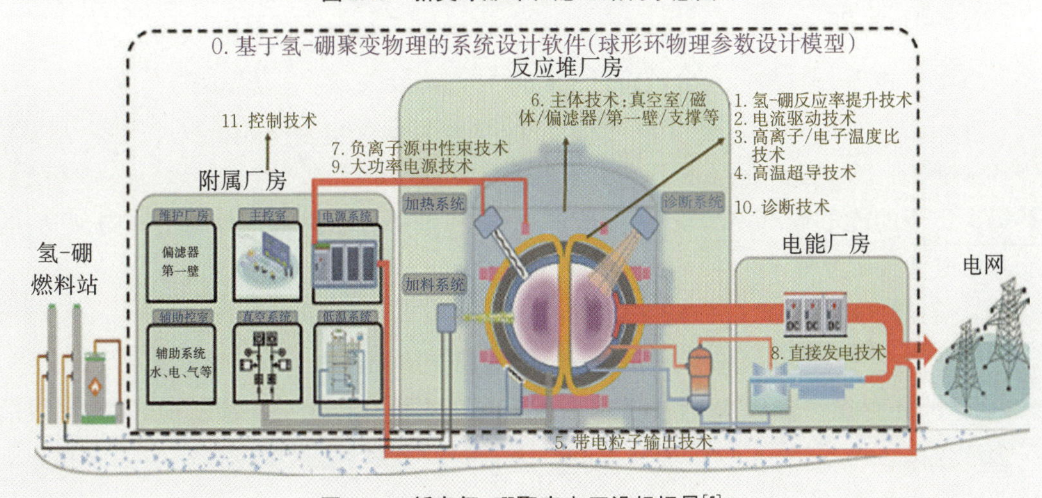

图 15.9　新奥氢-硼聚变电厂设想场景[5]

15.7 其他聚变反应

1. p-^{6}Li反应

初级的p-^{6}Li反应由下式给出

$$p+{}^6Li \rightarrow {}^3He+{}^4He(4.022\ MeV) \tag{15.20}$$

这个反应产生的是非冷凝性灰烬或反应产物，但每次反应释放的总能量相对较低（相对于D-D反应）。如果这个反应产生的^{3}He被约束在发生反应的等离子体中，则通过第二代链式反应，总能量的释放将会显著增加，

$$^3He+{}^6Li \rightarrow p+2{}^4He(16.88\ MeV) \tag{15.21}$$

它每次反应释放将近17 MeV的能量。在这种链式反应中产生的总能量为20.9 MeV，使得其反应性与高能燃料中的情形相当。式(15.21)中放出的快质子还可以触发另一个p-^{6}Li反应循环，此时由于质子的高能量，所以与原来的热化质子相比，新的循环具有较高的反应性。由于次级^{6}Li-^{6}Li反应，p-^{6}Li反应会带来相当大的中子通量和放射性^{7}Be。

$$^6Li+{}^6Li \rightarrow n+{}^4He+{}^7Be(1.908\ MeV) \tag{15.22}$$

中子和放射性的冷凝性反应产物的间接产生使得它不如高性能聚变反应那样具有吸引力，后者的初级反应具有更高的截面和反应性。

2. p-^{9}Be反应

当质子和^{9}Be聚合时，复合核将至少以两种方式分裂，即

$$p+{}^9Be \rightarrow {}^4He+{}^6Li(2.125\ MeV) \tag{15.23}$$

$$p+{}^9Be \rightarrow D+2{}^4He(0.652\ MeV) \tag{15.24}$$

其每次反应的能量输出相对较小，反应产物^{6}Li和氘都可以保留在等离子体内，它们的反应形成像式中那样产生中子链式反应。

$$D+{}^6Li \rightarrow n+{}^7Be(3.38\ MeV) \tag{15.25}$$

$$D+{}^6Li \rightarrow n+{}^3He+{}^4He(1.796\ MeV) \tag{15.26}$$

此外，还存在许多与^{9}Be本身相互作用和^{4}He的相互作用的次级反应，这些次级反应会产生高能中子，在聚变可能涉及的动力学温度范围内，这些副作用的截面和分支比随能量的变化，尚不明晰。

3. D-^{6}Li反应

在高性能聚变反应中，这种反应具有诱人的特点，包括它每次反应相对较高的能量输出，使用天然存在的燃料，而且截面和反应率与其他高性能聚变反应相当。当氘和^{6}Li聚变时，复合核至少能够以5种方式聚变，形成这一反应的5种主要分支如下：

$$D+{}^6Li\rightarrow{}^2He(22.37\ MeV) \tag{15.27}$$

$$D+{}^6Li\rightarrow p+{}^7Li(5.026\ MeV) \tag{15.28}$$

$$D+{}^6Li\rightarrow n+{}^7Be(3.38\ MeV) \tag{15.29}$$

$$D+{}^6Li\rightarrow p+T+{}^4He(2.56\ MeV) \tag{15.30}$$

$$D+{}^6Li\rightarrow n+{}^3He+{}^4He(1.796\ MeV) \tag{15.31}$$

式(15.28)中的^{7}Be是放射性的，以53天的半衰期衰变为^{7}Li。

氘-锂的反应特别复杂，除上述这5种D-^{6}Li的初级反应外，还有两道D-D次级反应，和6道^{6}Li-^{6}Li次级反应分支，而且它们都是放热性的反应。由于氘-锂反应复杂，缺乏有关反应的截面和反应率的数据以及分支比随能量的变化数据，对该反应的研究少于D-^{3}He的研究。尽管这一反应具有很多重要的优点，即其燃料几乎是非常充足的，但与D-T、D-D和D-^{3}He反应相比，其截面和反应率仍然要小一些。

聚变燃料中，锂-6、铍和硼在内的许多高Z同位素都是可冷凝的，所以对于那些使用这些燃料的聚变反应堆，会导致真空系统中固态灰烬的清除问题。有计算表明，如果这些燃料的30%在反应堆通道中燃烧，那么每兆瓦年热功率就会有一吨到两吨的未燃烧锂、铍和硼沉积在真空室的低温表面上。

15.8 先进聚变堆前景

由于高能聚变中子对材料的辐照损伤和氚自持的问题一直是聚变能发展中需要面对的。实现几乎不产生中子和不需要氚的受控核聚变反应，是人类实现核聚变能源的终极目标。许多反应在不同程度上都能满足这些要求，但是所有先进的燃料所要求的温度都比D-T燃料高得多。几种主要的聚变反应比较见表15.2。一般来说，当中子功率低于1%以下的聚变，称为无中子聚变。随着科学技术的进步，特别是大功率加热技术、高温超导及强磁场技术的发展，人类对实现无中子或少中子聚变的探索重现曙光。

表 15.2　几种主要的聚变反应比较

核反应	D-T	D-D	D-^{3}He	p-^{11}B
中子	有(14 MeV)	有(2.45 MeV)	少	极少
氚增殖	需要	不需要	不需要	不需要
最佳聚变温度(keV)	10～30	50～100	50～100	100～300
反应率(m^3/s)	6.0×10^{-22}	5.0×10^{-23}	2.0×10^{-22}	4.0×10^{-22}
燃料	稀缺、管制、放射性	丰富	稀缺、部分管制	丰富、便宜
直接发电	不可	不可	可以	可以
单次反应放能(MeV)	17.59	3.27～4.04	18.35	8.68

有吸引力的可聚变燃料必须是广泛存在的、易于提取的,而且使用于聚变堆时不会造成明显的经济负担。能够满足这些条件的可聚变燃料包括氢、氘、锂、铍和硼。这些燃料蕴藏量丰富,可以供人类使用数千年。

先进的聚变反应应该提供直接转化的可能性,可以把反应产物和未反应燃料的动能直接转化为直流电功率。等离子体中以中子和辐射形式损失的能量必须由常规热循环加以转化,其效率被限制在30%～40%之间。如果采用直接转化形式,把带电粒子能量转化为直流电功率的效率可以达到85%或更高。

先进的聚变反应应该是可以点火的,即能够克服韧致辐射而维持特定的反应。只有这样的聚变反应(等离子体中释放的能量大于韧致辐射形式的能量损失),才被认为是可以点火的。D-T反应和高性能的聚变反应看来都是可以点火的,而大多数以质子为基础的无中子聚变反应则不是。如果聚变不是可以点火的,则必须有外部能量不断地供给等离子体中的电子以克服韧致辐射的损失和维持电子温度。所有的先进燃料只有在离子温度高于10 keV的情况下才能达到高的反应率。如果韧致辐射是唯一的能量损失,那么点火温度对于D-D聚变约为35 keV,对于D-^{3}He聚变反应约为30 keV。所有其他的聚变反应都要求离子温度为100 keV或更高。如果电子温度太高,超过150 keV,其韧致辐射损失将变得过大,再加上电子的同步辐射损失和其他损失,那么就不可能将电子维持在离子发生激烈反应的温度。然而太低的电子温度会导致电子十分迅速地冷却离子,因此必须两者兼顾。现已证明,在高的电子温度下,带电反应产物将它们的大部分能量沉积在离子上,而不是沉积在电子上,因此反应能够维持离子温度远高于电子温度。而且,有可能直接加热离子(例如,通过注入高能中性束),因此,将离子维持在它们发生激烈反应的温度,电子达到的温度要低得多。如果反应产生出的能量明显地多于维持离子所需的能量,那么我们将能够建成可行的聚变反应堆。这种热离子方式被证明是大多数先进燃料最佳的运行方式。

每次核裂变反应释放的能量大约是200 MeV，即便释放能量最多的D-T聚变反应所释放的能量也只有裂变反应的十分之一。因此，每次聚变反应释能可分为低能释放($Q \leqslant 4$ MeV)；中能释放(4 MeV $\leqslant Q \leqslant$ 10 MeV)；高能释放($Q \geqslant 10$ MeV)。每次反应释放的能量越多，这种反应就越可能克服轫致辐射和其他辐射损失，在没有外部能量输入的情况下维持稳定的燃烧。

聚变反应的反应性都是释放能量、反应质子数、反应率和燃料动力学温度的函数。对应一个给定的聚变反应，反应性正比于可能达到的功率密度。在各种聚变反应中，D-T聚变反应的反应性最高，而其他许多无中子聚变反应的反应性则非常低，建造具有有限体积并在经济上可行的聚变反应堆难以实现。

可以预料，第一代聚变反应堆的燃料将是D-T，但要作为能源将面临极大的技术挑战，如氚的增殖与自持、抗中子辐照材料的研发以及燃烧等离子体的稳态控制问题等。

小结

如前所述，先进聚变反应堆是基于高性能聚变反应的，即每次聚变反应具有相对高的能量输出，聚变燃料易于获取，相对较高的反应截面，较少或没有高能中子的产生，没有和较少的氚投料量等。令人遗憾的是，迄今为止可以预期的先进聚变反应，其反应截面都低于D-T反应。由于高性能燃料反应堆可以极大地减少甚至无须氚投料量，降低了包层和屏蔽层的设计难度，减少了14 MeV中子引起的辐射损伤和核素嬗变问题，与D-T聚变相比具有很多工程上的优点。

尽管D-T聚变具有坚实的物理和工程基础，但国际聚变界在经历了ITER的艰苦而漫长曲折的实践后，预期对先进聚变反应堆的探索研究会不断加强。

参考文献

[1] Emmert G A. Conferences and symposia D-^{3}He fusion [J]. Nuclear Fusion, 1991, 31(5): 981.

[2] Mcnally J R. D-^{3}He as a “clean” fusion reactor [J]. Nuclear Fusion, 1987, 18(1): 133.

[3] 邓柏权. 聚变堆物理：新构思与新技术[M]. 北京：中国原子能出版社，2013.

[4] 卡马什. 聚变反应堆物理：原理与技术[M]. 黄锦华、霍裕昆、邓柏全，译. 北京：中国原子能出版社，1982.

[5] 谢华生. 聚变点火原理概述[M]. 合肥：中国科学技术大学出版社，2023.

第16章　中子源及其应用

16.1　引言

D-T聚变将产生14 MeV的高能中子。利用高能聚变中子的动能可以带出聚变产生的能量并加以利用，也可以利用聚变中子与锂反应实现氚增殖与自持。

聚变堆内产生中子有如下特点：

(1) 中子能量高(14 MeV的单能中子)、束功率大、对材料的辐照损伤严重(数百DPA)。

(2) 聚变堆内材料成分复杂且分布不均匀，造成中子散射各向异性，中子通量密度变化大。

由此可知，裂变堆的核技术成果(数据)不能直接应用于聚变堆的设计中。为了能够真实模拟聚变堆环境下的材料、部件特性，在聚变堆设计阶段必须建立聚变中子源装置提供设计分析数据。对不同的中子源装置的基本原理概述如下：

放射性中子源：利用放射性核素衰变时放出一定能量的射线，去轰击某些靶物质，产生核反应而放出中子的装置，主要基于以下三种核反应：(α,n)反应、(γ,n)反应和自发裂变。

散裂中子源：通过将具有中等能量的质子轰击重核，使得重核原本稳定的结构崩塌至裂开，随后重核向各个方向发射出多个中子，这种散裂反应具有较高的中子产生效率。然而散裂反应产生中子的能谱很宽，其产生的中子具有高能尾部，这些处于能谱高能尾部的中子相较未来聚变堆所产生的中子而言具备更高的能量，因此用散裂中子源不适合进行未来聚变堆的材料测试。

加速器中子源：一种利用加速器将带电粒子加速到接近光速，然后去轰击一个或多个靶物质，通过核反应产生中子的装置。其中，国际热核聚变材料辐射装置(IFMIF)是在20世纪提出的一种加速器中子源装置，被计划专门用于进行聚变材料的测试。

强流中子源：一种能够产生大量中子的装置，通过核反应或粒子加速器的方法，将高速粒子与靶核相互作用，从而产生中子。强流中子源具有的中子能谱、平均能量、方向性等参数，对于研究快中子辐照行为具有重要作用。在最近一二十年中，国内外在强流中子源方面进行了大量的研究实验工作，其中一项重要的工作是利用高速旋转的氚靶与D-T反应产生强流高能聚变中子场。国际上具有代表性的强流中子源装置是美国劳伦斯·利弗莫尔国家实验室的RTNS-Ⅱ中子源(3×10^{13} n/s)，我国兰州大学在20世纪建成了ZA-300中子源(3×10^{12} n/s)，中国科学院核能安全技术研究所建成了HINEG-I(6.4×10^{12} n/s)束靶中子源。

体积中子源(Volumetric Neutron Source，VNS)：是以D-T等离子体为基础的装置，可以模拟聚变环境，产生单能(14 MeV)的聚变中子，中子壁负载可达1 MW/m^2，其表面积可到10 m^{2}规模，足以试验聚变装置内部部件，如第一壁、包层、偏滤器和真空室部件。

16.2 体积中子源

体积中子源是由外中子源驱动的次临界系统，包层的能量增益高，因而大大降低了对等离子体芯部的参数要求，也显著降低了对堆结构材料的要求。目前的托卡马克聚变实验堆ITER的参数水平已接近建造聚变中子源的要求。

根据研究结果，一座聚变功率为100 MW的小型聚变中子源装置，如果用于处置核废物，可以处置十几座相同功率的核电站的核废物，同时获得几十倍于聚变功率的能量，也可以在嬗变包层中产氚、烧钚。从我国核能发展和能源需求的趋势来看，这种多功能的嬗变堆与现行的裂变堆组合，进而建立起一种更安全、经济、可行的全新的核能系统。

长期以来，聚变中子源作为非电等离子体应用，并推动聚变能商业化的发展，日益受到重视。其中以美国ARIES研究组为首的研究机构组织美国相关单位进行了聚变中子源应用的持续研究，参与研究的单位包括UCSD、U. Wisc.、RPI、TSI、INEEL、

ANL等，期望相关的研究结果能够促进聚变能的早日付诸应用。其中包括：① 增殖燃料的混合堆（抑制裂变包层）和产生能量的混合堆（快裂变包层）；② 聚变中子源用于裂变堆放射性核废物的嬗变处理；③ 聚变中子源用于聚变材料和工程方面的应用；④ 生产热核武器用的氚以及核武器被拆除后的钚的燃烧处理；⑤ 生产放射性同位素、射线治疗疾病等。

按应用目标的不同，中子源按强度分类，即从10^{11}～10^{13} n/s的低端中子源到10^{19}～10^{21} n/s的高端中子源。对于高端中子源研究考虑的等离子体物理基础是基于ITER物理、先进模式的托卡马克和球形环（ST）产生的等离子体。在燃料循环方面，迄今大部分研究都是基于D-T燃料循环，但有些研究考虑了D-D-T燃料循环。

迄今为止的大部分聚变中子源的研究，都处于概念研究水平，至今还没有详细的、自洽的设计，包括工程、经济和环境问题，也没有详细的中子源发展计划。20世纪末，以美国ARIES为首的研究小组对中子源的研究目标，集中于10^{19}～10^{21} n/s的高端中子源，其研究目的是评估作为聚变中子源的应用潜力和竞争性。主要研究内容如下：

（1）对最有可能的应用和产品进行评估。

（2）与加速器和裂变研究进行比较，以了解作为中子源应用的裂变反应堆和加速器的潜力。

（3）聚变中子源系统研究。基于ITER类的托卡马克、先进模式托卡马克和球形环托卡马克的聚变中子源驱动器的性能和标准进行评价。

（4）对可能的各种中子源应用概念的工程可行性和核特性进行评估。

（5）对聚变中子源的应用环境、安全和许可证相关问题进行评估。潜在的应用包括钚处理、放射性核废物的嬗变。

体积中子源也称为高产额聚变中子源（High-strength Fusion Neutron Source，HFNS），属于高端中子源，在核技术领域、国防技术上有广泛的用途，如生产氚补充核武器装备、生产高纯度的军用钚、分离-嬗变处置核废物、生产聚变燃料氚以及医学应用等。

16.3 体积中子源应用

国际上，20世纪90年代初提出大体积中子能源（VNS）的研制，当时的目的只限于对聚变堆材料和部件的试验。1993年以来，在美国能源部（DOE）的安排下，美国对VNS嬗变核废物、生产核燃料与能量、生产氚、核材料辐照考验和处置退役军用钚等方面的应用开展研究。1999年5月,DOE布置了内容广泛的高强度聚变中子源的研究。

聚变界一般认为,VNS是获得内部部件和材料系统关键数据的最实际和费效比最好的方案,即使ITER建成,在示范堆(DEMO)建造运行之前,建设VNS仍然是必需的。发展和建设VNS可以促进聚变能的发展,实现聚变中子的非电应用,其中包括:

(1) 增殖燃料混合堆(抑制裂变包层)。

(2) 产生能量的混合堆(聚变驱动一个次临界包层)。

(3) 聚变中子源用于裂变堆放射性废物的嬗变。

(4) 聚变中子源在聚变材料试验和工程方面的应用。

(5) 生产氚。

(6) 核武器被拆除后钚的燃烧处理。

(7) 生产放射性同位素。

(8) 放射线治疗疾病。

(9) 生产氢和爆炸探测等。

在VNS中,主要的实验目的是:① 从实验上对不同的设计和不同的材料系统方案的第一壁/包层/偏滤器/真空室(例如固体壁和液体壁)检验其科学可行性与工程可行性以及技术上是否具有吸引力的问题;② 获取有关内部部件的基本现象和性能的重要数据,这关系到功率的提取和粒子的抽运、氚自持、事故模式和事故概率、维修以及其他关键问题;③ 促进必需的工程科学的进展,并进行有利的D-T实验;④ 为内部系统提供工程科学的知识基础。这些都是聚变研究计划任务不可或缺的部分。

聚变-裂变混合堆的设计和建造也是体积中子源的另一种实际应用。

高能聚变中子辐照下聚变堆材料、部件的服役稳定性和安全性是制约聚变能发展的关键核科学与技术问题,因此迫切需要发展聚变中子源测试装置,用于测试及验证聚变核材料和堆内部件;同时利用聚变中子源来驱动聚变-裂变混合堆,实现聚变能源的早期应用。

体积中子源的非电应用,主要是易裂变材料(^{233}U,^{239}Pu)的增殖和其他锕系元素的燃烧处置。据计算,热功率为150 MW,产生10^{19} n/s强度的聚变中子源,每年可产1 kg级的氚。如果聚变装置的热功率约为500 MW,用于生产军用钚,可年产几十千克。

这类中子源对聚变驱动器(堆芯)的要求与评估大致是:

(1) D-T等离子体Q值达或接近1。

(2) 稳态或准稳态运行效率,运行因子>25%。

(3) 合理的中子有效倍增因子K_{eff}值。

(4) 中子积分通量≥6 MW·a/m^{2}和聚变功率<150 MW。

(5) 接近聚变电站的工艺。

(6) 考虑中子的成本。

(7) 考虑中子能谱的有效性。

(8) 实验区域的磁场>2 T。

体积中子源装置的类型可包括常规托卡马克、球形环和磁镜。一般说来,它们具有常规铜磁体,其聚变功率小于150 MW,以使其费用最低和氚的消耗量最少(在某些方案中本身可以增殖氚)。大量的研究都基于两种装置类型设计的:一种是根据高环径比(A~3.5)托卡马克;另一种是根据球形环(ST),两者都能满足VNS的要求。在日本和俄罗斯进行的一些研究建议采用以磁镜为基础的装置。

发展聚变中子源面临的问题是需要对裂变、加速器和现有废物处置技术进行全面的比较和评估。聚变中子源在安全、环境和核安全许可证发放方面,有类似裂变堆的要求。由于对聚变中子源的定位为纯聚变商业化前的中间应用,其发展必须考虑和建立一个合适的市场空间以及对纯聚变发展的影响、技术衔接以及公众对聚变能源形象的影响等因素。

16.3.1 处置长寿命放射性核废物

现有的对聚变中子源的研究都处于概念研究阶段,缺乏详细的自洽设计,包括工程、经济和环境问题,而且也没有详细的发展计划。为此,美国ARIES研究组发起了对聚变中子源的系统研究,其目标集中在源强为10^{19}~10^{21} n/s的中子源方面。研究的目的是评估中子源作为聚变能研究近期应用的潜力和竞争力。

国际热核聚变实验堆(ITER)可以作为原型聚变中子源。另外,乏燃料的嬗变处置是磁约束聚变发展的一个合适的中期目标[1]。据估计,如果ITER按期建造并运行,嬗变处置乏燃料的体积中子源可望在10~15年内实现。

国际上对聚变中子源在嬗变放射性核废物的工作一直在进行中,并将与聚变能长期发展战略安排相结合,且与加速器中子源和核裂变堆相互比较,方能得出是否需要发展聚变中子源的正确结论。

1. 长寿命锕系元素

在聚变反应堆的芯部就是体积中子源,待处置的核废物放置于包层。由芯部等离子体产生的聚变中子作为外中子源驱动,系统始终处于次临界状态,具有固有安全性。

核电站中的长寿命放射性核废物主要来自锕系元素,如^{237}Np,^{241}Am,^{243}Am,^{243}Cm和^{244}Cm等,这些核素在聚变中子的轰击下,有较大的裂变截面和俘获截面。裂变反应"烧毁"锕系元素;俘获反应使长寿命的放射性核素转化为无毒或低毒核素,例如,半衰期为214万年的^{237}Np，俘获反应后转变成^{238}Np，其半衰期为2.12天。^{238}Np再经俘获反应转变成^{239}Pu，使核废物变废为宝。由于聚变反应具有“富中子、贫能量”的特点，用来处置核废物的嬗变堆实际上就是一个高效率的核废物“焚烧炉”，利用它可以从根本上解决核电发展中棘手的核废物处置问题。

根据研究结果，一座聚变功率为100 MW的小型聚变堆，可以处置十几座相同功率的核电站的核废物，同时获得几十倍于聚变功率的能量，也可以在嬗变包层中产氚、烧钚。从我国核能发展和能源需求的趋势来看，这种多功能的嬗变堆与现行的裂变堆组合，进而建立起一种更安全、经济、可行的全新的核能系统。

国际热核聚变实验堆(ITER)已经进入建造阶段。先期的研究开发工作演示了建设这样规模(聚变功率500 MW)的体积中子源的工程技术可行性。

2. 国内外研究进展

近年的研究成果表明中子壁负载在每平方米0.6～1.0 MW(类似于ITER参数)时就可以有效地嬗变锕系核素，年焚毁量可达吨级，同时输出廉价电能。由于聚变堆在嬗变核废物上具有硬的中子能谱、富裕的中子产额、不会发生超临界事故等优点，因而具有良好的竞争力。

随着聚变研究的进展，通过聚变中子嬗变放射性核废物的研究重新受到国际聚变界的关注。1993年，美国能源部拨出专款支持托卡马克嬗变核废物的研究工作，批准了名为“CURE”(Clear Use Reactor Energy)的规划，为分离次锕系元素(Np, Am, Cm)、裂变产物(^{99}Tc，^{129}I等)，以便在反应堆、加速器及其他装置中嬗变它们。其中，美国加利福尼亚大学圣地亚哥分校的“ARIES计划”将聚变中子源的研制与应用列为一个重要研究方向。

1994年俄罗斯提出在2005年建成一个小型的用于嬗变核废物的聚变堆，该项目由著名的诺贝尔奖获得者巴索夫院士直接领导。俄罗斯还提出生态清洁的核反应堆能量利用的构想，包括储存—利用—嬗变—分离，与CURE的构想有很多类似之处。国际原子能机构于2000年7月在莫斯科召开了一次关于聚变-嬗变堆的专家会议，讨论聚变中子源及其应用问题。

我国核工业西南物理研究院一直开展利用聚变中子嬗变核废物的研究，先后在国际专业学术会议、国内外学术刊物上发表了很多重要研究成果，引起了国内外同行的关注。1994年美国能源部将核工业西南物理研究院开展的聚变堆嬗变核废物的研究列入中美磁约束核聚变技术合作项目。1999年4月，日本原子能研究所的聚变堆研究专家访问核工业西南物理研究院后，立即在日本原子能研究所组织开展聚变中子嬗变核废物的研究工作，日本政府随即批准了分离－嬗变的“OMEGA”聚变中子源研究计划，设立分离和嬗变两个研究方向。

16.3.2 生产热核材料

在核武器中，氢的同位素氚是氢弹、中子弹的关键核燃料。氚的半衰期为12.6年，现存的核武器库中的氚必须定期更换。为保证我国核武器的储量，必须拥有足够的氚的生产能力。通常的原子弹所使用的可裂变材料^{235}U的自然储量非常有限，利用现有的方式生产，产量低、成本高、资源利用非常有限。发展战术核武器，高纯度的核燃料^{239}Pu是关键。现有的生产方式很难生产高纯度的核燃料。

核燃料增殖反应：

$$^{238}\mathrm{U}+\mathrm{n}\rightarrow {}^{239}\mathrm{U}\xrightarrow{\beta^-(23.5\,\mathrm{min})}{}^{239}\mathrm{Np}\xrightarrow{\beta^-(2.4\,\mathrm{d})}{}^{239}\mathrm{Pu} \tag{16.1}$$

$$^{232}\mathrm{Th}+\mathrm{n}\rightarrow {}^{233}\mathrm{Th}\xrightarrow{\beta^-(23\,\mathrm{min})}{}^{233}\mathrm{Pa}\xrightarrow{\beta^-(27\,\mathrm{d})}{}^{233}\mathrm{U} \tag{16.2}$$

在ITER的包层中放置增殖材料^{238}U后，由于聚变中子能量高，可生产出高质量的军用钚。在^{239}Pu生成以后，又有可能通过(n,γ)俘获反应生成^{240}Pu。在热中子区和慢中子区，^{239}Pu的俘获截面$\sigma(\mathrm{n},\gamma)$遵循$1/v$定律，截面值高，所以热堆生产的钚燃料中^{240}Pu含量高。因此热堆不能用来生产武器钚。快堆中子谱较硬，主要在千电子伏特区。该区^{239}Pu的$\sigma(\mathrm{n},\gamma)$值大为减小，因而快堆可以生产质量较高的武器钚，但仍含有相当量的^{240}Pu。聚变堆中子能谱主要在兆电子伏特级。它生产出来的钚中，其^{240}Pu的含量要比军用核燃料生产堆中含量低得多。这对核武器的小型化和精确设计非常有利。各种钚来源中^{239}Pu同位素纯度比较见表16.1。

表16.1 各种钚来源中^{239}Pu同位素纯度比较

堆型	^{239}Pu同位素纯度
聚变堆(FR)	99.6%
压水堆(PWR)	69%
快增殖堆(FBR)	79%

由于D-T聚变产生的是高能中子，以ITER这样规模的聚变堆为例，如在等离子体外围的包层中布置铍、铅和裂变材料等中子倍增剂材料(一些材料的中子倍增数据：Be-2.7，Pb-1.7，^{7}Li-1.8，^{232}Th-2.5，^{238}U-4.2)，可以很容易使中子倍增数达到3。若一个中子与^{238}U或^{232}Th作用，则可年产150 kg左右的高纯度的^{239}Pu或^{233}U。以国外的一个混合堆设计的中子平衡计算为例[2]，给出经优化后系统的中子平衡表(表16.2)，说明经过设计优化后系统的中子倍增是可以达到甚至大于3的。该设计为一个抑制裂变的混合堆设计，如采用快裂变型的混合堆设计，中子倍增能力可远高于此。

表16.2 聚变堆U-钼包层的中子平衡表

中 子 源		中子消耗	
D-T中子	1.0	$^{238}U(n,\gamma)$	1.8
$^{238}U(n,f)$	2.4	$^{6}Li(\alpha,t)$	1.14
$^{238}U(n,2n)$	0.26	$^{238}U(n,f)$	0.68
$^{238}U(n,3n)$	0.24	结构材料俘获	0.29
	—	泄漏	0.02
合计	3.9		3.9

裂变堆的乏燃料中含有大量的重锕系元素Am,Cm等,可将它们放在ITER的包层中照射,通过其俘获反应生成贵重的核燃料,比如^{243m}Am,^{245}Cm,这些元素是制造微型原子弹和微型核弹引爆装置的最佳材料。

16.3.3 生产热核材料——氚

氚是氢的一种放射性同位素,尽管在自然界中存在,却很稀少,宇宙中氚的总量也只有几千克。氚是聚变反应堆不可缺少的燃料之一,研究氚的生产是解决有关核聚变课题的重要方面。

目前提出的氚的生产途径主要有:

自然界的核反应:宇宙射线中的高能中子轰击大气层中的氮引起$^{14}N(n,t)^{12}C$反应生成氚,这样的反应产生的氚的数量极少,没有制取价值。

重水堆生产氚:因种种原因随同重水流失到堆外,造成环境和生物的危害。所以,当重水中氚的浓度达到一定数值后,重水应进行除氚处理,但处理大量重水回收的氚,其经济效果值得认真考虑。

轻水堆生产氚:在轻水堆中氚生成的主要来源是核燃料铀及钚的核三分裂。目前,人工制备氚的主要方法是把^{6}Li靶放在反应堆内经中子辐照生产氚。常用的靶材料有:锂铝合金、铝镁合金、氟化锂、金属锂等。

加速器生产氚:加速器通过散裂产生很多中子再生产氚。利用加速器生产氚的优点很多,包括生产医用放射性同位素,但价格昂贵。同时,要达到设计所需的参数,在目前的加速器中还不能实现,某些科学家甚至预言加速器生产氚所需要的时间至少还需要20年。

核爆炸生产氚:由于在核爆炸时放出大量中子,可以用来生产氚及超钚元素。但这种方法实际应用的可行性尚待研究。

聚变堆生产氚：利用聚变产生的大量的高能聚变中子与再生区中的锂发生反应增殖氚并释放能量，再把所产生的氚放回到聚变反应装置中去，氚又进一步参与聚变反应，又产生中子，再与锂发生氚增殖反应，这样就构成了维持聚变反应的所谓氚循环。与传统的产氚方法相比，聚变堆产氚极具经济性优势。反应堆和加速器生产氚原理如图16.1所示。

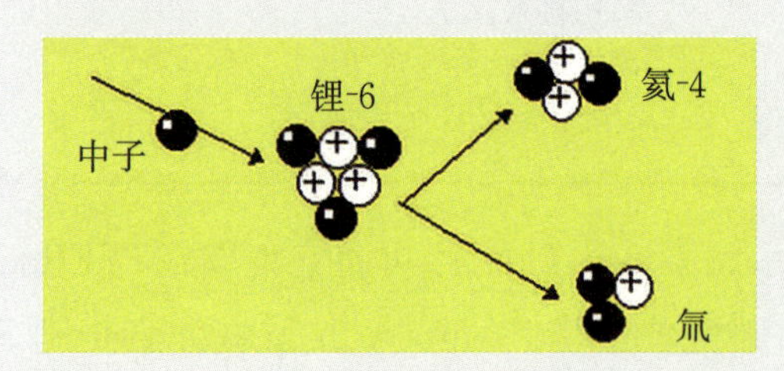

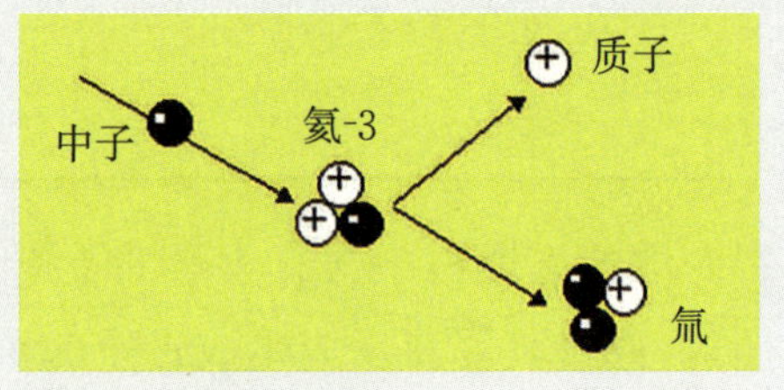

图16.1　反应堆（左）和加速器（右）生产氚原理图

在聚变反应中可以利用的产氚反应如下：

$$ {}_{1}^{2}\mathrm{D}+{}_{1}^{2}\mathrm{D}\rightarrow {}_{1}^{3}\mathrm{T}+\mathrm{p}+4.0\,\mathrm{MeV} \tag{16.3}$$

$$ {}_{1}^{2}\mathrm{D}+{}_{1}^{3}\mathrm{T}\rightarrow {}_{2}^{4}\mathrm{He}+\mathrm{n}+17.6\,\mathrm{MeV} \tag{16.4}$$

$$ {}_{3}^{6}\mathrm{Li}+\mathrm{n}_{\mathrm{slow}}\rightarrow {}_{2}^{4}\mathrm{He}+\mathrm{T}+4.8\,\mathrm{MeV} \tag{16.5}$$

$$ {}_{3}^{7}\mathrm{Li}+\mathrm{n}_{\mathrm{fast}}\rightarrow {}_{2}^{4}\mathrm{He}+\mathrm{T}-2.5\,\mathrm{MeV} \tag{16.6}$$

聚变堆和裂变堆都是通过核反应$^{6}\mathrm{Li}(\mathrm{n},\alpha)\mathrm{T}$吸收锂靶中热中子生产氚。裂变堆中一个$^{235}\mathrm{U}$原子约释放1.8个中子，同时产生约200 MeV的能量。由于自持链式反应需要一个中子，仅0.8个中子可与锂反应。因此，一个氚原子的产生释放约250 MeV的能量。聚变堆中，使用核反应$\mathrm{D}(\mathrm{T},\mathrm{n})\alpha$，在每个聚变反应中产生1个中子，同时释放17.6 MeV的能量。为了增加氚的产量，这个中子轰击环绕的包层中的1个Be原子产生约2.3倍的中子倍增，这些次级中子与锂反应产生1.9个T原子并释放9.12 MeV的能量。由于必须保留1个T原子作为新的燃料，因此在低中子泄露的聚变反应中，产生一个净中子的同时释放约28 MeV的能量。即在裂变堆中，生产一个T原子释放的热能是聚变堆中的9倍。另一方面，产氚堆本质上就是聚变中子源或体积中子源的应用。

ITER设计聚变功率为500 MW，就要求每秒有1.75×10^{20}氘-氚反应，也就是说每秒要产生1.75×10^{20}个高能(14.1 MeV)中子。ITER的堆芯尺寸为大半径6.28 m，小半径为2 m，等离子体表面积为678 m^2，表面中子通量是$2.58\times10^{17}/(\mathrm{m}^2\cdot\mathrm{s})$。ITER的真空室壁面积和等离子体的体积都非常大，1.75×10^{20}高能(14.1 MeV)n/s的总产额，是目前其他方法所难以获得的。按ITER的堆芯参数，嬗变包层的装载为：$^{241}\mathrm{Am}$：15565 kg，

^{243}Am:2760 kg,^{237}Np:13884 kg,^{244}Cm:4986 kg,运行因子为80%。^{244}Cm在运行初期总量增加,主要是^{243}Am吸收中子(n,γ)后β衰变的结果,但由于^{244}Cm的半衰期较短(18.1年),而且当堆运行后期,^{243}Am减少后,^{244}Cm将得以减少。如果按照ITER的运行状况(产生中子的时间为每小时500 s,每年运行时间为50%),则可以计算得到以下结果:

(1) 净生产核燃料^{233}U能力为820 kg/a。

(2) 除维持自身的氘-氚反应外,其额外的产氚能力为293 kg/a。

(3) 同时还能嬗变高放核废物的锕系元素^{241}Am:195 kg,^{243}Am:25 kg,^{237}Np:150 kg。

根据ITER工程设计,设想每两小时燃烧500 s(占空比为1/12)的运行模式,则一年总高能中子产额为:3.83×10^{26} n/a。由于是高能中子,在包层中放锂或铍等中子倍增材料可以很容易使中子倍增数达到3以上。若用其中2个中子与锂作用产生2个氚,分离出其中1个氚维持ITER继续运行,则ITER年产净氚可高达1.9 kg。据计算,一个产生10^{19} n/s聚变中子产额的小型中子源,聚变功率为150 MW,每年可产氚1 kg。

据计算,一座标准聚变功率的混合堆可年产氚50~100 kg。毫无疑问,混合堆作为体积中子源是一种高质量、低成本生产氚的最有效的装置和最佳途径。

16.3.4 在其他领域的应用

利用聚变中子能量高的特点,可生产的同位素种类比裂变堆更多。例如,需通过(n,α)等阈能反应产生的同位素,只能在聚变堆中实现。可以有效生产^{60}C,^{56}Mn,^{153}Gd,^{32}P,^{33}P,^{186}Os,^{188}Os,^{103}Rh等放射性同位素。这些同位素有广泛的用途——医学、食品和废物消毒等领域。由于裂变堆受中子通量和能量的限制,难以有效实现(照射时间长、产额低,有的同位素则根本不可能)。

^{56}Mn可用于食品保存和污水处理(得到肥料和可饮用水);^{153}Gd可用于先进的医学扫描装置,能检查骨中钙的流失。

在聚变堆中可以生产比放射性高的^{32}P,^{33}P,^{186}Os,^{188}Os,用于生产极硬合金,如工具的枢轴、电触点等;其合成物也可用于生物化学领域,曾用于制作钢笔尖。^{103}Rh有轻工业用途,如热电偶元件、电极和坩埚等。

16.4 国际聚变材料辐照实验装置(IFMIF)

对于聚变材料的辐照实验而言,散裂中子的能谱宽,高能中子产额低,难以模拟聚变中子对材料的影响,而裂变中子的最高中子能量约2 MeV,平均能量为0.025 eV,不能有效模拟聚变中子和α粒子的作用对聚变材料的辐照损伤(气体H和He产生效应)。重离子束的辐照效应由于深度和dpa限制,外推到聚变中子效应十分困难。因此,建设14 MeV的中子源平台设施,是解决聚变材料辐照损伤问题的主要途径。

获得高能氘-氚中子源的途径之一,是通过加速离子轰击氚靶发生聚变反应,产生14.1 MeV的高能中子,可以真实地模拟核聚变堆环境,为材料辐照考验、核数据测量、评价核数据和中子学计算等提供数据。ITER是一座实验聚变堆,主要解决燃烧等离子体的控制、诊断等物理问题,但它不能解决氚增殖与自持、材料辐照寿命等工程问题。

从建造聚变示范堆(DEMO)和商用聚变堆的角度,ITER各参与方共同倡导建设国际聚变材料辐照实验装置(International Fusion Materials Irradiation Facility,IFMIF)(图16.2),它是在国际能源机构IEA (International Energy Agency)组织协调下,由欧盟、日本、俄罗斯及美国等共同参与的,是能源领域最大的国际合作项目之一,同时也是聚变领域最重要的两个国际合作项目之一(另外一个为ITER)。IFMIF是一个旨在

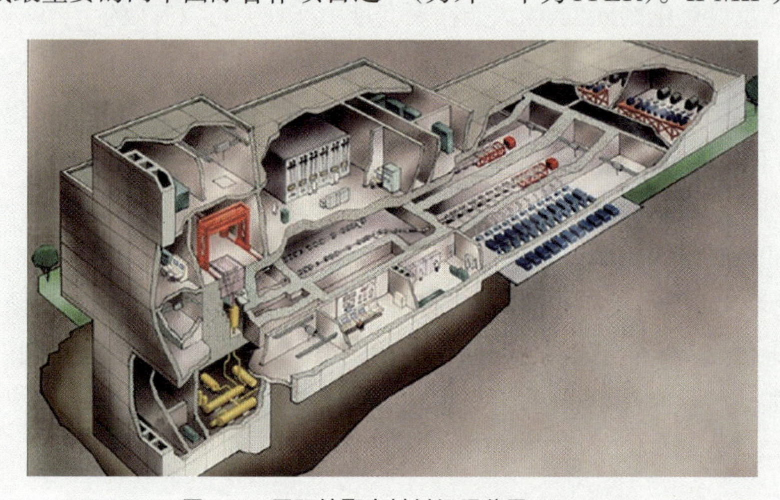

图16.2 国际核聚变材料辐照装置IFMIF

全面验证未来能源生产用聚变反应堆材料的先进测试平台。作为一个由加速器驱动的中子源，IFMIF将产生高能的快速中子流，其能量分布与聚变反应堆内预期的中子谱相仿，特别是那些通过氘和锂的核反应产生的中子。IFMIF是通过两台线性加速器驱动氘离子，轰击一个流动的锂金属靶，从而产生强中子流，模拟聚变反应堆的中子辐照环境，为高性能聚变材料的发展提供必要的研究手段，将为ITER之后的聚变示范堆（DEMO）的建设提供聚变涉核技术的支持。图16.3为IFMIF的原理示意图。

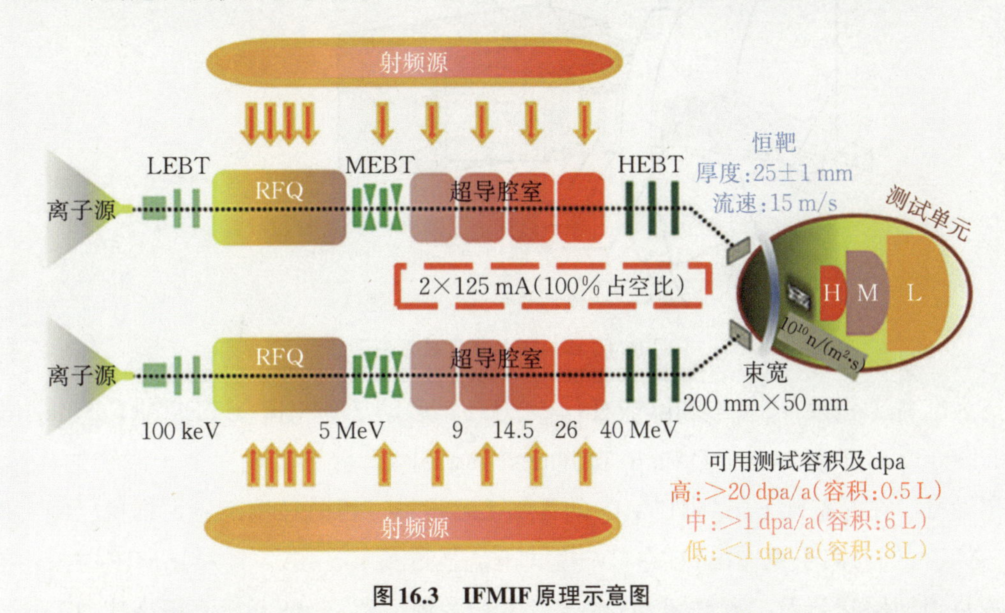

图16.3 IFMIF原理示意图

IFMIF中子源装置的基本原理是通过氘离子去轰击锂靶来产生高能中子。IFMIF由五大关键系统构成：加速器设施、锂（Li）靶设施、测试设施、辐照后检查（PIE）设施以及常规设施。IFMIF设计用两台并行的40 MeV/125 mA的（CW）D^+加速器，每台加速器先用RFQ把D^+加速到5 MeV，再通过超导加速器加速至40 MeV的能量，产生强流离子源再去轰击液态锂靶，产生14 MeV的聚变中子。RFQ（Radio Frequency Quadrupole）是一种结构紧凑的强流低能离子直线加速器，也称为射频四极场加速器，可将氘离子加速到9 MeV。根据设计参数，IFMIF可输出的中子通量为1×10^{18} n/(m^2·s)（14 MeV），运行因子大于70%，可用于对聚变材料的辐照实验。图16.4为国际聚变材料辐照实验装置（IFMIF）目标区域示意图。以一对氘子束照射一个小的目标区域，研究强中子通量（由氘子与锂流相互作用产生）对材料的影响。

IFMIF的高通量测试模块拥有0.5 L的容积，能够容纳大约1000个小型试样，预期在每年运行中达到20 dpa以上的损伤率。开发的小样本测试技术，目标是对候选材料进行全面的机械特性分析，包括疲劳、断裂韧性、裂纹扩展速率、蠕变和拉伸应力等方面。这些技术不仅有助于科学地理解由聚变中子引起的材料退化现象，还将促进聚变材料数据库的建立，这个数据库将为设计、许可和未来聚变反应堆的可靠运行提供关键数据支持。

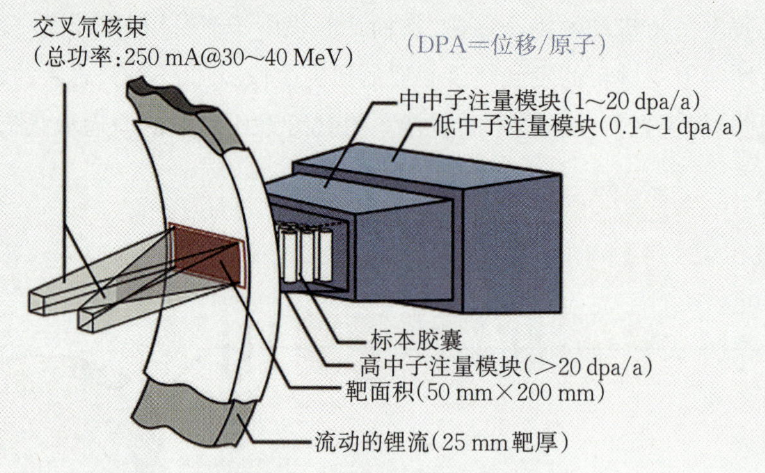

图16.4　IFMIF目标区域示意图

为准备工程设计，日本和欧盟合作于2007年启动了IFMIF/EVEDA(Engineering Validation and Engineering Design Activities)预研计划，旨在实现三个子系统的连续、稳定运行。在此基础上，完成IFMIF的详细工程设计。目前IFMIF验证样机已经实现了9 MeV的D^+离子束输出，且在CW模式下流强达到155 mA。针对IFMIF中采用的大流量锂回路运行及控制技术，日本建设了相关锂回路，验证了大面积高速(15 m/s)锂膜流的长时间稳定运行及控制技术。图16.5为IFMIF的试验系统示意图。

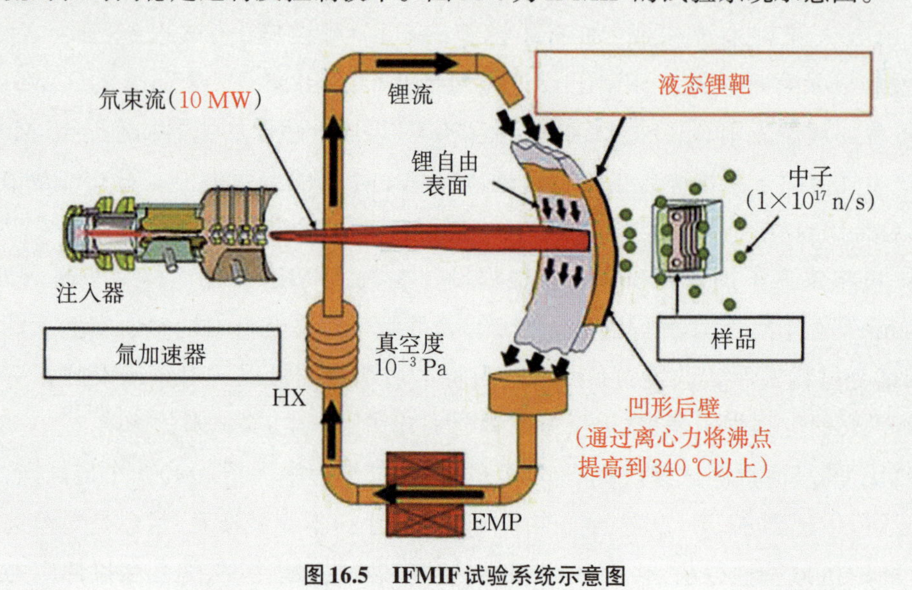

图16.5　IFMIF试验系统示意图

IFMIF对核聚变领域预期的主要贡献包括：

(1) 为聚变示范堆(DEMO)的工程设计提供关键数据支持。

(2) 提供定义材料性能极限的相关信息。

(3) 促进现有材料数据库的完善和验证工作。

(4) 协助选择或优化不同的替代聚变材料。

(5) 验证对材料辐射响应的基本理解，包括在工程应用相关的长度尺度和时间尺度上，对辐照效应模型进行基准测试。

(6) 在ITER包层模块测试之前作为其补充，对包层概念和功能材料进行测试。

IFMIF计划和ITER计划同时提出，但由于ITER计划的不断推迟，和经费等原因，IFMIF的计划长时间停留在关键性工程验证及工程设计阶段。IFMIF面临的主要技术挑战是加速器设施、靶设施和测试设施的搭建。目前，部分关键系统的原型已经建造完成，正在进行测试。与此同时，日本和欧美也各自提出了类似的中子源发展计划，即日本的A-FNS计划和欧盟的IFMIF-DONES计划。这些计划和方案都是基于IFMIF/EVEDA的设计、制造和调试经验。

16.5 GDT中子源

GDT(Gas Dynamic Trap)中子源是一种由中性束驱动的轴对称线性磁镜装置，具有等离子体易实现稳态运行、结构简单紧凑、技术实现难度较低、易升级与维护、氚消耗量低等特点。GDT具有物理与工程技术难度小、中子通量高、结构紧凑成本低的优点，非常适合作为嬗变系统的聚变驱动器。一套GDT聚变中子源系统作为次锕系核素嬗变系统的驱动器，能够提供两个长度达4 m、总中子产额可达5.23×10^{18} n/s的高中子通量区。经过中子学计算及性能分析，表明该嬗变系统能够实现年处理95.1 kg的次锕系核素，嬗变支持比达到4.8，同时产生450 MW的电能，表明GDT嬗变系统具有较优的应用前景。

国际上聚变材料研究者给出了对于用于聚变材料的中子源的主要参数要是：① 大于0.5 L的辐照体积，中子的注量率范围为$10^{13}\sim10^{15}$ n/(cm^2·s)；② 中子源装置的利用率大于70%；③ 中子注量率衰减小于或等于20%/cm。现有的GDT聚变中子源设计存在能量增益较低的问题，且由于磁体技术、中性束加热技术限制，在工程技术方面制约了聚变能量增益的提高。

小结

中子源作为能释放出中子的装置,在中子物理试验、材料科学研究、生物与医学研究等多个领域展现出独特的用处。体积中子源(VNS)在核聚变研究、材料科学研究及其他多个领域发挥着重要作用。IFMIF是基于粒子加速器的中子源,在适当的周期内产生大的但合适的中子流,其能量分布与聚变堆预期的中子能谱相仿,特别是那些通过氘和锂的核反应产生的中子。IFMIF将为高性能的聚变材料发展提供必要的研究手段,通过模拟聚变反应堆的极端环境,测试聚变材料在长时间、高强度中子辐照环境下的性能变化。

参考文献

[1] 邱励俭.聚变能及其应用[M].北京:科学出版社,2008.

[2] 爱德华.聚变[M].胥兵,汤大荣,译.北京:中国原子能出版社,1988.

附录1　磁约束聚变堆放射性源项分析准则

F1.1　定义

(1) 放射性源项(radioactive source term):对反应堆内放射性物质的一种描述。

(2) 放射性活度(activity):放射性元素或同位素每秒衰变的原子数,目前放射性活度的国际单位为贝克勒(Bq),也就是每秒有一个原子衰变,一克的镭放射性活度有 3.7×10^{10} Bq。

(3) 放射性比活度(specific activity):单位质量的某种物质的放射性活度,即某种物质的放射性活度除以该物质的质量而得的商。

F1.2　分析原则

1. 剂量限值

聚变堆所有导致工作人员和公众辐射照射的剂量当量不得超过规定的限值。剂量限制和潜在照射危险限制应符合《电离辐射防护与辐射源安全基本标准》(GB18871)的规定。如无特殊要求,聚变堆向环境释放的放射性物质对公众造成的辐射照射应符合《核动力厂环境辐射防护规定》(GB6249)的规定。

2. ALARA 原则

聚变堆放射性源项的产生量应处于可合理达到的尽量低的水平。聚变堆正常运行、维护和事故工况下向环境的放射性释放量应处于可合理达到的尽量低的水平。工作人员和公众所受辐射照射的剂量当量应处于可合理达到的尽量低的水平。

3. 可实现性

放射性源项分析要尽量采用经实践检验或经实验验证过的可靠技术。

4. 可验证性

放射性源项分析方法和流程应具备可验证性,确保分析结果的可靠性满足设计要求。放射性源项分析结果应予以验证,包括实验验证或独立第三方校核。

F1.3 源项类型和分析范围

F1.3.1 源项类型

聚变堆中的放射性源项主要包括氚和活化源项。氚是聚变堆中重要的放射性源项,包括气态氚、液态氚和固体材料中滞留的氚等三种形态。聚变堆中产生的活化源项主要包括部件活化产物、活化腐蚀产物、活化粉尘、冷却剂活化产物和气体活化产物等。

F1.3.2 分析范围

对聚变堆进行放射性源项分析时,需要考虑所有可能含有放射性源项的区域。聚变堆放射性源项分析的区域包括但不限于:

(1) 聚变堆厂区内:主要包括托卡马克厂房、一回路冷却系统、二回路冷却系统、燃料循环系统、热室、氚工厂、放射性废物厂房等区域。

(2) 聚变堆厂区外:周围50 km范围内区域。

放射性源项分析要涵盖聚变堆设计、运行、维护和退役(含去活化)的全阶段全寿命周期。

放射性源项分析要包括聚变堆中放射性源项产生、迁移和释放的整个过程。

F1.4 分析要求

聚变堆放射性源项分析需要与托卡马克主机、热室、氚工厂、放射性废物厂房、土建和选址等设计相结合，全面落实各项设计要求。放射性源项分析时应在参数和辐射源的选取上考虑适当的保守性。

在对聚变堆进行放射性源项分析时，需要分析方法、程序、数据库、模型等对分析结果的不确定性影响，同时需要结合诊断、检测和实验过程中获得的数据进行比较分析，确保分析结果的可靠性满足设计要求。

F1.5 分析方法及流程

F1.5.1 氚源项

在聚变堆设计阶段，应采用验证过的分析方法，考虑氚的扩散、渗透、滞留和衰变等因素，对涉氚部件、系统和厂房进行合理地建模，确定不同部件、系统和厂房内的氚源项分布，同时评价正常运行、维护以及事故工况下向环境中的氚释放量。

堆芯部件中氚浓度和滞留量的分析方法及流程包括但不限于：

(1) 在流体域采用对流-扩散方程、在固体域采用扩散方程，并保持固体域与流体域交界处氚化学势平衡、氚通量连续。

(2) 方程中的源项由中子输运计算获得的产氚速率或者等离子体入射粒子沉积给出，计算获得的氚浓度分布为材料中的动态滞留量。

(3) 材料中氚的长期滞留量需要在上述方程中进一步耦合氚被材料缺陷捕获的动力学方程，从而获得材料中的长期滞留氚量。

涉氚工艺管道、部件与厂房中氚浓度和释放量的分析方法及流程包括但不限于：

(1) 将工艺管道简化为耦合管道径向氚输运的一维模型，较大尺寸部件采用三维模型，厂房内房间空间采用三维模型，从而实现一维管道、三维部件、三维房间耦合的氚浓度分布计算，获得工艺管道向房间中的氚释放量以及房间主动向外排放的氚量。

(2) 根据上述模型，调节运行参数或者作出合理事故假设，确定各运行工况以及各种典型事故工况下向环境中可能的氚释放量。

聚变堆总体氚平衡分析一般采用平均停留时间方法建立氚质量平衡方程组，计算获得堆芯关键部件、氚系统中的氚盘存量，为氚安全设计提供源项依据。

在聚变堆运行、维护和退役(含去活化)阶段，应对厂区内和厂区附近区域的氚源项分布进行定期测量、监测和采样分析。

F1.5.2 活化源项

活化源项分析通常包括以下两个步骤：① 中子输运计算，确定各系统和部件的中子能谱；② 利用上一步得到的中子能谱进行活化计算。

聚变堆活化源项的特征参数包括放射性核素成分、放射性活度、衰变热、接触剂量、清洁指数等。

根据聚变堆各系统和部件的辐照时间、冷却时间、中子能谱分布和材料成分等，分析确定聚变堆的活化源项和分布。图F1.1给出了聚变堆的活化源项分析流程示例。

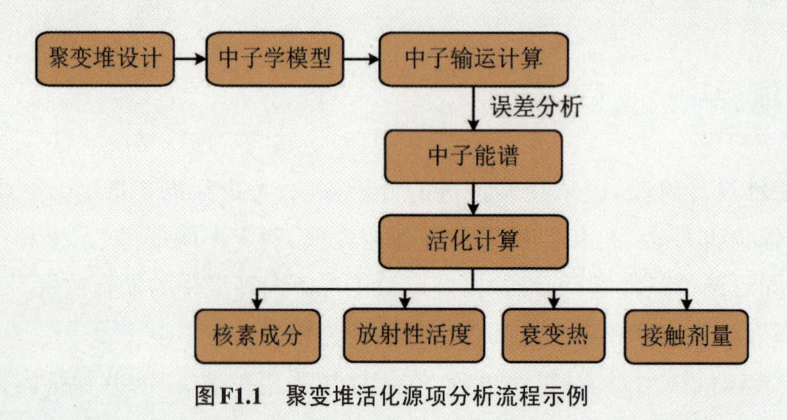

图F1.1 聚变堆活化源项分析流程示例

1. 冷却剂活化产物和活化腐蚀产物

冷却剂活化产物和活化腐蚀产物的分析方法及流程包括但不限于：

(1) 完成聚变堆一回路冷却系统的中子输运计算，确定系统各部件和材料的中子通量和能谱分布。

(2) 完成聚变堆一回路冷却系统的活化计算，确定系统各部件和材料的放射性水平。

(3) 基于一回路冷却系统的设计方案和冷却剂流动方案，确定冷却剂活化产物源项。

(4) 考虑一回路冷却系统管道的腐蚀、释放、溶解、沉淀、侵蚀、沉积等行为，确定活化腐蚀产物源项和分布。

(5) 分析穿过结构材料渗透进冷却剂的氚含量。

(6) 对冷却剂进行定期监测和采样分析。

2. 活化粉尘

活化粉尘的分析方法及流程包括但不限于：

(1) 完成面向等离子体材料的中子输运计算，确定中子通量和能谱分布。

(2) 完成面向等离子体材料的活化计算，确定面向等离子体材料的放射性水平。

(3) 分析、测量面向等离子体材料侵蚀率，建立粉尘产生率分析模型，确定粉尘存量。

(4) 分析、测量活化粉尘中的氚含量。

(5) 对粉尘进行定期监测和采样分析。

(6) 改进分析模型，提高分析准确性。

附录1A：氚源项

1. 氚源项特性

氚是聚变堆中重要的放射性源项。氚的主要危害在于低能β照射(18.6 keV)，其放射性比活度约为3.7×10^{14} Bq/g。在聚变堆中，氚以多种形式存在：

(1) 气态元素氚(HT，DT或T_2)。

(2) 氧化形式的氚(HTO，DTO或T_2O)。

(3) 吸附和滞留在固体材料中的氚，包括在粉尘中的氚。

在聚变堆中，氚的使用会造成气态氚或氧化形式的氚向环境中释放的风险。首先，系统内的氚通过渗透和泄漏(包括正常运行工况下的微量泄露，维护时难以避免的泄露，以及事故工况下从破口处的泄露)进入厂房，然后通过厂房泄漏和厂房排风系统、排水系统等进入到环境中。聚变堆需要设计多重包容系统尽量降低氚释放的风险。

2. 气体中的氚

聚变堆中，气态氚主要存在于以下区域：

(1) 托卡马克厂房,包括托卡马克主机、一回路冷却系统大厅、燃料系统和真空系统等。

(2) 热室及放废厂房。

(3) 氚工厂。

3. 液体中的氚

聚变堆中,液体中的氚主要存在于以下区域:

(1) 冷却系统。

(2) 热室及放废厂房。

(3) 氚工厂。

4. 固体材料中滞留的氚

聚变堆中,与含氚气体或液体接触的固体材料,会受到氚污染,一定量的氚会滞留在材料中。

附录1B:活化源项

1. 部件活化产物

聚变产生的中子会使周围的材料活化。聚变堆运行时产生的活化源项主要来自产氚包层、偏滤器、真空室、磁体等托卡马克主机部件的中子活化,并具有部件尺寸大而且不规则、氚含量高的特点。聚变堆真空室内部件受到的中子辐照最强,其活化水平最高。

2. 活化腐蚀产物

聚变堆运行期间,冷却系统中的金属材料,在与高温高压的冷却剂接触过程中,会被腐蚀生成金属氧化物,并通过沉积、沉淀、溶解作用释放到冷却剂中,流经中子辐照区吸收中子而发生活化,生成活化腐蚀产物。

与冷却系统材料相关的活化腐蚀产物主要有以下形式:

(1) 冷却剂中的可溶离子和不溶性沉积物(碎屑)。

(2) 冷却系统内壁上松散的、非固定沉积物。

(3) 冷却系统管道和设备的腐蚀表面上的固定沉积物。

活化腐蚀产物随着冷却剂的流动被带到冷却回路的换热器、管道、阀门、泵等非辐照区设备内,并持续地发生衰变,导致非辐照区的二次辐射并带来严重的安全问题。活化腐蚀产物也是运行维护人员辐照剂量的重要来源。

通过考虑冷却系统布置、冷却剂流动方案、辐照时间、冷却时间、中子能谱分布、冷却剂化学条件和杂质成分等,确定冷却剂和壁面的活化腐蚀产物。

对活化腐蚀产物进行分析时,需要考虑材料的腐蚀、释放、溶解、沉淀、侵蚀、沉积等行为，同时需要分析穿过结构材料渗透进冷却剂的氚含量。

需要对冷却剂进行定期监测和采样分析。

3. 活化粉尘

聚变堆运行期间，面向等离子体材料会被中子活化，活化后的材料受到侵蚀后会产生活化粉尘，同时活化粉尘会被氚污染。

面向等离子体材料的活化粉尘是主要的活化源项之一。

需要定期评估真空室内积累的粉尘量，并在其库存接近安全限值时将其除去。

4. 冷却剂活化产物

冷却剂在流经包层等中子通量较高的区域时会被高能聚变中子辐照从而产生冷却剂活化产物。

冷却剂活化产物衰变导致的次生放射性是冷屏和更外部区域的主要放射性来源。

通过考虑冷却系统布置、冷却剂流动方案、辐照时间、冷却时间、中子能谱分布和冷却剂杂质成分等，确定冷却剂的活化产物。

需要对一回路冷却系统中的冷却剂进行定期监测和采样分析。

5. 气体活化产物

托卡马克厂房的气体会因为中子活化而产生一些活化产物。对气体活化产物进行分析时，应考虑辐照时间、冷却时间、中子能谱分布和气体杂质成分。

活化的气体主要包括：

(1) 杜瓦与生物屏蔽之间的空气在聚变堆运行期间被中子活化，存在辐射危害的主要放射性同位素为^{14}C和^{41}Ar。

(2) 注入真空室内的杂质惰性气体，如氮气、氖气等。这些气体在聚变堆运行期间被中子活化。

(3) 某些材料在高温下挥发所形成的气体被活化所形成的气体活化产物。

附录1C：正常运行和维护工况下的放射性源项迁移和释放

1. 固态源项

在维护和退役期间，活化的真空室内部件(如包层、偏滤器等)被转运到热室或者放废厂房，会造成固态放射性源项迁移。

需根据具体的维护策略、退役策略、转运方案等完成固态源项的放射性迁移分析。

正常运行和维护工况下，不会发生固态源项释放。

2. 液态源项

活化腐蚀产物和冷却剂活化产物在正常运行和维护工况下会发生放射性源项迁

移和释放。

在正常运行和维护工况下，分析液态源项的迁移和释放，需要考虑的途径包括但不限于：

(1) 真空室内部件(如包层、偏滤器等)中的残留液态源项，在维护或退役期间，被转运到热室或者放废厂房。

(2) 与包层液态增殖剂相关的放射性废液泄露。

(3) 在一回路冷却系统运行期间，在取样、维护、泄漏、清洗等过程中，造成含有氚和活化腐蚀产物的高放射性废液释放。

(4) 托卡马克厂房、热室、氚工厂、放废厂房收集的高放射性废液。

(5) 对控制区及监督区进行地面清洗以及实验分析等过程中，造成含有活化腐蚀产物、粉尘和氚混合物的极低放射性废液排放。

(6) 二回路、通风系统(冷凝水)、氚工厂会排放主要含氚的极低放射性废液。

考虑正常运行和维护工况下聚变堆液态源项的迁移和释放途径，基于相应厂房和系统的设计参数、运行和维护方案等，完成液态源项的放射性迁移和释放分析。

3. 气态源项

在正常运行和维护工况下，氚、活化粉尘、活化腐蚀产物、冷却剂活化产物和气体活化产物会发生放射性源项迁移和释放。

在正常运行和维护工况下，分析气态源项的迁移和释放，需要考虑的途径包括但不限于：

(1) 氚通过泄漏或渗透进入厂房，再通过厂房泄漏、通风系统或者除氚系统进入到环境中。在分析时，需要考虑气态氚在空气中的氧化过程。

(2) 在真空室内部件维护、退役过程中，活化粉尘会释放到厂房内，再通过厂房泄漏、通风系统或者除氚系统进入到环境中。

(3) 会有一定比例的冷却剂活化产物和活化腐蚀产物悬浮在空气中，通过厂房泄漏、通风系统或者除氚系统进入到环境中。

(4) 气体活化产物会通过厂房泄漏、通风系统或者除氚系统进入到环境中。

(5) 含氚气溶胶会通过厂房泄漏、通风系统或者除氚系统进入到环境中。

考虑正常运行和维护工况下聚变堆气态源项的迁移和释放途径，基于相应厂房和系统的设计参数、运行和维护方案等，完成气态源项的放射性迁移和释放分析。

附录1D：事故工况下的放射性源项迁移和释放

1. 概述

在事故工况下，需根据具体的事故序列分析放射性源项的迁移和释放。需考虑不同事故工况下聚变堆放射性源项的迁移和释放过程，基于相应厂房和系统的设计参数、运行和维护方案等，结合事故分析结果，完成不同事故工况下的放射性源项迁移和释放分析。

本文件给出了典型设计基准事故和严重事故下的放射性源项迁移和释放过程，并未包含全部的事故工况。

2. 设计基准事故

2.1　真空室内冷却管道破裂

在该事故中，部分冷却剂进入真空室，冷却剂中的氚和活化腐蚀产物会进入真空室内。随后需要考虑真空室泄压系统被激活，真空室内部分的氚、活化腐蚀产物和粉尘进入泄压系统。在事故及其后处理过程中，极少量放射性物质会通过厂房泄漏、通风系统或者除氚系统释放到环境中。

2.2　真空室失真空

在该事故中，真空室内小部分的氚、粉尘会进入到托卡马克厂房，极少量放射性物质会通过厂房泄漏、通风系统或者除氚系统释放到环境中。

由于所有的冷却系统均未失效，没有活化腐蚀产物释放。

2.3　真空室外冷却管道破裂

在该事故中，冷却剂中的氚和活化腐蚀产物会进入到托卡马克厂房，极少量放射性物质会通过厂房泄漏、通风系统或者除氚系统释放到环境中。

2.4　燃料循环系统发生事故

在燃料循环系统发生事故的情况下，例如同位素分离系统失效、燃料管道破裂、水除氚系统水箱泄漏等，会导致氚释放到厂房或燃料包容系统内，极少量氚会通过厂房泄漏、通风系统或者除氚系统释放到环境中。

2.5　燃料包容系统失效

在燃料包容系统失效的情况下，例如手套箱破裂等，会导致氚释放到厂房内，极少量氚会通过厂房泄漏、通风系统或者除氚系统释放到环境中。

2.6　真空室内部件运输容器发生事故

在将活化的真空室内部件从托卡马克厂房向热室运输的过程中，如果运输容器发生事故，需要考虑氚、粉尘和活化腐蚀产物从运输容器泄漏到托卡马克厂房和热室厂房，极少量放射性物质会通过厂房泄漏、通风系统或者除氚系统释放到环境中。

2.7　热室放射性包容失效

该事故会导致氚和粉尘释放到热室厂房内，极少量放射性物质会通过厂房泄漏、通风系统或者除氚系统释放到环境中。

3. 严重事故

3.1　氚工厂内火灾

该事故会导致氚释放到厂房内，少量氚会通过厂房泄漏、通风系统或者除氚系统释放到环境中。

3.2　真空室失真空导致氢和粉尘爆炸

在该事故中，真空室内部分氚、粉尘会进入到托卡马克厂房，少量放射性物质会通过厂房泄漏、通风系统或者除氚系统释放到环境中，同时发生真空室外冷却剂管道破裂、失去厂外电源、真空室内第一壁管道破裂。

在该事故中，真空室内部分氚、活化腐蚀产物和粉尘会进入到托卡马克厂房，少量放射性物质会通过厂房泄漏、通风系统或者除氚系统释放到环境中。

参考文献

[1]　中国国标能源计划执行中心．磁约束聚变堆放射性源项分析准则：HJB 1132—2024[S].

附录2　高温超导加速推进聚变能商业化

超导体因为具有绝对的零电阻和完全的抗磁性两大特性，在所有涉及电和磁的领域都有用武之地，应用领域广泛，包括电子学、生物医学、科学工程、交通运输、电力等领域。NbTi超导线材用量占整个超导材料市场的90%以上。目前已实现商业化的包括NbTi（铌钛，T_c=9.5 K）和Nb_3Sn（铌三锡，T_c=18 K），NbTi超导线材由于具有优异的中低磁场超导性能、良好的机械性能和加工性能、价格优势，其用量占整个超导材料市场的90%以上。

高温超导临界温度较高，制冷成本更低，具有更加广阔的应用前景。高温超导已经广泛运用在超导电缆、超导感应加热等领域。国际热核聚变实验堆（ITER）采用低温超导磁体线圈设计，磁场强度为5.3 T。随着高温超导技术的发展，必将加速推进聚变能商业化的进程。

F2.1　超导体概述

超导体的三大基本特性：零电阻、完全抗磁性和量子隧穿效应。超导，全称超导电性，指导体在某一温度下，电阻为零的状态。1911年荷兰物理学家H.卡茂林·昂内斯发现汞在温度降至4.2 K附近时突然进入一种新状态，其电阻小到实际上测不出来，他把汞的这一新状态称为超导态（图F2.1）。1933年，荷兰的迈斯纳和奥森菲尔德共同发现了超导体的另一个重要的性质——完全抗磁性。完全抗磁性是指超导体会把原来处于体内的磁场排挤出去，使其内部的磁感应强度为零。1962年，约瑟夫森（Brian D. Josephson）预言，在薄绝缘层隔开的两种超导体之间有电流通过，即有“电子对”能“穿过”薄绝缘层(量子隧穿),而超导结上并不出现电压,这个预言随后被证实,这一现象被称为量子隧穿效应。

超导材料的探索主要经历了几个阶段:1911—1986年,是低温超导材料发展阶段,1986年发现铜氧化物高温超导体,2021年发现临界转变温度为39 K的金属化合物MgB_2超导体,2008年发现铁基超导体。此外,自从超导材料被发现以来,人们就没有停止过对“室温超导”的向往与探索。

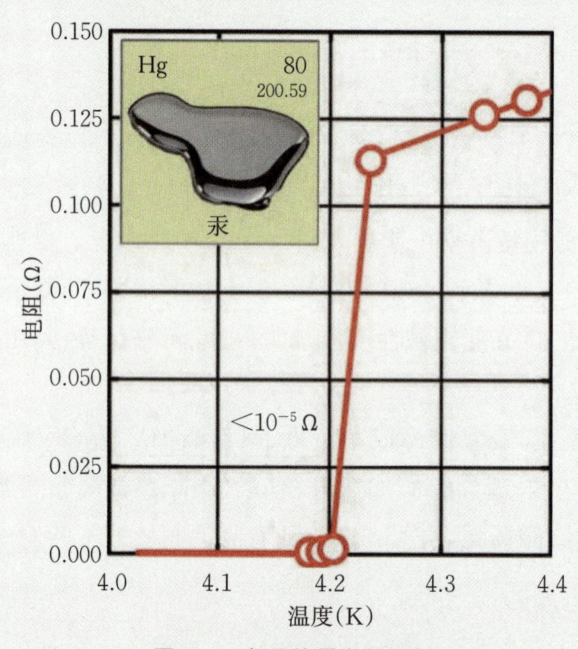

图F2.1　超导体零电阻现象

超导体的分类没有统一的标准,最常见的分类方法是按临界温度划分为低温超导和高温超导(表F2.1)。超导物理中将临界温度在液氦温区(4.2 K)的超导体称为低温超导体,也称为常规超导体,譬如目前商业化的NbTi、Nb_3Sn;将临界温度在液氮温区(77 K)的超导体称为高温超导体,譬如YBa-Cu-O超导体。

表F2.1　高温超导与低温超导的比较

	临界温度	所用材料	应　用　领　域
低温超导	NbTi:9.5 K Nb_3Sn:18 K	NbTi,Nb_3Sn	加速器磁体、核聚变工程用超导磁体、核磁共振,(MRI和NMR)磁体、通用超导磁体
高温超导	90～110 K 90 K 55 K	BSCCO(第一代) YBCO(第二代) 铁基超导体	电力电缆、磁悬浮、超导变压器、直流感应加热、大型加速器、可控核聚变用超导磁体等

超导体因为具有绝对的零电阻和完全的抗磁性两大特性，在所有涉及电和磁的领域都有超导体的用武之地，应用领域广泛，包括电子学、生物医学、科学工程、交通运输、电力等领域（表F2.2）。

表F2.2　超导体的应用领域

电子学	超导量子干涉器（SQUID）、超导混频器、超导数字电路、超导粒子探测器
生物医学	超导核磁共振成像装置（MRI）和核磁共振谱仪（NMR）
科学工程和实验室	高能加速器、核聚变装置
交通运输	磁悬浮列车
电力	超导电缆、超导限流器、超导储能装置和超导电机等

纵然超导应用潜力巨大，但超导材料的实现有严格的条件。限制超导应用有三个临界参数：临界温度、临界磁场和临界电流密度，这意味着超导电性必须在足够低的温度、不太高的磁场和不特别大的电流密度下才能实现。一旦突破某个临界参数，材料有可能瞬间从零电阻变成有电阻的状态，从而失去超导性能。三个临界参数中后两者决定了它的应用场景范围，而临界温度则是应用的最大瓶颈。因为低温就意味着在应用超导体的同时，还面临着高昂的制冷成本。

低温超导根据成分分为金属低温超导材料、合金低温超导材料和化合物低温超导材料。低温超导材料在批量化加工技术、成本、使用稳定性方面的优势无可替代。目前已实现商业化的包括NbTi（T_c=9.5 K）和Nb_3Sn（T_c=18 k），NbTi超导线材由于具有优异的中低磁场超导性能、良好的机械性能和加工性能，在实践中获得了大规模应用，其用量占整个超导材料市场的90%以上；而Nb_3Sn的临界温度相对较高，在18 K左右，该材料本身具有脆性，力学加工性能较差，临界电流对应变比较敏感，且制造困难。

F2.2　高温超导体

虽然已发现了上千种超导材料，但具有实用化前景的材料并不多。低温超导材料自1965年开始研究，目前低温超导材料NbTi与Nb_3Sn已实现商业化。而高温超导材料自1986年进行研究，目前刚开始进行产业化。

在高温超导材料中，由于铜氧化物超导材料的临界温度相比其他材料较高，制冷成本更低，因而具有更加广阔的应用前景。高温铜氧化物超导材料主要有Bi-Sr-Ca-Cu-O系、Y-Ba-Cu-O系、Hg-Ba-Ca-Cu-O系、TI-Ba-Ca-Cu-O系，但是Hg和TI元素有毒，因此Bi-Sr-Ca-Cu-O系和Y-Ba-Cu-O系在实用化上更具有优势。以Bi-Sr-Ca-Cu-O为代表的第一代高温超导材料，和以Y-Ba-Cu-O为代表的第二代高温超导材料受到广泛关注。同时，MgB_2(T_c=40 K)材料，铁基超导材料等应用价值也在不断开拓。

第一代Bi系超导材料主要的应用材料有Bi-2212线材、Bi-2212薄膜、Bi-2223带材。在制备Bi-2223带材的轧制工艺过程中，轧制压力的作用迫使Bi-2223晶粒发生转向，从而获得良好的超导电性，而在制备Bi-2212线材的挤压工艺中，也是通过挤压力的作用使Bi-2212晶粒发生转向，获得超导电性。目前常用于制备Bi-2212/Bi-2223原料粉末的工艺方法主要有喷雾热分解法、共沉淀法、固相反应法。

第二代高温超导带材(图F2.2)生产工艺方面，一些发达国家先后突破了第二代高温超导带材的长线制备技术，公里级带材的生产工艺已日渐成熟。第二代高温超导带材及应用产品将在许多重要领域，如绿色能源、智能电网、军事工业、医疗器械、交通及科学研究等领域被大力推广应用，目前我国高温超导材料大规模应用的瓶颈问题是材料价格过高，需要进一步提高技术成熟度，提升产业化能力，并改善材料综合性能，从而提高材料性价比。二代高温超导带材的结构和参数分别如图F2.3和图F2.4所示。

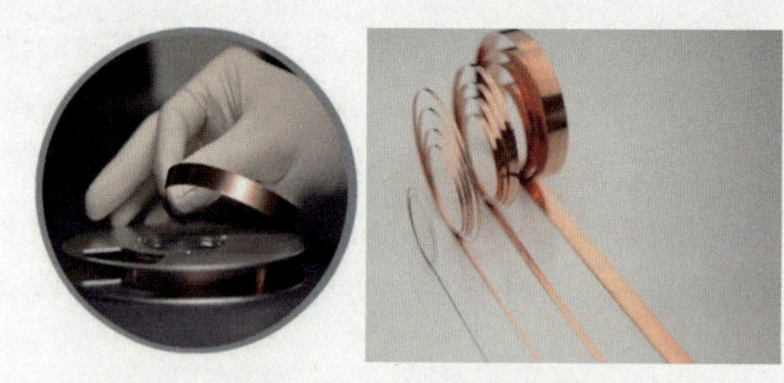

图F2.2　二代高温超导带材

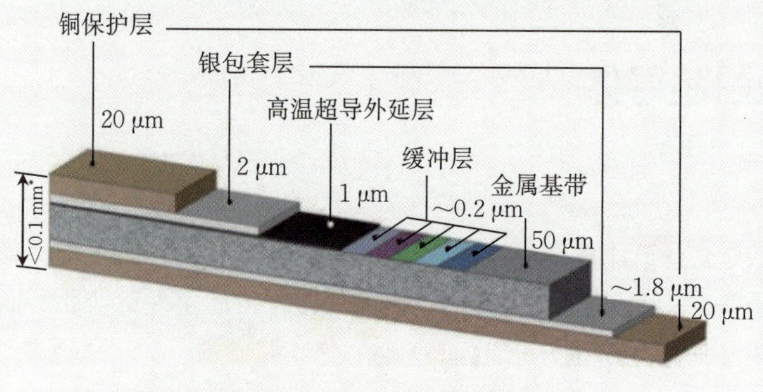

图F2.3　二代高温超导带材结构

应用领域		超导带宽度	等级	Ic(77 K,s.f.)
应用领域	强电应用	3 mm	常规	90~130 A
			高性能	130~155 A
			超高性能	155~170 A
		4 mm	常规	114~160 A
			高性能	160~190 A
			超高性能	190~210 A
		10 mm	常规	300~420 A
			高性能	420~500 A
			超高性能	500~550 A
	高场应用	超导带宽度	等级	Ic(4.2 K,10 T)
		3.3 mm	常规	217~260 A
			高性能	260~303 A
			超高性能	303~347 A
		4 mm	常规	266~320 A
			高性能	217~260 A
			超高性能	372~425 A
		10 mm	常规	700~840 A
			高性能	840~980 A
			超高性能	980~1120 A

可选配参数					
可选配参数	基带厚度/材料	30 μm哈氏合金			
		50 μm哈氏合金			
	单根长度	100~1000 m可选			
	后处理	镀铜 REBCO	镀铜可选厚度	带材总厚度	带材总宽度
			5 μm×2	65 μm±10%	3 mm、4 mm、10 mm
			10 μm×2	75 μm±10%	
			20 μm×2	95 μm±10%	
		紫铜封装 REBCO	紫铜可选厚度	带材总厚度	带材总宽度
			75 μm×2	205 μm±10%	4.8 mm、6 mm、12 mm
			100 μm×2	255 μm±10%	
		不锈钢封装 REBCO	不锈钢可选厚度	带材总厚度	带材总宽度
			80 μm×2	215 μm±10%	4.8 mm、6 mm、12 mm

基本性能		镀铜	紫铜封装	不锈钢封装
基本性能	接头电阻率	30 nΩ·cm^2		
	抗拉形变	0.40%		
	临界拉应力强度(77 K/MPa)	>100 MPa	>400 MPa	>800 MPa
	最小转弯直径(mm)	11~15	15~20	

图F2.4　二代高温超导带材参数

近年来,中国在高温超导技术领域取得了诸多重要成果:

(1) 首次发现液氮温区镍氧化物超导体。这是人类目前发现的第二种液氮温区非常规超导材料。2013年,中山大学王猛团队成功生长了镍氧化物$La_3Ni_2O_7$单晶,通过实验确定其在压力下可实现超导,超导转变温度达到液氮温区,高达80 K。这一发现为世界超导研究开辟了新领域,将有望推动破解高温超导机理,使设计和预测高温超导材料成为可能,实现更广泛更大规模的产业化应用。

(2) 基于强相互作用的均匀费米气体，首次观测到由多体配对产生的赝能隙，朝着理解高温超导机理迈出重要一步。建立了超冷锂-镝原子量子模拟平台，通过先进技术成功实现超冷原子动量可分辨的微波谱学技术，系统测量不同温度下的幺正费米气体的单粒子谱函数，首次观测到赝能隙存在，为电子预配对假说提供了支持。

(3) 国内首套高温超导电动悬浮全要素试验系统完成首次悬浮运行。该系统对超导磁体、直线同步牵引、感应供电及低温制冷等超导电动磁浮交通系统的关键核心技术进行了充分验证，为推动超导电动磁浮交通系统工程化应用奠定了坚实基础。此高温超导电动悬浮系统采用被动悬浮方式，具有系统简洁、可靠性高，悬浮和导向间隙大、提速空间大，以及应急运行能力强、安全性高等优势。

此外，在过去的研究中，中国科学家也取得过许多突破性成果。例如，1987年，中国科学院物理研究所赵忠贤团队推翻了传统理论，向全世界证明超导临界温度是可以超过40 K的，突破这一麦克米兰极限温度的超导体被称作高温超导体，引发世界物理学界的震动；2012年，清华大学薛其坤和团队首次发现了界面增强的高温超导电性，这是1986年铜氧化物高温超导体被发现以来，常压下超导转变温度最高的超导体，同时也为探究高温超导机理开辟了全新途径。

这些成果展示了中国在高温超导技术领域的强大实力和创新能力，为该领域的发展做出了重要贡献。高温超导技术在能源、交通、医疗等诸多领域具有广泛的应用前景，中国科学家的持续研究和创新将进一步推动高温超导技术的发展和应用。

F2.3 超导与核聚变

F2.3.1 低温超导核聚变

托卡马克，是一种利用磁约束来实现受控核聚变的环形容器。托卡马克的中央是一个环形的真空室，外面缠绕着线圈。在通电的时候托卡马克的内部会产生巨大的螺旋形磁场(图F2.5)，将其中的等离子体加热到很高的温度，以达到核聚变的目的。

中国于2007年11月21日作为全权独立成员加入ITER计划。ITER计划是目前全球规模最大、影响最深远的国际科研合作项目之一，其原理是利用磁场对等离子体进行约束，模拟太阳的核聚变反应产生能量并实现可控利用，俗称“人造太阳”。ITER

计划需要采用NbTi和Nb_3Sn超导线材制造超导磁体，线材制造任务由各参与国承担。2003年我国政府决定参加ITER计划时，国内尚无企业具备NbTi和Nb_3Sn超导线材生产能力，迫切需要开展超导线材产业化。到目前，我国已经能生产Nb3Sn超导线材和NbTi超导线材并交付ITER计划，产品性能获得业界高度肯定。

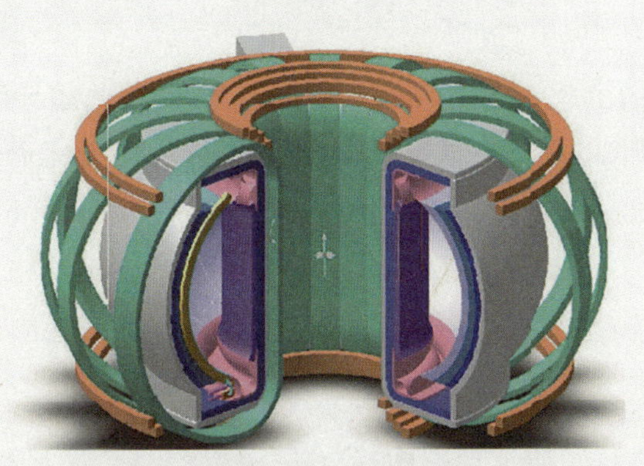

图F2.5 托卡马克聚变装置磁体示意图

由于常规超导托卡马克装置在长脉冲稳态运行方面有所缺陷，而全超导托卡马克装置具备开展长脉冲稳态实验运行能力，所以从常规装置向全超导装置发展势在必行。中国科学院等离子体物理研究所建成的EAST超导托卡马克核聚变实验装置，是一个全超导大型非圆截面托卡马克装置。EAST主要设计参数见表F2.3。

表F2.3 EAST主要设计参数

参　数	值
大半径(m)	1.88
小半径(m)	0.45
纵场(T)	1.5~3.0
等离子电流(MA)	1
拉长比，κ	$\leqslant 2$
三角形变，δ	$\leqslant 0.7$
可用磁通，$\Delta\Phi$(V·s)	≈ 6.5
低杂波(MW)	10
中性束注入(MW)	8
离子回旋(MW)	12
电子回旋(MW)	4

EAST超导磁体采用CICC超导体，选用NbTi为超导材料。CICC超导体的稳定性受其股线的铜超比、超导缆的空隙率、各级子缆扭距、股线及子缆表面状态等因素的影响很大。从节约项目经费及NbTi超导股线的性价比等因素考虑，EAST采用了原

准备用于超导加速器的低铜超比超导股线。

中国聚变工程实验堆(CFETR),是中国自主设计和研制并联合国际合作的重大科学工程,也是我国聚变能实用化研究的关键一步。CFETR将着力解决ITER与DEMO之间存在的物理与工程技术难题,为我国2050年前后独立自主建设聚变电站奠定坚实的基础。

CFETR同样采用全超导磁体集成方案(图F2.6),因此超导磁体系统是CFETR的核心部件之一,CFETR的超导磁体系统主要由16组纵场(Toroidal Field,TF)磁体、8组中心螺管(Central Solenoid,CS)磁体以及6组平衡场(Poloidal Field,PF)磁体等组成。其中,中心螺旋管(CS)线圈是CFETR的重要组成部分之一,其主要设计参数见表F2.4。

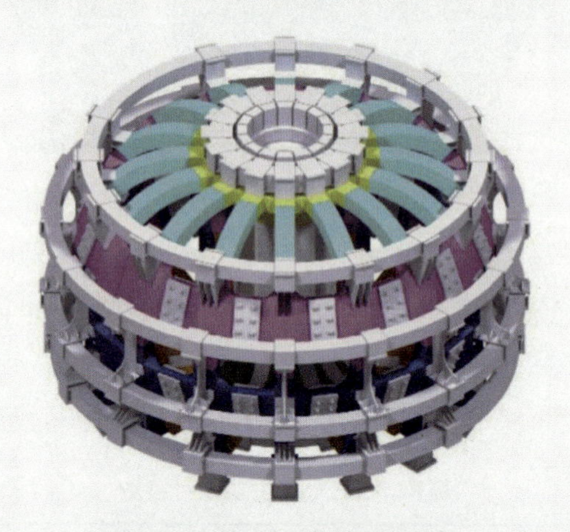

图F2.6　CFETR超导磁体系统

表F2.4　CFETR中心螺旋管线圈主要参数

超导体线圈位置	Nb_3Sn线圈		NbTi线圈		
	内	外	线圈1	线圈2	线圈3
导体尺寸(mm×mm)	49×49(ø32.6)		51.9×51.9(ø35.3)		
线圈匝间绝缘(mm)	2.6	2.6	2.6	2.6	2.6
线圈对地绝缘(mm)	3.1	3.1	3.1	3.1	3.1
径向匝数	4	4	10	10	10
轴向匝数	32	32	8	8	8
总匝数	120	120	80	80	80
线圈内半径(mm)	740.6	971.3	1230.0	1230.0	1230.0
线圈外半径(mm)	953.2	1179.5	1772.4	1772.4	1772.4
线圈高度(mm)	1657.4	1657.4	433.4	433.4	433.4
电流(kA)	47.65	47.65	47.65	47.65	47.65
最高磁场(T)	12.8	8.42	6.10	6.10	6.10

F2.3.2 高温超导核聚变

高温超导材料，如铋锶钙铜氧（BSCCO）和钇钡铜氧（YBCO），具有比低温超导（LTS）更高的临界温度，通常高于77 K。高温超导（HTS）材料可以在液氮温度下运行，显著降低了冷却成本。液氮更便宜且更易于处理，使得HTS在经济性和操作上具有优势。新一代核聚变装置（如美国的SPARC）正在考虑采用HTS材料，以利用其在更高温度下仍保持超导性的能力，从而降低运行成本和提高系统效率。据悉国内核聚变创业公司能量奇点的磁体系统采用高温超导材料加工建造。

未来线圈更有可能在高场区采用高温超导导体，在低场区采用低温超导导体。这是因为磁体系统在CS和TF线圈导体上产生的最高磁场可能达到15 T以上，此时使用Nb_3Sn导体无法满足要求，而随着高温超导材料技术的发展，未来CS线圈可能在高场区采用Bi-2212高温超导导体（工作在10～30 K温度，25～30 T磁场强度），而在低场区采用Nb_3Sn低温超导导体。在高场区的高温超导导体进展方面，目前，中国科学院等离子体物理研究所已设计制造了由42根Bi-2212超导线绞制的高温超导圆形CICC导体，并完成了临界电流测试，该临界电流值比较低，下一步需要发展高压O_2氛围下的热处理技术，以提高Bi-2212高温超导导体的性能。

紧凑型聚变加高温超导磁体技术，将大大加速推进核聚变能迈向商业化。表F2.5给出了紧凑型核聚变与高温超导的比较优势。基于磁约束技术路线的托卡马克装置是目前所有技术路线中研发投入最多，也是在客观参数上最接近劳逊判据的技术路线。根据磁约束聚变托卡马克装置的聚变输出功率计算公式$P \approx \beta^2 B^4 V$，聚变功率P与体积（V）的一次方成正比，与磁场强度（B）的四次方成正比，磁场每提高1倍，聚变的输出能量将提高16倍，等离子中心磁场强度的提升是实现可控核聚变的最关键影响因子。因此在同等聚变功率下，提高磁场强度可以大幅降低托卡马克装置的体积，从而降低研发费用，缩短研发周期。

表F2.5 紧凑型核聚变与高温超导的优势

紧凑型核聚变的优势	高温超导聚变的优势
1. 尺寸小，成本低。 2. 建造周期短，可实现性高。 3. 综合经济性好。 4. 适用于中小型规模投资商业电站。 5. 传统大型托卡马卡装置路线的补充。	1. 提供高的电流和磁场强度（20 T），进而在小型紧凑装置中更好地约束等离子体。 2. 只需要中等规模的低温系统，可以减小中心柱尺寸，进而减小整体装置尺寸。 3. 工作温度相对更高（20～40 K），可以更好地节约能源。 4. 更好的自由度且易于维护，适用于稳态运行。

美国的CFS (Commonwealth Fusion Systems)公司是由麻省理工学院(MIT)的一些毕业生和科研人员成立的私人初创公司。2018年获得意大利能源公司埃尼(Eni)的投资,致力于开发国际性商业聚变能装置,CFS和MIT的共同目标都是快速实现聚变能源的商业应用。2021年,MIT使用第二代YBCO高温超导材料制造的磁体,在较少的能量消耗下,成功产生了高达20 T的超强磁场。

英国托卡马克能源公司(Tokamak Energy,TEC)成立于2009年,由来自卡拉姆试验室的理论物理学博士Dr. Alan Sykes和紧凑型托卡马克专家Dr. Mikhail Gryaznevich发起创立,属于世界领先的私人聚变能源公司,主要开展球形环(ST)托卡马克研究。主要员工来自卡勒姆核聚变国家实验室和ITER,卡勒姆托拥有欧洲目前最大的托卡马克实验装置"欧洲联合环(JET)"。TEC的技术途径以高温超导(HTS)磁体为主,该技术可以使反应堆功率相对低且尺寸小但性能高,有着潜在广泛的商业用途。图F2.7为该公司全超导球形环托卡马克装置ST25,创造了全球首台高温超导球形环装置连续运行29小时的世界纪录。该公司将两项新型技术(球形托卡马克和高温超导磁体)结合在一起,以实现聚变能的商业应用。计划5年之内实现聚变功率增益,10年之内首次发电,15年之内建成10万千瓦的电厂,并网发电。

图F2.7　英国TEC公司全高温装置ST25

后　记

在《核聚变反应堆理论与设计》定稿之际，回望从事聚变堆研究40余年的工作经历以及合作过的老师和同事，点点滴滴，感慨万千。

说起与核聚变反应堆的缘分，还与大学时期的一本期刊有关。笔者大学的专业是核反应堆工程，虽然核裂变与核聚变只有一字之差，但属于性质完全不同的两个核能体系。直到有一天在大学图书馆的一本名为《原子能译丛》的期刊上，看到一篇关于苏联建成一台名为"T-3"的托卡马克核聚变实验装置并获得突破性实验结果的报道，十分好奇，由此对托卡马克与核聚变产生了极大的兴趣。大学毕业后被分配到二机部的北京401所（今中国原子能科学研究院）反应堆研究室从事反应堆物理方面的工作，在此期间得到反应堆物理的权威专家李兆桓老师的悉心指导和帮助，他曾留学苏联的莫斯科动力工程学院。正是由于李老师向他在留苏时的同学、585所的黄锦华先生推荐了我，我才有幸进入我国专业受控核聚变研究机构（今核工业西南物理研究院）工作，并从此与核聚变和托卡马克结缘。

黄锦华先生是我国聚变堆研究领域的创立者和奠基人，是我国改革开放后第一批经国家公派出国交流的科学家，于1981年赴美国威斯康星大学核聚变工程部做访问学者。黄先生1983年回国后即在585所着手筹建我国最早的聚变堆研究室，领导开展系统的聚变堆理论与设计研究工作。那时正值我国改革开放初期，科研条件十分落后，特别是缺乏设计工作中所需的计算分析软件，使用的是运算速度只有每秒几千次的DJS型计算机，指令和数据的存储介质还是最原始的穿孔纸带。黄先生当时从美国带回了一台IBM PC/XT型号的手提式个人计算机，可以使用300 KB的存储软盘作为输入和输出工具，为聚变堆的设计研究工作提供了有利条件。我国第一套用于中子学计算分析的ANISN程序就是黄先生在美国打印后带回的，经移植后用于国内早期的聚变堆中子学的设计中。每当看到当初手写后复印的程序使用说明书，仍记忆犹新。我到585所工作后，阅读的第一本有关聚变的专业著作是美国卡马什撰写的《聚变反应堆物理：原理与技术》，由黄锦华先生等人翻译，是我国早期出版的聚变专业书籍之一。

黄先生回国后即在当时的585所组织开展一系列的聚变-裂变混合堆的概念设计工作：磁镜混合堆概念设计（1986年在新核能源国际会议报告）；托卡马克实验混合堆概念设计（1988年在第十二届等离子体物理和受控核聚变国际会议报告）；托卡马克商用聚变堆概念设计（1990年在第十三届等离子体物理和受控核聚变国际会议报告）。1996年主持完成了实验混合堆FEB概念设计最终报告（1997年在第四届聚变技术国际会议上发表）。聚变-裂变混合堆作为聚变堆达到商用前的一种中间应用，我国在这一领域的研究工作在国际上产生了广泛的影响。需要提到的是，我国受控核聚变研究的奠基人、留美归国学者、已故的中国科学院院士李正武先生，1983年在全国核聚变与等离子体物理大会上提出了"镜-环组合混合堆"概念，为促进混合堆研究被列入国家"863计划"奠定了基础。

核聚变能的开发是一个长期的过程，需要几代人的传承和接力。中国加入ITER计划促进了我国聚变能开发进程，能承担像屏蔽包层、产氚实验包层模块（TBM）等采购包任务，是因为一代代聚变人的艰苦探索和砥砺前行，为我们创造了今天快速发展的基础和条件。承前启后，总结自己40余年从事聚变堆研究工作的经验和认识，与同行学者和年轻人分享和交流，是我长久以来的愿望，经过几年的资料收集和整理，终将如愿，倍感欣慰！

在本书即将出版之际，要感恩带领我迈入核聚变反应堆理论与设计研究领域的黄锦华先生，他开阔的视野、严谨的治学态度和诲人不倦的精神令我受益终身！同时，还要感谢核工业西南物理研究院及聚变堆研究室的合作者、同事们。

祝愿我国受控核聚变能源开发早日成功，实现商业应用！

2025年1月

于河北省廊坊市